# Motorschutz

# Motorschutz

## Überströme – Übertemperaturen

Von

## Herbert Franken

Direktor der Firma Klöckner-Moeller GmbH
Bonn a. Rh.

**Mit 138 Abbildungen**

Springer-Verlag
Berlin / Göttingen / Heidelberg
1962

ISBN-13: 978-3-642-94847-3     e-ISBN-13: 978-3-642-94846-6

DOI: 10.1007/978-3-642-94846-6

# Vorwort

Die Einrichtungen zum thermischen Schutz der Elektromotoren haben unter dem Begriff des „Motorschutzes" seit fast 40 Jahren Eingang in die Schaltgerätetechnik gefunden. Der Motorschutz stellt nicht nur ein technisches, sondern auch ein wirtschaftliches Problem dar. Er erlaubt, von einer Überbemessung der Motoren abzusehen und den Ausfall durch Überlastung auszuschließen. Die Motorschutzeinrichtungen tragen ihr Teil dazu bei, die Einsatzbereitschaft der Fertigungsmittel zu sichern. Sie spielen deshalb im Rahmen der Fertigung von Schaltgeräten eine ganz bedeutende Rolle. Die durch Einführung des elektrischen Einzelantriebes außerordentlich gesteigerte Zahl der Elektromotoren hat auch zu großen Produktionsziffern auf dem Gebiete dieser Schutzgeräte geführt. Die Geräte sind heute preiswert und bei richtiger Anwendung zuverlässig. Dem einfachen Aufbau stehen zum Teil schwierigere Fragen hinsichtlich der Auswirkungen entgegen, deren Beantwortung oft weniger einfach ist. In den nachfolgenden Ausführungen sind die Begriffe und Elemente, die allgemein zur Schaltgerätetechnik gehören, wie Kontaktfragen, Schaltleistungsfragen und dergleichen nicht behandelt[1], sondern nur die Dinge, die dem Motorschutzgerät eigentümlich sind. Das ist in erster Linie die Frage des zweckmäßigen Aufbaues der thermischen Auslöser und Relais. Der Gegenstand erforderte eine etwas breite Behandlung der Erwärmungsvorgänge, sowohl derer, die sich in den Stromverbrauchern als derer, die sich in den Schutzeinrichtungen abspielen. Wesentlich war dabei auch, die Zusammenhänge zwischen den Motorschutzeinrichtungen und den Netzvorgängen sowie den Erfordernissen des Antriebes zu schildern. Insbesondere erschien es notwendig, den Verhältnissen beim Drehstrommotor im gestörten Netz bei unsymmetrischer Belastung eine eingehendere Betrachtung zu widmen. Neben der seit Jahrzehnten durchgeführten Überwachung der Ströme in den Motorzuleitungen wird die in bestimmten Fällen jetzt weitgehend meist zusätzlich angewandte Überwachung der Wicklungstemperaturen behandelt. Die Fragen um den Motorschutz enthalten zahlreiche, oft schwierige Probleme, die wesentlich aus der Tatsache erwachsen, daß die Geräte Handelsware darstellen müssen und schlecht dem unterschiedlichen thermischen Verhalten der einzelnen Motoren angepaßt werden können.

---

[1] Hierzu sei auf das Buch des Verfassers, Schütze und Schützensteuerungen, Berlin: Springer 1959 verwiesen.

Die formelmäßigen Angaben über die Zusammenhänge wurden auf das Notwendige beschränkt, aber andererseits so weit aufgeführt, daß auch der weitgehender interessierte Fachmann sich orientieren kann. Ihre Kenntnis hat nicht nur Bedeutung für den Aufbau der Schutzelemente, sondern auch für ihre Verwendung. Der Verfasser hat im Verlauf der letzten Jahrzehnte wohl alle beim Motorschutz aufgetauchten Fragen in zahlreichen Einzelveröffentlichungen behandelt, so daß eine zusammenfassende Darstellung nahe lag. Auch sind die Motorschutzelemente ein sehr häufiges Zusatzglied zu den Schützen. In dem genannten Werk des Verfassers (1) konnten sie aber nur in kurzen Andeutungen behandelt werden. Die Arbeit behandelt neben dem thermischen Schutz durch Stromüberwachungselemente und deren Einwirkung auf Schaltgeräte in Form des „Motorschutzschalters" auch den Schutz durch „Temperaturüberwachungselemente" in der Wicklung. Sie hat vornehmlich den Zweck, insbesondere den projektierenden und den Betriebsingenieur in die Probleme des Motorschutzes einzuführen und dabei die Grenzen des Einsatzes marktgängiger Erzeugnisse aufzuzeigen, sowie dem Studierenden und dem Entwicklungsingenieur Hinweise zu geben. Der Verfasser ist für Kritik und Anregungen dankbar.

Bonn, im April 1962

**H. Franken**

# Inhaltsverzeichnis


Seite

Formelzeichen ........................................ ............. VII

1. Aufgabenstellung ........................................... 1

  1.1 Entwicklungsgründe......................................... 1
  1.2 Welche Gefahren drohen dem Motor? .............................. 3
    1.2.1 Die Verhältnisse des Aufstellungsraumes — Zustand und Wartung des Motors .............. 4
    1.2.2 Überlastungen und Fehlschaltungen als Störungsursache ........ 4
    1.2.3 Die Gefahren durch Störungen im Drehstromnetz .............. 6
  1.3 Der Stand der Schutztechnik vor Einführung der Motorschutzgeräte .. 19
  1.4 Grundsätzliche Lösungen — Schutzmethoden ...................... 25

2. Schutz durch Überwachung der Zuleitungsströme-thermische Auslöseelemente außerhalb des Motors ...................... 26

  2.1 Begriffsbestimmungen und VDE-Anforderungen .................... 27
  2.2 Aufbauprinzipien ........................................ 31
    2.2.1 Arten der Stromeinwirkung auf die Auslöseelemente .......... 32
    2.2.2 Zwei verschiedene Grundprinzipien .......................... 37
    2.2.3 Geräte beruhend auf Wärmedehnung......................... 38
      2.2.3.1 Dehnungsstreifen ................................... 38
      2.2.3.2 Bimetallauslöser und -relais ........................... 43
    2.2.4 Auslöser beruhend auf der Änderung des Aggregatzustandes.... 75
      2.2.4.1 Übergang vom festen zum flüssigen Zustand — Schmelzlotelement ................................... 75
      2.2.4.2 Übergang vom flüssigen zum dampfförmigen Zusand — Dampfdruckkapseln .................................. 77
    2.2.5 Das Zusammenwirken der Auslöser und Relais mit den Schaltgeräten ..................................... 78
    2.2.6 Polzahl der Auslöser und Relais ............................ 83
    2.2.7 Anpassung an die Motorstromstärke (Einstellung) ............ 83

  2.3 Auslösecharakteristiken........................................ 90
    2.3.1 Die Erwärmungsverhältnisse............................... 90
    2.3.2 Die Zeitkonstante ....................................... 95
    2.3.3 Die Zeitkonstante und die Auslösekennlinie ................. 99
    2.3.4 Die Darstellung der Auslösekennlinie ...................... 100
    2.3.5 Auslösezeiten bei Überlastung im betriebswarmen Zustande .... 101
    2.3.6 Temperaturverteilung bei mittelbar beheizten und beschwerten Auslösern ..................................... 105
    2.3.7 Nachauslösung ......................................... 114
    2.3.8 Auslösekennlinien bei Wandlerrelais ...................... 116
    2.3.9 Die Auslösekennlinie in formelmäßiger Darstellung ............ 118
    2.3.10 Grenzerwärmung und Grenzweg ............................ 129
    2.3.11 Einfluß der Raumtemperatur ............................ 131
    2.3.12 Kompensation des Raumtemperatureinflusses ................ 133

  2.4 Zusätze bei Motorschutzgeräten ................................ 140
    2.4.1 Vorgeschaltete Kurzschlußsicherungen ...................... 140
    2.4.2 Verbindung der thermischen Elemente mit Überstromschnellauslösern ..................................... 141
    2.4.3 Thermische Sonderschutzeinrichtungen bei Einphasenlauf ....... 142
    2.4.4 Motorschutz in explosions- und schlagwettergefährdeten Räumen 144

Seite


2.5 Verhalten der Schutzelemente .................................. 146

    2.5.1     Freiauslösung — „Pumpen" der Motorschutzgeräte .......... 146
    2.5.2     Die Genauigkeit der Motorschutzauslöser ................... 148
    2.5.3     Der Temperaturanstieg und -abfall in elektrischen Maschinen, deren Zeitkonstanten und die Beziehungen zum Schutzauslöser 156
    2.5.4     Schutzwirkung bei niedriger Auslöser-Zeitkonstante .......... 165
    2.5.5     Bei welcher Auslösekennlinie ist der Anlauf noch möglich? .... 167
    2.5.6     Motorschutz bei aussetzendem Betrieb ...................... 169
    2.5.7     Die „Höhereinstellung" der Motorschutzgeräte .............. 187
    2.5.8     Motorschutz und Leitungsschutz ........................... 191
    2.5.9     Die Wartepause .......................................... 193
    2.5.10    Die Kurzschlußfestigkeit von thermischen Auslösern und Relais 196
    2.5.11    Das Zusammenwirken von thermischen Elementen, Sicherungen und Schnellauslösern ...................................... 207
            2.5.11.1 Thermische Elemente und Schnellauslöser .............. 208
            2.5.11.2 Thermische Elemente und vorgeschaltete Abschmelzsicherungen ................................................ 211

2.6 Anwendung in Sonderfällen ................................... 218

    2.6.1 Motorschutz bei schwer anlaufenden Maschinen ............... 218
    2.6.2 Motorschutzgeräte als Maschinen- und Werkzeugschutz sowie für andere Stromverbraucher als Motoren......................... 220
    2.6.3 Schutz gegen Bedienungsfehler bei Motoranlaßgeräten .......... 221
    2.6.4 Der Schutz von Motoren mit Sterndreieckschaltern, Polumschaltern und dergl. ............................................ 222
    2.6.5 Motorschutz bei Blindstrom-Einzelkompensation ............... 224
    2.6.6 Motorschutz bei Einphasen-Wechselstrommotoren .............. 224

2.7 Zu den Motorschutzauslösern und -relais gehörende Hauptstrom-Schaltgeräte........................................... 226

    2.7.1 Das Schaltvermögen (Motorschalter — Leistungsschalter) ....... 227
    2.7.2 Schloßschalter (Selbstschalter)............................... 229
    2.7.3 Schütze in Verbindung mit Motorschutzrelais ................. 234
    2.7.4 Spannungsrückgangsauslösung .............................. 238
    2.7.5 Geräte für Mehrmotorenmaschinen und aussetzenden Betrieb .... 239
    2.7.6 Geräte mit selbsttätiger Rückschaltung nach Überstromauslösung wegen Einphasenlauf ...................................... 242
    2.7.7 Motorschutzgeräte als Abzweigschalter an Verteilern ........... 244
    2.7.8 Die Lebensdauer der Geräte ................................ 245

2.8 Eichung und Prüfung von Motorschutz-Auslösern und Relais ........ 245

3. Schutz durch Temperaturüberwachungs-Elemente im Motor .. 262

4. Schutz durch Überwachung sowohl des Stromes in der Zuleitung wie der Temperatur im Motor ................................. 269

5. Schutz durch Ermittlung von Strom- und Spannungsunterschieden in den Zuleitungen ................................. 273

6. Weitere Schutzmittel (Lastüberwachung, Phasenumkehrrelais) ...... 279

7. Geschichtliches ................................................ 280

8. Anhang ($e^x$, $e^{-x}$, $x^{1,6}$, $x^{-1,6} = f(x)$) ................................. 288

9. Schrifttum ................................................... 289

Sachverzeichnis................................................ 296

# Benutzte Formelzeichen

soweit die Bedeutung nicht auf einen engbegrenzten Absatz beschränkt ist.

$a$ = Verhältnis des obersten zum untersten Einstellwert der Skala für die Wegverstellung

$b$ = Breite . . . . . . . . . . . . . . . . . . . . meist mm

$c$ = spezifische Wärme . . . . . . . . . . . . . . . Ws $\cdot$ cm$^{-3}$ $\cdot$ °C$^{-1}$

$c_b$ = spezifische Wärme des eigentlichen Wärmeelementes, z. B. des Bimetallstreifens . . . . . . . . . . . . Ws $\cdot$ cm$^{-3}$ $\cdot$ °C$^{-1}$

$c_w$ = spezifische Wärme der Heizwicklung . . . . . . . . Ws $\cdot$ cm$^{-3}$ $\cdot$ °C$^{-1}$

$d$ = Dicke, Durchmesser . . . . . . . . . . . . . . . . meist mm

$e$ = Verhältnis der Elastizitätsmoduln der beiden Komponenten von Bimetall $E_1 : E_2$

$f_{1,3}$ = ein Maß für die Grenzstromfehler (S. 153), und zwar das Verhältnis des einpoligen zum dreipoligen Grenzstrom

$f_{2,3}$ = desgleichen das Verhältnis des zweipoligen zum dreipoligen

$f_d$ = desgleichen bedingt lediglich durch die Unterschiede in der mechanischen Verformung

$f_g$ = ist der Gesamtfehler bedingt durch $f_d$ und $f_t$

$f_{mo}$ = Gesamtfehler bei gleichzeitiger Steigerung von $m$ und $o$. Der Fehler beim gleichen Auslöser und $m = 1$ sowie $o = 1$ ist mit $f_1$ bezeichnet

$f_t$ = der Grenzstromfehler lediglich bedingt durch die Temperaturunterschiede bei ein- und dreipoliger Belastung

$g$ = Grenzstrom zu Einstellstrom $I_g / I_e$

$h$ = Höhe . . . . . . . . . . . . . . . . . . . . . . meist mm

$k$ = spezifische Ausbiegung eines Bimetallstreifens = $0{,}75 \cdot (\alpha_1 - \alpha_2) \cdot f(E)$ . . . . . . . . . . . . . . . °C$^{-1}$

$k'$ = desgleichen für einen Streifen von 100 mm Länge und 1 mm Dicke ($k' = k \cdot 10^4$) . . . . . . . . . . . . . . . mm °C$^{-1}$

$l$ = Länge . . . . . . . . . . . . . . . . . . . . . . . meist mm

$m$ = Erhöhung der Einstellstromstärke durch Feinverstellung (Wegänderung) als Vielfachwert (beliebiger Skalenwert zu niedrigstem Wert); $m > 1$

$o$ = Steigerung der Einstellstromstärke durch Nebenschlüsse als Vielfachwert (Einstellstrom mit Nebenschluß : ohne Nebenschluß)

$q$ = Querschnittsfläche . . . . . . . . . . . . . . . . meist mm$^2$

$r$ = Radius . . . . . . . . . . . . . . . . . . . . . . meist mm

$s$ = Weglänge . . . . . . . . . . . . . . . . . . . . . meist mm

$s_d$ = siehe $s_m$

$s_m$ = die durch die Einwirkung der Schaltkraft bedingte Rückbiegung der Bimetallstreifen — allgemein bei dreipoligem Eingriff $s_d$ . . . . . . . . . . . . . . . . . . . . . . mm

$s_m'$ = die Rückbiegung eines Streifens von 100 mm Länge, 10 mm Breite und 1 mm Dicke bei einer Schaltkraft von 100 g . . mm

$s_n$ = Nettoauslöseweg der Bimetallstreifen = $s_w - s_m$ . . . . . mm

$s_t$ = Zusatzweg zu $s_{w0}$ bedingt durch die Erwärmung der umgebenden Luft bei dreipoliger Belastung (s. $s_{w3}$) . . . . .   mm

$s_w$ = der durch die Erwärmung bedingte Bruttoweg des Auslöseelementes . . . . . . . . . . . . . . . . . . . . . . . . . .   mm

$s_{w0}$ = Bruttoauslöseweg nur bedingt durch die Übertemperatur des Auslöseelementes gegenüber seiner Umgebung . . . . . .   mm

$s_{w1}$ = der durch die Erwärmung bedingte gesamte Bruttoauslöseweg des Auslöseelementes bei einpoliger Belastung . . . . . .   mm

$s_{w3}$ = desgleichen bei dreipoliger Belastung $s_{w3} = s_{w0} + s_t$ . . .   mm

$t$ = Zeit . . . . . . . . . . . . . . . . . . . . . . . . . . . . . .   s

$t_a$ = Auslösezeit (soweit besonders betont) . . . . . . . . . . .   s

$t_b$ = Belastungszeit . . . . . . . . . . . . . . . . . . . . . . .   s

$t_e$ = Eigenzeit . . . . . . . . . . . . . . . . . . . . . . . . . .   s

$t_k$ = Summe der Eigenzeiten von Schnellauslöser und Hauptschaltgerät (Kurzschlußausschaltverzug) . . . . . . . . . .   s

$t_r$ = Ruhezeit (Pause) im periodischen aussetzenden Betrieb . .   s

$t_s$ = Spieldauer im aussetzenden Betrieb . . . . . . . . . . .   s

$t_w$ = Wartezeit . . . . . . . . . . . . . . . . . . . . . . . . . .   s

$t_x$ = Nacheilung der Erwärmung des eigentlichen Wärmeelementes bei mittelbar beheizten Auslösern . . . . . . . . . . . .   s

$t_y$ = Voreilung der Erwärmung der Heizwicklung bei mittelbar beheizten Auslösern . . . . . . . . . . . . . . . . . . . .   s

$t_z$ = Zeitkonstante der Übergangsexponentialfunktion für $t_x$ und $t_y$ von $t = o$ an . . . . . . . . . . . . . . . .   s

$u$ = Anteil der Wärmeentwicklung des eigentlichen Wärmeelementes an der gesamten eines mittelbar beheizten Auslösers

$\ddot{u}$ = Überlaststrom zu Einstellstrom . . . . . . . . . . . .   $I_{\ddot{u}}/I_e$

$\ddot{u}'$ = Überlaststrom zu Grenzstrom . . . . . . . . . . . . .   $I_{\ddot{u}}/I_g$

$\ddot{u}'_k$ = zulässiger Kurzschlußstrom zu Grenzstrom . . . . . . .   $I_k/I_g$

$\ddot{u}_A$ = Überlastungsfähigkeit bedingt durch den Schutzauslöser im aussetzenden Betrieb . . . . . . . . . . . . . . . . . . .   $I_{\ddot{u}}/I_d$

$\ddot{u}_M$ = zulässige Motorüberlastung . . . . . . . . . . . . . .   $I_{\ddot{u}}/I_d$

$v$ = Vorbelastungsstrom zu Einstellstrom . . . . . . . . . .   $I_v/I_e$

$w$ = Anteil der Wärmekapazität des eigentlichen Wärmeelementes an der gesamten eines mittelbar beheizten Auslösers, z. B. des Bimetallstreifens, der eine Zusatzheizwicklung trägt

$w_{bb}$ = Warteverhältnis für die Wiederherstellung der Betriebsbereitschaft (s. S. 195)

$x$ = Kühlungsanteil der umlaufenden Motorteile

$y$ = Verhältnis der Zeitkonstanten $T_R$ und $T_L$ mit Bezug auf die Überlastungsfähigkeit im aussetzenden Betrieb

$z$ = Verminderung der Einstellstromstärke durch Wegverstellung (beliebiger Skalenwert zu Skalenhöchstwert); $z < 1$

$A$ = Festwert als Anteil an $\ddot{u}'^2 \cdot t$ bei der Gleichung der Auslösekennlinie

$B$ = Multiplikator der Zeit als Anteil an $\ddot{u}'^2 \cdot t$ zur Berücksichtigung der Wärmeableitung bei der Gleichung der Auslösekennlinie

$C$ = Multiplikator von $1/t$ zur Berücksichtigung der Wärmestauung als Anteil an $\ddot{u}'^2 \cdot t$ bei der Gleichung der Auslösekennlinie

$D$ = Auslöserübertemperatur bei Skalenhöchstmarke . . . . .   °C

$E$ = Elastizitätsmodul . . . . . . . . . . . . . . . . . . . i. allg. kg · mm$^{-2}$
$ED$ = Prozentuale Einschaltdauer . . . . . . . . . . . . . .  %
$G$ = Faktor bei Höhereinstellung; $G'$ desgleichen (s. S. 188, 191)
$I$ = elektrische Stromstärke . . . . . . . . . . . . . . . .  A
$I_b$ = Belastungsstrom . . . . . . . . . . . . . . . . . . .  A
$I_d$ = Dauerstrom . . . . . . . . . . . . . . . . . . . . . .  A
$I_e$ = Einstellstrom . . . . . . . . . . . . . . . . . . . . .  A
$I_e'$ = desgleichen bei Höhereinstellung . . . . . . . . . .  A
$I_g$ = Grenzstrom (niedrigster Auslösestrom) bei thermischen Relais
und Auslösern . . . . . . . . . . . . . . . . . . . .  A
$I_k$ = Kurzschlußstrom . . . . . . . . . . . . . . . . . . .  A
$I_m$ = Motorstrom . . . . . . . . . . . . . . . . . . . . . .  A
$I_n$ = Nennstrom . . . . . . . . . . . . . . . . . . . . . .  A
$I_{nm}$ = Motornennstrom . . . . . . . . . . . . . . . . . .  A
$I_ü$ = Überlaststrom . . . . . . . . . . . . . . . . . . . .  A
$I_v$ = Vorbelastungsstrom . . . . . . . . . . . . . . . . .  A
$I_{ED}$ = Strom bei der prozentualen Einschaltdauer ($ED$) . . . .  A
$J$ = Trägheitsmoment . . . . . . . . . . . . . . . . . . . meist mm$^4$
$K$ = spezifischer Wert für die Bewegung von Bimetallstücken unter
Wärmeeinwirkung $1{,}5 \cdot (\alpha_1 - \alpha_2) \cdot \triangle \vartheta/d \cdot f(E) = 2 \cdot k \cdot \triangle \vartheta/d$  mm$^{-1}$
$M$ = Masse . . . . . . . . . . . . . . . . . . . . . . . . meist kg m$^{-1}$ s$^2$
$M_d$ = Drehmoment
$M_n$ = Nenndrehmoment
$N$ = Leistung . . . . . . . . . . . . . . . . . . . . . . .  W
$O$ = Oberfläche . . . . . . . . . . . . . . . . . . . . . .  cm$^2$
$P$ = Kraft (z. B. Schaltkraft) . . . . . . . . . . . . . . .  g u. kg
$P_b$ = Beschleunigungskraft . . . . . . . . . . . . . . . .  g u. kg
$P_r$ = Reibkraft (allgemein Gegenkraft) . . . . . . . . . .  g u. kg
$Q$ = Wärmeentwicklung . . . . . . . . . . . . . . . . . .  W
$Q_b$ = Wärmeentwicklung im eigentlichen Wärmeelement, z. B. dem
Bimetallstreifen . . . . . . . . . . . . . . . . . . .  W
$Q_g$ = Wärmeentwicklung bei Grenzstrom . . . . . . . . . .  W
$Q_n$ = Wärmeentwicklung bei Nennstrom . . . . . . . . . .  W
$Q_w$ = Wärmeentwicklung in der Heizwicklung . . . . . . . .  W
$R$ = elektrischer Widerstand . . . . . . . . . . . . . . .  Ω
$RT$ = Raumtemperatur . . . . . . . . . . . . . . . . . .  °C
$S$ = Zahl der Schaltspiele
$S/h$ = Schalthäufigkeit (Zahl der Schaltspiele je Stunde) . . . .  h$^{-1}$
$T$ = Zeitkonstante . . . . . . . . . . . . . . . . . . . .  s
$T_A$ = Auslöser-(Relais-) Zeitkonstante . . . . . . . . . .  s
$T_L$ = Motorzeitkonstante bei Lauf . . . . . . . . . . . .  s
$T_M$ = Motorzeitkonstante . . . . . . . . . . . . . . . . .  s
$T_R$ = Motorzeitkonstante bei Stillstand . . . . . . . . . .  s
$ÜT$ = Übertemperatur — Erwärmung . . . . . . . . . . . .  °C
$V$ = Volumen . . . . . . . . . . . . . . . . . . . . . . . meist cm$^3$
$V_b$ = Volumen des eigentlichen Wärmeelementes, z. B. des Bi-
metallstreifens . . . . . . . . . . . . . . . . . . .  cm$^3$
$V_w$ = Volumen der Heizwicklung . . . . . . . . . . . . .  cm$^3$
$\alpha$ = Längenausdehnungszahl bei Erwärmung . . . . . . . . . .  °C$^{-1}$
$\bar{\alpha}$ = Wärmeübergangszahl (-Abgabeziffer) . . . . . . . . W · cm$^{-2}$ · °C$^{-1}$
$\beta$ = Winkel, den die Tangente am Ende eines gekrümmten Bimetall-
streifens mit der Ursprungsrichtung bildet . . . . . . . meist Bogenmaß

$\gamma$ = Dichte . . . . . . . . . . . . . . . . . . . . . . . . . . . $\mathrm{g \cdot cm^{-3}}$

$\vartheta$ = Temperatur (im allgemeinen Erwärmung) . . . . . . . . . °C

$\vartheta_b$ = Erwärmung des Bimetalls bei mittelbar beheizten Auslösern und Relais . . . . . . . . . . . . . . . . . . . . . . . . °C

$\vartheta_{bg}$ = Erwärmung des Bimetalles bei mittelbarer Beheizung durch Grenzstrom . . . . . . . . . . . . . . . . . . . . . . . . °C

$\vartheta_e$ = Erwärmung bei Einstellstrom . . . . . . . . . . . . . . °C

$\vartheta_g$ = Erwärmung bei Grenzstrom . . . . . . . . . . . . . . . °C

$\vartheta_m$ = Höchsttemperatur (im allgemeinen Erwärmung), die ein Körper bei Dauerbelastung erreicht . . . . . . . . . . °C

$\vartheta_{m\ddot{u}}$ = desgl. bei Überlast $\ddot{u}$ . . . . . . . . . . . . . . . . °C

$\vartheta_{max}$ = Höchstzulässige Erwärmung bei Kurzschlußabschaltung . . °C

$\vartheta_n$ = Erwärmung bei Nennstrom — also größtem Einstellstrom °C

$\vartheta_o$ = obere Erwärmungsgrenze im periodischen Betrieb . . . . °C

$\vartheta_u$ = untere Erwärmungsgrenze im periodischen Betrieb . . . °C

$\vartheta_w$ = Erwärmung der Heizwicklung bei mittelbar beheizten Relais und Auslösern . . . . . . . . . . . . . . . . . . . . . °C

$\lambda$ = Verhältnis der Schichtstärken bei Bimetall

$\varrho$ = spezifischer elektrischer Widerstand . . . . . . . . . . . $\Omega \cdot \mathrm{cm}$

$\varphi$ = Zentriwinkel entsprechend dem Kreisbogen eines Bimetallstreifens . . . . . . . . . . . . . . . . . . . . . . . meist Bogenmaß

$\varphi_1$ = desgleichen im warmen Zustand, wenn zu $\varphi$ im kalten im Gegensatz . . . . . . . . . . . . . . . . . . . . . meist Bogenmaß

$\psi$ = Winkel, den die Sehne eines gebogenen Bimetallstreifens mit der Tangente bei Bogenanfang bildet . . . . . . . . . . Bogenmaß

# 1. Aufgabenstellung

Für die Aufgabenstellung sind die dem Motor drohenden Gefahren maßgebend, ferner die Tatsache, daß die üblichen Leitungsschutzelemente, wie Abschmelzsicherungen und Leitungsschutzschalter, auf Grund ihrer Eigenarten den Motorschutz nicht übernehmen können.

## 1.1 Entwicklungsgründe

Die Entwicklung der Motorschutzgeräte setzte kurz nach dem ersten Weltkrieg fast gleichzeitig an mehreren Stellen in Deutschland ein (s. S. 281). Die Gründe waren durch die technische und wirtschaftliche Entwicklung gegeben [BESAG (1)].

Der Käfigläufer gewann langsam Boden. Gleichzeitig mit ihm ent wickelte sich der elektrische Einzelantrieb in zunehmendem Maße. Auf der anderen Seite forderten die wirtschaftlichen Verhältnisse, insbesondere die Energiewirtschaft, Sparmaßnahmen. Der Käfigläufermotor mit seinen höheren Anlaßströmen machte die Abschmelzsicherung, die bis dahin in erster Linie dem Schutz der Leitungen und auch der Motoren gedient hatte, in ihrer Wirkungsweise für den Motor vollends unmöglich. Nicht nur, daß sie an sich den Schutz nicht voll ausüben konnte, indem sie bei Nennstromgleichheit von Motor und Sicherung erst bei beträchtlichen Übersteigerungen des Nennstromes zum Ansprechen kam, mußte nunmehr mit Rücksicht auf die Anlaßvorgänge der Sicherungsnennstrom noch höher gewählt werden als der Motornennstrom. Die gesteigerte Zahl der einzeln angetriebenen Arbeitsmaschinen verlangte den Käfigläufer als leicht bedienbaren Motor, vor allen Dingen, weil er weitgehend die unmittelbare Einschaltung mit Schützen zuließ. Hier waren, erst recht bei höherer Schalthäufigkeit, die Sicherungen als Motorschutzelement nicht mehr zu gebrauchen.

Daß in der Praxis früher die Schwierigkeiten bei der Verwendung von Sicherungen als Motorschutzmittel nicht so groß waren als man vermuten sollte, lag einfach daran, daß es grundsätzlich Sitte war, die Motorleistung, wenn sie festgestellt war, nochmals erheblich zu überhöhen. Unter diesen Umständen war naturgemäß die Gefahr einer Überlastung der Motoren außerordentlich gering. Die Verhältnisse nach dem

1. Weltkrieg erlaubten jedoch die Verschwendung von Anlagekapital in diesem Maße nicht mehr. Hinzu kam aber auch, daß nicht ausgenutzte Motoren mit erheblich schlechterem Wirkungsgrad arbeiten und infolgedessen nicht nur ein höheres Anlagekapital verlangen, sondern auch noch erhöhte Betriebskosten.

Die Elektrizitätsversorgungsunternehmungen gehörten ebenfalls zu den Leidtragenden dieser Entwicklung. Die Betriebe meldeten einen verhältnismäßig sehr hohen Anschlußwert, das Elektrizitätswerk stellte sein Netz dafür bereit, rechnete mit diesen hohen Anschlußwerten, um dann festzustellen, daß seine Einrichtungen nur sehr schlecht ausgenutzt wurden. Hinzu kam, daß die vom Netz wegen der schlechten Leistungsfaktoren der unterbelasteten Motoren zu führenden Blindströme höher waren als erforderlich.

Sobald man nicht mehr so großzügig war und die Leistungen der Motoren genauer feststellte, war natürlich sofort die errechnete Belastung der Gefahrengrenze näher gerückt, und wenn nun später aus irgendeinem Grunde die Belastung anstieg, war der Motor gefährdet. Überbelastungen von nur 10, 20, ja auch 40 und 50 v. H. konnte die Sicherung eben nicht wegnehmen.

Mit den geschilderten Motiven waren die Entwicklungsgründe für die Motorschutzgeräte noch nicht erschöpft. Eine neue und nicht die unwichtigste Quelle kam aus den Netzen selber. Ihre starke Verästelung, insbesondere das Eindringen in die Landwirtschaft mit ihren langen Stichleitungen, die als Freileitungen ausgeführt waren, brachte häufiger die Gefahr von Unterbrechungen, vor allen Dingen aber von einpoligen Unterbrechungen im Drehstromsystem mit sich. Und gerade dieser Umstand hat für die Elektromotoren eine verheerende Wirkung, denn sobald eine Leitung unterbrochen wird, steigt der Strom in den beiden anderen auf fast den doppelten Betrag, so daß selbst ein nicht voll belasteter Motor nunmehr Gefahr läuft, in seinen restlich eingeschaltet bleibenden Wicklungsteilen zu verbrennen. Diese Gefahr war z. B. bei allen Wasserhaltungen, die etwas weiter ab von menschlichen Behausungen lagen und ohne Aufsicht arbeiten sollten, außerordentlich groß. Überbelastungsmöglichkeiten schafft auch schon ein einfacher Spannungsrückgang des Netzes. Das Drehmoment kann dann nur durch Stromanstieg aufrechterhalten werden. All diese Umstände führten dazu, daß man etwa um das Jahr 1920 mit der Sicherung als Motorschutzgerät nicht mehr zufrieden sein konnte und neue, bessere Einrichtungen verlangte, die nunmehr mit dem ausdrücklichen Zweck, die Motoren gegen Überlastung zu schützen, entwickelt wurden. Die heute bei Nennlast übliche hohe Ausnutzung der Motoren hat die Bedeutung des Motorschutzes noch gesteigert.

## 1.2 Welche Gefahren drohen dem Motor?

Die Quellen, aus denen die Möglichkeiten zur Gefährdung der Motoren kommen, sind sehr mannigfach, s. Tabelle 1. Am wenigsten kann das Motorschutzgerät gegen die Folgen eines schlechten Maschinenzustandes und Störungen im mechanischen Aufbau tun. Soweit sich diese

Tabelle 1. *Quellen der Motorüberbeanspruchung*

| | |
|---|---|
| Aufstellraum und Wartung | z. B. zu hohe Raumtemperatur<br>Behinderung der Lüftung |
| Überlastung | z. B. außergewöhnliche Anforderungen an die Maschinenleistung<br>zu niedrige Speisespannung<br>erschwerte Anlaufbedingungen<br>im aussetzenden Betrieb erhöhte Schalthäufigkeit<br>Erhöhung der relativen Einschaltdauer<br>Läuferblockierung |
| Fehlschaltungen | z. B. $\curlywedge$-$\triangle$-Schalter bleibt in $\curlywedge$-Stellung stehen |
| Netzstörungen | z. B. unsymmetrische Netzspannung<br>Unterspannung<br>Frequenzschwankungen<br>einpolige Unterbrechung des Drehstromnetzes — Einphasenlauf |
| Gerätestörungen | z. B. Nichtschließen des Dreiecks bei $\curlywedge$-$\triangle$-Schaltern<br>Mängel bei Polumschaltern — Nichtparallelschaltung dazu bestimmter Wicklungsteile |

Störungen nicht in einem rechtzeitigen nennenswerten Anwachsen des Stromes oder der Motorerwärmung äußern, geschieht seitens der Motorschutzgeräte nichts, z. B. wenn ein Lager wegen Ölmangel heiß läuft oder der Läufer am Ständer streift. In solchen Fällen wird der Schutzschalter höchstens abschalten können, wenn ein Schaden eingetreten ist. Dem Lager kann man zwar durch besondere Schutzeinrichtungen, die dessen Temperatur überwachen, einigermaßen helfen. Solche Elemente zählen jedoch nicht zum *Motorschutz*. Sie können für alle Maschinen als Signalgerät sowie zur Einleitung der Abschaltung dienen. Gegen Schäden, die sich erst bemerkbar machen, wenn sie eingetreten sind, hilft kein Motorschutzgerät. Ein Motorschutzschalter hat also nicht die Wirkung einer Motorversicherung, und mit dem Kauf eines solchen Gerätes erwirbt man auch keinen Anspruch auf eine Motorgarantie. Das soll nicht heißen, daß Motorschutzgeräte nicht auch in der Lage sind, solche Schäden zu mildern und abzuschalten, ehe die Auswirkungen

1*

ein großes Ausmaß angenommen haben. Die Schadensmöglichkeiten, die dem Motor aus solchen Umständen erwachsen, fallen aber auch zahlenmäßig nicht so ins Gewicht wie die anderen, die von der Beanspruchung und dem Netzzustand herkommen.

### 1.2.1 Die Verhältnisse des Aufstellungsraumes — Zustand und Wartung des Motors

Die zulässige Temperatur der Isolation ist an einen Höchstwert gebunden. Er wird durch die VDE-Bestimmungen festgelegt. Seine Überschreitung begrenzt die Lebensdauer der Wicklung. Temperatur und Lebensdauer stehen in Beziehung zueinander. Die Wicklungstemperatur wird nun bedingt durch Raumtemperatur und Motorerwärmung. Die Motoren werden nach VDE 0530 § 33 so ausgelegt, daß sie bei ihren Nennleistungen noch Kühllufttemperaturen bis 40° C vertragen. Wird dieser Wert, der bei den üblichen Anwendungen eine Reserve darstellt, überschritten, so müßte die Motorerwärmung entsprechend herabgesetzt werden. Das kann durch Motorschutzgeräte überwacht werden, solche, die im Motor selbst eingebaut sind oder solche, die vom Motor getrennt angeordnet, aber der gleichen Raumtemperatur ausgesetzt sind. Ja, es genügen praktisch auch Geräte, die an sich auf die erhöhte Raumtemperatur nicht reagieren, aber für einen entsprechend niedrigeren Grenzstrom geeicht sind. Außer der Raumtemperatur kann auch von außen zugeführte Strahlungswärme die Temperatur der Motorwicklung beeinflussen.

Ein vom Motor getrenntes Gerät, das den Strom in den Zuleitungen überwacht, kann keine Notiz von der zusätzlichen Erwärmung nehmen, wenn beispielsweise die Lüftungskanäle von Motoren verstopft sind und deshalb die Wärmeabfuhr geringer wird. Filterung der Kühlluft kann hier nützlich sein.

### 1.2.2 Überlastungen und Fehlschaltungen als Störungsursache

Viel wichtiger sind Überlastungen als Störungsursachen. Der Motor braucht oft ein höheres Drehmoment und dementsprechend höhere Ströme, z. B. weil sich die Reibungsverhältnisse der angetriebenen Maschinen änderten, weil Pumpen gegen andere Druckhöhen arbeiten müssen, das Werkzeug stärker angreift, der Förderwagen stärker beladen wird und dergleichen. Bei Motoren, die ihre Last nicht dauernd bewegen, sondern denen eine bestimmte Beziehung zwischen Last, Einschalt- und Ausschaltzeit beim Entwurf zugrunde gelegt wurde (Aussetzbetrieb, Schaltbetrieb), kann die Verlängerung der Einschalt- oder die Verkürzung der Ausschaltzeiten bei gleichbleibender Stromaufnahme zu Überlastungen und damit Temperatursteigerungen über den Gefahrenpunkt hinaus führen. Meist steigt die Stromstärke etwa mit dem Drehmoment, nur bei den Gleichstromhauptschlußmotoren in geringerem Maße. Die Temperaturen folgen in etwa dem Quadrat der Stromstärke. Wesentlich ist, daß VDE 0530 keine betriebsmäßige Dauerüberlastungsfähigkeit fordert. Es wird lediglich verlangt, daß die Motoren mit 1,5fachem Nennstrom 2 Minuten lang überlastbar sind. Erhöhte Dauerbelastung führt zur Minderung der Isolationslebensdauer. Zu der strommäßigen Überbelastung durch erhöhten Drehmomentenbedarf der Arbeitsmaschinen kommt die Steigerung der Stromaufnahme bei Spannungsrückgang. Besonders nachteilig ist bei Motoren mit Eigenbelüftung oft schon ein verhältnismäßig kleiner Drehzahlrückgang, der durch die Betriebsverhältnisse oder die Netzspannung bedingt ist.

Die äußerste Überlastung für Motoren bedeutet ein abgebremster oder blockierter Läufer. Eine ausgeglichene Erwärmung aller Elemente und Stromkreise ist dabei ziemlich unwahrscheinlich. Es besteht die Möglichkeit, daß der Ständer eines Drehstrommotors noch eine weit unter der sicheren Grenze liegende Temperatur hat, während entweder die Endringe oder die Stäbe des Läufers schon zu heiß sind, oder umgekehrt. Die zulässige Belastungszeit erhöht sich dabei mit der Anzahl der Pole, weil für ein größeres Drehmoment mehr Material erforderlich ist. Diese zulässige Blockierungszeit wird leider für Motoren allgemeiner Anwendung von den Herstellern nicht angegeben. Für Motoren, an die Sonderanforderungen wie Explosionsschutz gestellt werden, findet diese Zeit einen Niederschlag in der VDE-Arbeit 0170/0171. In der Diskussion zu einem Vortrag von KARR wurde angegeben, daß die zulässige Blokkierungszeit von Industriekäfigläufermotoren für allgemeine Zwecke in der Größenordnung von 20 s vorliegt. Dieser Wert ist für kleinere Motoren wohl grundsätzlich zu hoch. Es darf auch nicht verkannt werden, daß sich durch Erhöhung der Wicklungstemperaturen die Motorausführungen und damit das Verhältnis von erzeugter Verlustwärme zur Wärmeaufnahmefähigkeit geändert haben, so daß man für den Normalfall mit so hohen Werten nicht mehr unbedingt rechnen kann. Es wäre sehr wertvoll, wenn für Motoren einheitliche Richtlinien aufgestellt würden oder sogar das Leistungsschild eine Angabe über diesen Wert enthielte.

Weitere Störungsursachen sind *Anschluß- und Schaltfehler* sowie Versagen von Anlaßgeräten. So z. B. wird ein Motor Schaden leiden, wenn er statt in △ in 人 geschaltet wird. Der gleiche Netzstrom durchsetzt dann einen erheblich geringeren Wicklungsquerschnitt. Ebenso wirkt es sich natürlich aus, wenn bei einem Motor der Stern-Dreieck-Schalter in 人-Schaltung stehengelassen wird. Hier helfen selbsttätige Schaltgeräte, die einen Schutz gegen solche Störungen bieten. Wie man ein Motorschutzgerät gegen solche Möglichkeiten einsetzt, ist auf S. 222 behandelt. Ähnlich ergeht es den polumschaltbaren Motoren, bei denen auf den einzelnen Drehzahlstufen verschiedene Wicklungsgruppierungen vorgenommen werden. Ist eine solche Gruppierung gestört, z. B. bei einer Parallelschaltung ein Zweig wegen Kontaktübergangsschwierigkeiten stromlos geworden, so treten Überlastungen der eingeschaltet verbleibenden Wicklungsteile auf. Hier hilft nur gute Arbeit der Hersteller von Motoren und Schaltgeräten sowie der Installateure. Machtlos sind diese aber gegen die Überlastungen und gegen die Folgen der Netzstörungen. Sondermaßnahmen bei polumschaltbaren Motoren s. S. 223.

### 1.2.3 Die Gefahren durch Störungen im Drehstromnetz

Die Gefahren aus Netzstörungen stellen wohl die wichtigsten dar. Es drohen den Motoren eine ganze Anzahl aus abnormen Zuständen des speisenden Netzes, insbesondere des Drehstromnetzes. Sie treffen erfahrungsgemäß die unbeaufsichtigt laufenden Anlagen am meisten. Zu den Netzstörungen gehört z. B. der Spannungsrückgang. Zur Aufrechterhaltung des Drehmomentes muß die Stromstärke gesteigert, also der Motor zur Erzielung des vollen Drehmomentes überlastet werden. Die Schwankungen im Netz sollen an sich gering sein. Hinzu kommen die Schwankungen in der eigenen Anlage, wenn Transformatoren, Leitungen und Anschlußwert nicht im richtigen Verhältnis zueinander stehen. Bei Drehstrommotoren bedingt ein Spannungsabfall praktisch noch keinen Drehzahlrückgang. Bei Gleichstrom liegen die Verhältnisse etwas anders. Außer den Spannungsabweichungen können Frequenzabweichungen auftreten. Zu hohe Frequenzen haben schwächeres Feld und stärkeren Strom zur Folge. Zu niedrige steigern die Feldstärke und die hiervon abhängigen Verluste.

Das sind Störungen, bei denen die Mehrphasennetze noch symmetrisch sind. Noch schwerer sind die Beanspruchungen, wenn bei solchen Netzen eine merkliche Asymmetrie in den Netzspannungen auftritt. Der schwierigste Fall ist die vollständige Unterbrechung eines Netzleiters bei Drehstrommotoren. Sie führt zu eigenartigen Netzbildern und Lastverteilungen. Die Unterbrechung kann mannigfache Ursachen haben: Abschmelzen einer Sicherung, Drahtbruch, Kontaktstörungen u. dgl. Je nachdem wo solche Unterbrechungen liegen, im Hochspannungs- oder Niederspannungsnetz vor einem einzigen oder mehreren parallelgeschalteten Motoren, ergeben sich andere Verhältnisse. Einpolige Unterbrechungen des Hochspannungsnetzes können zu unangenehmen Rückwirkungen, insbesondere zur Überlastung einer oder zweier Zuleitungen, führen, (s. S. 15).

### Unterbrechung eines Leiters des Drehstrom-Niederspannungsnetzes — Einphasenlauf

Wird in einem Drehstromnetz eine Zuleitung unterbrochen, so führt das zum Einphasenlauf und damit zu einer der wesentlichsten Überlastungen des Drehstrommotors. Eine falsche Beurteilung der Situation hat bei der Entwicklung der Motorschutzgeräte oft zu ungeeigneten Vorschlägen für die Abhilfe geführt. Sehr häufig übersieht man, daß der einphasig laufende Drehstrommotor, genau wie ein normaler Einphasenmotor, beim Lauf ebenfalls ein Drehfeld besitzen muß, das er von sich aus aufrechterhält. Das Drehfeld besteht nach wie vor weiter. Es ist zwar kein genau kreisförmiges mehr, aber bei Leerlauf sind die Abweichungen nur gering. Mit steigender Belastung, oder bei Einschaltung von Widerständen in den Läuferkreis, werden sie größer. Aus dem kreisförmigen Feld wird allmählich ein elliptisches. Die Größe der kleinen Ellipsenachse hängt von der Drehzahl ab, die der Einphasenmotor noch aufrechterhält. Bei leerlaufender Maschine mißt man zwischen der abgeschalteten Motorklemme und den noch mit dem Netz in Verbindung stehenden Klemmen fast die volle Netzspannung. Die Unterschiede betragen nur wenige Prozent. Das ist auch der Grund, warum man einen Motor bei dieser verhältnismäßig häufig vorkommenden Störung nicht durch einen Nullspannungsschalter schützen kann. Ein solcher Schalter müßte bei normalem dreiphasigem Netz und Spannungsrückgang um ganz wenige Prozent ebenfalls abschalten.

In Abb. 1a ist das Spannungsdreieck eines solchen Motors aufgezeichnet [FRANKEN (3)]. Das äußere Dreieck entspricht dem Spannungsdreieck des Netzes bzw. dem des Motors bei gesundem Netzzustand. Schaltet man die Zuleitung zu $V$ ab, dann geht die Lage der Klemme $V$ in dem Spannungsdreieck auf den Punkt $V_1$ zurück. Bei weitergehender Belastung beschreibt dieser Punkt eine Kurve und endet schließlich in der Mitte der Strecke $U-W$. Dann steht der Motor still. Eigentlich wäre zu erwarten, daß er sich genau in gerader Linie von $V_1$ nach $V_0$ bewegt. Die Abweichung rührt daher, daß die große Achse der Drehfeldellipse nicht mit der Magnetisierungsachse der gesunden Phase zusammenfällt. Man mißt infolgedessen von der abgeschalteten Klemme nach den beiden mit dem Netz verbundenen Klemmen immer verschiedene Spannungen, und zwar je nach der Drehrichtung ist die eine oder andere Spannung die größere. In derselben Weise, wie sich die Lage des Punktes $V$ ändert, ändert sich bei Sternschaltung der Wicklung die des Sternpunktes (Abb. 1a rechts). Er wandert ebenfalls auf einer Kurve und endigt wiederum im Mittelpunkt von $U-W$. Die Abweichungen der Kurven von der Geraden sind durch die Bauverhältnisse des betreffenden Motors gegeben. Insbesondere bei kleinen Motoren liegen die

Kurven niedriger. Aber bei normalen handelsüblichen Maschinen, etwa
in der Größenordnung von 4 bis 7,5 kW, kann man bei kurzgeschlossenen
Läuferwiderständen und Belastung mit Nenndrehmoment an der abgeschalteten Klemme noch eine Spannung von etwa 60 bzw. 90 v. H.

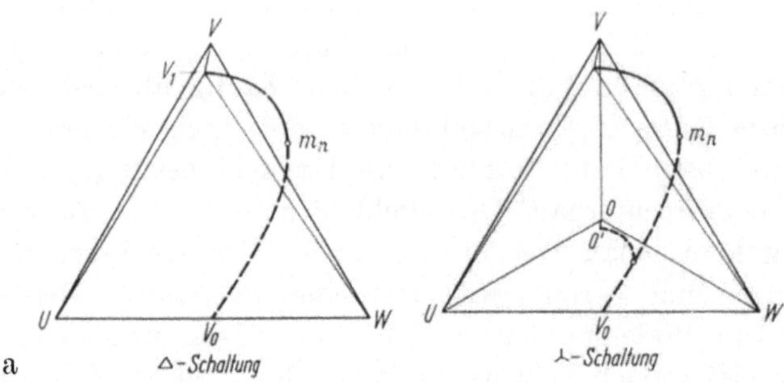


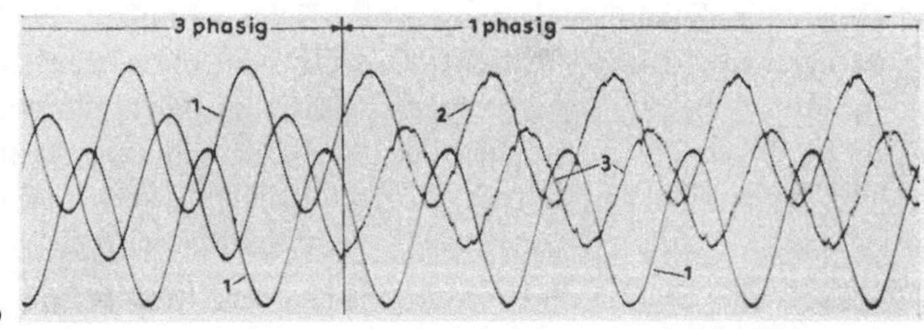


Abb. 1 a u. b. Motorklemmspannungen bei 1-Phasenlauf eines Drehstrommotors — Klemme
„V" vom Netz getrennt
a Spannungsdreieck bei Dreieck- und Sternschaltung;
b Oszillogramm eines Übergangs vom 3-Phasen- in den 1-Phasenlauf bei etwa 50 v. H.
  Nennlast

feststellen. Abb. 1 b zeigt den Spannungsverlauf beim Übergang vom
Drei- auf Einphasenlauf bei etwa 50 v. H. Belastung. Die Stromstärke
steigt bei Belastung mit Nenndrehmoment in den beiden stromdurchflossenen Netzleitungen auf fast 200 v. H., s. Abb. 2 b . . . d.

Bei *dreieckgeschalteten Motoren* am einphasigen Netz verteilen sich
die *Ströme* verschieden auf die Wicklungen. Würde man, wie bei Motoren
mit Stern-Dreieck-Schaltern üblich (s. S. 222), die thermischen Elemente jeweils mit den Wicklungssträngen hintereinander schalten, so
wären die Schutzelemente auf alle Teile des Motors abgestimmt. Da aber
bei Nichtverwendung eines Stern-Dreieck-Schalters mit Rücksicht auf
die Leitungsführung die Überwachung der Zuleitungsströme üblich ist,
so ist zu untersuchen, ob der Schutz trotzdem ausreichend ist. Abb. 3 b

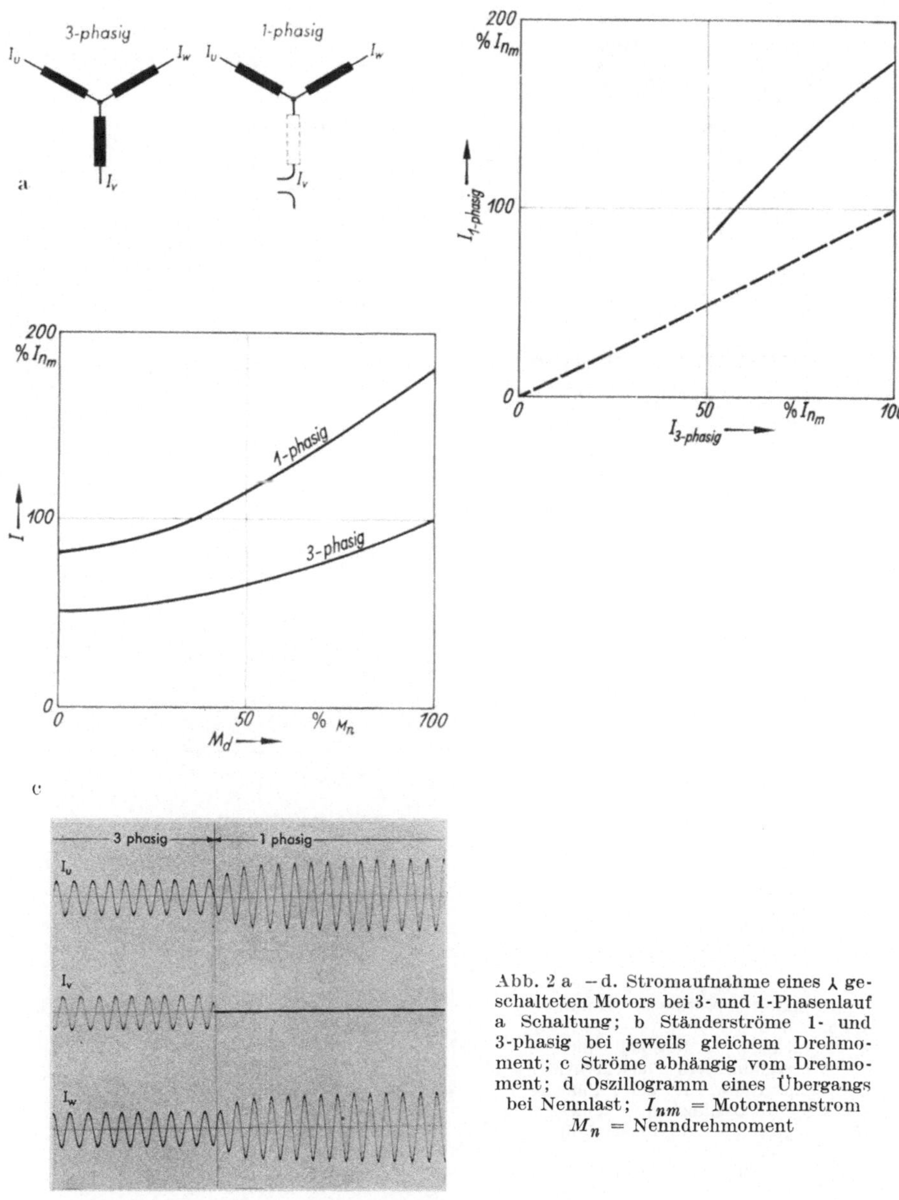



Abb. 2 a —d. Stromaufnahme eines λ geschalteten Motors bei 3- und 1-Phasenlauf a Schaltung; b Ständerströme 1- und 3-phasig bei jeweils gleichem Drehmoment; c Ströme abhängig vom Drehmoment; d Oszillogramm eines Übergangs bei Nennlast; $I_{nm}$ = Motornennstrom $M_n$ = Nenndrehmoment

zeigt Werte für die Ströme, wie sie in verschiedenen Arbeiten angegeben sind [WATTS (1), TYLER, o. Verf. (10)], bei $I_2$ als Vielfachwert des Motornennstromes in der Zuleitung, bei $I_1$ und $I_3$ des entsprechend niedrigeren

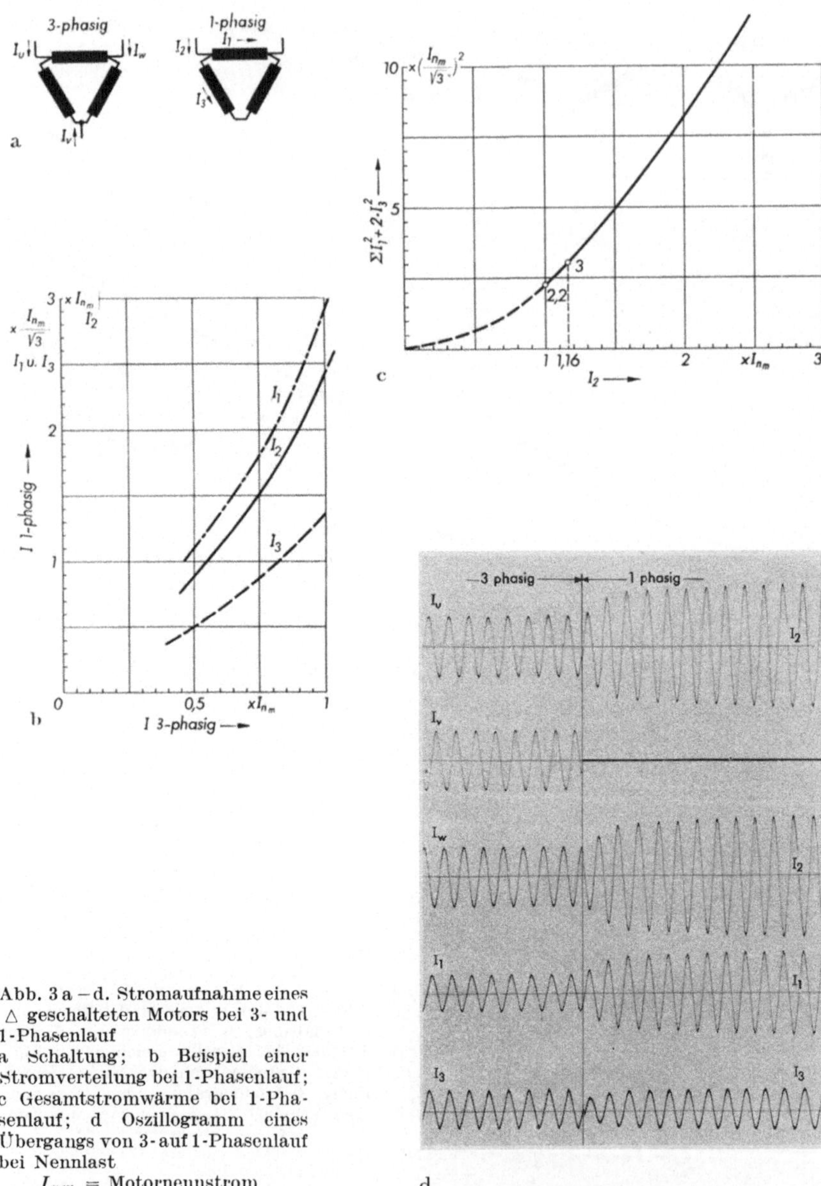



Abb. 3 a – d. Stromaufnahme eines
△ geschalteten Motors bei 3- und
1-Phasenlauf
a Schaltung;  b Beispiel einer
Stromverteilung bei 1-Phasenlauf;
c Gesamtstromwärme bei 1-Pha-
senlauf;  d Oszillogramm eines
Übergangs von 3- auf 1-Phasenlauf
bei Nennlast

$I_{nm}$ = Motornennstrom

in den Wicklungen. Der Strom in der unmittelbar an den gesunden
Leitungen liegenden Wicklung ($I_1$) ist etwa doppelt so hoch wie der in den
zwei hintereinandergeschalteten ($I_3$). $I_1{}^2 + 2 \cdot I_3{}^2$ dürfte bis fast 3 steigen

können, ehe der Motor an der Gefahrengrenze ist. Bei $I_2 = 100$ v. H.
ergeben die Kurven 2,2 (s. Abb. 3c). Dabei fließt aber in der zwischen
den gesunden Leitungen liegenden Wicklung etwa 126 v. H. des normalen
Wicklungsstromes entsprechend etwa 160 v. H. Wärmeentwicklung. Dieser Umstand hat sich bei den Motoren im allgemeinen als unwichtig
erwiesen, da man mit einem weitgehenden Wärmeaustausch dieser Wicklung mit den unterbelasteten Wicklungsteilen rechnen kann [s. FRANKEN
(13)]. Von BENNS und TOZER wurde eine weitergehende Untersuchung

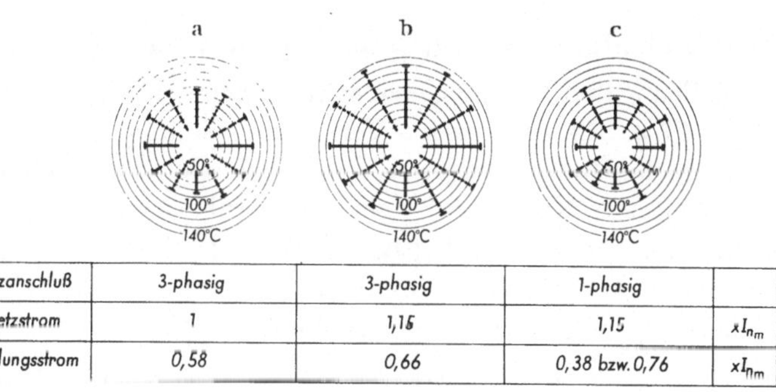

| Netzanschluß | 3-phasig | 3-phasig | 1-phasig | |
|---|---|---|---|---|
| Netzstrom | 1 | 1,15 | 1,15 | $\times I_{n_m}$ |
| Wicklungsstrom | 0,58 | 0,66 | 0,38 bzw. 0,76 | $\times I_{n_m}$ |

Abb. 4. Erwärmung eines in $\triangle$ geschalteten Motors 3- und 1-phasig (nach Craven)

vorgenommen. Hierbei sind einige Temperaturanstiegswerte für die
Wicklungen ermittelt worden. Eine genauere Messung findet man bei
CRAVEN. Er hat die an den einzelnen Wicklungssträngen gemessenen
Erwärmungen verzeichnet, s. Abb. 4. Die Werte der Abb. 4b sind gegenüber Abb. 4a mit einer Nennstromerhöhung von 15 v. H. aufgenommen,
beide bei dreiphasigem Netzanschluß. Demgegenüber steht die Abb. 4c
mit einphasigem Anschluß bei im Verhältnis zu Abb. 4b gleicher Stromstärke in den Zuleitungen, wobei zwei Wicklungen von einem geringerem
Wicklungsstrom 38 v. H. statt 66 v. H. durchflossen werden, die dritte
dagegen von einem höheren Strom, 76 v. H. des Nennstromes. Die höchste
Erwärmung bei dreiphasigem Anschluß betrug 135° C, bei einphasigem
Anschluß 108° C. Sie liegt also trotz der höheren Querschnittsbelastung
einer Wicklung noch 27° C tiefer als der Wert bei dreiphasigem Anschluß
mit gleichem Zuleitungsstrom und nur noch 3° C über dem Wert bei
Vollaststrom und dreiphasigem Anschluß. CRAVEN weist darauf hin, daß
ähnliche Untersuchungen bei Motoren bis etwa 300 kW gemacht wurden
und auch hieraus gefolgert werden kann, daß das Überlastrelais keine
zusätzlichen Vorrichtungen für den einphasigen Lauf bei Dreieckschaltung notwendig hat, um einen wirksamen Schutz gegen die Überlastung

einer Wicklung bei Dreieckschaltung zu gewährleisten. Zu ähnlichen Ergebnissen kommt auch CARLSSON (2). Das setzt natürlich voraus, daß der Grenzstrom nicht zu hoch, d. h. z. B. im Rahmen der VDE-Regeln, liegt.

Zu einem etwas anderen Ergebnis kommt GAINZEW. Allerdings vergleicht er nicht die Stromverteilung und Wärmeentwicklung unter der Voraussetzung, daß in der Netzleitung der Nennstrom bzw. ein bescheidener Überwert wie der 1,15fache Motornennstrom fließt, sondern setzt gleiche Belastung eines Drehstrommotors bei dreiphasigem Anschluß sowie bei einphasigem in Stern- und Dreieckschaltung voraus. Bei $^2/_3$ Ausnutzung des Nenndrehmoments gibt er die Erwärmungen im Verhältnis 1:1,8 : 2,5 an und zieht daraus den Schluß, daß man Motoren in Sternschaltung den Vorzug geben sollte. Nach den Angaben von HEUMANN (3) S. 77 u. 276 ist es in den Vereinigten Staaten üblich geworden, um eine mögliche Überbelastung und infolgedessen Übererwärmung von dreieckgeschalteten Motorwicklungen bei einphasigem Betrieb zu vermeiden, die Motoren so auszulegen, daß sie in Dreieckschaltung mit der Belastung auf 86,6 v. H. des Grenzwertes zurückgehen, der beim Aufbau von sterngeschalteten Motoren gebräuchlich ist. In Europa ist das nicht üblich.

Die Ermittlung der Stromverteilung auf Grund der Methode der symmetrischen Komponenten s. z. B. bei SWANN.

Anders liegen die Verhältnisse, die nicht auf einer Netzstörung, sondern auf einer *Störung am Gerät* beruhen, indem eine Dreieckwicklung aufgetrennt wird, also z. B. der Lockerung einer Verbindung am Klemmbrett, mit der die Dreieckschaltung hergestellt wird, einem Defekt bei einem Stern-Dreieck-Schalter, der dazu führt, daß nur noch zwei Wicklungen stromdurchflossen sind (s. Abb. 5). Die von diesen aufgenommenen Ströme ($J_1$ und $J_3$ s. Abb. 5b) sind nicht ganz gleich. Diese Anordnung hat außerdem noch die Eigenart, daß auch bei Stillstand ein Drehfeld, wenn auch ein gestörtes und damit unter Umständen ein Anlauf zustandekommt. Die Drehmomentenkurve weist aber oft bei $^1/_3$ Synchrondrehzahl einen Sattel auf, der eine höhere Drehzahl nicht zuläßt.

In diesem Falle tritt eine hohe Stromaufnahme auf, die zu einer rechtzeitigen Abschaltung benutzt werden kann. Tritt die Störung aber während des Motorlaufs ein, und der Motorschutzschalter läßt den Zuleitungsnennstrom durch, dann tritt dieser Nennstrom auch in den beiden Wicklungen auf und damit der $\sqrt{}$ dreifache Betrag des Wicklungsnennstromes. Es entsteht also die dreifache Wärme. Nun sollte man erwarten, daß bei dreiphasigem Anschluß die dritte Zuleitung ($J_2$) mit entsprechend hoher Belastung, und zwar dem rund $\sqrt{}$ dreifachen Nennstrom belastet

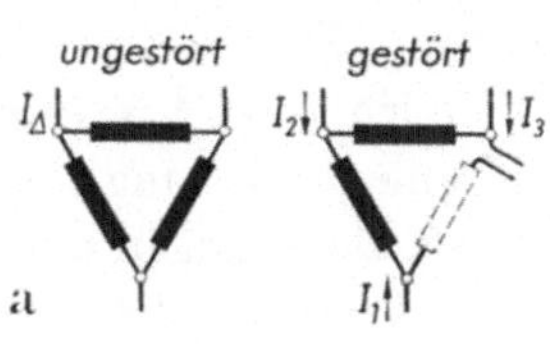


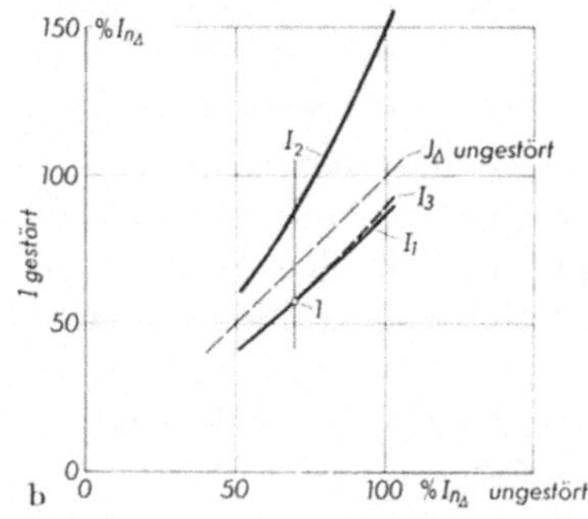


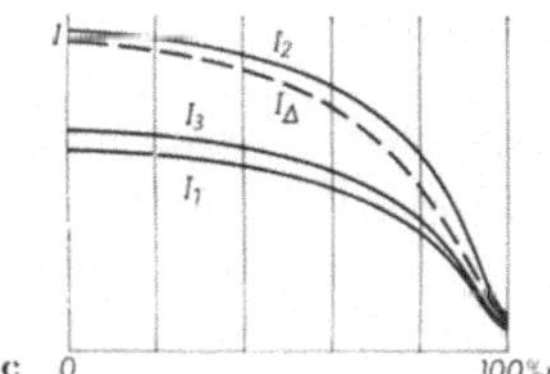


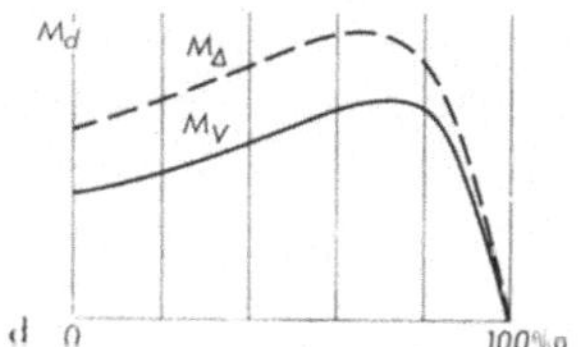


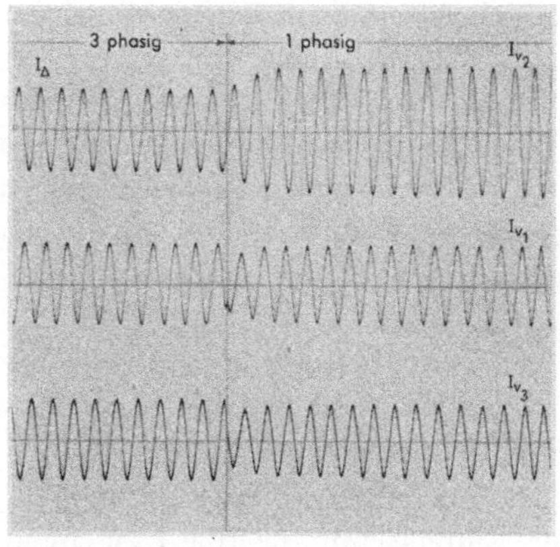


Abb. 5 a — e.  Stromverteilung bei △ geschaltetem Motor und Unterbrechung eines Wicklungsstranges — „$V$"-Schaltung a Schaltung; b Ströme bei gestörtem und ungestörtem Dreieck; c Beispiel für Stromabhängigkeit von der Drehzahl; d desgleichen für Drehmoment; e Oszillogramm eines Überganges vom ungestörten in den gestörten Zustand. Die Ströme $I_{v1}$ u.s.w. in Bild e sind identisch mit den Strömen $I_1$ u.s.w. der Bilder a ... d (c und d nach Schuisky)
$I_{n_\Delta}$ = Nennstrom des ungestörten Motors

würde, das ist aber leider nicht der Fall, der Betrag liegt erheblich niedriger. Das Verhältnis wird von der Bauart der Motoren beeinflußt. Fließt in der gemeinsamen Zuleitung der Motornennstrom, dann ist er 1,4 bis 1,7 mal größer als der Nenn-Wicklungsstrom. Die niedrigen Werte gelten vorwiegend bei kleinen Motorleistungen. Einen besonders niedrigen Wert gibt TOULE mit 1,25 an. Aus den Arbeiten über die V-Schaltung eines Motors folgt nach Messungen von SCHUISKY, JORDAN und SCHÖNBACHER sowie LAX und JORDAN wenigstens für den Anlaufbereich, etwa 1,5. Legt man diese Zahl zugrunde und nimmt in der gemeinsamen Zuleitung 100 v. H. Motornennstrom an, dann fließen in den anderen Zuleitungen und dementsprechend in den Wicklungen etwa 67 statt normal 58 v. H. des Motornennstromes. Sie sind mit 133 v. H. Wärme belastet. Bei dem Verhältnis 1,25 ergäbe sich 80 v. H. in den Wicklungen und 190 v. H. Wärme. Mithin ein gefährlicher Zustand, der durch Stromüberwachung in den Zuleitungen allein nicht beseitigt werden kann. In Abb. 5b ist der Stromwert, der der Wicklungsnennbelastung entspricht, mit „1" bezeichnet, dabei ist $J_2$ aber erst 88 v. H. Motornennstrom. Bei Stern-Dreieck-Schaltern schützt man sich dadurch, daß man, wie auf S. 222 dargelegt, die Schutzelemente nicht in die Netzzuleitungen, sondern in die Wicklungsstränge einschaltet.

Solche Drehstrommotoren, bei denen während des Laufs eine Zuleitung unterbrochen wird, zeigen noch ein eigenartiges Verhalten, wenn ihr Drehmoment bei Einphasenlauf nicht mehr ausreicht, eine rückwärts drehende Last in der Schwebe zu halten. Diese *treibt* dann unter Umständen *den Motor rückwärts an* und bringt ihn fast auf synchrone Gegendrehzahl. Das Spannungsdreieck baut sich in anderer Richtung wieder auf. So z. B. ist es bei Schöpfwerken vorgekommen, daß bei Einphasenlauf des Motors das Wasser nicht mehr gehoben werden konnte. Es lief rückwärts und der Motor in entgegengesetzter Richtung. Die Spannung der abgeschalteten Phase gegenüber den gesunden, die ursprünglich immer kleiner geworden war, stieg wieder an und erreichte fast den vollen Wert, so daß die parallelgeschalteten Glühlampen wieder aufleuchteten. Dasselbe ist bei jedem Hebezeug möglich, sobald der Einphasenmotor die Last nicht mehr halten kann. Während der Dreiphasenmotor in diesem Fall als Bremse wirkt und insbesondere beim Vorhandensein von Widerständen im Kreise des Schleifringläufers ein Bremsmoment entwickelt, das höher als das Anzugsmoment ist, und so die Geschwindigkeit begrenzt, sinkt beim Einphasenmotor das Hubmoment auf 0 ab, um sich in der anderen Richtung in ein motorisch wieder steigendes zu verwandeln, so daß zum etwaigen Freifall noch

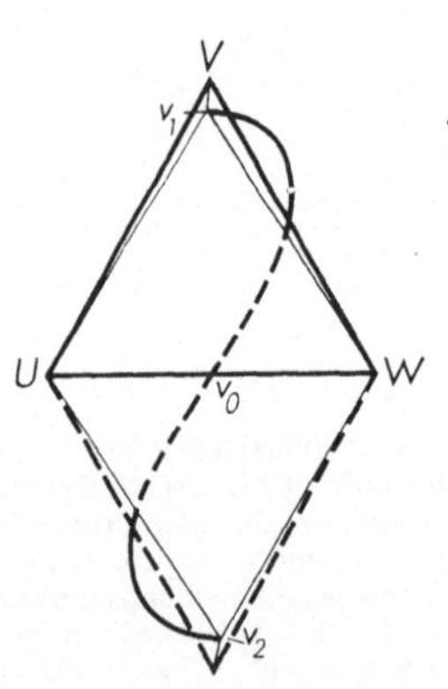


Abb. 6. Veränderung der Klemmspannungen bei einem Asynchronmotor und 1-phasigem Anschluß sowie in Gegenrichtung durchziehender Last

die Beschleunigung durch die Motorkräfte hinzukommt. Bei etwa der vollen Gegendrehzahl tritt dann generatorische Wirkung auf. Abb. 6 zeigt die Spannungsverteilung. Hiergegen hilft natürlich weder eine Stromüberwachung in den Zuleitungen noch eine Temperaturüberwachung der Wicklungen, sondern höchstens eine Spannungsüberwachung, weil die Spannung der abgeschalteten Klemme gegen die anderen beim Durchgang durch die Drehzahl 0 bis auf den halben Normalwert zurückgeht oder ein auf Stromdifferenz beruhendes Gerät siehe Seite 273 oder noch besser ein „Phasenumkehrrelais", s. S. 280.

### Einpolige Unterbrechung des Hochspannungsnetzes

Etwas anders gestalten sich die Verhältnisse, wenn nicht, wie es meistens der Fall ist, eine Niederspannungsphase ausbleibt, sondern hochspannungsseitig ein Leiter abreißt, z. B. eine Sicherung abschmilzt. Bei Mehrphasen-Transformatoren wird der abgeschaltete Schenkel unter Umständen ebenfalls von einem Kraftfluß durchsetzt, resultierend aus den Flüssen der gesunden Phasen. Ist der Transformator auf beiden Seiten symmetrisch, z. B. Stern-Stern geschaltet, so ist kein Unterschied zwischen dem hochspannungsseitigen und dem niederspannungsseitigen Leiterbruch. Anders jedoch, wenn die Schaltung auf beiden Seiten nicht gleich ist, z. B. die bei 380 V viel angewandte Schaltgruppe Y z 5 vorliegt, das ist Sternschaltung oberspannungsseitig und Zickzackschaltung unterspannungsseitig (s. Abb. 7) [FRANKEN ( 3 u. 6)]. Nimmt man an, daß der Mittelpunkt seine Lage im Spannungsdreieck nicht beibehält, also keine gute Erde oder gar Mittelpunktverbindung vorhanden ist, sondern daß er lediglich zum Halbierer der Netzspannung wird, dann schrumpft das Spannungsdreieck im Leerlauf zu einer geraden Linie zusammen, um sich, wenn laufende Motoren angeschlossen sind, wieder auszuweiten, s. Abb. 7b. Im Leerlauf weisen bei 380 V Außenleiterspannung zwei Pole gegen den Mittelpunkt die Spannung von 110 V auf, der dritte von 220 V. Dabei ist die Phasenverschiebung der Spannungen an den beiden Wicklungen mit verringerter Spannung gegeneinander 0, gegen die gesunde Phase 180°. Diese Werte werden durch die Streuspannungen beeinflußt. Abweichungen hängen von der Bauart der Transformatoren ab. Auch verändern angeschlossene laufende Motoren die Spannungsverteilung im Sinne einer besseren Annäherung an das Drehstromsystem (s. Abb. 7b2 u. 3). Bei einem solchen einphasigen Hochspannungsnetz steigen die Ströme in einer Motorzuleitung stark an und erreichen fast doppelte normale Höhe (s. Abb. 7c u. d). Ähnliche Verhältnisse entwickeln sich auch bei primär im Dreieck und sekundär im Stern und umgekehrt geschalteten Transformatoren. Dabei bleibt der Strom in zwei Motorleitungen etwa so hoch wie vor dem Phasenausfall, während in der dritten

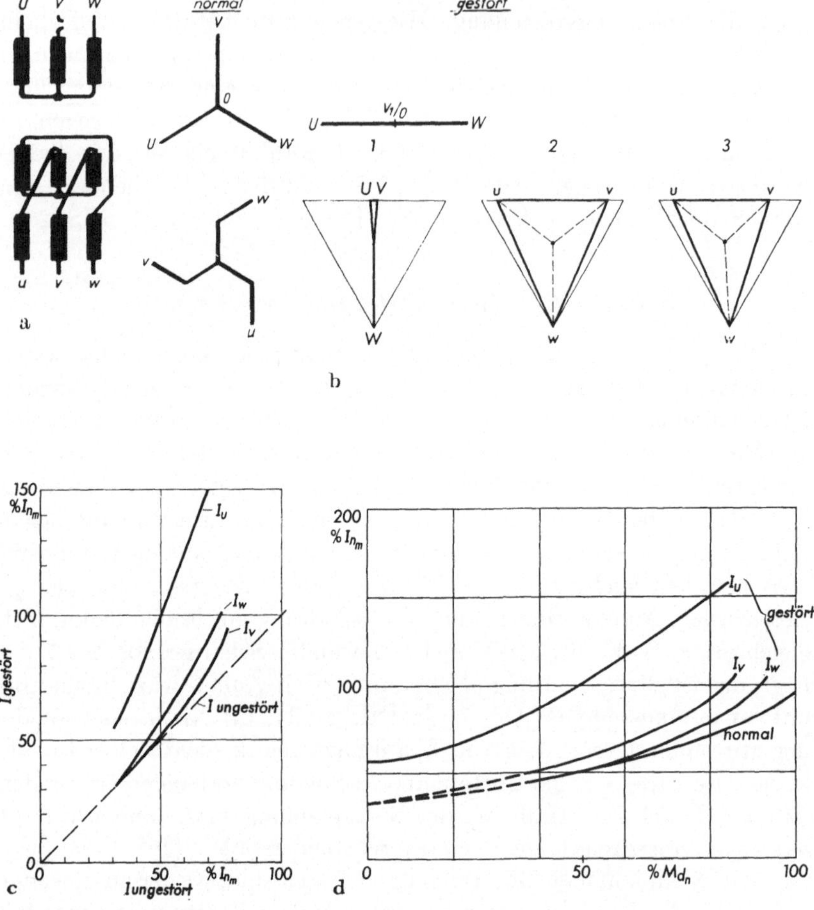

Abb. 7 a —d. Motorströme hinter einem zickzackgeschalteten Transformator bei hochspannungsseitig 1-phasiger Einspeisung
a Schaltung; b Spannungen, *1* leerlaufender Trafo, *2* mit leerlaufendem Motor, *3* mit halbausgenutztem Motor; c Motorströme, abhängig von dem Ständerstrom, der bei gleichem
Drehmoment im ungestörten System auftritt; d desgleichen abhängig vom Drehmoment
(Die Stromverteilung in den Bildern c und d setzt Unterbrechung der Oberspannungszuleitung W voraus — in Bild d ist $I_v$ und $I_w$ vertauscht)

Leitung ein Strom auftritt, der etwa doppelt so hoch ist wie vor der
Störung (s. GLEASON u. ELMORE). Aus diesem Grunde sind in allen Strompfaden Motorschutzauslöser oder -relais zu empfehlen.

Eine andere Form der Störung durch einpolige hochspannungsseitige Unterbrechung der Leitungen beschreibt PETERSEN. Bei solchen Leitungsbrüchen sowie bei einpoligen Schaltvorgängen bilden sich je nach dem Verhältnis der noch wirksamen Kapazitäten zu den induktiven Widerständen bedeutende Überspannungen aus, die starke Spannungs- und damit Stromunsymmetrie zur Folge haben. Darüber hinaus ist das Zustandekommen der Überspannung unter Umständen von einem Herumklappen oder Kippen des Spannungsdreiecks begleitet, so daß sich der Drehsinn des vom Transformator gelieferten Drehstroms ändert. Die Umkehrung der Transformatorenspannung ist in der Hauptsache an hohe Kapazitäten der abgetrennten Leitungsstücke, also an ein weitverzweigtes Netz gebunden. Den Fall einer solchen Netzumkehr beschreiben KUHLS und PETERSEN. Auf Grund derartiger Vorgänge änderte sich die Drehrichtung der Motoren. Sieht man von diesem selteneren Fall ab, so liegt in der Gesamterscheinung aber ein Grund für unsymmetrische Netze und dementsprechend ungleiche Belastungen der einzelnen Wicklungen, wobei insbesondere der starke Stromanstieg in einer einzigen Leitung beachtlich ist. Größere schwach belastete Motoren tragen weitgehend zur Netzstabilisierung bei.

*Rückwirkung* des einphasigen Netzes *auf den Läufer.*

Beim einphasigen Lauf der Motoren treten auch besondere Erscheinungen im Läufer des Motors auf. Der Magnetisierungsstrom geht jetzt zum großen Teil über den Läufer, s. Abb. 8. Der Läufer ist also auch bei Leerlauf schon nennenswert belastet. Sein Strom besteht aus dem Laststrom mit der normalen Schlupffrequenz und aus dem Magneti-

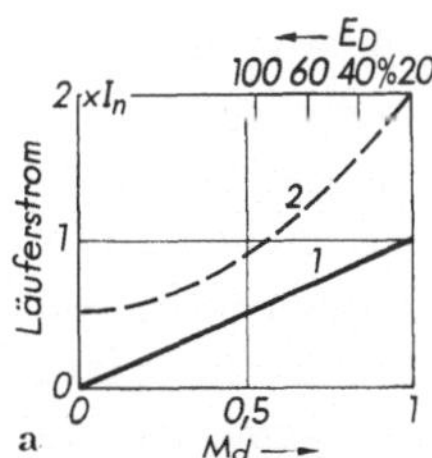


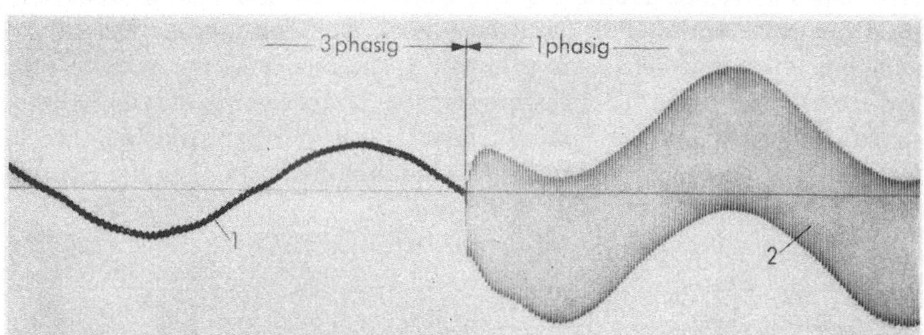


b
Abb. 8 a u. b. Läuferstrom eines Kranmotors bei 1-Phasenlauf
a Ströme $= f\,(M_d)$ *1* 3-phasig, *2* 1-phasig; b Oszillogramm für etwa 50 v.H. $M_d$ bei 20 v.H. ED *1* 3-phasig 94 A 3,7 Hz; *2* 1-phasig Grundwelle 105 A 4,5 Hz, Oberwelle 146 A 95,5 Hz. Gesamtstrom 178 A

2 Franken, Motorschutz

sierungsstrom mit der doppelten Netzfrequenz abzüglich Schlupf. Die Stromstärke steigt in allen Phasen recht beträchtlich an. Nur bei Stillstand, bei dem der Motor wie ein reiner Transformator wirkt, ist der Strom in den einzelnen Läuferphasen je nach ihrer Stellung zu den eingeschalteten bzw. abgeschalteten Ständerphasen zwischen Null und einem Maximum schwankend. Bei umlaufender Maschine tritt eine Stromsteigerung ungefähr im gleichen Verhältnis wie beim Ständerstrom ein (s. Abb. 2 und 3). Der Gesamtstrom ist gleich der Wurzel aus der Summe der Quadrate von Magnetisierungs- und Laststrom. Die erhöhten Frequenzen der Läuferströme können auch noch Skineffekte und damit Widerstandserhöhungen mit entsprechend größerer Wärmeentwicklung zur Folge haben. Das ist der Grund, daß am Läufer Schäden entstehen können, ehe sich solche an der Ständerwicklung bemerkbar machen. Wenn in den noch eingeschalteten zwei Wicklungen eines $\curlywedge$-geschalteten Motors die Kupferverluste auf mehr als das Dreifache und in der höchstbelasteten des in $\triangle$ geschalteten Motors auf das Vierfache wachsen, dann steigen sie im Läufer unter Umständen auf das Fünf- bis Sechsfache des Normalen [s. GLEASON und ELMORE].

Die Betriebserfahrungen zeigen, daß diese zusätzliche Erwärmung des Läufers im allgemeinen nicht zu einer Beschädigung führt, wenigstens soweit kleinere und mittlere Motorleistungen in Betracht kommen. Bei größeren Motoren mit Kurzschlußläuferwicklung und hartgelöteten bzw. geschweißten Endringen sowie bei Schleifringläufermotoren ist jedoch eine Beschädigung durch die zusätzliche Erwärmung des Läufers möglich. Bei solchen Motoren müssen unter Umständen besondere Vorsichtsmaßnahmen (s. S. 142 und 273) getroffen werden, um sie sofort bei Eintritt des Einphasenlaufs abzuschalten und eine Beschädigung durch die Ströme des Gegensystems zu verhindern [HEUMANN (3) S. 273].

Die vorstehenden Darlegungen beziehen sich auf den einphasigen Lauf eines einzelnen Motors. Sind jedoch *mehrere Motoren* an dem einphasigen Netz vorhanden, dann tritt noch eine gegenseitige Beeinflussung ein. Zum Beispiel ist ein größerer leerlaufender Motor in der Lage, das Drehstromsystem für belastete kleinere Motoren aufrechtzuerhalten, so daß Änderungen in der Spannungsverteilung und Belastung bei diesen Motoren fast gar nicht festzustellen sind. Damit kann aber bei diesem Motor selbst eine Phase überlastet werden.

Die behandelten Fälle der Unterbrechung einer Netzzuleitung im dreiphasigen System stellen das Extrem dar, das bei einem Motor auftreten kann. Aber auch jeder Mehrphasenasynchronmotor, der lediglich mit einem unsymmetrischen Spannungsdreieck zu arbeiten gezwungen ist, ist zusätzlichen Verlusten ausgesetzt. Das Spannungssystem läßt sich bekanntlich in ein mitläufiges und ein gegenläufiges zerlegen. Dabei hat der Strom der gegenläufigen Komponente eine höhere

Wärmewirkung als ein gleicher Strom des Mitsystems. Der Grund liegt im größeren Läuferwiderstand, der bei gegenläufiger Komponente festzustellen ist, und in der ungleichmäßigen räumlichen Verteilung der Verluste im Motor. Diese Ströme des gegenläufigen Systems erzeugen einen erhöhten Gesamtkupferverlust sowohl im Läufer als auch im Ständer. Auf der anderen Seite vermindern sie das Nettodrehmoment an der Welle für einen gegebenen Strom des Mitsystems. Insbesondere wächst das Verhältnis Läuferstrom zu Ständerstrom für die Komponenten des gegenläufigen Systems an. Im gleichen Sinne wächst auch der Läuferwiderstand [s. GAFFORD, DUESTERHOEFT und MOSHER]. Hiergegen ist man schon so vorgegangen, daß man besondere Relais entwickelte, die davon ausgingen, daß der durchschnittliche Temperaturanstieg eines Motors durch die Summe $i_1{}^2 + k i_2{}^2$ charakterisiert ist, wobei $i_1$ das mitläufige und $i_2$ das gegenläufige Stromsystem charakterisiert. Die unbekannte Größe ist der Proportionalitätsfaktor $k > 1$. Er muß für jeden Motor besonders festgestellt werden. Ein solches Relais beschreibt GAFFORD. Das Ausmaß der Unsymmetrie ist bei Drehstromverteilungssystemen im allgemeinen bei gesunden Netzen aber so gering, daß ihr Einfluß, soweit es sich um Motorleistung und Motorschutz handelt, außer acht gelassen werden kann.

Die Gründe für die Überlastung eines einzigen Leitungsstranges in einer Drehstrommotor-Speiseleitung können also — abgesehen vom Falle eines Erdschlusses — darin liegen, daß ein wenig ausgenutzter, relativ großer Motor bei Unterbrechung einer Zuleitung die Einspeisung zu den abgetrennten Klemmen anderer Motoren durchführt. Das gleiche tritt in unsymmetrischen Netzen, z. B. insbesondere auch beim hochspannungsseitig einphasigen Trafoanschluß, ein.

## 1.3 Der Stand der Schutztechnik vor Einführung der Motorschutzgeräte

Die Frage des Motorschutzes betrachtete man von Anfang an in erster Linie als eine solche, die die Überwachung der vom Motor aufgenommenen Ströme zum Ziele hat. Die bis zur Einführung der Motorschutzschalter gebräuchlichen Schutzgeräte waren aber nicht geeignet, auf diese Weise die Motoren aus der Gefahrenzone herauszuhalten. In erster Linie kamen in Betracht Schmelzsicherungen und Selbstschalter (Leitungsschutzschalter) sowie Überstromschalter verzögert und unverzögert der verschiedensten Art. Die *Schmelzsicherungen* leisten vorzügliche Dienste für den Netzschutz, insbesondere für den Kurzschlußschutz. Ihre mangelnde Schutzwirkung bei niedrigen Überlastungen geht aus VDE 0635 und 0660 hervor. Danach müssen die Sicherungen bei Nennströmen von 6 bis 200 A den 1,3- bis 1,5fachen Strom eine und bei den größeren Nennstromstärken sogar zwei Stunden lang aushalten. Es wird erst verlangt, daß sie bei einer Stromstärke von 1,6- bis 2,1fachem Nennstrom in den gleichen Zeiten sicher abschmelzen. Diese Zahlenwerte zeigen, daß man bei kleinen Sicherungen nicht einmal damit rechnen kann, daß sie unterhalb des zweifachen Nennstromes in einer Stunde ansprechen. Bei größeren vermindert sich dieser Wert auf etwa den 1,6fachen Nennstrom. Derartige Überlastungen hält aber kein Motor aus. Selbst der 1,6fache Strom hat schon die 2,5fache Wärmeentwicklung und dementsprechende Temperatursteigerung zur Folge. Hinzu kam noch eine andere Eigentümlichkeit der Abschmelzsicherungen, und zwar die Tatsache, daß sie bei höheren Überlastungen in einer außergewöhnlich kurzen Zeit abschalten. Diesem Mangel haben zwar die im Laufe der Zeit entwickelten *trägen* Schmelzeinsätze in etwa abgeholfen, während die früher allein üblichen *flinken* bei den Stillstandsströmen der Motoren in außerordentlich kurzer Zeit zur Wirkung kamen. Diese Tatsache machte sich besonders unangenehm bemerkbar bei der Einführung der Käfigläufermotoren und ihrer unmittelbaren Einschaltung. Die Folge davon war, daß man die Sicherungen hinsichtlich ihrer Nennstromstärke noch stärker wählte als die des Motors, so daß die Schutzwirkung im Dauerbetrieb noch weiter zurückging. Man schätzte allgemein, daß z. B. bei Stern-Dreieck-Anlauf die Sicherung für den 1,5fachen Motornennstrom bei unmittelbarer Einschaltung sogar für den 2,5fachen Motornennstrom auszuwählen sei. Alle Versuche, die Verhältnisse bei den Abschmelzsicherungen in diesem Punkt zu ändern, waren von vornherein zur Aussichtslosigkeit verurteilt. Die verhältnismäßig hohe Schmelztemperatur der Sicherungsdrähte erlaubte nicht, mit dem Nennstrom näher an die Schmelzstromstärke heranzugehen, sonst würde das ganze Sicherungselement mit all seinen Übergängen auf unzulässig hohe Temperaturen kommen. Für eine exakte Strombegrenzung haftet den Sicherungen auch noch der Nachteil an, daß sie sich nicht stückweise prüfen lassen. Man muß daher mit größeren Toleranzen bezüglich der charakteristischen Werte rechnen als der Motor zuläßt. Die Verwendung einer Sicherung mit verhältnismäßg besonders niedrigem Nennstrom kam auch schon deshalb nicht in Betracht, weil sie oft die Ursache eines Motorschadens durch Unterbrechung einer einzigen Zuleitung werden könnte.

An diesen Verhältnissen ändert sich auch nicht viel, wenn an Stelle der Abschmelzsicherungen *Leitungsschutzschalter* nach VDE 0641 treten. Die Grenzstromstärken liegen ebenfalls wieder weit über den Nennströmen. Diese Geräte haben im Gegensatz zur Sicherung den Vorteil der sofortigen Wiedereinschaltbarkeit. Beiden Einrichtungen, sowohl den Schmelzsicherungen wie den LS-Schaltern, haftet in bezug auf den Motorschutz noch ein weiterer Nachteil an, und zwar kann man diese

Erzeugnisse nur für bestimmte Stromstärken herstellen. Man ist praktisch nicht in der Lage, eine Schmelzsicherung für alle möglichen Nennstromstärken zu bauen. Für einen LS-Schalter bestände grundsätzlich die Möglichkeit, und sie ist auch in gewissem Umfang durchgeführt worden, aber erst zu einer Zeit, als man bereits Motorschutzschalter baute und mit den Anforderungen vertraut war. Man hat dann eben aus einem Leitungsschutzschalter einen Motorschutzschalter gemacht. Sicherungen springen beispielsweise in ihrer Nennstromstärke von 10 auf 15 A. Wenn diese Geräte erst beim doppelten Strom in einer Stunde mit Sicherheit

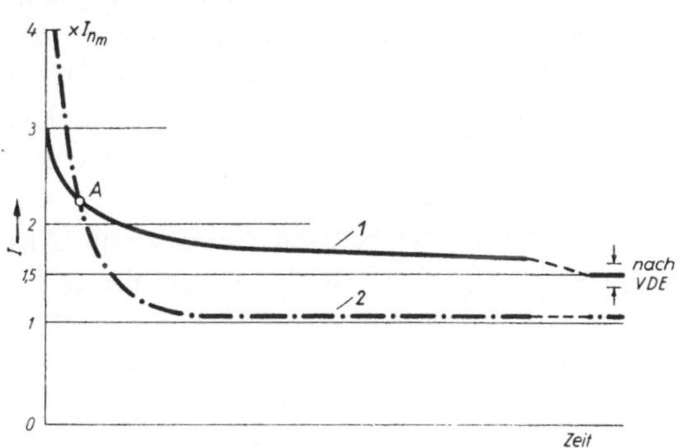


Abb. 9. Abschmelzkennlinie einer Sicherung (*1*) und Auslösekennlinie eines Motorschutzschalters (*2*) bei gleicher Nennstromstärke

zum Ansprechen kommen, dann ist ein Motor, der 12 A Nennstrom aufweist, mit einer 15-A-Sicherung erst von 30 A an geschützt. Von einer Schutzwirkung bei erhöhter Beanspruchung kann also keine Rede mehr sein. Den grundsätzlichen Verlauf der Kennlinien für Sicherungen und der für den Motor notwendigen Begrenzungen, die gleichzeitig dann in etwa für Motorschutzgeräte der gleichen Nennstromstärke gelten, zeigt Abb. 9.

Man hat noch versucht, den Schutz durchzuführen, indem man Leitungsschutzschalter mit unverzögerten, elektromagnetischen Schnellauslösern verhältnismäßig niedriger Einstellstromstärke versah und dann eine *Auslöseerschwerung* anbrachte. Diese Methode war natürlich nur durchführbar bei Schutzgeräten, die gleichzeitig als Anlaßschaltelement dienten. Sie wurden z. B. durch eine Druckknopftaste bedient und dadurch die Auslösekräfte der elektromagnetischen Auslöser vorübergehend verstärkt. Eine solche Anordnung war, wenn die Überstromauslöser richtig eingestellt wurden, naturgemäß in der Lage, gegen die unerwünschten Folgen des Einphasenlaufs sowie gegen jede unzulässige Überschreitung der Motornennstromstärke zu schützen. Trat aber im Betrieb ein kurzzeitiger, vollständig unschädlicher Überlastungsstoß ein, dann war ebenfalls der Lauf des Motors vorläufig beendet. Geräte dieser Art konnten demnach nur als behelfsmäßige Lösungen angesehen werden und sind wieder verschwunden.

Auch hat man *Überstromauslöser* auf elektromagnetischer Grundlage mit *Hemmwerken* versehen, und zwar solchen mechanischer Art. Die unangenehme Eigenschaft derartiger Elemente ist die, daß das Gerät von der Tatsache, daß bereits eine Abschaltung wegen Überlastung vonstatten ging, keine Notiz nimmt und deshalb immer wieder eingeschaltet werden kann. Auf diese Weise sind bei wiederholter Einschaltung schädliche Übertemperaturen des Motors möglich. Scheidet man diesen Gesichtspunkt aus, dann muß man sagen, daß grundsätzlich auf diese Weise ein Schutz der Motoren gegen Dauerüberlastung denkbar ist. Bei aussetzendem Betrieb und starken Belastungsschwankungen liegen die Verhältnisse naturgemäß anders. Dann reagiert das Gerät so wie vorhin bei wiederholter Einschaltung geschildert. Die Wirkung der Stromstöße addiert sich im Gerät nicht. Abschaltungen erfolgten nur, wenn eine gewisse Zeitlang ein bestimmter Überstrom vorhanden war, so daß bei aussetzendem Betrieb und starken Belastungsschwankungen von einem Schutz keine Rede sein konnte.

Es ist aber immer wieder versucht worden, bei mechanischen Dämpfungsgliedern magnetischer Schutzelemente diese Nachteile zu vermeiden. Das Element soll also auch zwischen heißgelaufenem und zwischen kaltem Motor unterscheiden. Hierbei bedient man sich aber schon einer thermischen Einwirkung, indem man Dämpfungszylinder verwendet mit einer Flüssigkeit, deren Temperatur und damit ihre Zähflüssigkeit von der Wärmeabstrahlung des Relais beeinflußt wird. Die Zähflüssigkeit fällt also mit steigender Temperatur, und die Abschaltzeit wird dementsprechend bei vorher warmem Motor kleiner sein als bei vorher kaltem Motor. Eine solche Einrichtung ist von CRAVEN beschrieben. Es soll erreicht worden sein, daß einige Minuten Pause notwendig sind, ehe ein so aufgebautes Relais wieder einschaltbereit ist.

Derartige hydraulische oder auch pneumatische Verzögerungselemente sind schon länger bekannt. Man hatte früher bei ihnen durch Eindringen von Staub und Verschlechterung des Dämpferöls mit Unregelmäßigkeiten und Ungenauigkeiten zu rechnen. Man sichert sich dagegen heute durch die Verwendung fabrikversiegelter Dämpferbehälter mit Silikonflüssigkeit. Trotz all dieser Angleichversuche an das rein thermische Element hat es sich jedenfalls in Kontinentaleuropa nicht durchsetzen können. Hier beherrscht das rein thermische Element das Motorschutzgebiet. In Amerika sind diese Dämpferelemente unter der Bezeichnung *dashpot-relay* verbreitet.

Gegen die nachteiligen Folgen des Einphasenlaufs von Drehstrommotoren suchte man sich durch auf Spannungs- oder Stromunsymmetrie ansprechende Elemente zu schützen, übersah dabei aber zunächst einmal, daß es außerdem noch zusätzlicher Mittel gegen die Überlastung bei gesundem, dreipoligem Netz bedurfte. Den Unsymmetrieschutz sollten zum Beispiel dreiphasige Spannungsauslöser oder -relais bewirken.

Dem stand entgegen, daß das umlaufende Motorfeld in den abgetrennten Wicklungsteilen Spannungen induziert, die, wenn der Motor schon gefährdet ist, noch außerordentlich hoch sind und nicht allzuweit von der Nennspannung abweichen (s. S. 8 Abb. 1a). Derartige Einrichtungen zur Abschaltung bei Spannungsunsymmetrien müßten sehr genau wirkend aufgebaut sein und bei so kleinen Spannungsrückgängen ansprechen, daß eine Inbetriebhaltung bei dreiphasigem Netz und kleinen Spannungsschwankungen nicht mehr möglich wäre. Man bedenke, daß bei Schützen nach VDE 0600/12.52 ein Abfallen bei Spannungsrückgang auf Werte über 20 v. H. noch gar nicht gefordert wird. Im allgemeinen liegt der Betrag natürlich höher, und zwar über 50 v. H. Bei Unterspannungsauslösern liegt er nach VDE 0660 zwischen 35 und 70 v. H., bei Nullspannungsauslösern zwischen 10 und 35 v. H. Nennspannung, alles Werte, die beim Einphasenlauf eines Drehstrommotors an den Wicklungen nicht erzielt werden. Bei belastetem Motor sind die Spannungsunterschiede allerdings größer, und es wäre vielleicht möglich, eine Auslösung dann herbeizuführen, wenn die Last so groß ist, daß der Strom des Einphasenmotors den Nennstrom des Drehstrommotors übersteigt. Das ist etwa bei einer Belastung mit 45 v. H. des Nenndrehmoments der Fall. Aber auch hierbei ist die kleinste Spannung zwischen den noch an das Netz angeschlossenen und der abgeschalteten Motorklemme noch mindestens 75 v. H. der Netzspannung (meist mehr), so daß die genannten Mittel ungeeignet sind. Für diesen Fall wären außerordentlich empfindliche Relais notwendig. Erschwerend kommt noch der Umstand hinzu, daß die Spannungsverteilung in der Ständerwicklung besonders unübersichtlich ist und zwischen der vom Netz getrennten und den beiden noch mit ihm verbundenen Motorklemmen eine unterschiedliche Spannung auftritt. Es sind deshalb zum mindesten drei einpolige Spannungswächter notwendig. Solche Einrichtungen zur Abschaltung bei Spannungsunsymmetrie müßten also sehr genau wirkend und sehr empfindlich aufgebaut sein. Mit einfachen und billigen Lösungen sind sie nicht durchführbar. Trotzdem werden immer wieder solche Vorschläge gemacht, um eine Auslösung bei Einphasenbetrieb hervorzurufen, s. z. B. in der Deutschen Elektrotechnik 6 (1952) und 7 (1953). Hier wurden sie zusammenfassend von K. Koch widerlegt.

Etwas anders liegen die Verhältnisse, wenn lediglich das Einschalten eines Drehstrommotors auf ein einphasiges Netz verhütet werden soll. Die Gefährdungsmöglichkeit der Motoren durch Einschalten auf ein solches Netz ist insbesondere dann verhältnismäßig groß, wenn es sich um Motoren an Stichleitungen, z. B. Wasserhaltungsmotoren, dreht. Die Spannungsüberwachung ist bei Stillstand schon eher durchführbar, denn dann sinkt die Drehfeldellipse eines an ein Einphasennetz angeschlossenen Motors zur geraden Linie zusammen. Er liefert kein Drehmoment mehr. Die Spannung des abgeschalteten Poles gegenüber den anderen ist gleich der halben Netzspannung. Legt man an diese Motorklemmen bzw. ihre Zuleitungen Magnetspulen irgendwelcher Art, so können sie so ausgelegt werden, daß die Einschaltung unterbleibt. Voraussetzung dabei ist, daß nicht ein relativ großer Motor noch im Einphasenbetrieb läuft und die Netzspannung wenigstens zum Teil zunächst noch aufrechterhält. Es ist möglich, das Netz durch mehrere Spannungsrelais abzutasten, ehe man zur Einschaltung kommen kann. Schwierigkeiten liegen auch darin, daß andere kleine Stromverbraucher, z. B. parallelgeschaltete, einzelne Glühlampen, ein Relais von der Nachbarphase aus zum Ansprechen bringen können, ein Umstand, der die Verwendung von nur zwei Relais verbietet. Im übrigen muß es sich dabei praktisch um Spannungswächter handeln. Spannungswächter [s. FRANKEN (19) S. 211, 255] unterscheiden sich von normalen Schützen und Schaltrelais dadurch, daß Mindestanzug- und -abfallspannung nahe bei der Nennspannung liegen, z. B. bei 90 und 80 v. H.

Etwas günstiger liegen die Verhältnisse bei den sogenannten Unsymmetrierelais. Sie sprechen auf die Verwerfung des Spannungsdreiecks an, dagegen nicht auf die absolute Höhe der Spannung. Natürlich müssen auch solche Relais sehr empfindlich eingestellt werden, z. B. auf 10 bis 12 v. H. Unsymmetrie, wenn sie Unterbrechungen wirklich anzeigen bzw. auf Grund dieser Tatsache Abschaltungen durchführen sollen. Jedoch sind auch solche Einrichtungen nicht sehr geeignet, einen störungsfreien Betrieb aufrechtzuerhalten, da derartige Unsymmetrien durch ungleichmäßige Phasenbelastung, z. B. mit einphasigen Schweißtransformatoren, auftreten können. Man wird sie also zum mindesten noch mit einem zusätzlichen Zeitglied versehen müssen, das ungewollte Auslösungen wenigstens bei kurzzeitiger Schieflast im Netz verhindert. Es ist auch leicht möglich, daß die Geräte auf Oberwellen in der Spannungskurve reagieren [GUTMANN].

Eine Sonderausführung für diese Art von Überwachung ist die von KNAAK, die mit zwei Steuertransformatoren arbeitet (s. S. 273). Hier findet man auch noch weitere Einrichtungen, die nur in Tätigkeit treten, wenn einphasiger Lauf vorliegt, d. h. Stromunterbrechung in einer Phase. Sie beruhen wesentlich auf der Ausnutzung von Unterschieden in den Leitungsströmen. Eine solche Anordnung, selbst wenn sie voll wirksam ist, entbindet aber nicht von der Notwendigkeit, *Mittel zur Verhütung der Überlastung einzusetzen.* Mittel zur beschleunigten, thermischen Auslösung s. S. 142.

Die vor Einführung der Motorschutzgeräte vorhandenen Elemente waren also nicht geeignet, die Aufgabe zu erfüllen. Bei fast allen Ausführungsformen waren starke Überlastungen der Motoren möglich, ohne daß die Geräte ansprachen, oder aber sie leisteten nur einen

Teilschutz. *Auf dieser Grundlage* entstanden nun die *Konstruktionen,* die sich im wesentlichen durch die Anwendung *von Schaltgeräten mit thermisch verzögerter* Überstromauslösung, Freiauslösung und in gewissem Umfang auch mit Spannungsrückgangsauslösung und elektromagnetischer, nicht verzögerter zusätzlicher Schnellauslösung auszeichnen. Was heute vom VDE als Kennzeichen eines Motorschutzschalters verlangt wird, s. S. 29 und 30.

## 1.4 Grundsätzliche Lösungen — Schutzmethoden

Es galt, bei dieser Sachlage Geräte zu entwickeln, die zum Ansprechen kommen, wenn der Motornennstrom — das ist im allgemeinen der zulässige Dauerstrom — auf längere Zeit überschritten wird, bzw. bei jeder irgendwie gearteten Form des Belastungsdiagramms den Motor außer Betrieb zu setzen, ehe er die Gefahrengrenze überschreitet. Neben der Fernhaltung der Überlastungen, die aus der Betriebsform erwachsen, gilt es auch vor allen Dingen, die Gefahren vom Motor fernzuhalten, die durch unsymmetrische oder unvollständige Netze entstehen, z. B. Unterbrechung einer Zuleitung, Absinken der Netzspannung u. dgl. Erwünscht sind Maßnahmen gegen die Auswirkungen von Fehlern in der Anlage selbst, z. B. gegen die Folgen erhöhter Lagerreibung, Lagertemperatur, ferner Gefährdung der Wicklungselemente oder der Arbeitsmaschine, durch unpassende Anlaßvorgänge u. dgl. Diese Schutzwirkungen sollen möglichst ohne Beeinträchtigung der Überlastungsfähigkeit des Motors durchgeführt werden und möglichst so, daß weitere Schutzmittel für die anderen Teile der Anlage nicht mehr notwendig sind, daß also z. B. die Motorschutzeinrichtung gleichzeitig den Leitungsschutz mit übernehmen kann. Die Bedeutung des Motorschutzes und die an ihn gestellten Ansprüche sind gewachsen, seitdem man die zulässigen Erwärmungen der Wicklungen mit Rücksicht auf neue Isolierstoffe erhöhte. Dadurch ist das Verhältnis Wärmeverlust : Wärmekapazität angestiegen und damit gleichzeitig die Steilheit der Erwärmungskurve.

Die *Lösung* der Aufgabe kann in *zwei Richtungen* gesucht werden, einmal, indem man die *Motorwicklungstemperatur unmittelbar* überwacht (s. S. 262) und diese Überwachungsorgane zu Ausschalteinrichtungen für den Netzschalter macht oder aber — was vorwiegend geschehen ist und den Begriff „Motorschutzschalter" nach VDE 0660 ausmacht — man legt *in die Motorzuleitungen* ein *besonderes vom Strom beeinflußtes* Schutzelement, das zum Ansprechen kommt, wenn eine Überlastung längere Zeit anhält (s. S. 26). In bestimmten Fällen kommt auch eine Kombination der Strom- und Temperaturüberwachung in Betracht (s. S. 269).

Beide Methoden haben ihre Grenze. Die Temperaturüberwachung führt beim Auftreten relativ hoher Ströme nicht ohne weiteres zum Ziel,

z. B. bei zu langer Einwirkung des Motorstillstandsstromes. Die Stromüberwachung ihrerseits erlaubt insbesondere bei wechselnder Belastung unter Umständen keine vollständige Motorausnutzung.

Für die weitaus meisten Fälle der Praxis reicht der Schutz von Motoren durch thermische Überstromrelais und -auslöser aus. Nur in Sonderfällen können sie den im Innern der Motoren tatsächlich herrschenden Temperaturverhältnissen unter Umständen nicht folgen, oder sie eilen ihnen voraus. Das ist der Fall, wenn die Ansprüche der Arbeitsmaschinen im Anlauf oder Betrieb sich, unter gleichzeitiger Wahrung voller Schutzwirkung, mit den handelsüblichen Geräten nicht bestreiten lassen. Dann sind unter Umständen Kompromisse bezüglich der Einstellung und der Wahl der Geräte unvermeidlich, und vielleicht ist noch ein zusätzlicher Schutz, z. B. durch in die Ständerwicklung des Motors eingebaute Temperaturüberwachungselemente, anzuwenden.

Die entwickelten Konstruktionen, insbesondere auch die mit Bimetall (S. 43), sind verhältnismäßig einfach, dabei billig und bei richtiger Anwendung heute sehr zuverlässig.

Die Schutzwirkung beruht in jedem Falle nicht nur auf der Wirksamkeit des Schutzelementes, sondern darüber hinaus auf dem Zusammenwirken der Schutzauslöser oder -relais mit den Schaltern (s. S. 78 und 226).

Der *Kurzschlußschutz* ist nicht Bestandteil des Motorschutzes. Er wird durch zusätzlich auf das Motorschutzgerät einwirkende magnetische Auslöser (s. S. 141) oder vorgeschaltete Schmelzsicherungen (s. S. 140) durchgeführt. Von diesen Einrichtungen kann nur verlangt werden, daß sie hohe Stromstärken so schnell wie möglich durch Auftrennen des Netzes unschädlich machen.

Häufig erstreckt sich die Anwendung der Motorschutzelemente nicht auf eine Abschaltung der gefährdeten Maschine, sondern lediglich eine Warnung. Gelegentlich auch beides nacheinander.

Bei allen Konstruktionen ist es notwendig, nach einem der Schutzaufgabe entsprechenden *Isolationsgrad* zu bauen, und zwar nach der für Industriegeräte in VDE 0110 u. 0660 vorgesehenen Gruppe C.

## 2. Schutz durch Überwachung der Zuleitungsströme
### (thermische Auslöseelemente außerhalb des Motors)

Die zunächst fast nur und heute, von einigen Sondergebieten abgesehen, üblichste Form des Motorschutzes sind Schutzauslöser oder -relais außerhalb des Motors, die dann auf bestimmte Hauptstromschaltgeräte (s. S. 226) einwirken. Im Anfang der Entwicklung waren bei Drehstrommotoren solche Elemente nur in zwei Zuleitungen vorhanden, heute sind drei allgemein üblich. Die Gründe dafür liegen in der Möglichkeit, daß bei Netzstörungen in einem Zuleitungsstrang bedeutend höhere Ströme auftreten als in den beiden anderen (s. S. 15 und 19). Eine weitere Forderung, die im Anfang etwas umstritten war, ist die nach allpoliger Abschaltung des Gerätes auch bei Überlastung nur einer einzigen Wicklung. Es soll damit verhütet werden, daß bei Beseitigung der Überlastung eines Wicklungsteiles Reste der Anlage unter Spannung stehenbleiben und eine Abschaltung nur vorgetäuscht wird, ferner aber auch, daß bei Beseitigung der ersten Störungsfolge neue unerwünschte Zustände geschaffen werden.

Beim Aufbau der Schutzelemente hat man zunächst angestrebt, ein thermisches Abbild des Motors zu schaffen. Bei einer solchen Lösung wären auch die Schutzfragen bei wechselnder und aussetzender Belastung (s. S. 169) gelöst. Diese ideale Lösung ist nicht erreichbar. Die Tatsache, daß jeder Motor je nach Schutzart u. dgl. andere Voraussetzungen schafft, hat zur Folge, daß die Aufgabe mit wirtschaftlichen, universell verwendbaren Mitteln nicht gelöst werden konnte. Deshalb geht man in der Praxis allein von dem wichtigsten Faktor, dem Strom, aus. Die heute auf dem Markt befindlichen, der Massenfabrikation entstammenden Erzeugnisse bieten aber in jedem Falle einen hohen Schutzwert. Will man weitergehen, dann nimmt man die Temperaturüberwachung hinzu (s. S. 262).

Wesentlich ist, daß ein brauchbares Schutzgerät längerdauernde, unzulässige Stromüberlastungen auch beim einphasigen Lauf des Drehstrommotors rechtzeitig abschaltet und es beim Anlaufvorgang, solange er ordnungsgemäß in den zulässigen Grenzen verläuft, nicht vorzeitig tut. Beim aussetzenden Betrieb sollte es möglichst die Vollausnutzung des Motors ermöglichen.

Um für die weiteren Ausführungen die erforderlichen Grundbegriffe in der heute üblichen Form festzulegen, seien zunächst einmal die *Begriffsbestimmungen* an Hand der gültigen VDE-Arbeiten dargestellt.

## 2.1 Begriffsbestimmungen und VDE-Anforderungen

*Schutzschalter* sind nach § 5e VDE 0660/52 Schalter, die zum Schutz gegen unzulässige Werte, z. B. des Stromes und dergleichen, selbsttätig öffnen oder schließen. Daher heißen Geräte zum Schutz der Motoren gegen unzulässige Ströme *Motorschutzschalter*.

Über den Unterschied zwischen *Auslösern* und *Relais* sagt § 6, daß:

*Auslöser* messende oder nicht messende Einrichtungen sind, die Bestandteile von Schaltern darstellen und durch Änderung physikalischer, vorwiegend elektrischer Größen, betätigt werden und dann die Schalter *mechanisch* auslösen, wogegen *Relais* messende oder nicht messende Einrichtungen sind, die durch Änderung physikalischer Größen betätigt werden, aber *elektrisch* weitere Einrichtungen steuern.

Da Motorschutzgeräte, wie im weiteren dargestellt werden soll, in der Hauptsache aus dem Zusammenwirken eines derartigen von der Stromwärme abhängigen Elementes mit einem Schaltgerät entstehen, so kann dieses vom Strom abhängige Element entweder als *Auslöser* mechanisch auf das eigentliche Schaltgerät oder als *Relais* elektrisch einwirken. Es ist bedauerlich, daß die VDE-Regeln für diese beiden Gruppen von Geräteelementen keinen Oberbegriff kennen. Im nachfolgenden wird die Bezeichnung *Auslöser* oft als Sammelbegriff verwandt, soweit nicht aus dem Zusammenhang oder ausdrücklichen Bemerkungen die Beschränkung auf die mechanische Einwirkung hervorgeht.

*Allgemeine Angaben für Auslöser und Relais (s. auch § 15, 17 u. 20 VDE 0660)*

*Auslöser-Nennstrom* ist der auf dem Auslöser angegebene höchste Strom, für dessen dauernden Durchgang er bemessen, gebaut und benannt ist.

*Ansprechstrom* ist der Strom, bei dem das Ansprechen tatsächlich eintritt. Er wird im Verhältnis zum Einstellstrom angegeben. Den niedrigsten *Ansprechstrom* bezeichnet man bei thermischen Auslösern und Relais als *Grenzstrom*.

*Einstellstrom* ist der auf der Einstellskala einstellbare Strom, bei dessen Überschreitung das Gerät ansprechen soll. Die Abweichung des Ansprechstromes vom Einstellstrom wird in Prozenten des Einstellstromes angegeben. Der Einstellstrom soll bei Dauerbetrieb des Motors dessen Nennstrom entsprechen. Bei aussetzendem Betrieb kann er unter Umständen höher sein (s. S. 187).

*Einstellbereich* ist der Bereich, innerhalb dessen der Einstellstrom verändert werden kann.

*Auslösezeit* ist die Zeit vom Eintreten des die Auslösung verursachenden Zustandes bis zum Lösen der Sperrung bei Selbstschaltern bzw. Unterbrechung des Spulenstromes bei Schützen.

*Auslösekennlinie* oder auch *Strom-Zeit-Kennlinie* oder *Ansprechkennlinie*. Sie stellt bei Motorschutzeinrichtungen den Zusammenhang zwischen Stromüberlast und Auslösezeit dar. Die Überlast wird dabei meist als Verhältnis Überstrom zu Einstell- = Motornennstrom ausgedrückt. Während der Auslösezeit fließt dabei ein konstanter Strom.

*Trägheitsgrad* ist ein Stufenmaß für die Verzögerung. VDE 0660/52 unterscheidet in Tafel 10 Trägheitsgrad T I und T II mit einer Auslösezeit von mindestens 2 s bzw. 5 s beim sechsfachen Einstellstrom.

Über die *Wirkungsweise*, insbesondere die Auslösezeiten bei bestimmten Verhältnissen von Ansprechstrom zu Einstellstrom, sind die näheren Angaben in VDE 0660/52 Tafel 10 enthalten. Diese Anforderungen sind in Tabelle 2 zusammengefaßt. Die Zeilen 1 bis 3 klären das Verhältnis des niedrigsten Ansprechstromes zum Einstellstrom (Grenzstrom) und schließen es in zwei Grenzen ein. Hierbei sind die erhöhten Zahlen der 3. Zeile für nur ein- oder zweipolige Belastung dreipoliger Geräte einerseits durch die praktischen Möglichkeiten, andererseits durch die Werte, die der Motor zuläßt, gegeben. Diese Erhöhungen der Grenzströme der Zeile 3 gegenüber den Werten der Zeile 2 findet man in anderen Vorschriften, z. B. denen der Schweiz, leider nicht. Die in Zeile 4 bei 1,5fachem Strom angegebene Auslösezeit von weniger als 2 min bei Schweranlauf kann überschritten werden, wenn die Motoren nach VDE 0530/3.59 § 40 längere Überlastungszeiten als 2 min bei 1,5-fachem Motornennstrom aushalten.

Dabei müssen die Geräte *Freiauslösung* haben. Das ist eine Eigenschaft von Schaltern, die eine Behinderung des Auslösers durch den Antrieb ausschließt. Sie kann durch mechanische Mittel bei Schloßschaltern oder elektrische Mittel bei Schützen erreicht werden (§ 11, VDE 0660/52).

Die in Tabelle 2 geforderten Ansprechströme und Auslösezeiten müssen bei einer Raumtemperatur von 20° C eingehalten werden. Wie aus der ersten Zeile hervorgeht, soll unterhalb des 1,05fachen Motornennstromes überhaupt keine Auslösung eintreten, damit der Motor auch bei der nach VDE 0530/59, § 63 zulässigen Spannungsabsenkung um 5 v. H. noch das volle Drehmoment entwickeln kann. Der obere Wert der Zeile 2 ist erfahrungsgemäß gerade noch zulässig. Die Hersteller versuchen den Grenzstrom zwischen 1,05 und 1,15 × Motornennstrom zu halten, was nicht einfach zu erreichen ist. Die Festlegungen gelten zunächst für Dauerbetrieb des Motors. Aussetzender Betrieb S. 169. Bei nicht unmittelbar beheizten Auslösern ist die *Nachauslösung* zu beachten, s. S. 114. Auf den Skalen der thermischen Auslöser sind die Einstellströme in A oder als Vielfaches des obersten Skalenwertes anzugeben s. § 34 VDE 0660/52. Der höchste Skalenwert ist der Auslösernennstrom.

Die Geräte müssen allpolige Ausschaltung und in allen Polen einstellbare thermisch verzögerte Überstromauslöser haben. Die Werte der letzten Zeile von Tabelle 2 sind nicht in den VDE-Regeln enthalten. Sie waren ursprünglich in der angegebenen Form beabsichtigt. Die Zahlen entsprechen den Mindestforderungen der Praxis. Es wird aber weiterhin verlangt, daß thermische Überstromauslöser und -relais so überstromfest gebaut sind, daß sie sich bis zu dem Punkte selbst schützen, in dem andere Auslöser oder Sicherungen einen Über- oder Kurzschlußstrom abschalten.

Tabelle 2. *Anforderungen an thermisch verzögerte Motorschutzauslöser nach VDE 0660/52*

$J_{nm} = Motornennstrom = Einstellstrom$

| $I_{nm}$ × | Pol-zahl | Auslösezeiten bei 20° C RT. | | Ausgehend vom Zustand |
|---|---|---|---|---|
| **Grenz-ströme** | | | | |
| 1,05 | 3 | Nicht auslösen | in 2 h | Kalt |
| 1,2 | 3 | Muß auslösen | in 2 h | Warm |
| 1,32 1,44 | 2 1 | Muß auslösen | in 2 h | Warm |
| **Überlast-fähigkeit** | | | | |
| 1,5 | 3 | Muß auslösen | in 2 min | Warm |
| 6 | 3 | >2 s für Motoren mit leichtem Anlauf-T I >5 s für Motoren mit schwerem Anlauf-T II | | Kalt |
| **Kurz-schluß-festigkeit** | 10 | 3 | bei $I_{nm} \leqq 100$ A (> 100 A-8 × $I_{nm}$) Das sind Mindestwerte, darüber hinaus bis zur Entlastung durch Schnellauslöser oder Sicherungen | Kalt |

Eine Gegenüberstellung der schweizerischen, deutschen, britischen, kanadischen und USA-Vorschriften für Motorschutzelemente bringt KIRCHDORFER (2). Ihm erscheint die zugelassene höchste Auslösezeit bei 1,5fachem Motornennstrom mit 2 min zu niedrig, ferner stellt er ein Mißverhältnis zwischen den angegebenen Auslösezeiten bei 6- und 1,5-fachem Nenntrom fest. Den deutschen Regeln macht er den Vorwurf, daß sie bei den Zeitangaben für den 6fachen Strom keine Zeitgrenze nach oben enthalten. Die amerikanischen und kanadischen Vorschriften geben beim 2fachen Einstellstrom maximal 8 min, beim 6fachen 30 s Auslösezeit an. Die englischen fordern dagegen bei 2fachem Einstellstrom nur eine Mindestauslösezeit von 5 s. Die Ansichten gehen also noch weit auseinander. Diese unterschiedlichen Auffassungen sind wesentlich durch den Umstand bedingt, daß auch die Motorhersteller bezüglich der zulässigen Erwärmungen der einzelnen Konstruktionselemente der Motoren unter abnormalen Betriebsverhältnissen keine einheitliche Auffassung haben. Typisch hierfür war eine Befragung zehn führender Motorhersteller in den USA (MARTINY, McCOY u. MARGOLIS). Die Antworten schwankten außerordentlich, bezogen auf die gleiche Isolationsklasse, und lagen für den festgebremsten Läufer beim Ständer bei etwa 1 : 1,8, bei den Läuferstäben 1 : 3,4 und bei den Läuferendringen 1 : 4. Insbesondere war die Beurteilung des Läuferverhaltens sehr unterschiedlich. Außerdem sind in der Praxis die Ansprüche der Motoren verschieden, was das Verhältnis Belastungsstrom zu zulässiger Belastungszeit angeht, je nachdem, ob der gleiche Strom im festgebremsten Zustand, während des Anlaufs oder bei Überlastung auftritt. Die Festlegung nur einer Mindestgrenze beim 6fachen Strom erscheint insofern etwas gefährlich, als man z. B. bei transformatorisch beheizten Auslösern mit verhältnismäßig langen Auslösezeiten bei hohen Überströmen rechnen muß. Das könnte so weit getrieben werden, daß die Motorwicklungen durch den langeinwirkenden Überstrom Schaden leiden. Die österreichischen Vorschriften ÖVE-S 40/1957 sehen 3 Trägheitsgrade mit 0...2s, 2...8s und 8...40s bei 3poliger Belastung und 6fachem Strom vor.

Diese vom Motorstrom durchsetzten Schutzglieder haben die gleiche Stromlast wie der Motor. Die Auswirkungen dieser Belastung sind aber zum Teil recht verschieden. Insbesondere wirkt sich die unterschiedliche Verteilung der Wärmequellen bei Motor und Auslöser, s. S. 157, sowie die unterschiedliche Zeitkonstante, s. S. 98 und S. 165, aus. Letztere hat in gewisser Beziehung eine geringere Belastungsfähigkeit zur Folge, z. B. unter Umständen vorzeitige Auslösung bei schweren Anlaufbedingungen (s. S. 167 und S. 218), oder geringere Motorausnutzung im aussetzenden Betrieb, S. 178, wenn der Schutzwert des Auslösers in vollem Umfang erhalten bleiben soll. Die Abwägung dieser Umstände ist den Abschnitten (Verhalten) S. 146 und (Anwendung unter Sonderbedingungen) S. 218 vorbehalten. Erwünscht wäre, daß die Auslöser ein Wärmeabbild des Motors darstellen. Das ist aber wirtschaftlich nicht möglich und auch mit Rücksicht auf die übrigen Anlageteile nicht zweckmäßig.

## 2.2 Aufbauprinzipien

Das grundsätzliche Lösungsprinzip ist bereits auf S. 25 aufgezeigt. Ein stromabhängiges thermisches Element wirkt auf ein Schaltgerät, das bei Überlast den Motor vom Netz abtrennt. Das Schaltgerät kann in allen Formen als *Schalter mit Rückzugkraft*, also als *Tastschalter* oder *Schloßschalter*, *Fernschalter* und *Schütz*, ausgebildet sein. Auf diese Geräte wirken die stromabhängigen Elemente ein und unterbrechen entweder mechanisch die Verbindung von Handhabe und eigentlichem Schalter oder den Spulenstromkreis des Schützes oder geben Kontakt für Ausschaltvorrichtungen. Während die Schaltgeräte sich praktisch von anderen Motorschaltern nicht unterscheiden, wurden für die Auslöseelemente besondere Formen entwickelt. Über die Schaltgeräte s. S. 228 Tabelle 8.

Die getrennt vom Motor angeordneten Auslöser oder Relais sind heute fast restlos auf thermischer Grundlage entwickelt. Relais haben dabei den Vorteil gegenüber den Auslösern, daß sie ohne weiteres selbständige Bauelemente darstellen, die außerhalb der Schaltgeräte erreichbar, an beliebiger Stelle anbringbar und ohne Schwierigkeiten auswechselbar sind. Aber auch bei Auslösern hat man anbaubare, auswechselbare Konstruktionen geschaffen, s. S. 88.

## 2.2.1 Arten der Stromeinwirkung auf die Auslöseelemente

Der grundsätzliche Aufbau der netzstrombeheizten Elemente (Auslöser und Relais) kann verschiedene Formen annehmen, als Dehnungselement, als Bimetallstreifen und dergleichen. Wesentlich ist aber, in welcher Weise man die Wärme auf diese Elemente bringt, ob man sie in den Elementen erzeugt oder durch Strahlung, Wärmeleitung und dergleichen auf sie überträgt.

Es sind *fünf verschiedene Arten der Beheizung* zu unterscheiden, die für alle Ausführungen gelten, s. Abb. 10. Bei einigen Ausführungsarten sind aber auch einzelne der fünf Formen nicht möglich.

Die *unmittelbare* Beheizung (a) scheidet bei einigen Anwendungsformen aus, z. B. ist es wohl kaum möglich, Lötelemente unmittelbar zu beheizen, d. h. die Wärme im Lot selbst zu erzeugen. Weiterhin scheidet sie aus bei der Verwendung von Dampfdruckkapseln, denn auch hier muß der Wärmeherd außerhalb des verdampfenden Stoffes liegen. Bei anderen Formen der Auslöser, z. B. Dehnungselementen, Bimetallstreifen und dergleichen, sind ebenfalls Grenzen gezogen, und zwar durch die Abmessungen und die Stromstärken, für die die Auslöseelemente gebaut werden sollen. Zwischen diesen beiden Werten bestehen Zusammenhänge. Die Abmessungen können nicht beliebig gewählt werden, ihre Vergrößerung oder Verkleinerung verändert die Zeitkonstante (s. S. 96) und bei gleichem Wärmeaufwand die Erwärmung, z. B. die Ausbiegung der Bimetallstreifen. Die unteren Grenzen sind endlich durch die Festigkeitsverhältnisse gegeben. Ein Bimetallstreifen allzu geringer Dicke hat nicht die nötige Steifigkeit. Bei einem Dehnungselement ist der geringste Querschnitt durch seine Richtkräfte festgelegt. Er muß ihnen entsprechen. Die Formen und Abmessungen der Elemente bedingen einen bestimmten Widerstand und deshalb auch einen gewissen Strom. Entspricht dieser Strom den gewünschten Verhältnissen nicht, dann ist es bei einigen Ausführungen in gewissem Umfange möglich, eine bessere Anpassung durch Wahl anderer Stoffe herbeizuführen. Auch ist es manchmal möglich, unter Beibehaltung der Gesamtabmessungen den Widerstand abzuändern, indem man Länge und Querschnitt gegeneinander variiert, z. B. bei Dehnungselementen nur einen Teil auf Zug beansprucht und den

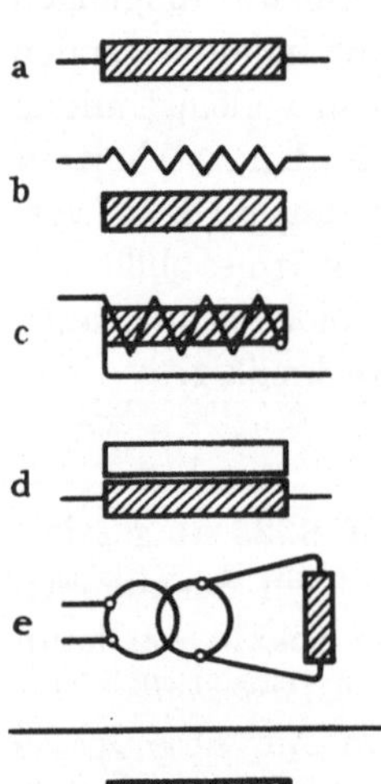

Abb. 10 a—e. Beheizungsarten für thermische Auslöser und Relais a unmittelbar; b mittelbar; c gemischt; d unmittelbar mit Wärmebeschwerung; e Wandlerspeisung, *1* wirksames Element (Seele)

übrigen Teil des Querschnittes zur Vergrößerung der Wärmekapazität benutzt, aber immer noch unter Eigenheizung (s. Abb. 16 S. 42).

Die *mittelbare (indirekte) Beheizung (b)* ist praktisch immer durchführbar. Ihre natürliche Grenze findet sie ebenfalls in den Abmessungen, denn eine mittelbare Heizung könnte z. B. bei einem Bimetallstreifen in Form einer starken Wicklung dessen Steifigkeit zu sehr erhöhen, ferner die Außendurchmesser und damit die Zeitkonstante und die Auslösezeiten. Es könnte auch noch die abkühlende Oberfläche und damit der erforderliche Wärmeaufwand wachsen. Die mittelbare Beheizung hat aber einen grundlegenden Nachteil. Die Temperatur der Heizwicklung muß höher liegen als die des beheizten wirksamen Elementes. Es besteht die Gefahr, daß der Wärmeübertritt auf das eigentliche Wärmeelement bei hohen Überlastungen so schleppend vonstatten geht, daß die Temperatur der Heizwicklung weit über die normale Auslösetemperatur hinausgeht, so daß die Heizwicklung zerstört wird, d. h. also, die Grenze der Eigenkurzschlußfestigkeit solcher mittelbar beheizter Auslöseelemente ist gegenüber der der unmittelbar beheizten gering. Die Konstruktion wird um so besser sein, je niedriger der Wärmeleitwiderstand zwischen Wicklung und Auslöseelement und um so geringer das Gewicht der isolierenden Zwischenschichten ist. In jedem Falle ist Nachauslösung (s. S. 114 ff.) möglich.

Die *gemischt-(halbindirekt) beheizten* Elemente (c) bilden ein Mittelding zwischen den beiden zuerst genannten und sind, wenigstens bei kleinen und mittleren Stromstärken, die am häufigsten angewandten. Sie kommen in erster Linie in Betracht, wenn der Eigenwiderstand der Wärmeelemente nicht im richtigen Verhältnis zu der Stromstärke steht. Man muß dann eine Heizwicklung anbringen, schickt jedoch den Strom außerdem noch durch das Wärmeelement selbst hindurch und ist auf diese Weise in der Lage, einen Teil der Nachteile der mittelbar beheizten Auslöser wieder auszugleichen, denn auch im Falle einer hohen Überlastung wird nunmehr das eigentliche Element schon ohne Wärmeleitung eine verhältnismäßig hohe Temperatur erreichen.

Bei den *beschwerten* Auslöseelementen (d) wird im Gegensatz zu den mittelbar — und gemischt — beheizten keine Wärme von anderen Körpern durch Leitung empfangen, sondern umgekehrt normalerweise noch Wärme an die „Beschwerung" abgegeben. Die Beschwerung ist an der Wärmeerzeugung nicht beteiligt, sie wirkt lediglich als wärmeaufnehmender Körper. Der Erfolg dieser Maßnahmen liegt in größeren Auslösezeiten, aber nur bei geringen Überlastungen, denn nur hier kann der Wärmestrom vom Heizelement zum Beschwerungselement ohne nennenswerten Zeitverzug übertreten, so daß sich das Ganze als ein Körper auswirkt. Dabei entspricht die Verzögerungszeit der Wärmeaufnahmefähigkeit beider Elemente zusammengenommen. Bei hohen Überströmen liegen die Verhältnisse aber anders, denn nunmehr kann der Wärmestrom nicht mehr im gleichen Maße übertreten. Er wird fast ganz von der Seele aufgenommen. Die Folge davon sind verhältnismäßig kurze Auslösezeiten. Die Erscheinung der „Nachauslösung" (s. S. 114) tritt nicht auf.

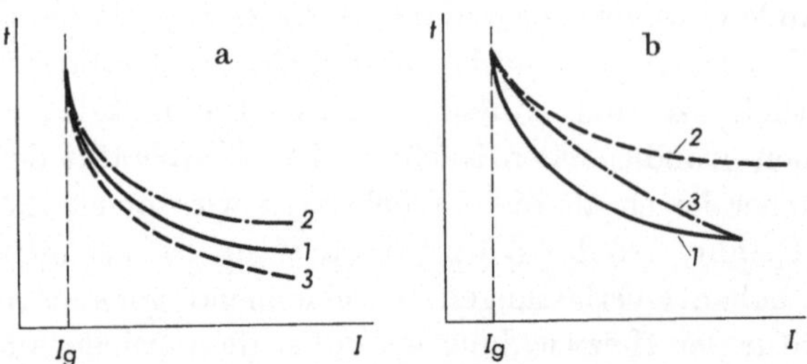


Abb. 11 a u. b. Beeinflussung der Motorschutzkennlinien durch die Beheizungsart
a bei niedriger Belastung in allen Fällen gleiche Zeitkonstante angenommen; b Seele (s.Abb. 10)
immer gleich stark, *1* unmittelbar beheizt, *2* mittelbar beheizt, *3* wärmebeschwert

In der Kurvenschar Abb. 11 zeigt a,1 die Kennlinie eines normalen, unmittelbar beheizten Auslösers, a,2 die bei höheren Überlastungen höheren Zeiten eines mittelbar beheizten und a,3 die Verkleinerung der Zeiten bei beschwerten Auslösern und höheren Überlastungen. Vorausgesetzt ist bei der Kurvenschar a, daß die Verzögerung bei geringen Überlastungen also die Anfangzeitkonstante in allen Fällen die gleiche ist. Wäre umgekehrt die Seele immer die gleiche, käme zu ihr also im einen Falle eine Heizwicklung, im anderen die Beschwerung hinzu, dann würden naturgemäß beim Auslöser 1 bei geringen Überlastungen im Verhältnis die Auslösezeiten sehr klein sein. Teilbild b zeigt den ungefähren Verlauf unter dieser Voraussetzung.

Die beschwerten Auslöser haben nach den Kurven grundsätzlich ein ähnliches Verhalten wie eine normale Abschmelzsicherung, bei der ebenfalls bei geringen Überlastungen fast der gesamte Schmelzeinsatz, also der Schmelzstreifen mit der Füllung und dem Körper, wirksam ist, während mit steigender Belastung allmählich die Wärme fast nur noch vom Schmelzstreifen aufgenommen wird und bei hohen Überlastungen auf diese Weise außerordentlich kurze Zeiten auftreten.

Bei der Verwendung von *Wandlern* (Abb. 10e) kommt man mit verhältnismäßig kleinen Relais (Sekundärrelais) aus. Sie sind also in erster Linie am Platze, wenn es sich um hohe Nennströme handelt und haben weiterhin noch den Vorzug einer hohen Kurzschlußfestigkeit für das Relais, denn der Sekundärstrom eines Wandlers setzt naturgemäß bei hohen Belastungen nicht im gleichen Maße wie der Primärstrom ein. Von einer bestimmten Belastung ab, wird er praktisch konstant bleiben und sich dementsprechend die Auslösestromstärke nicht mehr ändern. Die Auslösezeiten sind bei hohen Überlastungen mithin relativ hoch. Die Wandler werden deshalb angewandt, um Motoren mit Schwerstanlauf durch handelsübliche Relais kleiner Zeitkonstante zu schützen. Das gleiche gilt aber auch von der Kurzschlußfestigkeit. Der Schutz empfindlicher Teile der Anlagen, wie z. B. der Leitungen, ist in diesem Falle genau zu überlegen. Es müssen meist zusätzliche Einrichtungen herangezogen werden, „Schnellauslöser" oder doch wenigstens „Kurzschlußschutzsicherungen" (s. S. 140 und S. 141). Bei den Wandlerrelais ist die Erhöhung der Kurzschlußfestigkeit echt, desgleichen auch die Vergrößerung der Auslösezeiten. Die Wirkung ist so, als ob die Zeitkonstanten bzw. -faktoren (s. S. 95) bei hoher Belastung vergrößert wären.

Da bei Wandlerrelais die Primärströme nicht in voller Höhe auf das Relais übertragen werden, wenigstens nicht bei hohen Überströmen, so sagen sie bei stark wechselnden und aussetzenden Belastungen nur noch wenig über die wirkliche Belastung der zu schützenden Objekte aus und sind deshalb nicht so gut verwendbar wie ohne Wandler arbeitende. Man soll aus diesem Grunde die Streuwirkung des Wandlers keinesfalls unnötig hochtreiben. Hinzu kommt oft noch, daß sich die Sekundärrelais für kleine Ströme nicht als unmittelbar beheizte ausführen lassen.

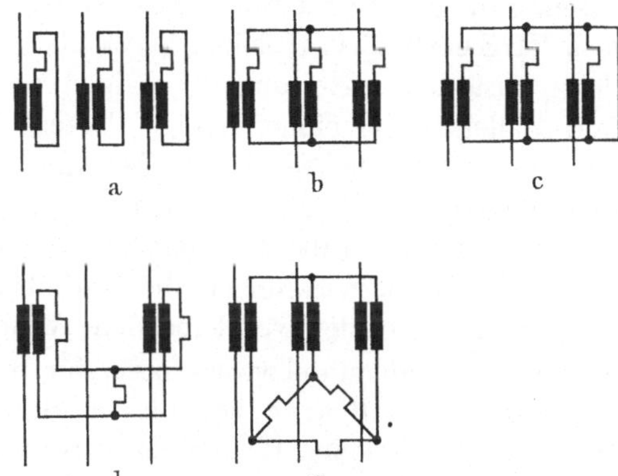

Abb. 12 a — e. Anschluß von Stromwandlern bei Überstromauslösern und -relais

Bei der Verwendung der Wandler entstehen weiterhin in der Praxis noch Fragen hinsichtlich ihrer *Zahl* und ihrer *Schaltung*. Die Leitungsführung der normalsten Anordnung nach Abb. 12a kann vereinfacht werden, indem man je drei Klemmen von Wandlern und Auslöseelementen zu einem Sternpunkt vereinigt (b). Es sollten dann aber unbedingt die beiden Sternpunkte miteinander verbunden werden (c). Läßt man diese Verbindung weg, dann ist beispielsweise bei einem einpoligen Erdschluß eines Leiters für den Strom dieses Leiters kein normaler Weg in dem System vorhanden. Es reagiert nur auf ein in sich geschlossenes Stromsystem ordnungsgemäß. Die Abschaltung bei Grenzstromüberschreitung ist deshalb nicht mehr gewährleistet. Es wird auch häufig der Vorschlag

3*

gemacht, lediglich zwei Wandler zu verwenden entsprechend Bild d. Auch diese Anordnung versagt naturgemäß, wenn Teilströme, die in dem System nicht zurückfließen, einen Wicklungsstrang durchsetzen. Aber auch wenn der Motor über zwei Leiter einphasig betrieben wird, werden die Verhältnisse schlecht. Während man bei drei Wandlern damit rechnen kann, daß zwei thermische Elemente dem Überstrom ausgesetzt sind, kann es hier vorkommen, daß nur noch ein Wandler vom Netzstrom durchflossen wird. Der von ihm erzeugte Sekundärstrom würde mithin nur ein thermisches Element mit vollem Strom, die beiden anderen nur mit je einem Teilstrom durchsetzen, so daß in diesen beiden die Wärmeentwicklung beträchtlich zurückginge. Der Erfolg wäre der gleiche, wie wenn diese einphasige Überbelastung überhaupt nur durch ein Element in einem Pol kontrolliert würde. Der Grenzstrom steigt in diesem Fall u. U. beträchtlich an, s. S. 30, Tabelle 2, und S. 151. Er darf nach VDE 0660 20 v. H. höher liegen als bei dreipoliger Belastung. Die kleine zusätzliche Heizung der beiden anderen Elemente wird diese Zahl vielleicht um einige wenige Prozent verbessern, die Wärmeentwicklung im Motor jedoch erst bei einer bedeutend höheren Grenze weggenommen als bei der üblichen zweipoligen Kontrolle des einphasig laufenden Motors. Außerdem verzerrt auch die schwankende Bürde der einzelnen Wandlerwicklungen die Verhältnisse. In jedem Fall ist es notwendig, die beiden verbleibenden Wandler mit Rücksicht auf die veränderten Widerstandsverhältnisse für eine $\sqrt{\text{dreifach}}$ höhere Bürde auszulegen, so daß auch von diesem Standpunkt gesehen von einer Materialersparnis keine Rede mehr sein kann, sondern die Verhältnisse nur undurchsichtiger werden.

Im Gegensatz dazu bietet die Schaltung nach e, bei der drei Wandler mit ihren Sekundärwicklungen in Sternschaltung drei thermische Elemente in Dreieckschaltung speisen, einige Vorteile. Ströme, die nicht durch den Motor zurückfließen, verwirren aber auch hier die Verhältnisse, davon abgesehen gibt aber bei dreipoligem Anschluß diese Anordnung für die einzelnen Relais die Ströme, die in den drei Wicklungssträngen eines dreieckgeschalteten Motors fließen, besser wieder. Wird ein Pol stromlos, dann wird ein Element von einem doppelt so hohen Strom durchflossen wie die beiden anderen. Während beim Motor, s. Abb. 3b, und einfachem Netzstrom in der überbelasteten Wicklung etwa der 1,25fache Wicklungsnennstrom fließt und in der unterbelasteten Wicklung der 0,6fache, man also mit einer recht beträchtlichen Überlastung der ersteren Wicklung rechnen muß, steigt bei dieser Wandleranordnung die Relaislast in einem Pol gegenüber dem Wicklungsnennstrom schon um 15 v. H. (67 v. H. des Wicklungsnennstromes gegen 58 v. H. normal), so daß, selbst wenn bei Zuleitungsnennstrom der Strom in einer Wicklung den 1,25fachen Nennwert erreicht, nur noch ein ungedeckter Überschuß von 10 v. H. übrigbleibt. Bei den auch vorkommenden kleineren Werten (bis herab zum 1,15fachen) verschwindet der Unterschied fast ganz. Der Schutzwert ist also bedeutend erhöht.

## 2.2.2 Zwei verschiedene Grundprinzipien

Außer von der Art der Beheizung (mittelbar, unmittelbar oder dergleichen) hängt die Wirkung von der Anwendung *zweier grundsätzlicher Prinzipien* beim Bau thermischer Auslöser und Relais ab. Das eine ist die Ausnutzung der *Wärmedehnung* und das andere die *Änderung des Aggregatzustandes*, s. Abb. 13. Man hat auch schon vorgeschlagen, den sogenannten „Umwandlungs- oder Curiepunkt" von magnetisierbaren Legierungen zu verwenden, d. h. die Eigenschaft, daß ein magnetisierbares Material, als Magnetanker verwandt, bei einer bestimmten Temperatur seine Magnetisierbarkeit verliert (ORLICH). Über eine neuere amerikanische Ausführungsform für thermisch verzögerte Magnetauslöser auf diesem Prinzip berichtet HEUMANN (2) S. 517.

Dem *Dehnungsprinzip* folgen die eigentlichen *Dehnungsbandauslöser* und *-relais*, die auf der Längenänderung von Drähten, Bändern, Rohren und dergleichen beruhen (s. S. 38), sowie die heute vorherrschend ver-

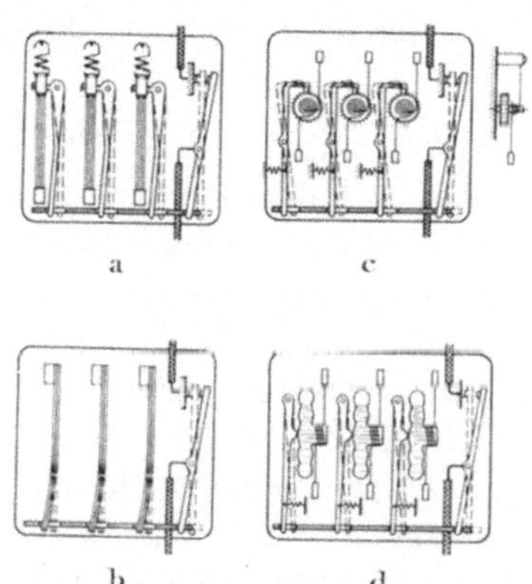

Abb. 13 a — d. Grundformen thermischer Elemente. a Dehnungsband; b Bimetall; c Schmelzlot; d Druckdose

wandten *Bimetallauslöser* und *-relais*, die die verschiedenartige Wärmedehnung zweier Stoffe als Grundlage haben (s. S. 43). Die erstgenannte Sorte nannte man im Anfang der Entwicklung auch häufig *Hitzdrahtauslöser*.

Die *Änderung des Aggregatzustandes* kann sowohl die vom festen zum flüssigen wie auch die vom flüssigen zum dampfförmigen sein. Die Änderung vom festen zum flüssigen benutzen die sogenannten *Schmelzlotelemente* (s. S. 75). Die andere Form, die Änderung vom flüssigen zum dampfförmigen Zustand, wird in sogenannten *Dampfdruckkapseln* angewandt, in denen die Erhöhung der Dampfdruckspannung durch die Erwärmung zur Auslösung benutzt wird (s. S. 77). Beide Arten von Anwendungen erlauben nur die mittelbare Heizung und haben außerdem die Eigentümlichkeit, daß die Anwendung der üblichen Erwärmungs- und Abkühlungsgesetze mit einigen Schwierigkeiten verbunden ist, denn bei Erreichen der Grenztemperatur kommt vor dem Abschalten, abgesehen von der Eigenzeit des eigentlichen Schaltgerätes, noch die Schmelz- bzw. Verdampfungswärme und die damit verbundene Zeit der Stromeinwirkung hinzu.

### 2.2.3 Geräte beruhend auf Wärmedehnung

Hier handelt es sich um die Anwendung von Dehnungsstreifen (s. unten) und Bimetallen (S. 43). Ein Vorteil liegt darin, daß der Motorstrom die auf Wärmeausdehnung zu beanspruchenden Elemente auch unmittelbar durchsetzen kann, was bei den Elementen, die auf Grund der Änderung des Aggregatzustandes arbeiten, praktisch ausgeschlossen ist. Auch ermöglichen sie weitgehend, soweit unmittelbare Beheizung möglich ist, eine schnelle Wiedereinschaltbereitschaft, also eine kurze Wartepause (s. S. 193) und eine hohe Kurzschlußfestigkeit (s. S. 196).

#### 2.2.3.1 Dehnungsstreifen

Die Dehnungsstreifen treten heute in der praktischen Anwendung gegenüber den Bimetallen zurück. Sie beherrschten aber lange Zeit das Feld und sollen deshalb zuerst behandelt werden. Statt eines Bandes kann bei diesen Elementen naturgemäß auch ein Draht, Rohr oder dergleichen verwandt werden. Neben der Wärmedehnung, die selbstverständlich möglichst groß sein soll, spielt die Zugfestigkeit, vor allem auch die im warmen Zustande, eine entscheidende Rolle. Hinzu kommt bei unmittelbarer Beheizung als ausschlaggebend noch der spezifische elektrische Widerstand. Auch muß man verlangen, daß die Stoffe nicht zundern und gegen atmosphärische Einwirkungen weitgehend widerstandsfähig sind.

Außer durch unterschiedliche Gestaltung des Querschnittes unterscheiden sich die Geräte voneinander durch die Art, in der die Bänder aufgehangen sind. Hier kann man unterscheiden, s. Abb. 14:

> die *gestreckte Form*
> die *geknickte Form*
> und die *Dreieckanordnung*

Die einfachste Art ist die Verwendung eines einfachen gestreckten Drahtes oder dergleichen. Ein solches Element unter dauernder hoher, möglichst gleichbleibender Spannung gehalten, nimmt eine klare bestimmte Lage ein. Der Nachteil ist, daß sich alle bekannten Metalle bei zulässigen Temperaturen nur um ganz geringe Beträge ausdehnen. So z. B. würde selbst ein Alu-Streifen mit seiner verhältnismäßig hohen Wärmedehnung bei 100° C ÜT und 100 mm Länge nur um 0,24 mm länger. Dabei kann man Alu nur bei hohen Strömen verwenden. Meist ist man auf Stoffe erheblich höheren spezifischen Widerstandes angewiesen. Bei Konstantan und Nickelin, also Kupfer-Nickel-Legierungen, geht aber die Längenausdehnung schon auf 0,15 mm zurück, und bei Chromnickel und Chromeisen auf etwa 0,13. Diese geringen Längenänderungen bedingen die Einschaltung einer verhältnismäßig hohen Übersetzung zwischen Dehnungselement und Kontakt- bzw. Auslöseglied. Man arbeitet zwar mit höheren Temperaturen als 100° C, dafür jedoch auch mit kleineren Längen. Auch haben solche Streifen natürlich

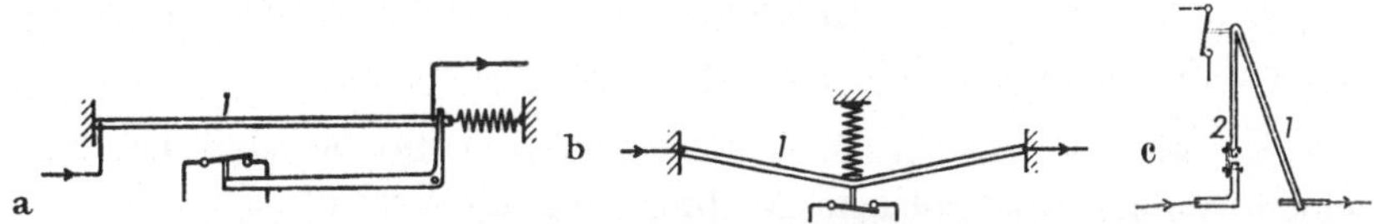

Abb. 14 a — c. Ausführungsformen von Dehnungsbandauslösern
a gestreckte Form; b geknickte Form; c Dreieck-Anordnung; *1* Dehnungsstreifen, *2* Streifen
geringer Dehnung

nicht auf der ganzen Länge die gleiche Temperatur. Ist sie in der Mitte z. B. 250° C, dann liegt das Mittel wohl bei nur 200° C. Eine Grenze für die Arbeitstemperatur setzt in erster Linie die geforderte Kurzschlußfestigkeit (s. S. 196). Jedoch liegen die in Betracht kommenden Stoffe in diesem Punkte verhältnismäßig günstig. Die notwendigen Übersetzungen sind meist mit einem einzigen Hebel nicht mehr durchführbar. Man findet deren, wenn die Dehnungselemente nicht besonders lang gehalten sind, meist zwei.

Nun sind aber andere Aufhängungen bekannt, die in sich schon eine gewisse Übersetzung aufweisen. Hierin gehört die *geknickte Form* und die *Dreieckanordnung* (s. Abb. 14 b u. c). Die *geknickte Form* verlangt natürlich nicht unbedingt ein durchgehendes und entsprechend geknicktes Band oder dergleichen. Die gleichen Eigenschaften weisen zwei durch Gelenke verbundene Dehnungsteile auf. Die Ausweichung der Knickstelle im Verhältnis zur Verlängerung des Streifens hängt wesentlich von dem Winkel ab, den die beiden Streifenhälften miteinander bilden. Wesentlich für die *geknickte Form* ist das Angreifen der Auslöseelemente etwa in der Mitte des freigespannten Bandes. Das Dehnungselement selbst wird bei weiterer Ausdehnung eingeknickt. Es kann aber auch schon vorher einen Winkel gegenüber der Verbindung der Befestigungspunkte bilden. Bezeichnet man die Gesamtlänge des Dehnungselementes mit $l$, den Winkel, den die Hälften im kalten Zustand gegenüber der Verbindungslinie der Aufhängepunkte einschließen, mit $\alpha$, die Zunahme der Länge mit $\Delta l$ und die Zunahme der Höhe des Dreiecks, also den nutzbaren Weg bei Erwärmung mit $s_W$, dann ist

$$s_W = \frac{l}{2}\left[\sqrt{\left(1 + \frac{\Delta l}{l}\right)^2 - \cos^2 \alpha} - \sin \alpha\right]$$

Diese Beziehung hat ein Minimum für $\alpha = 90°$. Bei kleineren Winkeln steigt, wie die Kurvenschar in Abb. 15 a zeigt, der Wert $s_W$ bedeutend an. Er geht aber vom halben Wert der Längendehnung des gestreckten Bandes aus und erreicht diesen Betrag erst je nach % Längendehnung bei $\alpha = 25 \ldots 30°$ (strichpunktierte Linie 3). Unterhalb dieser Werte ist dann die in $s_W$ wirksame Dehnung größer. Die weitere Steigerung von $s_W$, also Verkleinerung von $\alpha$, ist abhängig von der Größe $\Delta l$. Bei kleineren Winkeln und $\Delta l = 10\%$ erreicht man mehr als das Zweifache, bei $\Delta l = 5\%$ mehr als das Dreifache.

Diese auf den ersten Blick bestechende Tatsache, daß bei ganz kleinen Winkeln die seitliche Ausbuchtung im Verhältnis zu der tatsächlichen Längenänderung des Drahtes so groß ist, ist in der Praxis nur mit Vorsicht zu bewerten. Würde man ein Gerät in dieser Weise aufbauen und hätte es im kalten Zustande eine nur sehr geringe Abweichung von dem vorgesehenen Winkel, dann würden sich — wie aus den Kurven und der Rechnung hervorgeht — die Bewegungen des Mittelpunktes ($s_W$) ganz bedeutend ändern. Nun kann man für einen Punkt der Skala solche Unterschiede durch die Eichung ausgleichen, jedoch nicht für den ganzen Bereich der Skala. Ein solcher Unterschied würde sich also bei vorgeprägter Skala über ihren Bereich auswirken (s. S. 149). Ginge man beispielsweise von einer Durchknickung von 5° auf eine solche von 10° bei $\Delta l/l = 0,01$, dann würde die Ausbuchtung fast auf zwei Drittel zurückgehen. Das ist auch wohl der Grund, warum diese auf den ersten Blick bestechende Anordnung nicht allzuviel Anwendung gefunden hat. Man würde bei ihrer Durchführung an Übersetzungselementen ganz erheblich sparen können. Bei einem Relais mit gestrecktem Band von Klöckner-Moeller ist z. B. die Übersetzung in zwei Abschnitten durchgeführt. Zunächst wird die Ausdehnung des gestreckten Drahtes mit einer Übersetzung 1:7 auf eine gemeinsame Polbrücke übertragen und dann von dieser Polbrücke nochmals im Verhältnis 1 : 7 auf das eigentliche Auslösekontaktglied. Bei der *geknickten Form* und

$$\frac{\Delta l}{l} = 0,01$$

sowie $\alpha = 5°$ würde schon ohne Zusatzglieder eine Steigerung 1 : 5 geliefert. Eine weitere praktische Schwierigkeit besteht darin,

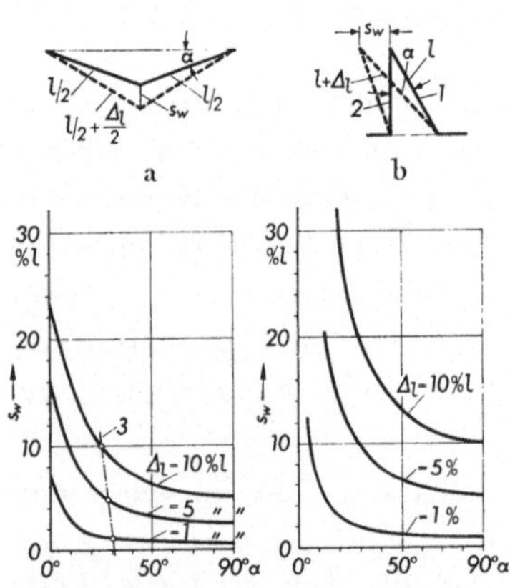


Abb. 15 a u. b. Dehnungsband-Auslöser. Einfluß des Ausgangswinkels $\alpha$ auf den Schaltweg $s_W$; a geknickte Form; b Dreieck-Anordnung; *1* Dehnungsstreifen; *2* Streifen geringer Dehnung; *3* gleicher Wert $s_W$ wie bei der gestreckten Form

den Knickpunkt konstruktiv durchzubilden, denn es ist ja nicht nur erforderlich, daß das eigentliche Auslöseorgan hier angreift, sondern der Strom muß auch diese Knickstelle durchfließen, ohne daß Schwächungen des Querschnittes von Bedeutung durchgeführt werden dürfen. Dafür haben die geknickten gegenüber den gestreckten den Vorzug, daß sie keiner beweglichen Zuleitungen bedürfen.

Mit den Verbesserungen der Wege treten naturgemäß umgekehrt Erhöhungen der Querschnittsbeanspruchungen durch die Schaltkraft ein. Bei dem praktisch nicht möglichen Wert $\alpha = 0$ würde sie unendlich. Die Beanspruchung wird $= P$ für $\sin \alpha = 0,5$ entsprechend $\alpha = 30°$. Das ist ungefähr derselbe Winkel, bei dem auch die Wege des geraden und geknickten Bandes gleich sind. Das gerade, gestreckte Band hat den Vorzug einer klaren exakten Lage im Raum, denn die an ihm wirkenden Schaltkräfte sind gleichzeitig auch in der Lage, es in dieser Stellung zu halten und seitliche Abweichungen zu verhindern.

Bei der *Dreieckanordnung* mit einseitiger Dehnung (Abb. 15b) sei vorausgesetzt, daß der Ausgangswinkel der unveränderlichen Seite *2* mit der Grundlinie 90° ist. Es sind natürlich auch andere Verhältnisse denkbar. Die Bewegung der Spitze ist dann vom Winkel $\alpha$ abhängig, und zwar

$$s_W = \frac{\varDelta l}{\sin \alpha}$$

Bei kleinen Winkeln und Längenänderungen über 1 v.H., die aber in der Praxis nicht vorkommen, wäre noch ein mit $\varDelta l/l$ steigender Korrekturfaktor notwendig. Bei Winkeln von 5° und mehr ist er immer entbehrlich und $s_w$ nur von $\sin \alpha$ und $\varDelta l$ abhängig. Diese Bogenbewegung der Spitze der unveränderlichen Dreieckseite ist bei den in Betracht kommenden, geringen prozentualen Längenänderungen ($< 1\%$) identisch mit der Wanderung der Spitze in Richtung der Grundlinie des Dreiecks. In Abb. 15b ist $s_W$ für verschiedene prozentuale Dehnungen als Vielfaches von $l$ angegeben. Mit spitzer werdendem Winkel wächst der Ausschlag der unveränderlichen Seite *2* stärker als die Längenänderung $\varDelta l$. Im Gegensatz zu den Kurven $a$ ist bei großen Winkeln die Ausdehnung voll wirksam. Die Schaltkräfte übertragen sich auf das Dehnungselement natürlich auch hier in stärkerem Maße, wenn das Element in sich eine solche Übersetzung birgt. In der Praxis ist auch die unveränderliche Dreieckseite *2* keine Konstante. Das sie bildende Konstruktionselement empfängt Wärme vom Dehnungselement, natürlich in zeitlicher Verzögerung. So kann es vorkommen, daß der Hebel *2* später eine rückläufige Bewegung ausführt und der Grenzstrom ein höherer ist, wenn man den Laststrom langsam steigert, statt ihn sofort in voller Höhe aufzugeben. Man muß den Hebel aus Stoffen mit geringer Wärmedehnung ausführen.

Dehnungsstreifen werden nicht nur durch die Erwärmung gedehnt, sondern auch elastisch durch die mechanische Beanspruchung. Diese bewirkt aber, da sie bei dem üblichen auf Zug beanspruchten Streifen immer vorhanden ist, zunächst eine gleichbleibende Längenänderung, so daß im Gegensatz zum später zu behandelnden Bimetallelement die Dehnung durch Erwärmung als Zuschlag hinzu kommt. Im Schaltaugenblick geht sie jedoch etwas zurück und vergrößert dadurch die notwendige durch die Erwärmung bedingte Wegänderung. In der Ausgangslage des Streifens ist die Zugdehnung am größten, dann wirken nur die Spannkräfte, von denen — wenn das Element ansprechen soll — auch die Schaltkräfte entnommen werden müssen, so daß sich die Beanspruchung des Streifens vermindert. In der Praxis tritt im Gegensatz zum Verhalten des Bimetallstreifens der Einfluß weitgehend zurück (s. auch S. 155).

Besondere Schwierigkeiten hat der Aufbau von Geräten kleiner Motornennströme gemacht, weil man hierbei praktisch in hohem Maße

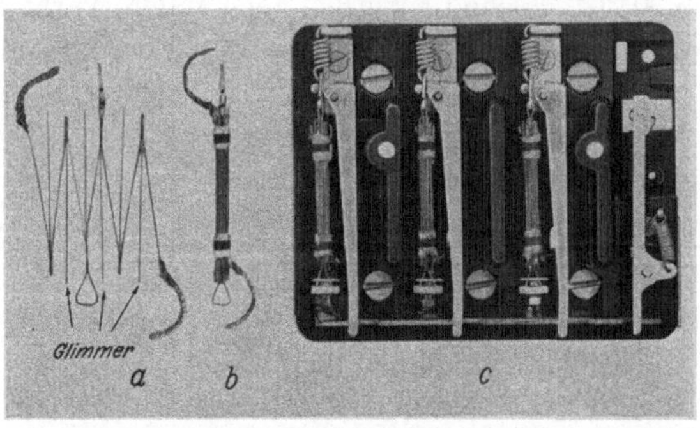


Abb. 16 a — c. Dehnungsbandrelais mit Paketstreifen (Klöckner-Moeller)
a Paket auseinandergezogen; b bandagiert; c Relais mit 3 Paketen

auf die mittelbare Heizung angewiesen war. Ein einfacher dünner Draht hatte nicht die nötige mechanische Festigkeit, um als Dehnungselement arbeiten zu können. Zur Vermeidung der mittelbaren Erwärmung wurden deshalb Drähte mechanisch parallel und elektrisch hintereinandergeschaltet. Zur Erhöhung der Zeitkonstante hat man weiter ein solches System von Drähten in eine gemeinsame Umhüllung gelegt. Ein Nachteil bestand darin, daß alle Drähte nur dann wirksam sein konnten, wenn sie sich gleichmäßig erwärmten und ausdehnten. Um diesen Schwierigkeiten zu begegnen, wurden flaschenzugartige Anordnungen vorgeschlagen. In der Form des Paketauslösers nach DRGM 888 132 vom 30. 8. 1924 wurde eine Lösung gefunden, bei der die mechanische Beanspruchung bei einem einzigen Band verblieb. Elektrisch waren dagegen viele Bänder hintereinandergeschaltet. Das Paket konnte massiv gestaltet werden. Deshalb waren Bänder mit verhältnismäßig großem Querschnitt (auch bei kleinen Strömen) in der Lage, den mechanischen Zug auszuhalten. Die Zeitkonstante stieg auf verhältnismäßig hohe Werte. Ein solches Paket aufgelöst zeigt Abb. 16a. Zwischen die einzelnen Bandstreifen sind Glimmerplättchen geschoben. Die Dehnung des mittleren Bandes wird zur Auslösung benutzt. In Teilbild b ist dann das bandagierte Paket dargestellt und rechts ein dreipoliges Relais mit solchen Dehnungselementen.

### 2.2.3.2 Bimetallauslöser und -relais

Auslöser und Relais auf Bimetallgrundlage sind heute beim Bau von Motorschutzgeräten zahlenmäßig vorherrschend. Deshalb sind einige Worte über Bimetall am Platze. *Bimetall* entsteht, wenn man zwei Metallschichten verschiedener Wärmeausdehnung, z. B. durch Preßschweißen, festhaftend aufeinanderbringt. Erwärmt man ein solches Bimetall, so versucht eines der beiden Metallstücke, sich besonders stark auszudehnen. Durch das untrennbar mit ihm verbundene zweite Metallstück mit geringem Wärmeausdehnungskoeffizienten wird es aber an seiner Ausdehnung gehindert. Die Folge davon ist, daß ein Streifen aus einem solchen Bimetallblech sich nach der Seite der Komponente mit der geringeren Wärmeausdehnung krümmt. Sehr wesentlich für die Temperaturempfindlichkeit sind danach zwei Komponenten mit sehr unterschiedlichen Temperaturdehnungskoeffizienten. Die Krümmung erfolgt in allen Richtungen, ist also eine kugelförmige, die bei breiten Streifen auch in Erscheinung tritt. Ursprünglich haftete der Verwendung von Bimetall der Vorwurf der Unzuverlässigkeit an. Man mußte mit Alterungserscheinungen und dementsprechend Veränderungen der Ausgangslage rechnen. Diese Erscheinungen waren in erster Linie durch sehr ungleiche Festigkeiten der beiden Hälften bedingt. Zum Beispiel wenn die eine Hälfte aus Messing, die andere aus Stahl bestand. In der Berührungsschicht der beiden Stoffe entstehen naturgemäß sehr hohe Spannungen, so daß weiche Stoffe geringer Festigkeit auch bei noch so günstiger Wärmeausdehnung ausscheiden müssen. In diesem Punkte haben sich die Verhältnisse durch die Verwendung von Nickelstählen ganz grundlegend geändert. Man ist zu Erzeugnissen mit absolut gleichförmigen mechanischen, elektrischen und thermischen Eigenschaften gelangt. Es war aber nicht nur wichtig, Stoffe zu schaffen, die ihre einmal vorhandenen Eigenschaften auch beibehielten und bei gelegentlich auftretenden höheren Betriebstemperaturen bis etwa 450° C verwendbar waren. Vor allen Dingen mußten auch die Eigenschaften, die bei der Versuchsausführung und bei der langwierigen Modellerprobung vorhanden waren, bei jeder neuen Lieferung wieder angetroffen werden, denn sonst waren die Voraussetzungen, z. B. für die Entwicklung von Motorschutzauslösern, nicht gegeben. Vorwiegend verwandt werden Legierungen.

Eine der wichtigsten Legierungen des Stahles ist in diesem Zusammenhang das *Invar*, erfunden Ende der neunziger Jahre von Guilleaume. Es enthält etwa 36% Ni (35 . . . 37), der Rest ist Eisen. Sein Ausdehnungskoeffizient liegt etwa bei $1 \cdot 10^{-6}$ °C$^{-1}$. Bei geringen Abweichungen im Nickelgehalt nach oben oder unten steigt er stark an, s. Abb. 17 [BUNGARDT]. Auch erhöhen alle übrigen Beimengungen mit Ausnahme des Kobalts den Ausdehnungskoeffizienten. Den niedrigen Koeffizienten behält Invar nur bis zu Temperaturen von etwas über 100° C, dann steigt er auch hier stark an. Der Unterschied des Wärmeausdehnungskoeffizienten gegenüber dem der anderen Komponente geht dann wesentlich zurück. Über 200° C ist es aus diesem Grunde nur beschränkt verwendbar. Bei höheren Temperaturen sind Legierungen mit höherem Nickelgehalt zweckmäßig, z. B. 42% [ROHN; D'ANS u. LAX S. 1288]. Invar hat einen Elastizitätsmodul von 14000 bis 16000 kg mm$^{-2}$. Er nimmt im Gegensatz zu dem reiner Metalle mit steigender Temperatur etwas zu [BUNGARDT]. Neuerdings sind auch kobalthaltige Legierungen bekanntgeworden, bei denen der Bereich des kleinen Ausdehnungskoeffizienten größer ist. Im Gegensatz zu diesen Stählen zeigen solche mit etwa 20% Ni einen besonders hohen Ausdehnungskoeffizienten (etwa $15\,10^{\cdot-6}$), s. Abb. 17. Eine zusammenfassende Darstellung über Bimetalle s. KAŠPAR (2).

Eine Übersicht über in Deutschland gebräuchliche Bimetalle zeigt Tabelle 3 (s. auch DIN 1715 i. Vorb.). Es werden auch noch andere Bimetalle hergestellt. Da meist die Wärme (ganz oder teilweise) im Bimetall selbst erzeugt wird, so spielen die *elektrischen Eigenschaften* dieser Streifen eine Rolle. Man ist an ihren spezifischen Widerstand gebunden, sobald die Abmessungen selbst festliegen. Er erreicht Werte bis etwa 0,8 ($\Omega$ mm$^2$ m$^{-1}$), bei einigen Sorten auch mehr. Um ihn zu vermindern, werden auch Bimetalle mit einer Zwischenlage oder Auflage aus einem besser leitenden Stoff, sogenannte *Thermotrimetalle*, gebaut. Als Auf- und Zwischenlagen kommen meistens Kupfer und Nickel in Betracht.

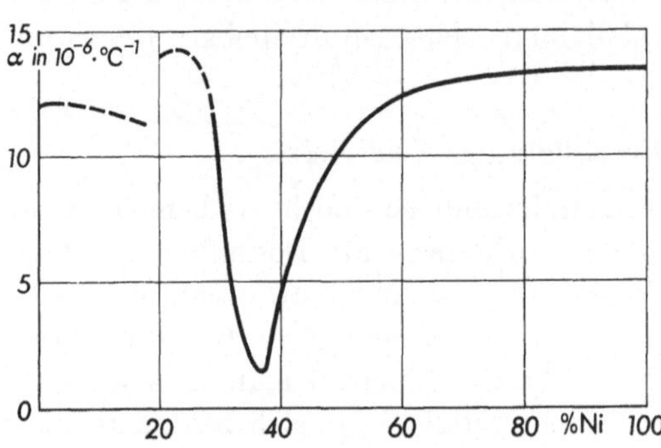


Abb. 17. Wärmeausdehnung der Fe-Ni-Legierungen. Mittelwerte zwischen 0° und 100°

Bimetalle, bei denen ein Reinmetall verwandt wurde, haben naturgemäß einen kleineren spezifischen Widerstand, dafür aber auch einen höheren Temperaturkoeffizienten, verbunden mit einem gewissen Verlust an spezifischer Krümmung. Bei geringen Cu-Zusatzschichten ändert sich die relative Ausbiegung verhältnismäßig wenig, während der spezifische Widerstand verhältnismäßig schnell absinkt [HENTSCH]. Es ist auch versucht worden, statt Bimetall mit besonders gut leitender Zwischenschicht solches mit galvanischen Überzügen, z. B. Verkupferung, zu verwenden [KUHNKE]. Man arbeitet mit dünnen, galvanischen Cu-Schichten (10 bis 100 $\mu$). Solange die Cu-Schicht nicht zu dick ist, ist das Element durchaus kurzschlußfest. Grenzen bezüglich der Dicke sind auch durch den Einfluß auf die Ausbiegung und die mechanische Beanspruchung gesetzt.

Die zulässigen Arbeitstemperaturen der Bimetalle sind zunächst durch die Abweichungen der Ausbiegungskurven von der Geraden (Linearitätsbereich) gegeben, s. Abb. 18a. Der Grund liegt in der Tatsache, daß die Wärmeausdehnung gerade bei den Komponenten mit

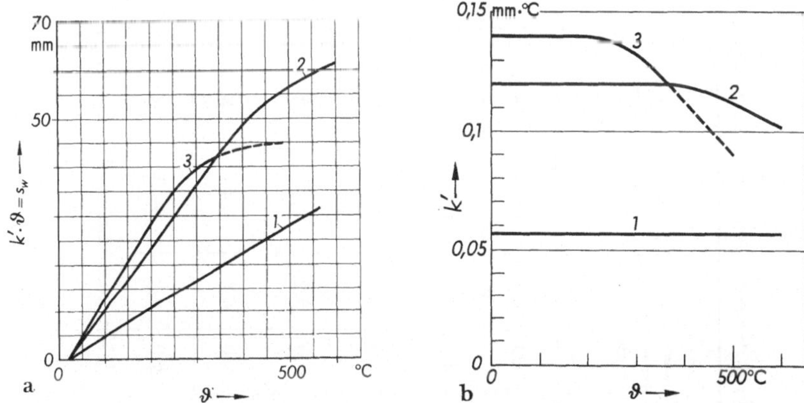

Abb. 18 a u. b. Temperaturabhängigkeit der Ausbiegung verschiedener Bimetallsorten
100 mm freie Länge 1 mm dick
a Absolutwert $k' \cdot \vartheta = s_w$; b spezifische Ausbiegung $k'$ (Bei b gilt für die Ordinate mm $\cdot$ °C $^{-1}$)

kleiner Ausdehnung mit steigender Temperatur zunimmt. Für die Angabe über den Linearitätsbereich wird vorausgesetzt, daß in diesem Bereich die thermische Ausbiegung um nicht mehr als $\pm 5\%$ vom Nennwert abweicht. Oberhalb dieses Bereichs ist die Wegänderung je °C kleiner und dementsprechend die Genauigkeit geringer. Bei Geräten, bei denen auch der flache Teil der Kurve noch genügend Genauigkeit bietet, kann mit der Temperatur natürlich auch höher gegangen werden. Bis zur *Anwendungsgrenze* erleidet das Metall zwar keine bleibende Ver-

Tabelle 3. *Gebräuchliche Bimetalle* (nach DIN 1715 i. Vorb.)

| Lfd. Nr. | Spez. thermische Ausbiegung eines geraden Streifens $k$ [3] Nennwert $10^{-6}\,°C^{-1}$ | Spez. elektr. Widerstand in $\Omega\cdot mm^2\cdot m^{-1}$ bei °C | | | | Linearitätsbereich $-20\,°C$ bis °C | Anwendungsgrenze °C | Dichte $g\cdot cm^{-3}$ | Wärmeleitzahl $W\cdot cm^{-1}\cdot°C^{-1}$ | Spezif. Wärme $Ws\cdot cm^{-3}\cdot°C^{-1}$ | Elastizitätsmodul $kg\cdot mm^{-2}$ | Zul. Biegespannung bei 20 °C $kg\cdot mm^{-2}$ | Hauptlegierungsbestandteile Komponente mit großer in % | | | | | Komponente mit kleiner Dehnung in % | | | | |
|---|---|---|---|---|---|---|---|---|---|---|---|---|---|---|---|---|---|---|---|---|---|---|
| | | 20 | 100 | 200 | 300 | | | | | | | | C | Mn | Ni | Si | Fe | C | Mn | Ni | Si | Fe |
| 1 | 15,5 | 0,77 | 0,85 | 0,93 | 1,02 | 200 | 400 | 8,1 | 0,09 | 3,72 | 16000 | 20 | 0,2<br>0,6 | 6<br>6 | 20<br>14 | 1 | Rest | 0,1 | 0,5 | 36 | 0,5 | Rest |
| 2 | 14,0 | 0,77 | 0,84 | 0,92 | 1,00 | 250 | 400 | 8,1 | 0,09 | 3,72 | 16000 | 20 | 0,2<br>0,5 | 6<br>1,2 | 20<br>25 | 1 | Rest | 0,1 | 1<br>0,5 | 38<br>36 | 0,5 | Rest |
| 3 | 11,7 | 0,70 | 0,79 | 0,87 | 0,92 | 380 | 450 | 8,1 | 0,10 | 3,72 | 16500 | 20 | 0,2<br>0,6 | 6<br>6 | 20<br>14 | 1 | Rest | 0,15 | 1 | 42 | 0,5 | Rest |
| 4[1] | 14,8 | 0,35 | 0,43 | 0,52 | 0,63 | 200 | 400 | 8,2 | 0,18 | 3,78 | 16500 | 20 | 0,2 | 6 | 20 | 1 | Rest | 0,1 | 0,5 | 36 | 0,5 | Rest |
| 5 | 9,7 | 0,16 | 0,22 | 0,28 | 0,36 | 220 | 350 | 8,5 | 0,43 | 3,75 | 15000 | 15 | 0,1 | 1 | Rest | 0,5 | — | 0,1 | 0,5 | 36 | 0,5 | Rest |
| 6[2] | 14,5 | 0,11 | 0,14 | 0,16 | — | 200 | 250 | 8,3 | 0,62 | 3,66 | 14000 | 15 | 0,2<br>0,6 | 6<br>6 | 20<br>14 | 1 | Rest | 0,1 | 0,5 | 36 | 0,5 | Rest |

[1] Mit zusätzlicher Nickelschicht.  [2] Mit zusätzlicher Kupferschicht.  [3] Für den Temperaturbereich 10 bis 130° C

änderung, die Genauigkeit genügt aber bei Motorschutzauslösung meistens nicht mehr. Bimetalle auf Nickel-Eisen-Grundlage erlauben meistens bei höheren Überströmen eine stoßweise Erwärmung bis zu 500° C ohne Beeinträchtigung der Festigkeitswerte. Die höchste Arbeitstemperatur der Bimetallstreifen ist weiterhin durch die Trägermaterialien gegeben. Soweit die Streifen mit den üblicherweise verwandten Formpreßstoffen in Verbindung kommen, darf die Erwärmung an dieser Stelle wohl kaum über 120° C hinausgehen. Die wirksame Temperatur der freien Abschnitte in Luft kann natürlich höher liegen. Sie geht aber kaum über 150° C, allerhöchstens 180°, hinaus. 150° C bedeutet bei 20° C Raumtemperatur 130° C Erwärmung. Bei mittelbarer Beheizung ist die Temperatur der Heizwicklung bei Grenzstrom meist höher. Eine Begrenzung der Bimetall-Höchsterwärmung im Betrieb ist auch noch durch die Kurzschlußfestigkeit nach S. 196 gegeben. Nimmt man den Anwendungsbereich mit 450° C an und eine Grenzstromerwärmung von 150° C, dann ist das Verhältnis dieser beiden Temperaturen gleich 3. Es entscheidet über die Kurzschlußfestigkeit. Je größer es ist, um so größer wird die Kurzschlußfestigkeit, bei zogen auf den Einstellstrom. Die niedrigste Temperatur ist durch die Genauigkeitsansprüche gegeben und durch den Einfluß der Raumtemperaturschwankungen. Sie darf im Hinblick auf ausreichende Genauigkeit bei tragbaren Fertigungstoleranzen wohl keinesfalls unter etwa 30° C über der Umgebungstemperatur liegen, und das ist schon ein sehr niedriger Wert, wenn man berücksichtigt, daß von dem Wärmeweg noch der Rückbiegeweg abgeht (s. S. 58). Bei 30° C sind aber Raumtemperaturschwankungen von beispielsweise 10° C schon unerträglich, und es müssen solche Auslöser unbedingt mit Temperaturkompensation, s. S. 133, ausgerüstet werden.

Die *Wärmeleitfähigkeit* hängt weitgehend vom Stoff ab. Bimetalle mit Cu-Auflagen haben naturgemäß eine bessere als solche ohne diese Auflagen. Die *spez. Wärme* liegt bei $\approx 3{,}7$ Ws $\cdot$ cm$^{-3}$ °C$^{-1}$.

**Zwei wesentliche Bewegungen:** Bei allen Anwendungen sind zwei Bewegungen der Bimetalle zu unterscheiden. Die eine ist diejenige, die entsteht, wenn das Bimetall erwärmt wird. Dann wird sich unter dem Einfluß dieser Erwärmung ein Streifen, der vorher gerade war, nach irgendeiner Kurve durchbiegen oder eine Spirale entsprechende Drehbewegungen ausführen. Diese Bewegungen sollen aber dazu benutzt werden, entweder Klinkschlösser auszulösen oder Hilfsschalter zu steuern. In jedem Falle — sobald das Bimetall in Eingriff mit diesen Organen kommt — erfährt es eine mechanische Biegebeanspruchung, die von dem ursprünglichen, durch die Wärme bedingten Schaltweg ($s_W$) einen Teil ($s_m$) wieder zurücknimmt. Nur der Unterschied dieser Bewegungen ($s_n$) ist praktisch ausnutzbar.

**Der Wärmeweg. — Die Grundlage.** Bimetallbleche haben natürlich das Bestreben, sich bei Erwärmung nach allen Richtungen zu bewegen, so daß z. B. eine runde Scheibe sich zu einer Kugelkalotte formt. Dieser Krümmungseffekt gibt einem Blechstreifen eine gewisse Versteifung, die seine volle Bewegung hindert. Die Erfahrung hat gezeigt, daß man die Querkrümmung praktisch vernachlässigen kann, wenn die Bimetallstreifen nicht breiter als etwa 20 mal Dicke sind.

Die grundsätzlichen Zusammenhänge wurden bereits im Jahre 1863 von VILLARCEAU erkannt. Ihre Behandlung setzt zunächst die Annahme gleichmäßiger Erwärmung voraus. Danach ist:

$$\frac{1}{r_1} - \frac{1}{r} = 1{,}5\,(\alpha_1 - \alpha_2) \cdot \frac{\triangle \vartheta}{d} \qquad (1)$$

worin $r$ der Krümmungsradius vor der Erwärmung,

$r_1$ der Krümmungsradius nach der Erwärmung ist (mm).

$\alpha_1$ und $\alpha_2$ die Wärme-(Längen-)ausdehnungskoeffizenten

$\varDelta\,\vartheta$ der Temperaturunterschied in °C

$d$ die Dicke in mm.

Bei der Formel ist vorausgesetzt, daß beide Hälften gleiche Elastizitätsmoduln aufweisen, andernfalls kommt zu dem obigen Wert noch ein Faktor $f(E)$, abhängig vom Verhältnis der Elastizitätsmoduln der beiden Komponenten und ihrem Dickenverhältnis, hinzu. Er ist meistens $= 1$ (s. S. 50).

Der Wert $1{,}5\,(\alpha_1 - \alpha_2) \cdot \varDelta\,\vartheta/d \cdot f(E)$ soll für die weitere Rechnung gleich $K$ gesetzt werden. $\qquad (2)$

Für **gekrümmte** Streifen bezogen auf den Krümmungswinkel, da $\varphi = \dfrac{l}{r}$ (Bogenmaß) ist (s. Abb. 19a)

$$\frac{\varphi_1}{l} - \frac{\varphi}{l} = K\,; \qquad (3)$$

und allgemein

$$\varDelta\,\varphi = \varphi_1 - \varphi = \pm\, l \cdot K = \pm\, \varphi \cdot r \cdot K \qquad (4)$$

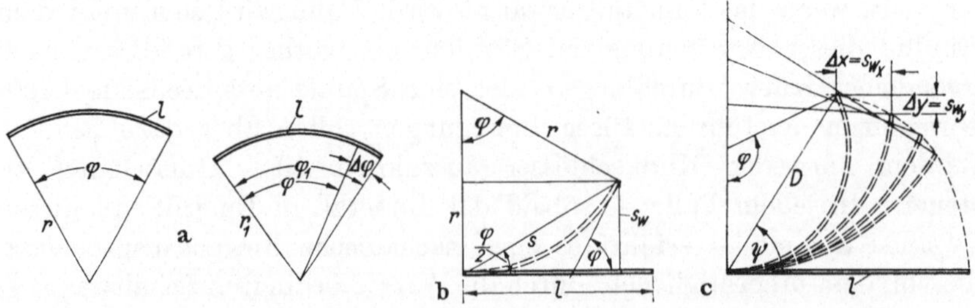


Abb. 19 a—c. Bewegung von geraden und gekrümmten Bimetallstreifen bei Erwärmung
a kreisbogenförmiges Stück; b gerades Stück; c wie b bei verschiedenen Erwärmungen

Für die Differenz der Radien erhält man

$$\Delta r = r_1 - r = \frac{\mp r}{\dfrac{1}{r \cdot K} \pm 1} \tag{5}$$

Das obere Vorzeichen gilt jeweils für die Zusammenziehung, das untere für die Ausweitung des Bogens.

Läßt man den Wert „1" im Nenner weg, was bei kleinen Werten von $r$ zulässig ist, dann ist $\Delta r = r^2 \cdot K$.

Mit diesen Werten errechnet sich die Ausbiegung eines *geraden Streifens* (s. Abb. 19b) bei einem Ausgangsradius $= \infty$ und dementsprechend

$$\frac{1}{r} = 1{,}5\,(\alpha_1 - \alpha_2)\,\frac{\triangle \vartheta}{d} \cdot f(E) = K \text{ zu } r = \frac{1}{K} \tag{6}$$

Bei einem Ausgangswert des Winkels $= 0$ ist

$$\varphi = l \cdot K \tag{7}$$

und $s_W = r - r \cdot \cos\varphi = r\,(1 - \cos\varphi) = 2 \cdot r \cdot \sin^2 \dfrac{\varphi}{2} = \dfrac{2}{K} \cdot \sin^2\left(l \cdot \dfrac{K}{2}\right)$ (8)

Meist handelt es sich bei $\varphi$ um kleine Beträge, so daß $\sin\varphi = \varphi$ gesetzt werden kann. In der Rechnung kommt sogar nur $\varphi/2$ vor. Unter dieser Voraussetzung ist:

$$s_W = 2 \cdot r \cdot \left(\frac{\varphi}{2}\right)^2 = l^2 \cdot \frac{K}{2} \tag{9}$$

Ist $\varphi$ größer als $10°$, dann empfiehlt es sich, nach der ungekürzten Formel 8 zu rechnen.

Die Wärmeausbiegung ist also — wie vorauszusehen — von der Breite zunächst unabhängig, abgesehen vom Einfluß der Querwölbung bei relativ zu breiten Streifen, dagegen abhängig vom Quadrat der Streifenlänge, dem Temperaturunterschied und dem reziproken Wert der Dicke.

Statt $K$ nach (Gl. 2) kann man schreiben:

$$K = k \cdot 2\,\frac{\triangle \vartheta}{d} \tag{10}$$

mithin

$$k = 0{,}75\,(\alpha_1 - \alpha_2) \cdot f\,(E) \tag{11}$$

$k$ ist identisch mit dem Wert $a$ des Entwurfs von DIN 1715. Die Grundgleichung (1) geht über in:

$$\frac{1}{r_1} - \frac{1}{r} = 2 \cdot k \cdot \frac{\triangle \vartheta}{d} \tag{12}$$

Diesen Wert $k$ geben die Bimetallhersteller als spezifische Ausbiegung in $°C^{-1}$ an. Mit ihm wird die Ausbiegung eines geraden Streifens bei kleinen Beträgen zu

$$s_W = k \cdot l^2 \cdot \frac{\triangle \vartheta}{d} \tag{13}$$

errechnet. Anstatt dieses Wertes $k$ geben die Preislisten oft auch die

4 Franken, Motorschutz

Durchbiegung (mm) eines Streifens von 100 mm Länge, 1 mm Dicke je 1° C an. Dieser Wert $k'$ ist natürlich $10^4$mal so hoch. Also

$$k = k' \cdot 10^{-4} \qquad (14)$$

Dann wird

$$s_W = k' \cdot \frac{\Delta\vartheta}{d} \left(\frac{l}{100}\right)^2 \;(\mathrm{mm}) \qquad (15)$$

und nach Gl. (10), (4) und (11)

$$K = 2 \cdot k' \cdot \frac{\Delta\vartheta}{d} \cdot 10^{-4} \qquad (16)$$

$$\Delta\varphi = 2 \cdot k' \cdot l \cdot \frac{\Delta\vartheta}{d} \cdot 10^{-4} \qquad (17)$$

$$(\alpha_1 - \alpha_2) \cdot f(E) = \frac{k' \cdot 10^{-4}}{0{,}75} \qquad (18)$$

In diesen Formeln wird $d$ und $l$ in mm eingesetzt. Bei der Benutzung dieser Abhängigkeiten muß man beachten, daß sehr viele Bimetalle eine konstante spezifische Durchbiegung nur bis zu einem gewissen Temperaturgrad besitzen. Von da ab nimmt die Durchbiegung nicht mehr im gleichen Maße wie die Temperatur zu (s. Abb. 18b S. 45).

Oberhalb des Linearitätsbereichs, über den man bei Motorschutzgeräten aber auch in der Praxis selten hinausgehen kann, ist für $k$ bzw. $k'$ ein anderer Wert einzusetzen bzw. der Wert $k' \cdot \vartheta$ einer Kurve zu entnehmen, s. Abb. *18a*. Wesentlich ist natürlich außer dem absoluten Betrag in einem bestimmten Arbeitsbereich, die Änderung bei der Arbeitstemperatur als Maßstab für die Genauigkeit. Die Ausbiegung verschiedener Bimetallsorten, abhängig von der Temperatur, zeigt Abb. 18a, die zugehörigen spezifischen Werte $k'$ Abb. 18b. Gelegentlich nehmen die Ausbiegungen bei ganz dünnen Streifen ($<$ 0,4 mm Dicke) gegenüber dem gesetzmäßigen Verlauf (prop. $1/d$) etwas ab. Die Toleranz für Widerstand und Ausbiegung wird meist mit $\pm$ 5% angegeben, bei einigen Qualitäten auch etwas mehr.

Das *Korrekturglied* für verschiedene *Elastizitätsmoduln* und *ungleiche Schichtstärken* $f(E)$ ist meist $= 1$. Es ist im übrigen selbstverständlich in den Herstellerangaben eingeschlossen. Der Einfluß verschiedener Elastizitätsmoduln ist nur dann von Bedeutung, wenn der Unterschied sehr groß ist. Man kann ihn bei allen Bimetallen, die nur aus Nickel-Stahl-Legierungen bestehen, vernachlässigen.

Für den gleichzeitigen Einfluß *ungleicher Schichtstärken* ($d_1$ und $d_2$) bei *verschiedenen Elastizitätsmoduln* ($E_1$ und $E_2$) ist der Korrekturfaktor, unter der Annahme $d_1/d_2 = \lambda$ und $E_1/E_2 = e$

$$f(E) = \frac{4 \cdot e \cdot \lambda \cdot (1+\lambda)^2}{(1 - e \cdot \lambda^2)^2 + 4 \cdot e \cdot \lambda (1+\lambda)^2} \; [\text{WUEST (1), (2)}].$$

Die Werte mit dem Index „1" gelten dabei für den Stoff mit der gezogenen Faser.

Diese Funktion hat ein Maximum für $\lambda = 1/\sqrt{e}$. Wählt man dementsprechend die Dicken der Einzelschichten, dann erreicht man einen möglichst großen Bimetallausschlag. Große Unterschiede in den Dicken der beiden Teile machen aber bei der Herstellung des Bimetalles Schwierigkeiten. Deshalb ist $\lambda$ meist $= 1$.

**Vom geraden Streifen abweichende** Gebilde. Bisher wurden im wesentlichen gerade Streifen behandelt, die aus Herstellungsgründen auch in der Anwendung den Vorzug haben. Aber auch andere Formen finden ausgedehnte Anwendung, wobei der Zusammenhang zwischen Erwärmung und Formänderung oft sehr kompliziert und nur unter vereinfachenden Voraussetzungen feststellbar ist. Sehr häufig findet man Kombinationen von Kreisbögen mit geraden Stücken, z. B. U-förmig gebogene Streifen. Ein Teilabschnitt dieser Gebilde sind *kreisförmige Stücke*, die auch selbständig vorkommen. Die Ausgangsgleichungen für die Winkeländerung $\Delta \varphi$ und die Radien kreisformiger Teile sind bereits auf S. 48 und 49 Gl. (4) und (5) behandelt.

Aus den gleichen Zusammenhängen folgt:

$$r_1 = \frac{r}{1 \pm r \cdot K} \quad (19); \qquad \varphi_1 = \varphi \cdot (1 \pm r \cdot K) \qquad (20)$$

Das positive Vorzeichen gilt für den Fall, daß sich das Bimetallstück bei Erwärmung zusammenzieht. Für den Ausgangszustand sind hier die Werte ohne Index angegeben, für den warmen Zustand mit dem Index 1.

Die Koordinaten eines kreisförmigen Stückes mit dem Radius $r$ und dem Zentriwinkel $\varphi$, s. Abb. 19c, haben den Wert

$$x = r \cdot \sin \varphi; \; y = 2 \cdot r \cdot \sin^2 \frac{\varphi}{2}$$

Die Differenzen (warm — kalt) sind dann

$$\Delta x = s_{wx} = r_1 \cdot \sin \varphi_1 - r \cdot \sin \varphi = r \left[ \frac{\sin \{\varphi (1 \pm r \cdot K)\}}{1 \pm r \cdot K} - \sin \varphi \right] \quad (21)$$

$$\Delta y = s_{wy} = 2 \cdot r_1 \cdot \sin^2 \frac{\varphi_1}{2} - 2 \cdot r \cdot \sin^2 \frac{\varphi}{2}$$

$$= r \left[ \cos \varphi - \frac{\pm r \cdot K}{1 \pm r \cdot K} - \frac{\cos \{\varphi (1 \pm r \cdot K)\}}{1 \pm r \cdot K} \right] \quad (22)$$

Bei der Eintragung in die Bilder ist angenommen, daß sich der Bimetallstreifen zusammenzieht, also der Winkel $\varphi$ größer, der Radius $r$ kleiner wird, so daß die positiven Werte von $\Delta x$ nach links gerichtet sind. In Tabelle 4 sind daraus abgeleitete reduzierte Formeln angegeben, unter der Voraussetzung, daß der Sinus der mit $K$ behafteten Radianten gleich dem Bogen ist und der Cosinus $= 1$, ferner der Faktor $1/(1 \pm r \cdot K)$ vor dem Ganzen $= 1$. Der Einfluß der letzteren Vereinfachung steigt mit steigendem Radius. Bei dem höchsten Wert von $k = 15 \cdot 10^{-6}$, $\Delta \vartheta = 100°$, $d = 1$ mm, so daß $K = 0{,}003$, ist der Fehler bei $r = 10$ mm etwa 3%. Die möglichen Abweichungen gegenüber den genau errechneten Werten sind meistens nicht von Bedeutung. Diese verhältnismäßig kleinen Änderungen des Krümmungswinkels und die verhältnismäßig kleinen Werte für $\Delta x$ und $\Delta y$ bei den Kreisabschnitten haben aber in Verbindung mit geraden Teilen und deren übersetzender Wirkung oft größere Wärmewege zur Folge. Der Wert K enthält Biegeziffer ($\alpha_1 - \alpha_2$), Temperaturunterschied und Streifendicke. Statt von diesem Wert kann man auch von der spezifischen Ausbiegung eines Streifens von 100 mm Länge und 1 mm Dicke $k'$, S. 50, ausgehen.

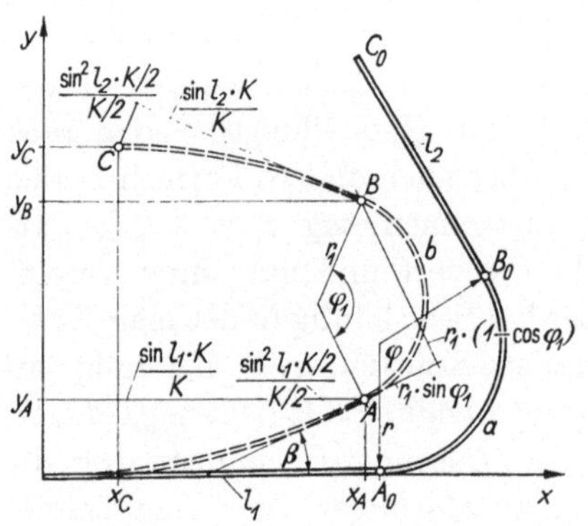



Abb. 20. Bewegung eines Bimetallstreifens, der aus einem kreisförmigen und 2 geraden Teilen zusammengesetzt ist
a kalt; b warm

Eine besonders häufig verwandte Form ist die einer *Kombination eines Kreisbogenstückes mit* ein oder zwei *geradlinigen Verlängerungen*, s. Abb. 20. Für die Endpunkte eines solchen Gebildes gelten kalt die Koordinaten

$$y = l_2 \cdot \sin \varphi + r (1 - \cos \varphi)$$
$$x = l_1 + r \cdot \sin \varphi + l_2 \cdot \cos \varphi.$$

Bezeichnet man den Krümmungsradius des Kreisbogenteils im warmen Zustand wiederum mit $r_1$ und den zugehörigen Winkel mit $\varphi_1$, dann ist

$$s_{wy} = \Delta y = y_{\text{warm}} - y_{\text{kalt}} = \frac{\sin^2 \dfrac{l_1 \cdot K}{2}}{\dfrac{K}{2}} + r_1 \cdot \sin \varphi_1 \cdot \sin \beta$$

$$\overleftrightarrow{\quad\quad y_A \quad\quad}$$

$$+ r_1 (1 - \cos \varphi_1) \cdot \cos \beta + \frac{\sin (l_2 \cdot K)}{K} \cdot \sin (\varphi_1 + \beta)$$

$$\overleftrightarrow{\quad\quad y_B \quad\quad}$$

$$+ \frac{\sin^2 \dfrac{l_2 \cdot K}{2}}{\dfrac{K}{2}} \cdot \cos (\varphi_1 + \beta) - r (1 - \cos \varphi) - l_2 \cdot \sin \varphi$$

$$\overrightarrow{\quad y_{C\text{warm}} \quad} \quad \overleftrightarrow{\quad y_{C0\text{kalt}} \quad}$$

$$s_{wx} = \Delta x = x_{\text{warm}} - x_{\text{kalt}} = \frac{\sin(l_1 \cdot K)}{K} + r_1 \cdot \sin \varphi_1 \cdot \cos \beta$$

$$\underbrace{\phantom{\frac{\sin(l_1 \cdot K)}{K}}}_{x_A} \xleftarrow{\qquad\qquad} \xrightarrow{\qquad\qquad}$$

$$- r_1 (1 - \cos \varphi_1) \cdot \sin \beta + \frac{\sin(l_2 \cdot K)}{K} \cdot \cos(\varphi_1 + \beta)$$

$$\underbrace{\phantom{xxxxxxxxxx}}_{x_B} \xrightarrow{\qquad}$$

$$- \frac{\sin^2 \dfrac{l_2 \cdot K}{2}}{\dfrac{K}{2}} \cdot \sin(\varphi_1 + \beta) - l_1 - r \cdot \sin \varphi - l_2 \cdot \cos \varphi$$

$$\underbrace{\phantom{xxxxxx}}_{x_{C\,\text{warm}}} \xrightarrow{\qquad} \xleftarrow{\qquad} \underbrace{\phantom{xxxxxx}}_{x_{C\,\text{kalt}}} \xrightarrow{\qquad}$$

Die Vorzeichen sind hier für die Zusammenziehung des Bogens eingesetzt, also für den Fall, daß die Komponente mit der größeren Wärmedehnung außen liegt. In den Ausdrücken für $\varphi_1$ und $r_1$, Gl. (19) u. (20) S. 51, gilt dann das positive Vorzeichen.

$$\beta = l_1 \cdot K.$$

Die Gleichungen zusammengezogen und mit Vorzeichen für beide Bewegungsrichtungen versehen

$$s_{wy} = \Delta y = \pm \frac{\sin^2 \dfrac{l_1 \cdot K}{2}}{\dfrac{K}{2}} + r_1 [\cos \beta - \cos(\pm \beta + \varphi_1) - (1 \pm r \cdot K)(1 - \cos \varphi)]$$

$$+ \frac{\sin(l_2 \cdot K)}{K} \cdot \sin(\pm \beta + \varphi_1)$$

$$\pm \frac{\sin^2 \dfrac{l_2 \cdot K}{2}}{\dfrac{K}{2}} \cdot \cos(\pm \beta + \varphi_1) - l_2 \cdot \sin \varphi \qquad (23)$$

$$s_{wx} = \Delta x = \frac{\sin(l_1 \cdot K)}{K} + r_1 [\sin(\pm \beta + \varphi_1) \mp \sin \beta - (1 \pm r \cdot K) \cdot \sin \varphi]$$

$$+ \frac{\sin(l_2 \cdot K)}{K} \cdot \cos(\pm \beta + \varphi_1)$$

$$\mp \frac{\sin^2 \dfrac{l_2 \cdot K}{2}}{\dfrac{K}{2}} \cdot \sin(\pm \beta + \varphi_1) - l_1 - l_2 \cdot \cos \varphi \qquad (24)$$

wobei die oberen Vorzeichen jeweils für die Zusammenziehung, die unteren für die Ausweitung der Bögen gelten.

Diese Formeln sind in zusammengefaßter, reduzierter Form ebenfalls in Tabelle 4 Zeile 3 übernommen desgleichen weiter verkürzt für $\varphi = \pi$ (Zeile 3a). An Stelle von $K$ kann auch immer $2 \cdot k' \cdot 10^{-4} \cdot \varDelta\vartheta/d$ treten.

Nach den gleichen Formeln läßt sich auch die Bewegung eines *geknickten Streifens* berechnen, s. Abb. 21. In die Formeln für ein Gebilde aus einem Bogenstück und zwei Geraden ist dann für $\varphi$ der Wert $\pi - \gamma$ einzusetzen sowie $r = 0$. Kurzformeln siehe Tabelle 4 Zeile 4.

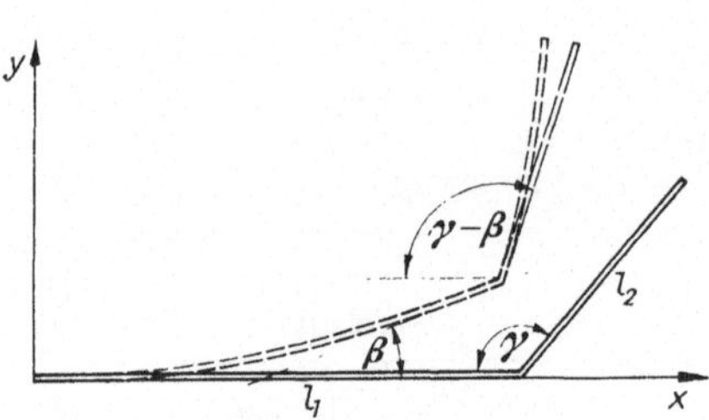

Abb. 21. Bewegung eines geknickten Bimetallstreifens

Außer dieser rechnerischen Bestimmung lassen sich auch *graphische Methoden* anwenden, die eigentlich immer dann notwendig sind, wenn die Formen von den einfachen geometrischen Gebilden abweichen. Nach einem Vorschlag von LAIG-HÖRSTEBROCK (1) löst man gekrümmte Teile in eine Reihe von geraden Strecken auf und verwandelt sie nun in Kreisbögen, wobei der nächste unter Berücksichtigung des Tangentenwinkels angesetzt wird. Besteht ein solcher Abschnitt eines Bimetallstreifens aus einem Kreisbogen mit dem Radius $r$, der sich durch Zusammenziehung in einen solchen vom Radius $r_1$ verwandelt, dann ist die Beziehung

$$\varphi_1 = \frac{r}{r_1} \cdot \varphi$$

wichtig. Für die Konstruktion solcher Kurven gilt weiterhin die Tatsache, daß sich bei gegebener Ausbiegung $s_w$ eines geraden Streifens, s. Abb. 19b, der Krümmungsradius aus Gl. (6) und (9) zu

$$r = \frac{l^2}{2 \cdot s_w}$$

errechnet und der Winkel, den die Tangente am Endpunkt dieses gekrümmten Stückes mit der Ursprungsgeraden bildet (s. Abb. 20 u. 21) zu

$$\beta = \text{dem zugehörigen Zentriwinkel} = l \cdot K.$$

Mit der Kenntnis der genannten Zusammenhänge lassen sich die Einzelstücke in der Form, die sie im erwärmten Zustand annehmen, aneinandersetzen. Bezeichnet man den Abstand vom Anfangs- und Endpunkt des Kreisbogens eines gebogenen Bimetallstückes mit $D$, s. Abb. 19c, dann wandert er bei den verschiedenen Erwärmungen auf einer Kurve, die gegeben ist durch die Gleichung

$$D = \frac{l \cdot \sin \psi}{\psi}.$$

Hierin ist der Winkel $\psi$ die Hälfte des zugehörigen Zentriwinkels $\varphi$.

Tabelle 4. *Bimetallbewegung durch Erwärmung und Schaltkrafteinfluß bei kleinen Ausbiegungen*

| Lfd. Nr. | Form | Bewegung bei Erwärmung $s_w$[1] | Rückbiegung durch Schaltkraft $s_m$ — in Kraftrichtung |
|---|---|---|---|
| 1 | Gerade | $s_{wx} = 0$<br>$s_{wy} = \dfrac{K}{2} l^2 = 0{,}75 (x_1 - \alpha_2) \dfrac{\Delta\vartheta}{d} \cdot l^2 = k' \dfrac{\Delta\vartheta}{d} \cdot l^2 \cdot 10^{-4}$ | $s_m = \dfrac{P \cdot l^3}{E \cdot J \cdot 3}$ |
| 2 | Kreisbogen | $s_{wx} = + K \cdot r^2 [\varphi \cdot \cos\varphi - \sin\varphi]$<br>$s_{wy} = - K \cdot r^2 [\cos\varphi + \varphi \cdot \sin\varphi - 1]$ | Durch $P : s_m = \dfrac{P \cdot r^3}{E \cdot J}\left[\varphi/2 - \dfrac{\sin 2\varphi}{4}\right]$<br>Durch $P_1 : s_m = \dfrac{P_1 \cdot r^3}{E \cdot J}\left[3/2\,\varphi + \dfrac{\sin 2\varphi}{4} - 2\cdot\sin\varphi\right]$ |
| 2a | | $s_{wx} = - K \cdot \pi \cdot r^2$<br>$s_{wy} = - K \cdot 2 \cdot r^2$<br>$\Delta\varphi = + K \cdot \varphi \cdot r$ | Durch $P : s_m = \dfrac{P \cdot r^3}{E \cdot J} \cdot \pi/2$<br>Durch $P_1 : s_m = \dfrac{P_1 \cdot r^3}{E \cdot J} \cdot 3/2 \cdot \pi$ |
| 3 | Bogen und zwei Gerade | $s_{wx} = + K [(r \cdot l_1 + \varphi \cdot r^2) \cdot \cos\varphi - r \cdot l_1 - (r^2 + l_1 \cdot l_2 + \varphi \cdot r \cdot l_2 + l_2^2/2) \sin\varphi]$<br>$s_{wy} = + K [l_1^2/2 - r^2 + (r \cdot l_1 + \varphi \cdot r^2) \sin\varphi + (r^2 + l_1 \cdot l_2 + \varphi \cdot r \cdot l_2 + l_2^2/2) \cdot \cos\varphi]$ | $s_m = \dfrac{P}{E \cdot J} [l_1 \cdot l_2^2 + r^2 \cdot l_1 \cdot \sin^2\varphi + 2 \cdot r \cdot l_1 \cdot l_2 \sin\varphi + (l_1^2 \cdot l_2 - 2 r^2 \cdot l_2) \cos\varphi + l_1^3/3 \cdot \cos^2\varphi + l_2^3/3 + (l_1^2 \cdot r/2 - r^3/4) \cdot \sin 2\varphi + \varphi \cdot l_2^2 \cdot r + \varphi/2 \cdot r^3 + 2 r^2 \cdot l_2]$ |
| 3a | | $s_{wx} = - K [2 \cdot r \cdot l_1 + \pi \cdot r^2]$<br>$s_{wy} = - K \left[ - \dfrac{l_1^2}{2} + 2 \cdot r^2 + l_1 \cdot l_2 + \pi \cdot r \cdot l_2 + \dfrac{l_2^2}{2}\right]$ | $s_m = \dfrac{P}{E \cdot J} [2/3 \cdot l_2^3 + \pi \cdot r \cdot l_2^2 + \pi/2 \cdot r^3 + 4 \cdot r^2 \cdot l_2 + (l_1 - l_2)^3/3]$ |
| 4 | Geknickter Streifen | $s_{wx} = - K [l_1 \cdot l_2 + l_2^2/2] \cdot \sin\gamma$<br>$s_{wy} = - K \left[ - l_1^2/2 + (l_1 \cdot l_2 + l_2^2/2) \cdot \cos\gamma\right]$ | $s_m = \dfrac{P}{E \cdot J}\left[\dfrac{l_1^3}{3} \cdot \cos^2\gamma + l_1 \cdot l_2^2 - l_1^2 \cdot l_2 \cdot \cos\gamma + l_2^3/3\right]$ |

[1]) Vorzeichen gilt, wenn Komponente mit größerer Wärmedehnung außen — sonst umgekehrt.

Bei der Behandlung des Wärmeweges ist es vorteilhaft, sich jeweils noch Rechenschaft zu geben, wie groß er im *Verhältnis zur* aufgewandten *Wärmeleistung* ist. Die Leistung richtet sich für gleiche Erwärmung nach der Oberfläche, d. h .bei gegebener Breite im wesentlichen nach der Gesamtlänge des Streifens. Es scheint, daß alle Kombinationen, auch Kreisbögen u. dgl., grundsätzlich einen kleineren Wärmeweg aufweisen als ein gerader Streifen von gleicher gestreckter Länge, also gleichem Wärmeaufwand. Bei Kreisbögen, auch dem damit hergestellten einfachen U-Stück mit gleichlangen Schenkeln u. dgl., ist das ohne weiteres zu übersehen. Ihre Anwendung ist also nur aus der Gesamtanordnung berechtigt. Bei der Rückbiegung (S. 57) ist es offenbar im allgemeinen umgekehrt, so daß die Durchfederung gebogener und kombinierter Teile kleiner ist als bei gestreckten gleicher Länge.

Auf die Berechnung *anderer Bimetallformen* sei — weil sie im Motorschutzgerätebau kaum vorkommen — nur hingewiesen. So z. B. werden Bimetall-Locken u. a. von EDLER (7) und KAŠPAR (2) S. 74 behandelt. Die für Wärmeschutzgeräte wichtigen Bimetallspringplatten behandeln WITTRICK, MYERS u. BLUNDEN, ENGSTRÖM sowie KASPAR (2) S. 68.

Zu der Wärmeausdehnung, also den Werten $s_w$, ist noch zu sagen, daß ihre Vorausberechnung naturgemäß auf Schwierigkeiten stößt, nicht weil das Bimetallstück den angegebenen Gesetzen nicht gehorcht, sondern weil man über die *Temperaturverteilung* meistens sehr schlecht unterrichtet ist und die Messung an solch kleinen Elementen nur mit großen Fehlern möglich ist. Die Ermittlung der Ausgangswerte geschieht bei den Herstellern durch Eintauchen in ein Ölbad (s. S. 71), so daß man garantiert weiß, daß alle Teile die festgesetzte Übertemperatur aufweisen. In Wirklichkeit werden Erwärmungsunterschiede, insbesondere durch den unvermeidlichen Wärmeabfluß an die Zuleitungen, Querschnittsunterschiede und ungleichmäßige Erwärmung durch Heizwicklungen verursacht. Der Einfluß der Zuleitungen auf die Temperatur der benachbarten Bimetallteile ist um so größer, je größer die Wärmeleitfähigkeit des Streifens und sein Querschnitt ist und um so kleiner die Wärmeabgabeziffer an die umgebende Luft und seine Breite ist [s. KAŠPAR (2) S. 144]. Wenn die Temperatur nicht auf der ganzen Strecke konstant ist, wird natürlich die Form von der Kreisform abweichen. Zur Berücksichtigung der Unterschiede empfiehlt LAIG-HÖRSTEBROCK (1) eine Methode, um durch zweimalige Integration zum Ziel zu kommen. Er behandelt zwei Sonderfälle, linearen Temperaturanstieg entlang des Bimetallstreifens und parabolischen Verlauf. Letzterer kommt häufig der Praxis näher. Es ist aber wohl einfacher, in diesem Fall die Bimetallstreifen in eine Anzahl Abschnitte, deren Temperatur man als konstant annimmt, zu zerlegen. An die Stelle der Kreisabschnitte treten dann mit Vorteil die zugehörigen Sehnen.

Kirchdorfer (1, 2) untersuchte die Erwärmung von Bimetallstreifen unter Berücksichtigung der Zuleitung. Sehr häufig tragen Bimetallstreifen noch eine Verlängerung, Ansatzstücke oder auch Bimetallteile, die praktisch nicht beheizt werden und deshalb nicht der Wärmebiegung unterliegen. Sie bewirken aber trotzdem eine Steigerung der Endausbiegung und verlaufen in Richtung der Tangente am wirksamen Bimetallende unter dem Winkel $\varphi$ gegen die Ausgangslage (s. Abb. 19 b). Der Wärmeweg vergrößert sich um die Länge des angesetzten Stückes multipliziert mit sin $\varphi$.

**Der Rückbiegeweg.** Nach Festlegung des Wärmeweges $s_w$ ist die nächste Frage die nach der Größe der *Rückbiegung* ($s_m$). Der Einfluß des Streifeneigengewichtes soll dabei vernachlässigt werden, obschon er bei manchen Konstruktionen nicht vernachlässigbar ist. Wesentlich ist der Einfluß der bei der Auslösung auftretenden Schaltkräfte $P$, insbesondere, wenn Klinken zu betätigen sind, s. Abb. 22 a. Die Rückbiegung ist dabei weiterhin bedingt durch die Abmessungen und Ela-

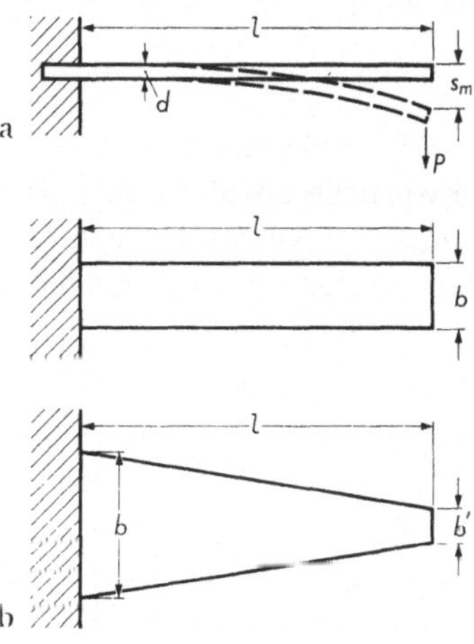

Abb. 22 a u. b. Rückbiegung von Bimetallstreifen unter Krafteinfluß
a Rechteckstreifen; b Trapezstreifen

stizitätseigenschaften des Materials. Bei geraden Streifen durch den Grundriß und die Dicke. Der einfachste und häufigst angewandte Fall ist die Verwendung eines einseitig eingespannten geraden Streifens mit gleichbleibendem Querschnitt, dann ist die Durchbiegung

$$s_m = \frac{P \cdot l^3}{3 \cdot J \cdot E},$$

wobei $J$ das Trägheitsmoment und $E$ der Elastizitätsmodul ist. Bei einem rechteckigen Querschnitt von der Breite $b$ und der Dicke $d$ ist

$$s_m = \frac{4}{b} \cdot \frac{P}{E} \cdot \left(\frac{l}{d}\right)^3 \tag{25}$$

Der Elastizitätsmodul der Materialien liegt bei Nickel-Stahl-Bändern in der Größenordnung von 15000 kg · mm$^{-2}$. Der Wert für die Kombination ist von den Werten der Komponenten und leider meist auch noch von der Dicke abhängig. Bei Erwärmung von 100° auf 300° C geht er im Mittel um etwa 6% zurück.

Die Frage nach dem Elastizitätsmodul scheidet aus, wenn man die vom Hersteller angegebene Durchfederung eines einseitig fest eingespannten rechteckigen Streifens von 100 mm Länge, 10 mm Breite und 1 mm

Dicke bei einer Schaltkraft von 100 g zugrunde legt. Bezeichnet man diese spezifische Rückbiegung mit $s'_m$, dann ist derRückbiegewert $s_m$ hervorgerufen durch die Gegenkraft $P$ (in kg), wenn alle Maße in mm angegeben sind:

$$s_m = s'_m \cdot P \cdot \frac{10^{-4}}{b} \cdot \left(\frac{l}{d}\right)^3 [\text{mm}] \tag{26}$$

Aus dem Wert $s'_m$ läßt sich auch $E$ errechnen.

$$E = \frac{4 \cdot 10^4}{s'_m\,[\text{mm}]} [\text{kg} \cdot \text{mm}^{-2}].$$

Die zulässige Rückbiegung ist in erster Linie durch die Genauigkeitsansprüche gegeben, so z. B. durch die Forderung, daß der Grenzstrom eines dreipoligen Elementes bei nur einpoliger Belastung nach Tabelle 2 um höchstens 20% steigen darf (s. auch S. 151).

In Tabelle 4 sind auch noch die Werte für die Rückbiegung $s_m$, bezogen auf *Kreisbogenelemente* und *Kombinationen*, aus einem Bogen mit bis zu zwei Geraden angegeben, desgleichen für *geknickte Stäbe*. Die Formeln sind errechnet für schwach gekrümmte Stäbe (Hütte I 27. Aufl. S. 717), d. h. sie gelten nur für verhältnismäßig geringe Ausbiegungen und enthalten lediglich die Summierung der Deformationen der Einzelabschnitte. Diese Einschränkung ist zulässig, da die Rückbiegung in jedem Fall kleiner sein muß als die Wärmeausbiegung. Deformationen größeren Umfanges sind also in der Praxis gar nicht statthaft. Die Wege beziehen sich auf die Kraftrichtung. Auf eine Ableitung muß hier leider verzichtet werden.

Gewisse Vorteile bietet gegenüber dem rechteckigen Streifen ein trapezförmiger nach Abb. 22 b. Der Zahlenfaktor 4 in Gl. (25) wächst zwar je nach dem Verhältnis $b'/b$ bis auf 6 und damit die Rückbiegung. Gleichzeitig vermindert sich aber die Oberfläche. Es steigt bei gleicher Heizleistung deren Erwärmung, und zwar stärker als die Rückbiegung, so daß der anteilmäßige Einfluß der Kraft auf den Weg zurückgeht.

**Der Nutzweg** $s_n$ eines Bimetallstückes entspricht dem Unterschied zwischen dem Wärmeweg $s_w$ und dem Rückbiegeweg $s_m$. Es ist $s_n = s_w - s_m$ und errechnet sich für gerade Stücke rechteckigen Querschnitts bei relativ kleinen Ausbiegungen [s. Gl. (13) und (25)] zu

$$s_n = k \cdot \frac{\triangle\vartheta}{d} \cdot l^2 - \frac{4}{b}\frac{P}{E} \cdot \left(\frac{l}{d}\right)^3 \tag{27}$$

($P$ in kg, wenn $E$ in kg mm$^{-2}$ und Abmessungen in mm).

Zur Erzielung eines großen Arbeitsvermögens ist es notwendig, bei den Bimetallauslösern die Abmessungen, Länge, Breite und Dicke genau gegeneinander abzuwägen. Ein Maximum für das Arbeitsvermögen tritt auf, wenn $s_m = s_w/2$ ist. Für diesen Maximalwert der Nutzarbeit erhält man eine bestimmte Schaltkraft $P$ oder auch bei gegebener Schaltkraft, Länge und Breite eine optimale Dicke. In der Praxis kann aber bei einem Motorschutzgerät, das genau arbeiten soll, von Schaltkräften in dieser Höhe kein Gebrauch gemacht werden, denn ihre Veränderlichkeit ist nun einmal bei allen Anwendungsformen gegeben, es sei denn, daß es sich darum handelt, nur gegen eine ganz klar bemessene Feder oder ein genau bemessenes Gewicht zu wirken. Erst recht ist die Vollausnutzung nicht denkbar, wenn drei Auslöser über eine gemeinsame Polbrücke auf ein Schaltschloß einzuwirken haben, denn dann kann es in der Praxis vorkommen, daß nur ein Auslöser oder auch daß alle drei im Eingriff sind. Dementsprechend hat einmal der einzelne Auslöser die volle Schaltkraft zu überwinden, das andere Mal nur den dritten Teil. Im gleichen Verhältnis würden sich die Werte $s_m$ und damit $s_n$ verändern und demnach die Stromstärke, die man aufwenden muß, um das Gerät zur Auslösung zu bringen. Das praktisch mögliche Maß der Ausnutzung von $P$ hängt also von den Genauigkeitsansprüchen, insbesondere dem Grenzstromunterschied bei ein- und dreipoliger Belastung ab. Von ihnen ist auf S. 151 die Rede.

Die Frage nach den günstigsten Abmessungen der Bimetallstreifen kann unter den verschiedensten Gesichtspunkten gestellt werden. Da Wärmeweg und Rückbiegung von den Abmessungen in den verschiedensten Potenzen abhängen, ist immer ein Optimum für bestimmte Abmessungen gegeben. Bei vielen Konstruktionen wird nach dem *größten Nettoweg* unter Berücksichtigung der Rückbiegung, abhängig von der Dicke $d$, bei sonst gleichbleibenden Werten gefragt. Für einen rechteckigen Streifen erhält man das Maximum von $s_n$ mit

$$d = \sqrt{\frac{12 \cdot P \cdot l}{k \cdot b \cdot \triangle \vartheta \cdot E}}$$

z. B. für

| | | |
|---|---|---|
| $P = 100\,\text{g}$ | $\varDelta\vartheta = 100°$ | $E = 16000\,\text{kg} \cdot \text{mm}^{-2}$ |
| $l = 30\,\text{mm}$ | $b = 10\,\text{mm}$ | $k = 15 \cdot 10^{-6}\,°\text{C}^{-1}$ |

ist

$$d = 0{,}4\,\text{mm}$$

Die Ermittlung optimaler Eigenschaften bei thermischen Auslösern behandelt KIRCHDORFER (1, 4). Ganz gleichgültig, welchen Anteil $s_m$ an $s_w$ hat, also gleichgültig, wie groß der Nettoweg $s_n$ ist, man ermittelt das Arbeitsvermögen $s_n \cdot P$ immer als proportional zum Streifenvolumen $b \cdot d \cdot l$, wie es bei Federn der Fall ist. Die aufzuwendende Wärme ist aber wesentlich nur von $b \cdot l$ bestimmt. Während die Streifendicke für die Wärmeabfuhr keine Rolle spielt, bewirkt sie also im allgemeinen bei gleichem Wärmeaufwand ein höheres Arbeitsvermögen.

Die genannten Gegenkräfte und die dadurch bedingte Rückbiegung kann sich bei den verschiedensten Anwendungen in unterschiedlicher

Form äußern. Meistens ist es so, daß die Bimetallstreifen zuerst einen Leerweg zurücklegen, um erst dann ein Kontaktglied mit praktisch konstanter Gegenkraft zu öffnen oder eine Klinke zu bewegen. An sich hat dieser Vorgang mit den vorhergehenden Erläuterungen hinsichtlich Wärmeweg und Rückbiegung nichts zu tun. Es ist gleichgültig, ob diese Kraft schon im Anfang oder erst im Laufe der Bewegung einsetzt. Der Wirkweg besteht immer aus der Differenz der beiden genannten Teilwege. Besondere Probleme kommen hinzu, wenn es sich darum handelt, einen Kraftspeicher oder, wie es eigentlich besser heißt, *Energiespeicher* freizugeben, wie z. B. bei einem Klinkenmechanismus. nach Abb. 23 b.

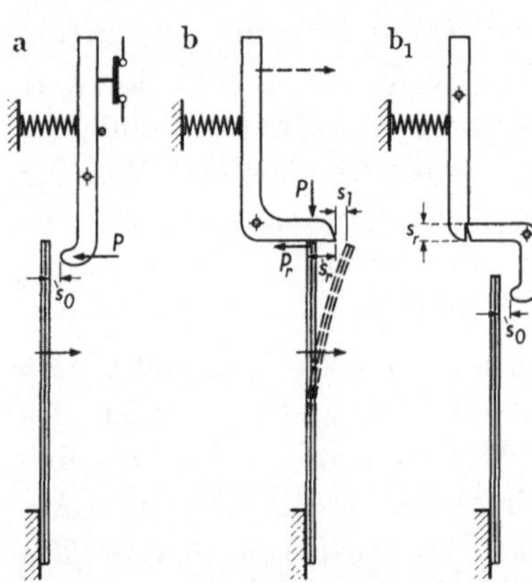



Abb. 23 a u. b. Mechanische Beanspruchung von Bimetallstreifen
a Druckbeanspruchung; b Auslösen eines Kraftspeichers — Reibkraftbeanspruchung b₁ desgleichen mit Zwischenhebel und Leerweg

Hier ist der Fall angenommen, daß der Bimetallstreifen dauernd der Verspannungskraft $P$ ausgesetzt ist, die sich bei seiner Weiterbewegung in der Reibkomponente $P_r$ äußert. Auch hier ist es gleichgültig, ob unter Zwischenschaltung anderer Elemente das Bimetallglied zunächst leer geht und erst am Ende seines Arbeitsweges mit diesen Kräften belastet wird, wie z. B. bei $b_1$, oder sofort. Jedenfalls hat auf der Strecke $s_r$ das Bimetall die Reibkräfte, die aus verständlichen Gründen nicht immer konstant sind, zu überwinden. Während bei der Anordnung $a$ eine Gegenkraft das Bimetall in seinem Weg eine Zeitlang aufhält, um dann die ursprüngliche Bewegung

fortzusetzen, ist bei der Anordnung $b$ damit zu rechnen, daß nach Überwindung der Reibkraft und einer weiteren Bewegung des Bimetalls die Vorspannung allmählich so weit abnimmt, daß der Weg nicht fortgesetzt werden kann, sondern eine erneute Vorspannung, also weitere Erwärmung notwendig ist. Je nach dem Zusammenhang dieser Werte ist eine mehrmalige, ruckweise Bewegung des Bimetallstreifens auf der Klinkenfläche möglich. Dieser Vorgang wurde zuerst von M. G. DIEHL behandelt [s. auch KASPAR (2) S. 80]. Das Kraft-Weg-Diagramm ist also unter Umständen ein treppenförmiges. Voraussetzung der Treppenbildung ist natürlich, daß die Reibungskoeffizienten für Ruhe und Bewegung verschieden sind.

Die Elemente mit Energiespeicher werden nach erfolgter Auslösung naturgemäß entlastet. Die Folge davon ist, daß dann das Bimetall um einen bestimmten Betrag $s_1$ vor der Klinke steht, also eine zusätzliche

Abkühlungszeit erforderlich ist, um eine Wiedereinschaltung zu ermöglichen. Bei einfachen Tastkontakten, entsprechend Bild a, bleibt die Belastung bestehen, und das Schaltglied kann sich praktisch sofort wieder schließen, wenn die Abschaltung erfolgt ist und die Abkühlung beginnt.

Außer diesem Reibeinfluß in seiner unterschiedlichen Höhe ist unter Umständen noch eine *Einwirkung der* zu beschleunigenden *Massen* von Bedeutung. Diese Einwirkung ist meistens zwar nur gering, sie muß aber trotzdem, insbesondere bei hohen Überlastungen und dementsprechend kurzen Auslösezeiten, berücksichtigt werden. Der Bimetallstreifen wird durch die zu beschleunigenden Massen (unter Umständen auch seine eigene), d. h. die daraus entstehenden Massenkräfte, an der Bewegung gehindert. In dem Zeitpunkt, in dem der erforderliche Schaltweg zurückgelegt wurde, hat das Bimetallelement unter dem Einfluß äußerer Kräfte einen größeren Wärmeweg entwickelt, als bei Fortfall dieser Gegenkräfte zum Erreichen dieses Nettoschaltweges notwendig gewesen wäre. Wie man das Problem anfaßt, hängt von den gemachten Voraussetzungen ab. Es wird von ERNI sowie auch von M. G. DIEHL (S. 107) behandelt. ERNI setzt die Masse des Mechanismus auf das freie Ende des Bimetalls reduziert voraus und nimmt an, daß die Masseneinwirkung auf dem ganzen Wege neben einer Reibkraft vorhanden ist. Für die Gleichsetzung der Beschleunigungszeit und der Erwärmungszeit gibt er eine Formel zur Errechnung der Masse an. Ist die Zeit für die Beschleunigung kleiner als die Erwärmungszeit, so wird die Auslösezeit von der Masseneinwirkung nicht beeinflußt, ist sie größer, dann tritt eine Vergrößerung der Auslösezeit ein. Die Beschleunigungskräfte werden durch Vorspannung des Bimetallstreifens gewonnen.

In Abb. 24 ist auf der Abszisse der Wärmeweg $s_w$ des nicht weiter beanspruchten Bimetalls aufgetragen, und zwar für eine bestimmte Überlast proportional der Zeit angenommen. Eine Annahme, die berechtigt ist, weil diese Vorgänge nur bei hohen Überlastungen, bei denen man von der Wärmeabfuhr absehen kann, eine praktische Bedeutung haben. Die Ordinate gibt die erreichten Nettowege ($s_n$) an. Bei der Einschaltung läuft das Bimetallelement zunächst

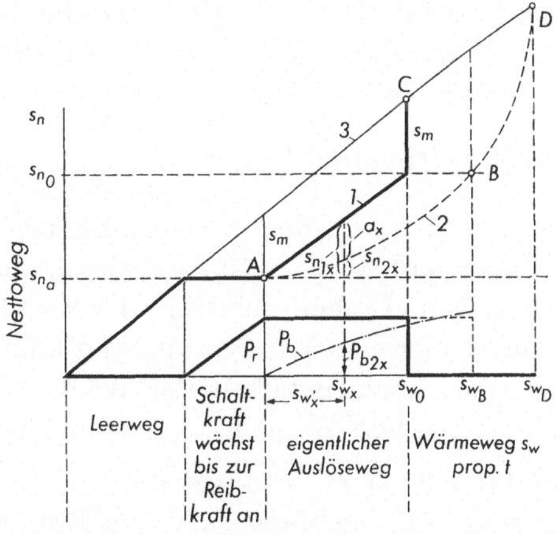


Abb. 24. Einfluß der Schaltkraft und der Massenbeschleunigung auf den Schaltweg von Bimetallauslösern (Erklärung im Text)

leer, s. auch Abb. 23 a und b$_1$ S. 60. Nettoweg und Wärmeweg sind gleich (Gerade *3*). Ihr folgt die Bewegung bis zum Punkte $s_{na}$. In diesem Augenblick setzt die Gegenkraft, also z. B. die Reibkraft $P_r$ ein. Der Wegverlust ist der Kraft proportional. Ehe die Reibkraft nicht überwunden werden kann, ist jede weitere Schaltbewegung unmöglich. Dieser Zustand ist im Punkte $A$ erreicht. Wenn der Beschleunigungseinfluß ohne Bedeutung ist, dann wächst der Nettoweg nunmehr wieder mit der ursprünglichen Steilheit entsprechend der Geraden *1* an, und die entwickelten Kräfte sind nach wie vor die Reibkräfte $P_r$. In Wirklichkeit nehmen sie mit der Reibziffer naturgemäß ab, was hier nicht berücksichtigt wurde. Spielt die Massenbeschleunigung eine Rolle, dann wird der tatsächliche Nettoweg hinter den Werten der Geraden *1* zurückbleiben und etwa entsprechend der Kurve *2* verlaufen. Beim Erreichen des Wärmewegs $s_{wo}$ ist nach der Geraden *1* der Schaltvorgang zu Ende, denn der erforderliche Ausschalt-Nettoweg $s_{no}$ ist nunmehr erreicht. Wird das Bimetall dann von der Reibkraft entlastet, dann erhöht sich der Nettoweg plötzlich noch um den Betrag $s_m$, um den zunächst das Bimetall unter dem Einfluß der Reibkraft zurückfederte.

Die rechnerische Behandlung des Masseneinflusses führt unter der Annahme $s_w = t \cdot C''$, wobei $C''$ von der Überlast abhängig ist und $s_m = $ Rückbiegekraft $\cdot C'$ zu der Gleichung

$$s = C'' \left[ t - \sqrt{C' \cdot M} \sin \frac{t}{\sqrt{M \cdot C'}} \right] \, [\mathrm{m}]$$

$C''$ in $m \cdot s^{-1}$, $C'$ in $\mathrm{kg^{-1}} \cdot \mathrm{m}$, $M$ in $\mathrm{kg} \cdot s^2 \cdot \mathrm{m^{-1}}$.

Für $M = 0$ folgt die Kurve der geraden Linie (*1*), also das Bimetall wird nicht zurückgebogen und die Auslösezeit nicht verlängert. Für jeden Wert von $M > 0$ bleibt das Bimetall zunächst zurück, die Geschwindigkeit wächst dann aber immer mehr, so daß das Bimetall nach einer bestimmten Zeit, wenn $\dfrac{t}{\sqrt{M \cdot C'}} = \pi$ ist, also der Sinus $= 0$ wird, wieder eine von den Beschleunigungskräften unbeeinflußte Form hat. Es hat dann aber eine höhere Geschwindigkeit, als der Wärmebewegung entspricht. Deshalb schwingt die Masse über den Wärmeweg hinaus. Sie erfährt hier eine Verzögerung und kommt nach der gleichen Zeit wieder auf die Geschwindigkeit der Wärmebewegung zurück. Zwischen $t = 0$ und $t = \pi \cdot \sqrt{M \cdot C'}$ ist also die Auslösezeit größer, zwischen $t = \pi \cdot \sqrt{M \cdot C'}$ und $t = 2\pi \cdot \sqrt{M \cdot C'}$ kleiner als der Erwärmungszeit entspricht, vorausgesetzt, daß die Masse sich vom Bimetall nicht ablöst. Bei der üblichen losen Kupplung werden sich die Verhältnisse etwas anders gestalten. Sobald der Sinus das erste Mal gleich 0 wird, wird die Masse mit der mittlerweile erteilten gegenüber der mittleren des Bimetallstreifens verdoppelten Geschwindigkeit weiterfliegen. Sie muß nun aber ihrerseits unter Umständen die Überwindung der Reibkraft übernehmen, dadurch wird das Bimetall entlastet und der Weg $s_m$ aufgeholt.

**Beispiel:**

Bei einem Bimetallauslöser sei die Geschwindigkeit, mit der sich das Streifenende bei Überlastung fortbewegt, 0,125 m s⁻¹. Das entspricht etwa einem Auslöser mit einer Zeitkonstante $T = 65$ s und einer Überlast $= 40 \cdot$ Grenzstrom, wenn 5 mm zurückzulegen sind. Bei 40fachem Strom würden statt 65 s $65/40^2 = \sim 0,04$ s gebraucht. Dem entspricht bei 5 mm die angegebene Geschwindigkeit. Weiterhin soll nach 2 mm Weg der Streifen auf eine Gegenreibkraft von 250 g stoßen und dann noch eine Masse zu beschleunigen haben. Der Rückbiegeweg ergebe sich zu 2 mm/kg.

Der Angriffspunkt nach 2 mm wird nach $0,002/0,125 = 0,016$ s erreicht, s. Abb. 25. Dann bleibt der Streifen stehen, bis er 250 g übertragen kann. Die Rückbiegung entspricht einem Warmeweg von $2 \times 0,25 = 0,5$ mm. Hierfür wird eine Zeit von $0,0005/0,125 = 0,004$ s gebraucht, in der keinerlei Streifenbewegung stattfindet. Die Gesamtzeit bis zum Beginn der Massenbeschleunigung ist also $= 0,016 + 0,004 = 0,02$ s. In diesem Zeitpunkt beginnt die Weiterbewegung und

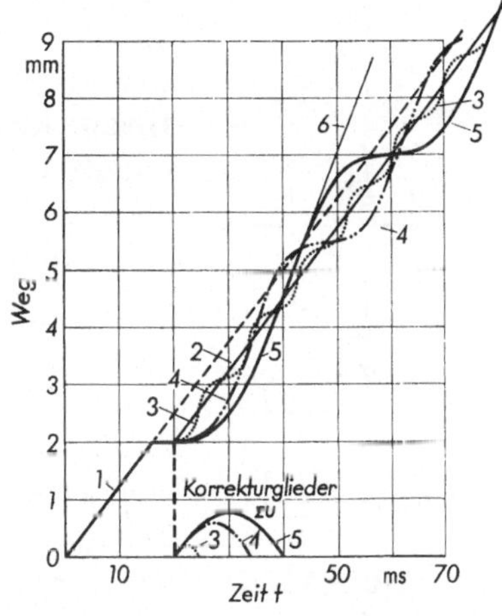


Abb. 25. Beispiel für die Einwirkung der Massenbeschleunigung auf das Bimetall. Bei den Weg-Zeit-Kurven 3 − 5 sind Massen von 10, 100 und 200 g zu beschleunigen

Beschleunigung der Masse. Würde letztere Null sein, dann setzte sich die Bewegung mit der alten Geschwindigkeit fort (s. Linie *1*). Sobald der Bimetallstreifen noch etwas gespannt ist, kann er Beschleunigungskräfte übertragen. Das Gewicht der zu beschleunigenden Masse sei mit 0,2 kg angenommen.

$$\text{Es ist } M = \frac{0,2}{g} = \sim 0,02 \; [\text{kg } s^2 \cdot \text{m}^{-1}]; \quad C' = 0,002 \; [\text{m kg}^{-1}].$$

$$C'' = 0,125 \; [\text{m s}^{-1}]; \quad \sqrt{M \cdot C'} = \sqrt{0,02 \cdot 0,002} = 0,0063.$$

$$s = 0,125 \left[ t - 0,0063 \sin \frac{t}{0,0063} \right] = t/8 - 0,0008 \cdot \sin (t \cdot 158) \; [\text{m}].$$

Das sinusförmige Korrekturglied hat demnach eine Amplitude von 0,8 mm und eine Halbperiode von $\pi/158 = 0,02$ s. Die Weg-Zeit-Beeinflussung für zu beschleunigende Massen von 10, 100, 200 g s. Abb. 25 Kurve *3 ... 5*. Einmal wird bei einem bestimmten Weg mithin die Auslösezeit verlängert, das andere Mal verkürzt. Bei den in der Praxis zurückzulegenden Wegen herrscht natürlich die Verlängerung vor. Die Verlängerung der Zeit z. B. bei 200 g und mehr als 4,5 mm Soll-Auslöseweg ist aber bei einer lose gekoppelten Masse nur scheinbar, denn sie wird sich mit der dann erreichten Geschwindigkeit $2 \cdot C''$ vom Bimetall lösen und zunächst mit ihr weiterfliegen. Bei größeren Geräten und vor allem solchen, die bis zu hohen Überlastungen kurzschlußfest sein sollen, müssen diese Korrekturen vorgenommen werden.

Die unterschiedlichen *Beheizungsarten* von Bimetallstreifen analog der Abb. 10 S. 32 zeigt Abb. 26. Bei der unmittelbaren Heizung (a) wird der Strom durch den Bimetallquerschnitt geschickt, bei der mittelbaren Heizung (b) werden die Streifen durch eine umgelegte Wicklung oder aufgelegte Widerstandsstreifen geheizt. Bei kleinen Stromstärken ist am üblichsten die gemischte Beheizung (c). Hier durchsetzt der Strom sowohl die Bimetallstreifen als auch die aufgelegte Heizwicklung. Bei größeren Stromstärken ist die unmittelbare Beheizung üblich. Hinzu kommt noch die Wandlerheizung, auch diese kann unmittelbar (d) und mittelbar (e) sein.

**Der Aufbau des Bimetallelementes.** Weiterhin sind die Bimetallformen und Anordnungen sehr unterschiedlich. Eine Auswahl bietet Abb. 27. Zunächst einmal der gestreckte Streifen (a), der einer besonderen (beweglichen) Rückleitung bedarf. Seine Zeitkonstante (s. S. 95) ist nicht absonderlich hoch, denn bei diesem flachen Material ist die Oberfläche im Verhältnis zum Volumen groß. Abhilfe schafft hier eine paketförmige Anordnung (b). Bei der Aufzeichnung ist ein U-förmiger Grundriß der Einzelstücke zugrunde gelegt. Durch Zwischenschieben von Isolationsstreifen werden eine Anzahl solcher U-förmigen Gebilde hintereinandergeschaltet und am unteren Ende aufeinandergepreßt. Ein solches Paket hat eine erheblich größere Zeitkonstante, denn durch das Aufeinanderlegen der Bimetallstreifen vergrößert sich die Oberfläche wenig, das Gewicht wächst dagegen mit der Streifenzahl an. Gleichzeitig sinkt die Rückbiegung ($s_m$) S. 57 und steigt wegen der geringeren Querschnittsbelastung die Kurzschlußfestigkeit (s. S. 196). Außer der U-förmigen Paketform läßt sich ein solches Paket aus einem geraden Streifen zusammensetzen. Unter c finden sich nun die verschiedensten Formen U-förmiger Bimetallstücke, zunächst das glatte Stanzstück ($c_1$), bei dem sowohl die Zu- wie die Ableitung ortsfest ist, das gebogene Stück ($c_2$), bei dem die Ableitung wiederum beweglich ist, wenn man nicht durch eine zurückführende Heizwicklung das Ableitungsstück ebenfalls ortsfest ausführen kann. Die Ableitung wird häufig nach $c_3$ durch ein Kupferband vorgenommen. Zur Steigerung der Grenzstromstärke verwendet man, wie bei $c_4$ dargestellt, einen par-

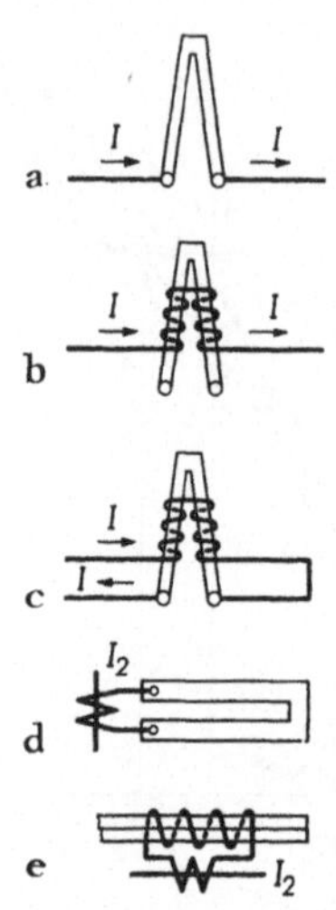

Abb. 26 a—e. Beheizung von Bimetallen a unmittelbar; b mittelbar; c gemischt; d unmittelbar über Wandler; e mittelbar über Wandler

allelen Nebenschluß. Zwischen Nebenschluß und Bimetall entwickeln sich Magnetkräfte, die unter Umständen zur Schnellauslösung verwendet werden können (s. S. 141). Die letzte Zeile in Abb. 27 enthält unter d bis f kreisförmige Gebilde. Die reine Kreisform (d) ist auch gelegentlich bei

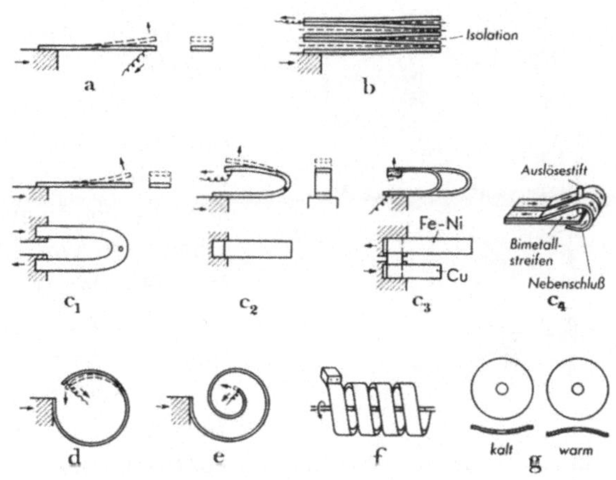


Abb. 27 a—g. Einige Anordnungen von Bimetallelementen
a gestreckter Streifen; b Paketelement; c U-Formen, $c_1$ glattes Stanzstück, $c_2$ gebogenes Stück, $c_3$ Cu-Band-Zuleitung; $c_4$ mit Nebenschluß; d Kreisform; e Radialspirale; f Axialspirale (Locke); g Hohlscheibe

Schaltgeräten mit thermischer Auslösung festzustellen, die Radial- (e) und Axialspirale (f) findet man hier seltener. Bei den kreisförmigen Bimetallstreifen nach d und f kann parallel zu dem Bimetall leicht eine innenliegende Heizspirale angeordnet werden. Für gewisse Sonderfälle, insbesondere bei den in die Motorwicklungen eingebauten Temperaturüberwachungsgeräten, trifft man dann noch auf die Hohlscheibe (Springplatte) (g) (s. S. 263). Diese hat den Vorteil, daß die schleichende Kontaktgabe vermieden werden kann. Das ist vor allen Dingen wichtig, wenn man beim Schalten höherer Leistungen ein Zwischenrelais vermeiden will. Diese Hohlscheiben sind meist nach einer Kugelfläche gewölbt, weiterhin lassen sich Vorspannungen durch Knik-

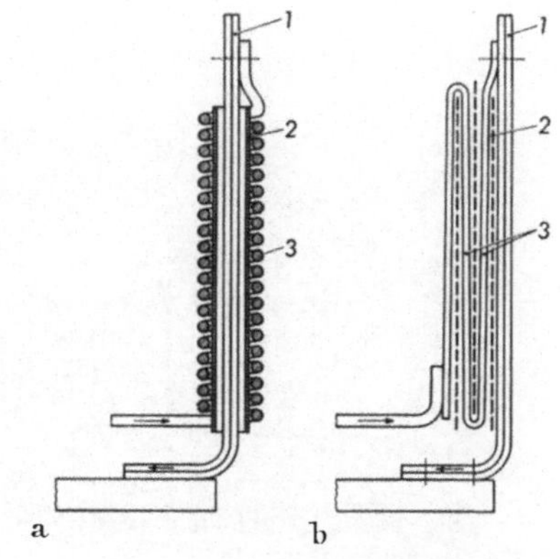


Abb. 28 a u. b. Gemischt beheizte Bimetallstreifen
a Drahtumwicklung; b Bandauflage,
1 Bimetall, 2 Isolation, 3 Heizwicklung

kungen erreichen. Derartige Scheiben weisen naturgemäß eine thermische Hysteresiserscheinung auf, wenn bei steigender Temperatur die Abschaltung erfolgt, so geht das Element erst bei einer niedrigeren Temperatur wieder in die Ausgangslage. Bei den Scheiben spricht man auch vom sogenannten *Klickeffekt* (s. auch S. 264). Ihr Erfinder ist der Amerikaner John Spencer.

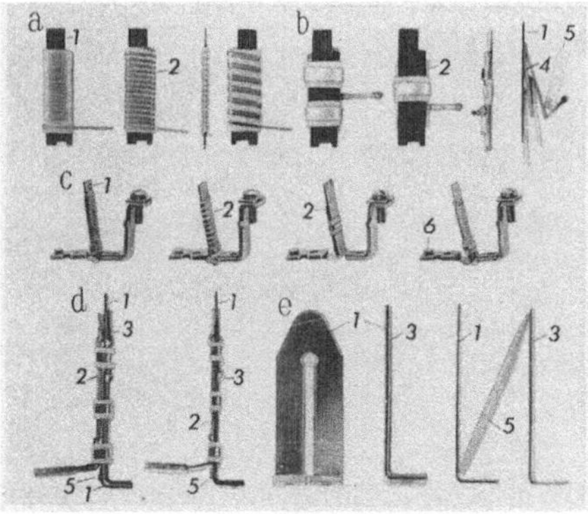

Gemischt beheizte Bimetallstreifen im Prinzip s. Abb. 28 a mit Drahtumwicklung, b mit Bandauflage und Zwischenlagen von Glimmerstreifen. Bei den Materialien der Heizwicklungen handelt es sich wesentlich um solche, wie sie im Widerstandsbau und auch zum Teil bei Heizleitern vorkommen, z. B. Legierungen aus Ni-Cr, Fe-Cr, Cu-Ni u. dgl. Wesentlich ist vor allem ein hoher Schmelzpunkt und ein möglichst geringer Widerstandstemperaturbeiwert. Gemischt beheizte Bimetallstreifen s. Abb. 29. Es werden auch rein mittelbar beheizte Bimetallelemente gebaut, bei denen die Wärme wesentlich durch Strahlung übertragen wird. Ein dreipoliges Bimetallrelais mit abgenommener Deckplatte zeigt Abb. 30.

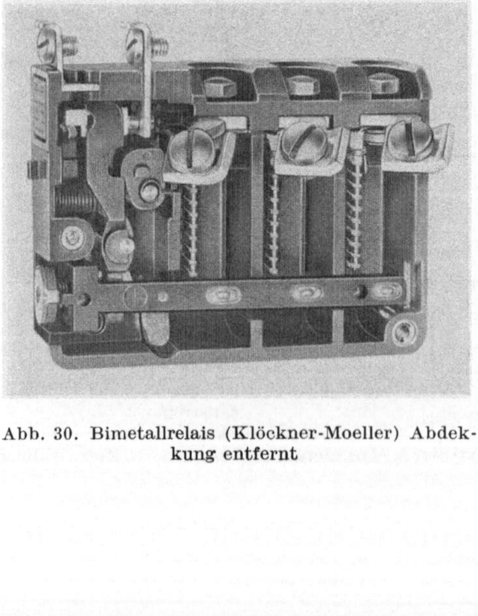

Die erforderliche Isolation bei Bimetallstreifen, die mit einer besonderen Heizwicklung versehen werden, hemmt den Wärmeübertritt und setzt damit die Kurzschlußfestigkeit (s. S. 200) herab. Das Element kommt den Heizstromänderungen weniger schnell nach. Isolierschichten sollen eine möglichst gute Wärmeleitfähigkeit haben und auch verhältnismäßig dünn sein. Die

Abb. 29 a–e. Bimetallstreifen
a Gemischt beheizte mit Heizwicklung; b desgleichen mit Heizauflagen; c gemischt beheizte Streifen für handbetätigte Motorschutzschalter, auf Anschlußstück und Kontaktstückträger unmittelbar aufgepunktet; d Rechteckstreifen mit Nebenschluß; e U-Form – unmittelbar beheizt mit Nebenschluß, *1* Bimetall, *2* Heizwicklung oder -auflage, *3* Nebenschluß, *4* Beschwerung (Cu), *5* Isolation, *6* Schaltstück

Abb. 30. Bimetallrelais (Klöckner-Moeller) Abdeckung entfernt

meist verwandten Stoffe, wie Asbest und Glimmerfolie, erfüllen diese Forderungen nur beschränkt. Organische Stoffe kommen wegen ihrer geringen thermischen Beständigkeit für diese Zwecke kaum in Betracht. Man hat noch andere Isolierungen angewandt bzw. vorgeschlagen, z. B. ist die Isolation innerhalb der Bimetallpakete auch erzielt worden, indem man Aluminium mit einer durch Eloxieren erzeugten Isolierschicht zwischen die Bimetallstreifen legte, eine Maßnahme, die auch geeignet ist, in gewissem Umfange die Zeitkonstante (s. S. 95) zu erhöhen. Bei den Bimetallpaketen, s. Abb. 27 b, sind diese Überlegungen weniger von Bedeutung, da mit einem Wärmeübertritt zwischen Bimetall und Bimetall bei hohen Überlastungen nicht gerechnet wird, sondern jede Bimetallplatte im wesentlichen nur die in ihr entwickelte Wärme aufzunehmen hat. Heizwicklungen werden aus Herstellungsgründen im allgemeinen nur auf gerade Streifenabschnitte aufgebracht und die Wicklung an einem freien Streifenende angepunktet. Bei massiven Heizauflagen ist darauf zu achten, daß das Element nicht zu steif wird. Andernfalls ist zusätzliche Wärme zur Überwindung aufzuwenden.

Der Wunsch zur Schaffung von Auslösern, die bei Überlastung besonders langsam, dagegen bei Kurzschlußstrom möglichst unverzögert abschalten, hat dazu geführt, daß man am Bimetallstreifen noch zusätzliche Metallstücke von guter Wärmeleitfähigkeit und großer Wärmekapazität anbrachte, die aber im Kurzschlußfall vor der Abschaltung nicht wirksam werden. Man hat auch versucht, durch unterschiedliche Beheizung zweier Metallstreifen zu erreichen, daß sie bei geringen Überlastungen durch Wärmeaustausch einen verhältnismäßig geringen Temperaturunterschied annehmen, bei kurzschlußartigen Strömen aber der Wärmeaustausch unterbleibt, ein Streifen die Oberhand gewinnt und zur beschleunigten Auslösung führt. Das kann geschehen, indem man beispielsweise Bimetall mit Stoffen annähernd gleicher Wärmeausdehnungskoeffizienten, aber verschiedener Leitfähigkeit aufbaut.

Die schon genannten Bimetallauslöser in *Paketform* (Abb. 27 b) haben noch den großen Vorzug, daß bei ihnen mit Wegfall der indirekten Beheizung auch die *Nachauslösung* (s. S. 114) in Fortfall kommt. Sie werden deshalb da bevorzugt, wo es auf eine ausreichende echte Trägheit ankommt, die nicht durch Nachheizungseffekte vermindert wird. Bei diesen Paket-Bimetallstreifen ist den Einstellbereichen ein gewisser Umfang vorgeschrieben, wenn man mit ein und demselben Stanzschnitt arbeiten will. Die daraus gewonnenen Streifen kann man nach Belieben parallel, hintereinander oder gemischt verwenden, z. B. entstehen bei Parallel- bzw. Hintereinanderschalten zweier Streifen Widerstände 1 : 4, so daß das Stromquadrat auch in dem Verhältnis 1 : 4 wachsen muß und mithin der Strom im Verhältnis 1 : 2. Wenn dann die Zwischenbereiche im Verhältnis 1 : 2 durch Wegverstellung (s. S. 84) erzielt werden sollen, muß man die auf S. 136 geschilderten Schwierigkeiten, die ohne Temperaturkompensation aus dem Erwärmungsverhältnis 1 : 4 bezüglich der Genauigkeit bei unterschiedlichen Umgebungstemperaturen erwachsen, beachten.

Naturgemäß ist diese Reihe mit dem Sprung 1 : 2 nicht die einzig und allein mögliche. Die richtige Schaltung der einzelnen Bimetallstreifen wird mit Hilfe von Isolierzwischenlagen und Zwischenverbindungen so durchgeführt, daß die gewünschten Widerstände zustande kommen. Als Zwischenverbinder können Teile aus Kupfer oder aus einem ähnlichen gutleitenden Material, aber auch Heizbänder verwandt werden, letztere, um die Heizleistung abzustimmen.

Bezüglich der Formgebung der Bimetallstreifen ist noch darauf hinzuweisen, daß auch bei U-förmigen Stücken entweder der Schlitz zwischen den beiden Schenkeln verhältnismäßig breit sein muß oder aber er muß am oberen Ende eine Ausbuchtung erfahren. Ist das nicht der Fall, dann drängen sich hier die Stromlinien zu sehr zusammen. Es entsteht eine lokale Übererwärmung, und damit sinkt die Kurzschlußfestigkeit. Für eine bestimmte Konstruktion wurde von MEYER das Maximum der Kurzschlußstromstärke abhängig von dem Bohrungsdurchmesser ermittelt.

Bei den Bimetallpaketen kann man für höhere Überlastungen wie bei jedem unmittelbar beheizten Auslöseelement Beziehungen zwischen dem Volumen ($V$), der Auslösezeit ($t_a$), der Überlastung ($ü'$) und dem Wärmeaufwand bei Nennstrom ($N_n$) feststellen, so z. B. kommt NIEHAUS bei nichtkompensierten Bimetallauslösern und Erwärmungen von etwa 180 °C zu dem Ergebnis

$$V_{\min} = 1{,}5 \cdot N_n \cdot t_a \cdot ü'^2 \, 10^{-3} \; [\text{cm}^3].$$

Natürlich ist der Wärmeaufwand nicht beliebig wählbar. Er hängt von der gewünschten Arbeitstemperatur, der Oberfläche des Elementes und den Wärmeabgabeziffern ab. Weiterhin von der Wärmeableitung über die Anschlußelemente.

Die **Befestigung der Bimetallstreifen** an den Stromzuführungsteilen, die für sich ja auch gut stromleitend sein müssen, hat immer einen Wärmeverlust durch Ableitung der in den Bimetallstreifen erzeugten Wärme an die Befestigungsteile zur Folge. Dadurch wird das Arbeitsvermögen der Bimetallelemente bei gegebener Stromwärme geschwächt. Der Nachteil wird durch wärmehemmende Elemente vermindert, z. B. durch Verengung des Querschnittes auf kurzer Strecke, die eine starke Wärmestauung zur Folge hat. Die Hemmung kann auch durch den Einbau kleiner Schichten mit geringer Wärmeleitfähigkeit erfolgen. Ein solches Mittel ist beispielsweise die Verwendung legierten Stahles. Auf

alle Fälle ist darauf zu achten, daß die Anschlußelemente nicht durch
überbemessene Anschlußquerschnitte und große wärmeableitende Oberflächen zu besonders starker Wärmeabfuhr führen. Mit diesen Maßnahmen lassen sich oft ganz beträchtliche Temperaturerhöhungen bei
gleichbleibender Heizleistung erzielen. Wenn die auf S. 121 u. a. behandelten Kennwerte $B$ über 1 hinausgehen, kann man aber fast immer
annehmen, daß die Wärmeabfuhr zu groß ist.

**Formgebung und Bearbeitung der Bimetalle.** Wenn *Biegungen* unvermeidlich sind, sollte der Krümmungsradius nicht kleiner als 5 mal
Blechdicke sein. Jedenfalls sind scharfe Biegekanten unzulässig. Genauso
dürfen keine eckigen Ausklinkungen vorgenommen werden. Für Auslöser mit mittelbarer Heizung durch Bewicklung empfiehlt sich die Verwendung von Bimetallstreifen mit abgerundeten Kanten, weil sonst die
Isolation der Heizwicklung beim Anpressen leicht verletzt wird. Bei der
Montage muß selbstverständlich darauf geachtet werden, nach welcher
Seite die Ausbiegung erfolgt. Damit die Seiten mit niedrigem und hohem
Ausdehnungskoeffizienten erkannt werden können, erhalten die Streifen
ab Lieferwerk auf einer Seite ein *Kennzeichen*, z. B. in Form einer end-
losen Riffelung oder eines Farbstreifens.

*Löten* und *Schweißen* soll möglichst vermieden werden. Die Schweißung überhitzt das Material, allenfalls ist Punktschweißung möglich.
Hartlöten ist auf jeden Fall unzulässig, Weichlöten ist mit Vorsicht zu
betreiben wie auch jede nicht unbedingt notwendige Erhitzung zu vermeiden ist. Lassen sich diese Maßnahmen nicht umgehen, dann soll man
die Alterung (s. unten) hinter diese Prozesse legen. Die Stromzu- und
-ableitungen, bzw. bei mittelbar beheizten Auslösern die Heizwicklungen,
werden oft angepunktet. Widerstandsstoffe, wie Chromnickel, ergeben
mit den Nickelstahllegierungen einen guten Schweißpunkt. Dagegen ist
es schwieriger, Cu-Litzen zu verschweißen. Hier hilft z. B. die Zwischenlage eines Stückchens der Widerstandsstoffe auf Cu-Ni-Basis.

Die Bimetalle, wie sie beim Bau von Motorschutzgeräten Verwendung
finden, sind auf Grund der Legierungsbestandteile nicht sehr rostan-
fällig. Man kann deshalb im allgemeinen auf besondere *Oberflächen-
behandlung* verzichten. Wird eine solche jedoch mit Rücksicht auf die
Atmosphäre, in der die Geräte arbeiten müssen, notwendig, so empfiehlt
sich ein dünner Überzug z. B. von Nickel, Silber oder Kadmium. Bei
Schichten bis $10\,\mu$ wird die thermische Ausbiegung erfahrungsgemäß
praktisch nicht behindert, bei stärkeren aber beeinflußt.

**Alterung der Bimetalle.** Durch die Formgebung bei der Herstellung
der Bimetallelemente treten neben plastischen Verformungen auch
elastische auf. Dadurch wird eine Instabilität der einbaufertigen Teile
bewirkt. Bei der Erwärmung im Gebrauch wird sie aber wieder ab-
gebaut. Das Element wird entspannt. Die Folge sind Nullpunkts- und

Ausbiegungsänderungen. Aus diesem Grunde ist eine künstliche Alterung nach der Bearbeitung in jedem Falle notwendig [SPENGLER]. Sie dient der Beseitigung innerer Spannungen. Schäden, die durch scharfe Knicke hervorgerufen werden, lassen sich aber auf diese Weise nicht mehr beseitigen. Für die Alterung werden Temperaturen von 50° C über der höchsten Arbeitstemperatur empfohlen. Als Arbeitstemperatur ist bei Motorschutzgeräten möglichst diejenige zu berücksichtigen, die bei etwaigen Kurzschlußstromstärken auftritt, siehe S. 199 u. 207. Bei Bimetallen für Motorschutzgeräte empfiehlt sich dreimalige Erwärmung auf 300° ... 400° C je etwa eine Stunde lang, dazwischen langsam auf Raumtemperatur abkühlen lassen. Nach SPENGLER genügt auch eine einmalige Erwärmung auf die Dauer von 2 oder besser 3 Stunden. Beachtet werden muß, daß die Stücke nicht aufeinander liegen, sonst muß die Behandlungszeit entsprechend verlängert werden. Einsatzplatten für Wärmeöfen zeigt Abb. 31. Diese Art der Wärmebehandlung wird gelegentlich auch beim fertigen Element durch kurze Stromstöße bis auf Temperaturen von etwa

Abb. 31. Altern von bearbeiteten Bimetall-stücken

400° C ersetzt. Nach den Stößen erfolgt jedesmal Abkühlung auf etwa Raumtemperatur. Thermoschnappscheiben können den angegebenen Temperaturen im allgemeinen nicht ausgesetzt werden. In der Praxis erfahren sie auch keine besondere Temperaturerhöhung im Kurzschlußfall. Man erwärmt sie durch mehrfache Wiederholung des Schnappeffektes bei Betriebstemperatur.

**Die Prüfung der Bimetalle.** Zu unterscheiden ist die Feststellung der grundsätzlichen Eigenschaften (Typenprüfung) von der Gebrauchsprüfung (Abnahmeprüfung).

Die *Typenprüfung* erstreckt sich im wesentlichen auf die Feststellung dreier Eigenschaften, und zwar der thermischen Ausbiegung, der Durchbiegung unter dem Einfluß der Schaltkraft im kalten und warmen Zustant. Hinzu kommt die Feststellung der Ermüdung bei periodisch wiederkehrender Beanspruchung in ihrer Auswirkung sowohl auf die thermische Ausbiegung wie auf die Durchbiegung, vor allem aber auch auf eine etwaige Veränderung der Ausgangslage. Man sollte auch die Einflüsse der Kurzschlußerwärmung bezüglich dieser Größen festlegen.

Die *Durchführung dieser Versuche* erfordert viel Geschick und Zeit. Die Ergebnisse sind wesentlich beeinflußt durch die Vorbehandlung (Alterung), ferner durch winzige Deformationen bei der Herstellung der Proben. Zur Feststellung spezifischer Eigenschaften ist große Sorgfalt erforderlich. Alle Versuche werden in erster Linie an geraden Streifen

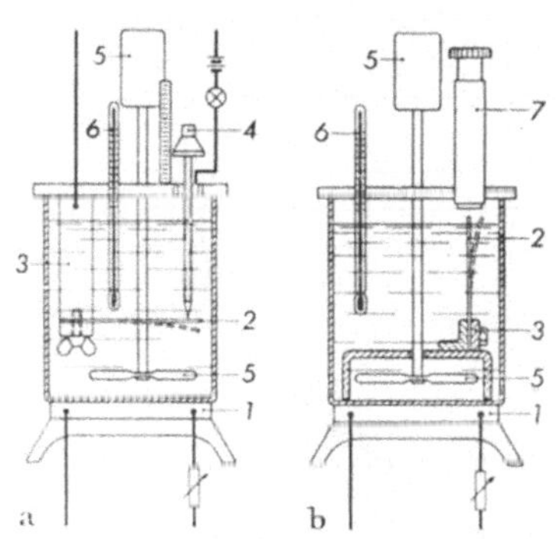

Abb. 32 a u. b. Prüfeinrichtungen zur Feststellung der spezifischen Ausbiegung von Bimetallen im Ölbad
a Messung mit Kontakt-Mikrometer-schraube; b durch Meßmikroskop,
*1* Heizeinrichtung, *2* Bimetall, *3* Ein-spannvorrichtung, *4* Mikrometer-schraube, *5* Rührwerk, *6* Thermometer, *7* Meßmikroskop

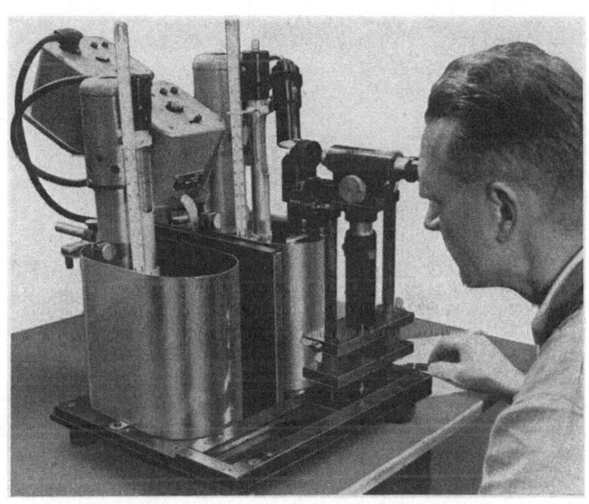

Abb. 33. Ausbiegungskontrollgerät für Bimetallstreifen. Beobachtung mit dem Meßmikroskop. Der vorne erkennbare Schlitten wird in die beiden auf verschiedene Temperaturen gebrachten Behälter umgesetzt

mit rechteckigem Querschnitt vorgenommen. Üblich ist die Prüfung einseitig eingespannter Streifen. Es werden aber auch Streifen zur Messung auf zwei Schneiden gelegt. An der Methode ist von Nachteil, daß die Ausbiegung bei gleicher Streifenlänge nunmehr auf etwa $1/_4$ zurückgeht. Außerdem ist die Auflage auf den Schneiden verhältnismäßig unsicher, das Bimetall biegt sich auch in der Querrichtung aus, wodurch der Meßwert verfälscht wird. Das in Arbeit befindliche DIN-Blatt 1715 über Bimetalle soll auch die Meßmethoden näher festlegen, außerdem bestehen in USA die ASTM-Standards B 106-51. Sie stützen sich auf die Feststellung der Mittenausbiegung eines auf zwei Schneiden liegenden Streifens.

Die Messung der *thermischen Ausbiegung* erfordert völlig gleichmäßige Temperatur des Bandes und Meßgerätes. Die gleichmäßige Temperatur vermittelt am besten ein Ölbad [AUMANN (1)]. Eine Mikrometerschraube schließt bei ihrer Berührung mit dem Bimetall einen Stromkreis, der ein elektrisches Signal (meist Glühlampe) enthält. Neuerdings läßt man auch kurze Streifenstücke aus der Oberfläche hervortreten und beobachtet sie mit dem Meßmikroskop. Die Ölbäder erhalten zweckmäßig ein Rührwerk [ROHN]. Abb. 32a zeigt im Prinzip ein Gerät mit Mikrometerschraube und Meßkreis zur Feststellung der Ausbiegung, b ein solches zur mikroskopischen Messung, Abb. 33 ein für letztere Methode aufgebautes Instrument. Das zu prüfende Stück befindet sich mit dem Meßmikroskop an einem Gestell, das abwechselnd in zwei verschieden temperierte Bäder gesetzt werden kann. Beide Gefäße haben

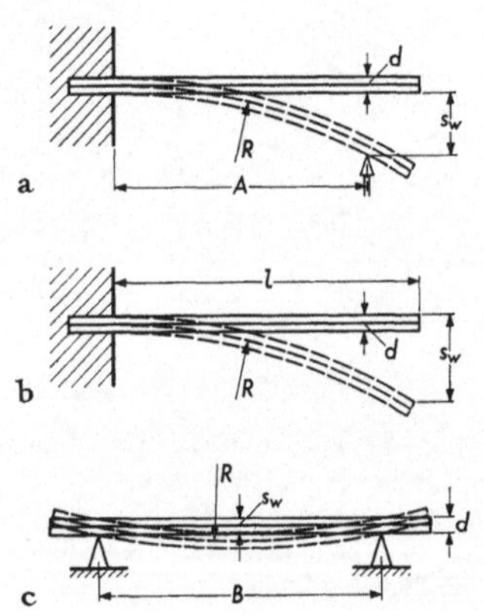

Abb. 34 a — c. Ermittlung der spezifischen Ausbiegung von Bimetallen a einseitige Einspannung — Kontaktschraube im Abstand $A$; b desgleichen Messung mit Meßmikroskop; c zweiseitige Auflage

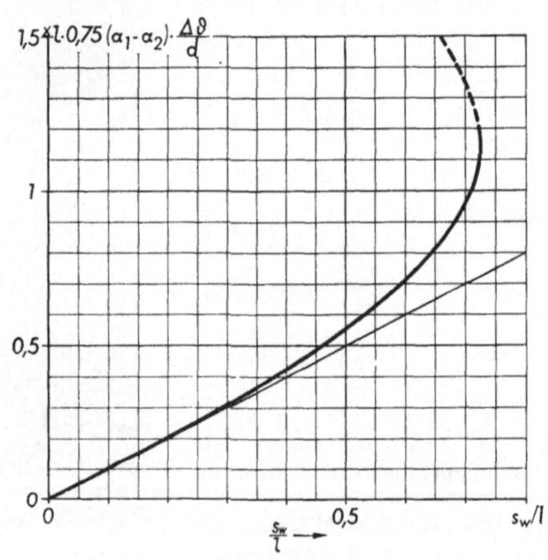

Abb. 35. Feststellung der spezifischen Ausbiegung eines Bimetallstreifens auf Grund der mit dem Meßmikroskop nach Abb. 34 b festgestellten Bewegung der Bimetallkanten — einseitige Einspannung

Rührwerke sowie Kontakt- und Kontrollthermometer. Bei höheren Temperaturen (über 350° C), für die Ölbäder nicht mehr zur Verfügung stehen, verwendet man Öfen mit Umwälzheizung oder eine elektrisch geheizte Hülle mit Thermoelement. Diese Anordnung gewährleistet aber keine gleichmäßige Temperatur. KEINATH empfiehlt statt der Mikrometerschraube einen Koordinatenschreiber, der in der Abszisse die Temperatur, in der Ordinate die Bewegung praktisch ohne Kraftaufwand mit einem Fadenbolometer anzeigt. Bei Versuchen in Luft ist die Beobachtung mit einem Meßmikroskop vorzuziehen.

Für den Aufbau solcher Geräte ist es wichtig, daß sich nicht die Erwärmung irgendwelcher anderer Teile als die des Bimetalls auf die Anzeige auswirkt. Man muß deshalb weitgehend mit Invar arbeiten.

Die Streifenbreite sollte nicht größer sein als 10% der Länge. Andernfalls sind, ausgehend von der Beziehung Ausbiegung prop. $l^2$, weitere Korrekturen notwendig [s. KAŠPAR (2) S. 348].

Die *Auswertung* der Meßergebnisse geschieht in folgender Weise. Wird das Band einseitig eingespannt und entsprechend Abb. 34a im Abstand $A$ eine Stellschraube angebracht, mit deren Hilfe die Durchbiegung durch Kontaktgebung, z. B. in Verbindung mit einer Mikrometerschraube, gemessen wird, dann ist der Ausbiegungskoeffizient

$$k = \frac{s_w \cdot d}{A^2 \cdot \varDelta\vartheta}.$$

Diese einfache Formel gilt nur, wenn die Ausbiegung im Verhältnis zum Abstand $A$ klein ist. Ist sie größer als etwa 10 bis 15%, dann errechnet sich der Ausdehnungskoeffizient zu

$$k = \frac{s_w \cdot d}{(A^2 + s_w{}^2)\,\varDelta\vartheta}.$$

Genau genommen muß in der Klammer noch $s_w \cdot d$ hinzugefügt werden. Der Einfluß dieses Gliedes ist aber bei einseitiger Einspannung äußerst gering. Beobachtet man die Bewegung der Bandspitze, beispielsweise im Meßmikroskop (Teilbild 32b), dann ist die Auswertung bei geringen Ausbiegungen die gleiche. Es wird in der vorletzten Formel an Stelle vom Abstand $A$ die Länge $l$ eingesetzt. Bei größeren Ausschlägen ist eine einfache mathematische Darstellung nicht möglich. Die entsprechende Gleichung ist schlecht aufzulösen. Es kann dann an Hand von Abb. 35 nach Feststellung des Verhältnisses $s_w/l$ der Koeffizient $k$ durch Division der Ordinaten durch $l$ ermittelt werden. Wird die Messung durch Auflegen eines Bimetallstreifens auf zwei Schneiden durchgeführt (Abb. 34c), wobei die Schneiden den Abstand $B$ haben, dann ergibt sich

$$k = \frac{s_w}{B^2/4 + s_w{}^2 - d \cdot s_w} \cdot \frac{d}{\triangle\vartheta}.$$

Legt man den Bimetallstreifen umgekehrt auf die Schneiden, so daß er sich nach oben hin durchwölbt, dann ist das letzte Glied im Nenner $d \cdot s_w$ positiv. Bei breiten Streifen $> 10\%$ der Länge sind je nach Meßmethode noch Korrekturen mit Rücksicht auf die Wölbung in Querrichtung erforderlich.

Die *Durchbiegung unter* dem Einfluß der *Schaltkraft* wird meist in der gleichen Apparatur gemessen, in der die thermische Ausbiegung festgestellt wird, z. B. durch Anhängen von Gewichten. Sie ist naturgemäß auch eine Funktion der Temperatur. Die *Festigkeit* der Bindung wird durch eine Biegeprobe bei einseitiger Einspannung von Streifen und einem bestimmten Halbmesser der Backenabrundung bestimmt, wobei man bis zum Bruch um 180° hin- und herbiegt. Die *Ermüdungsprüfung* geschieht zweckmäßig durch periodische Strombelastung und Abschaltung, wobei etwaige Nullpunktsverschiebungen und Veränderungen des Ausdehnungsbetrages beobachtet werden. Zweckmäßig sind auch derartige Untersuchungen mit periodischer Überwindung einer Schaltkraft, d. h. durch Nocken gesteuerte Zwangsausbiegungen mit nachträglicher erneuter Überprüfung von Ausgangslage, thermischer Ausbiegung und mechanischer Rückbiegung. Bei dem Vergleich der Nullpunkte muß selbstverständlich streng auf Einhaltung gleicher Umgebungstemperatur geachtet werden.

Etwas anders sind die Einrichtungen der *Gebrauchsprüfung*. Hier werden die angelieferten Bimetallstreifen, von denen die grundsätzlichen Eigenschaften bekannt sind, auf deren Einhaltung nachgeprüft. Es handelt sich also in erster Linie darum festzustellen, ob das Material dem bei der Modellprobe verwandten entspricht. Zu diesem Zweck wird meist ein bekannter Streifen mit den neu angelieferten verglichen. Die Erwärmung erfolgt dabei oft nicht durch Erhöhung der Umgebungstemperatur, sondern durch Stromdurchgang. Einrichtungen dieser Art sind von verschiedenen Verbrauchern entwickelt worden. Sie unterscheiden sich im wesentlichen darin, daß die einen thermische Ausbiegung, mechanische Rückbiegung und spezifischen Widerstand in einem Vorgang nachprüfen, ohne den Einfluß der Einzelkomponenten festzustellen, während die anderen diese Eigenschaften einzeln messen. Bei der ersteren Methode wird der Vergleichsstreifen und der zu prüfende von der gleichen Stromstärke durchsetzt, die Ausbiegung hängt also von der spezifischen Ausbiegung und dem spezifischen Widerstand ab.

Abb. 36. Widerstandskontrolle bewickelter Bimetallstreifen

Sie wird über Hebel an einer Skala oder mit Mikrometerschrauben und Kleinspannungskreis gemessen oder aber mit Meßmikroskop festgestellt. Die mechanische Rückbiegung mißt man durch Anhängen eines Gewichtes. Eine solche Einrichtung s. z. B. o. *Verf.* (7). Meßeinrichtungen s. auch STEPHANI und KAŠPAR (2) S. 350.

Der Widerstand der einsatzfähigen Bimetallstreifen mit und ohne Bewicklung wird durch Meßbrücken mit Lichtmarken-Galvanometer geprüft, s. Abb. 36. Man verwendet auch Geräte mit automatischer Aussortierung.

### 2.2.4 Auslöser beruhend auf der Änderung des Aggregatzustandes

Solche Auslöser werden vor allem gebaut auf Grund des Überganges vom festen zum flüssigen Zustand als sogenannte *Schmelzlotauslöser*, gelegentlich auch noch auf Grund des Überganges vom flüssigen zum dampfförmigen in Form der *Dampfdruckkapseln*.

#### 2. 2. 4. 1 Übergang vom festen zum flüssigen Zustand —
#### Schmelzlotelemente

Bei *Schmelzlotauslösern* wird die mechanische Verbindung der Übertragungsglieder im Schaltgerät durch Verflüssigung eines Bindemittels gelöst. Heute handelt es sich vorwiegend nur um einen Lötmetallfilm. Die Auslöser arbeiten meistens mit Legierungen, deren Schmelzpunkte zwischen 70° C und 150° C liegen. Zum Beispiel gibt SCHMITZ 75° C an. Die Erwärmung dieser Legierungen erfolgt in der Hauptsache mittelbar. Man hat sie u. a. innerhalb großer Kupferspulen angebracht. Die Spulen waren verhältnismäßig umfangreich und dementsprechend auch die Erwärmungszeiten und Zeitkonstanten (s. S. 96). Die Aufheizzeiten für die Lote sind mit Rücksicht auf den Wärmeübergang noch etwas größer. Die Elemente sind für aussetzenden Betrieb gut geeignet, weil ihre Zeitkonstante der der Motoren viel näher kommt als bei Auslösern anderer Bauart. Auf der anderen Seite bewirkt aber gerade der Umstand, daß sehr hohe Belastungen sich erst mit erheblicher Verzögerung auf das Schmelzlot auswirken, daß sie den Kurzschlußschutz nicht übernehmen können. Bei anderen Einrichtungen hat man den Heizdraht und die Legierungen in ihrer Masse möglichst gering gehalten. Die Eigenkurzschlußfestigkeit ist dann gering, wenn keine Streuwandler verwandt werden. Naturgemäß wird — wie bei allen indirekt beheizten Elementen — auch die Abkühlungszeit verlängert, also die Wartezeit des Motors, denn es wird von der Heizspule immer noch in beträchtlichem Umfange Wärme nachfließen. Derartige Auslöser sind meist über Wandler beheizt, weil die Stromstärke im Heizelement konstant bleiben muß. Für den Fall, daß sich die Grenzstromstärke mit der Raumtemperatur so ändern soll, daß die Wicklungsgrenztemperatur gleichbleibt, ist die Verwendung von Legierungen, deren Schmelzpunkt nicht oder nicht viel höher liegt als die Erwärmungsgrenze der Motorwicklungen, zweckmäßig. Es muß ein möglichst exakt definierter Schmelzpunkt gefordert werden. Alterungserscheinungen durch bevorzugte Oxydation bestimmter Komponenten, durch Eindiffusion von Fremdmetallen bei längerer Erwärmung oder durch Umkristallisation sind unerwünscht. Eutektische Legierungen haben den Vorzug, daß Zwischenzustände, also teilweises Flüssigwerden in einem größeren Temperaturbereich, nicht möglich sind. Diese Legierungen sind entweder flüssig oder fest. Bei nichteutektischen Legierungen könnte es vorkommen, daß die vorgesehene Bewegung bei einer bestimmten Belastung nur teilweise erreicht wird. Die reinen Metalle haben, mit Ausnahme von Quecksilber, alle so hohe Schmelzpunkte, daß sie nicht in Betracht kommen. Dieses wiederum einen zu niedrigen. Man muß zu Legierungen greifen. Die Stoffe mit eindeutigem Schmelzpunkt werden in dem Gebiet von etwa 50° C bis 150° C in erster Linie durch Legierungen von Bi, Pb, Sn und Cd gebildet. Der Erstarrungspunkt soll nicht allzu sehr unter dem Schmelzpunkt liegen, weil sonst der Eintritt der Wiedereinschaltbarkeit zu lange dauert. Die Verzögerungszeit ist wesentlich von der Masse des Schmelzlotes und der Heizleistung sowie der Art der Wärmeübertragung abhängig. Die Grenzstromstärke ist für eine bestimmte Heizwicklung natürlich konstant. Die Einstellung auf einen bestimmten Wert des Netzstromes erfolgt über einstellbare Wandler (s. S. 88 ) oder bei Gleichstrom mit veränderbaren Nebenschlüssen.

Bei der Durchbildung des Schmelzauslöserprinzips sind die verschiedenartigsten Wege beschritten worden. Die ältesten Konstruktionen beruhten auf dem Grundsatz, daß eine magnetische Auslösung durch eine noch kalte Schmelzmasse wegmäßig gesperrt wurde. Die weitere Entwicklung lag dann in der Hemmung einer Schub- oder Drehbewegung durch die Lötmasse im kalten Zustand. Um die Lötstelle herum liegt die entweder aus Kupfer- oder Widerstandsdraht bestehende Heizspule. Fließt durch die Wicklung Überstrom, dann wird das Lot zum Schmelzen gebracht und der Schaltstift unter der Wirkung einer Feder-

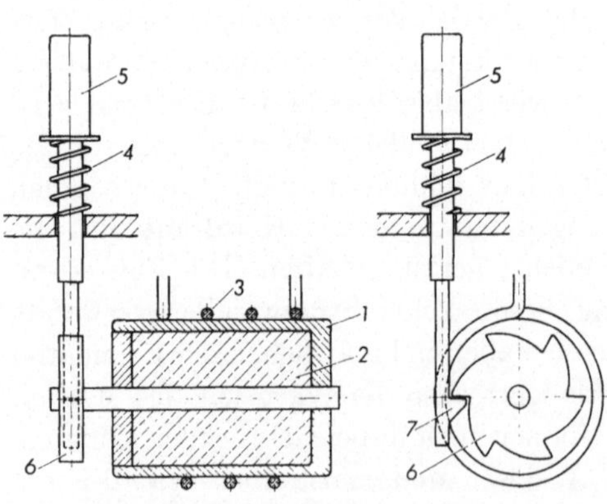

Abb. 37. Schmelzlotauslöser – Prinzip
1 Schmelzlotkapsel, 2 Schmelzlot, 3 Heizwicklung,
4 Abdruckfeder, 5 Auslösebolzen, 6 Klinkrad.
7 Klinke

kraft entweder durch die Patrone hindurch auf Auslöseglieder gedrückt oder eine die Bewegung sperrende Klinkscheibe freigegeben. Auch sind Konstruktionen bekanntgeworden, bei denen die Auslösung unmittelbar magnetisch erfolgt, wobei nur, solange die Schmelzmasse starr ist, ein zweiter im Magnetkreis liegender Anker dessen magnetischen Widerstand noch hochhält. Die Ausschaltung kann erst erfolgen, wenn der magnetische Widerstand gesunken ist. Weiterhin wurden zur Schnellauslösung bei über Wandler gespeisten Schmelzlotauslösern die für die Einstellung gegeneinander beweglichen Eisenhälften des Wandlers benutzt, wobei durch entsprechende Formgebung dafür gesorgt wurde, daß bei Verstellung des Auslösergrenzstromes sich die Schnellauslösegrenze im gleichen Verhältnis änderte. Eine Übersicht über die Entwicklung der Schmelzlotauslöser bringt NOBILING. Eine prinzipielle Darstellung eines Schmelzlotauslösers s. Abb. 37. Der Auslösebolzen $5$ wird durch das Klinkrad $6$ an der Bewegung gehindert, bis die Schmelzmasse $2$ flüssig ist. Sobald die Lotmasse weich ist, führt das Rädchen die Auslösung durch. Die Drehbewegung erlaubt Konstruktionen, die das Herausquellen der Schmelzmasse im flüssigen Zustand verhindern. Dieser Auslösertyp kann nur von Hand zurückgestellt, z. B. wieder eingeklinkt werden. Beim Relais geschieht das mit einer Handtaste, beim Auslöser unter Umständen durch die erneute Einschaltbewegung des Hauptstromschaltgerätes.

Bei Schmelzlotanordnungen findet man besonders in USA oft eine weite Widerstandsspirale um den Schmelzlotstift. Der große Luftabstand hat natürlich eine geringe Eigenkurzschlußfestigkeit zur Folge. Die Relais sind dann meist nicht einstellbar und die Spirale als Ganzes auswechselbar (Stromsprünge 1 : 1,1).

### 2. 2. 4. 2 Übergang vom flüssigen zum dampfförmigen Zustand — Dampfdruckkapseln

Die Dampfdruckkapseln werden heute selten angewandt. Auch sie erlauben nur mittelbare Beheizung und bergen bei hohen Überlastungen wegen des Nachfließens der Wärme die Gefahr sehr hoher Überdrücke, die zu ihrer Zerstörung oder doch Grenzstromveränderung führen können. Eine Entlastung durch andere Schutzmittel, z. B. Sicherungen, ist meist schon bei verhältnismäßig kleinen Überlastungen nötig. Damit diese Drucksteigerungen in erträglichen Grenzen bleiben, arbeitet man mit verhältnismäßig niedrigen Temperaturen und Drücken. Die Temperaturen liegen meist zwischen 60° C und 120° C. Ein solches Relais ist z. B. von HÖPP beschrieben worden (s. S. 281). Die Füllung bestand aus Alkohol, die höchste einstellbare Temperatur war 120° C. Die Schaltkraft auf die Membrane lag dabei zwischen etwa 30 und 40 kg. Es wurde auch als Kontaktthermometer zum Einbau in Maschinen empfohlen.

Wichtig ist beim Aufbau solcher Geräte ein Füllmittel, das bei der Arbeitstemperatur eine gut merkbare Änderung des Dampfdruckes aufweist. Selbstverständlich muß es gegenüber dem Kapselmaterial unaktiv sein. Im Jahre 1924 entstand der *Phylaxschalter* mit Expansionsdose, s. S. 287. Die Dose aus gewelltem Blech enthielt Alkohol, der bei etwa 65° C siedete.

### 2.2.5 Das Zusammenwirken der Auslöser und Relais mit den Schaltgeräten

Für die Ausgestaltung der thermischen Auslöser und Relais ist die Art des Eingriffes in das zu beeinflussende Schaltgerät von wesentlicher Bedeutung (s. auch S. 226). Es gibt vier grundsätzliche Lösungen s. Abb. 38.

Die erste besteht darin, daß ein Auslöser einen (z. B. handbetätigten) Motorschalter bei Überstrom ausklinkt (a). Das Schutzelement muß als *Auslöser*, d. h. also so ausgebildet sein, daß es mechanisch die Ausschaltung bewirkt. Der Schalter ist ein *Schloßschalter* mit Freiaus-

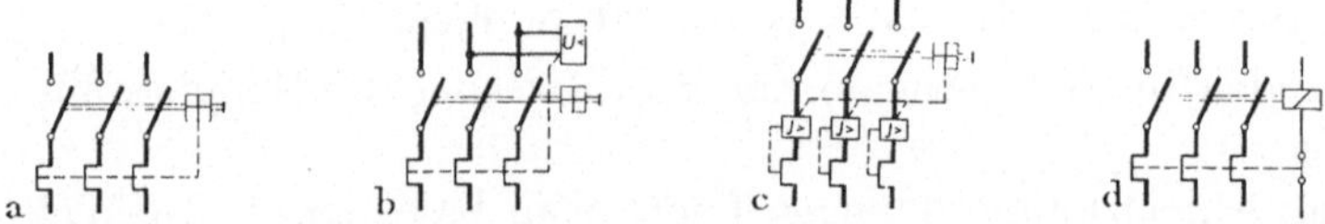

Abb. 38 a—d. Das Zusammenwirken von thermischen Elementen mit dem Schaltgerät
a Selbstschalter. Die thermischen Auslöser wirken auf das Freilaufschloß; b desgleichen. Die thermischen Relais wirken auf den Spannungsrückgangsauslöser oder Arbeitsstromauslöser; c thermische Elemente wirken auf magnetische Überstromauslöser (s. Abb. 39); d Schütz. Die thermischen Relais wirken auf den Spulenstrom. (Die verwandten Schaltzeichen siehe Abb. 100 und 101 Seite 226)

lösung (s. S. 229). Bei der zweiten Ausführungsform (b) besitzt das Schaltgerät entweder *Nullspannungsauslösung* oder einen *Arbeitsstromauslöser*. Die Schutzelemente sind als *Relais* ausgebildet, d. h. ihre Wirkung ist eine elektrische. Sie unterbrechen den Spannungskreis der Nullspannungsspule oder schalten den des Arbeitsstromauslösers ein, wobei man dafür Sorge trägt, daß der Arbeitsstromauslöser, der von der Netzleitung aus gespeist wird, sich selbst abschaltet. Er muß auch eine niedrige Anzugsspannung haben. Der für normale Elemente in 0660/52 § 35 zugelassene Mindestwert von 50% der Auslösernennspannung erscheint bei gestörten unsymmetrischen Netzen z. B. nach Abb. 7 noch zu hoch.

Die dritte Lösung (c) besteht in der Einwirkung der thermischen Organe auf den Magnetspalt eines Überstromauslösers. Dieser Weg wurde beschritten, weil beim unmittelbaren Ausschalten eines Gerätes, also beim Eingriff in die Freiauslösung, immer der Nachteil vorhanden ist, daß die Größe der zu überwindenden Kräfte nicht konstant ist. Sie hängt vom Zustand des Schaltschlosses ab, je nach dem Grade der Verschmutzung ändern sich die Reibungsverhältnisse und dementsprechend auch die Ansprechgenauigkeiten der thermischen Elemente. Diesem Zustande kann man abhelfen, wenn man das thermische Element nicht unmittelbar zur mechanischen Auslösung verwendet, sondern mittels seiner Hilfe einen Schaltmagneten, dessen Spule vom Motorstrom durchflossen ist, steuert. Das thermische Element ist im wesent-

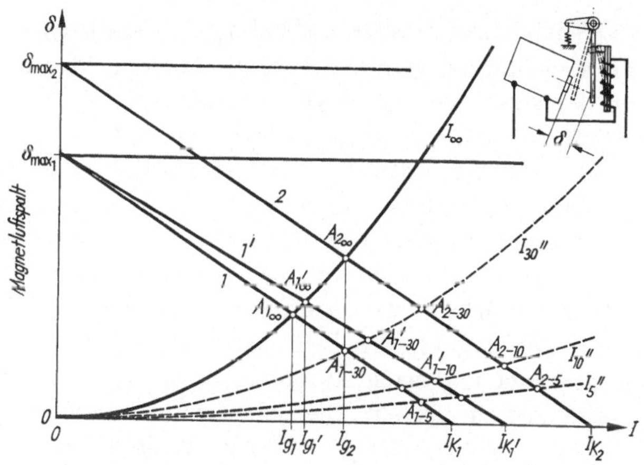


Abb. 39. Einwirkung eines thermischen Elementes auf einen Schnellauslösemagneten — $\delta_{max}$ eingestellter Luftspalt im kalten Zustand
*1* u. *2* erforderliche Luftspaltverkleinerung, damit das Gerät unterhalb der Stromwerte $I_k$ ansprechen kann; $I \infty$ Luftspaltverkleinerung durch das Wärmeelement nach langer Zeit; $I_{30} \dots I_5$ desgleichen nach 30, 10 u. 5 s; $A_1 - A_2$ Schnittpunkte entsprechend den Grenzstromstärken $I_{g1} - I_{g2}$; *1'* Veränderung der Linie 1 durch erhöhte Federvorspannung

lichen dann nur mit dem Gewicht des Magnetankers in gleichmäßiger Höhe belastet. Durch die Verkleinerung des Luftspaltes des betreffenden Magneten ändert man dessen Ansprechstromstärke und kann auf diese Weise erreichen, daß der normalerweise nur als Schnellauslöser wirkende Magnet bei länger dauernder Überlastung schon bei geringen Überschreitungen des Nennstroms anspricht, s. Abb. 39. Der Luftspalt $\delta$ des Magneten sei durch das Wärmeelement im stromlosen Zustand auf einen Höchstwert $\delta_{max1}$ eingestellt. Bei dieser Einstellung bedarf es je nach Federvorspannung oder dgl. einer Stromstärke $I_{k1}$, bei der der Magnet sofort ansprechen kann. Würde man diesen Luftspalt $\delta_{max1}$ durch die Erwärmung des steuernden Elementes um Beträge entsprechend der Linie *1* verkleinern, dann sinken die erforderlichen Ansprechstromstärken etwa im Verhältnis der bleibenden Strecken, also $\delta_{max1}$ minus den jeweiligen Werten der Linie *1*. Die Verkürzung dieser Luftspalte durch die Stromstärke bei langdauernder Einwirkung sei durch die Kurve $I \infty$ wiedergegeben. Der Schnittpunkt der Linien *1* und $I \infty$, d. h. der Punkt $A_1 \infty$, ergibt den Grenzstrom $J_{g1}$. In kürzeren Zeiten werden, abhängig von der Stromstärke, die Linien $J_{30}''$, $J_{10}''$ und $J_5''$ erreicht, wobei der Beiwert jeweils die Sekundenzahl angibt. Nach 30 s mit der zu dem Punkt $A_{1-30}$ gehörenden Stromstärke würde die Auslösung ebenfalls eintreten. Wählt man einen anderen Ausgangsluftspalt $\delta_{max2}$ mit der zugehörigen Linie *2* für die erforderliche Verminderung des Luftspaltes durch das Wärmeelement, dann kommt man in gleicher Weise zu den Punkten $A_2 \infty$ und $A_{2-30} \ldots A_{2-5}$. Hierbei ist praktisch gleiche Gegenkraft am Magneten vorausgesetzt wie bei $\delta_{max1}$. Würde man bei $\delta_{max1}$ die Gegenkraft verstärken, dann tritt an die Stelle der Linie *1* z. B. die Linie *1'* und dementsprechend die Grenzstromstärke $J_{g'1}$ sowie die erhöhten Werte für die angegebenen Auslösezeiten. Mit der Erhöhung des Luftspaltes oder der Vergrößerung der Gegenkräfte steigen auch diejenigen Stromstärken, bei denen unverzögerte Abschaltung erfolgt.

Die vierte Lösung (d), die neben der ersten in der Praxis die weiteste Anwendung gefunden hat, beruht auf der Verbindung thermischer Relais mit einem Schütz, d. h. also mit einem Gerät, das durch eine besondere physikalische Kraft (Magnet, Druckluft oder dgl., s. S. 234), in die Kontaktstellung gebracht und nach Aufhören dieser Kraft automatisch in die Ausgangsstellung zurückgeht. Die Geräte wirken vorwiegend elektromagnetisch [FRANKEN (19)]. Die weite Verbreitung dieser Kombination ist damit begründet, daß sie allen Forderungen auf verhältnismäßig einfache Weise gerecht wird. Sie besitzt Nullspannungsauslösung. Ein kompliziertes Freiauslöseschloß ist nicht notwendig, und — was das wichtigste ist — sie ist gleichzeitig zur bequemen Steuerung der Motoren verwendbar. Schutzgerät und Schaltgerät fallen in ein einziges zusammen. In dieser Form kann das Schutzrelais auch mit komplizierten Steuerungen, z. B. Wendeschützen, selbsttätigen Stern-Dreieck-Schaltern, Polumschaltern u. dgl., in Verbindung gebracht werden. Die Motorschutzwirkung wird dadurch erzielt, daß man den ohnehin notwendigen Elementen lediglich das Relais zuordnet, ohne das weitere Schaltgeräte, die nur der Schutzwirkung dienen, notwendig sind.

An die mit den thermischen Schutzrelais verbundenen *Hilfsschaltglieder*, die im Kreise der Schützenspulen, der Nullspannungsspulen und Arbeitsstromauslöser liegen, werden zum Teil besondere Anforderungen gestellt. Sie werden weitgehend mit einer, der langsamen Bewegung der thermischen Elemente und der entsprechenden Übertragungsorgane folgenden schleichenden Bewegung ausgeführt, s. Abb. 40a. Hierbei sind nur *Öffner* und keine *Schließer*, z. B. zum Einschalten von Arbeitsstromauslösern, zu empfehlen, da eine solche Kontaktgabe schleichend und unsicher wäre. Eine gewisse Lichtbogenbildung auf längere Zeit hindurch läßt sich beim *Öffner* und Auftreten des Grenzstromes hierbei nicht vermeiden. Aus diesem Grunde zieht man neuerdings Ausführungen mit einem Schnappglied, z. B. einer Totpunktfeder, vor, die bei Erreichen einer bestimmten Schieberstellung in eine den Ausschaltvorgang bewirkende Lage umschnappt, Abb. 40 b. Die Konstruktion ist dann so ausgebildet, daß beim Erkalten des thermischen Gliedes und Rückgang der damit gekuppelten Elemente, z. B. eines Schiebers, der für alle Pole gemeinsam ist, das Schnappelement nach einiger Zeit in die Ausgangsstellung zurückgeht und den Schalter wieder in Betriebsbereitschaft setzt. Hierzu verwendet man z. B. U- oder S-förmige Federn. Die Verbindung zwischen dem Schnappelement und den langsam bewegten Gliedern des thermischen Systems muß so eingerichtet sein, daß ein Pendeln des Schnappgliedes um die Totpunktlage auf kurzen Bewegungsstrecken der thermischen Elemente verhindert wird. Eine derart schnappende Kontaktgebung ist auch zweckmäßig, wenn das Gerät dazu dienen soll, über einen Arbeitsstromauslöser einen Schloßschalter auszuklinken. Bei Dauerkontaktgebung im Steuerstromkreis eines Schützes, s. S. 235, muß natürlich in jedem Falle entsprechend den dort gemachten Ausführungen, dieser Rückgang verhindert werden bzw. nur nach einem Eingriff, unmittelbar mechanisch oder auch durch Fernsteuerung, möglich sein.

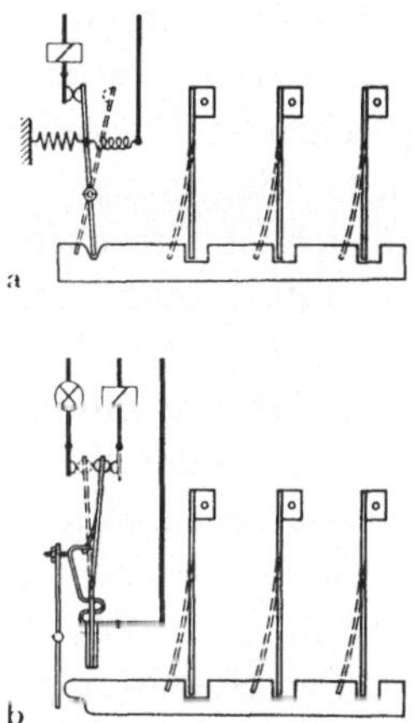

Abb. 40. Hilfsstromschaltglieder thermischer Relais
a Ausschaltglied; b Umschalt-(spring) glied (Wechsler)

Neuerdings ist es weitgehend üblich, die schnappenden Kontaktglieder als *Öffner* und *Schließer* bzw. *Umschalter* auszuführen, Abb. 40b. Das dabei vorhandene Schließglied dient zur Signalgebung und ist in der Lage, den durch Ansprechen der Schutzelemente bewirkten Ausschaltzustand anzuzeigen.

Es ist auch wichtig, daß die Sprungschalter so konstruiert werden, daß stets eine Mindestkontaktdruckkraft auch im Zeitpunkt des Ansprechens der Relais vorhanden ist. Hier muß eine unsichere Kontaktgabe unbedingt ausgeschlossen werden, weil andernfalls das Relais äußerst empfindlich gegen Erschütterungen wird. Die federnden Elemente bestehen zweckmäßig aus nichtrostendem Stahl. Es ist auch möglich, bei den Sprungschaltern die Einstellung der Relais auf ein Verhalten mit und ohne Sperre möglich zu machen, z. B. indem man das feststehende Schaltstück des Schließers von außen verstellbar macht. Ist es auf einen kurzen Umschaltweg eingestellt, dann erfolgt Rückgang, ist es auf einen langen Weg umgestellt, dann ist der Hebel weiter über die Totpunktlage gegangen, und die Rückstellung muß durch eine besondere Rückstelltaste durchgeführt werden. Das Verfahren ist deshalb möglich, weil sich beim Erkalten des thermischen Elementes, z. B. des Bimetallstreifens und Rückgang der Auslöseorgane, der Totpunkt verändert. Wenn deshalb die Bimetalle nach der Stromabschaltung eine gewisse Temperatur unterschreiten, schaltet das Kontaktglied bei entsprechender Einstellung selbsttätig zurück. Bei Einstellung auf *Sperre* wird es dagegen so weit verlagert, daß ein selbsttätiger Rückgang nicht möglich ist. Statt einer Verstellung des Schließkontaktes an einem Umschaltglied kann natürlich auch jede andere Form der Wegbegrenzung treten, die nach Bedarf entfernt werden kann. Besonders wichtig ist noch, daß ein willkürliches Einrücken und Festsetzen der Entsperrungstaste die Schutzfunktionen des Relais nicht aufhebt. In diesem Fall sollte der Steuerstromkreis zwangsläufig unterbrochen werden. Das kann durch die Formgebung der Umschaltelemente vor sich gehen, kann aber auch in jedem Fall dadurch erfolgen, daß man beim Niederdrücken zuerst den Steuerkreis öffnet und erst danach beispielsweise eine Wiederverklinkung vornimmt. Über Ausführungen umstellbarer Sprungglieder siehe BÄUML und HILD. Bei Sprungschaltgliedern wird auch mit einem großen Rückgangsverhältnis gearbeitet, so daß die Wiederkontaktgebung fast kalte Wärmeelemente voraussetzt. Damit ist z. B. ein dauerndes Niederdrücken des Einschaltknopfes eines Schützes bei unzulässiger Motorbelastung wirkungslos und das Wärmeelement wird geschont (Starkstrom, Gummersbach). In Gleichstromsteuerkreisen sollte man nur Sprungschaltelemente verwenden. Solche mit langsamer Schaltbewegung sind insbesondere bei höheren Spannungen ungeeignet.

Der Schutz der Auslöser gegen m e c h a n i s c h e  S c h ä d e n ist außerordentlich wichtig. Solche kommen besonders beim Leitungsanschluß vor. Die kleinen Kräfte und Wege, mit denen die Auslöser und Relais arbeiten, haben leicht eine Deformation zur Folge. Das gilt besonders von Bimetallstreifen. Bimetallrelais erscheinen immer mehr schon als Element für sich gekapselt, s. Abb. 30, S. 66. Ein Dehnungsbandgerät mit Schutzplatte über den Ausdehnungsgliedern und dem Kontaktapparat s. Abb. 44 S. 86.

Es ist notwendig, E r s c h ü t t e r u n g e n und Stoßeinwirkungen zu berücksichtigen. Das gilt insbesondere für Relais und die etwaige Beeinflussung der Hilfsschaltglieder. Auf Schütze aufgebaute dürfen durch den Schaltschlag nicht beeinflußt werden. Getrennt vom Schaltgerät montierte müssen erschütterungsfrei angeordnet sein. Meistens wird auch eine senkrechte Montage erwartet. Auf keinen Fall dürfen getrennt angeordnete Relais in einem Luftstrom liegen, der ihre Ansprechgrenzen beeinflussen würde.

### 2.2.6 Polzahl der Auslöser und Relais

Bei Drehstrommotorschutzschaltern älterer Konstruktion waren meistens nur in zwei Strompfaden Auslöseelemente. Die VDE-Leitsätze vom Jahre 1928 forderten bei Gleichstrom und Einphasenstrom, wenn zwischen Außenleiter und geerdetem Nulleiter angeschlossen wurde, einen Auslöser im Außenleiter, wenn zwischen zwei Außenleitern angeschlossen wurde, zwei thermische Auslöser. Bei Drehstrom ohne Nulleiter wurden ebenfalls zwei Auslöser verlangt, bei Drehstrom mit Nulleiter jedoch drei, von denen mindestens zwei thermisch sein sollten. Eine Fußnote besagte, daß bei Drehstrom ganz allgemein drei thermische Auslöser vorzuziehen sind. In VDE 0660/52, § 28 werden in allen Strompfaden thermisch verzögerte einstellbare Überstromelemente gefordert. Nur bei Aussetzbetrieb, bei dem also ein Dauerlauf nicht in Betracht kommt, und bei dem man erwarten kann, daß die Anlage beobachtet bleibt, kann man unter Umständen auch eine geringere Auslöserzahl zulassen. Die urprüngliche Auffassung ging davon aus, daß bei irgendwelchen Überlastungen, z. B. bei Einphasenlauf, doch mindestens noch zwei Schalterpole den Überstrom aufweisen und es deshalb genügt, daß man in das gesamte Drehstromsystem zwei thermische Auslöser einbaut. Einer würde immer noch von dem Überstrom Notiz nehmen. Bei Drehstromanlagen mit Nulleiter besteht aber grundsätzlich schon die Möglichkeit einer einpoligen Belastung, ohne daß die beiden anderen überhaupt Strom führen. Aber auch darüber hinaus zeigen die Ausführungen über die Überlastungen, hervorgerufen durch Netzstörungen (S. 19), daß bei Drehstrommotoren in den einzelnen Phasen verschieden hohe Belastungen auftreten können auch derart, daß eine Phase erhebliche Überströme gegenüber den beiden anderen aufweist. Es ist deshalb heute zumindest bei allen kleineren Motoren selbstverständlich, die Auslöser in jede Phase einzubauen, und zwar in jeden Leiter thermische Elemente. VDE 0660/52 § 28 hat aus der alten Empfehlung eine bindende Regel gemacht und verlangt für Drehstrom dreipolige thermische Auslöser.

### 2.2.7 Anpassung an die Motorstromstärke (Einstellung)

Die Anpassung an den Motornennstrom ist bei allen Motorschutzgeräten erforderlich. Geräte, die eine derartige Anpassungsmöglichkeit nicht besitzen, können nicht als *Motorschutzschalter* gewertet werden, denn Motoren gibt es schließlich mit allen möglichen Nennstromstärken, auch für alle Bruchteile. Solche nicht einstellbaren Geräte kommen nur in Betracht als Schutz für Stromabnehmer mit grober Stufung, die nur

für gewisse Leistungen geliefert werden. Weiterhin wären sie denkbar
als Schutz für Leitungen, die nur für bestimmte, normale Querschnitte
hergestellt werden. Wollte man den Motorschutz mit nicht einstellbaren
Schutzelementen durchführen, so brauchte man eine sehr große Zahl
von Auslösern in feinster Abstufung.

**Zwei grundsätzliche Arten der Anpassung** sind denkbar. Einmal
die Verstellung des notwendigen Schaltweges des Auslösers. Das andere
Mal die Verwendung von Einrichtungen, die für die verschiedensten
Grenzströme den Anteil, der den eigentlichen Auslöser durchfließt, konstant halten. Das geschieht z. B. mit Nebenschlüssen zum Auslöseelement oder mit Wandlern veränderlicher Übersetzung. Die letztere
Methode ist erforderlich, wenn die Art des Aufbaues eine Veränderung
der Auslösetemperatur nicht zuläßt. Denn jede Vergrößerung des Arbeitsweges erfordert naturgemäß von dem Auslöseelement eine höhere Erwärmung. So z. B. müssen mit gleichbleibender Erwärmung und dementsprechend konstantem Strom die Schmelzlotauslöser beschickt werden, während die Dampfdruckkapseln auch veränderliche Temperaturen
und dementsprechend auch veränderliche Stromwerte zulassen, erst
recht alle auf Wärmedehnung beruhende Einrichtungen. Während also
die Wegverstellung identisch mit einer Temperaturveränderung und dementsprechend einer Änderung der erforderlichen Stromstärke im Auslöseelement verbunden ist, wird bei Verwendung von Nebenschlüssen
und Wandlern mit konstantem Auslösestrom gearbeitet. Nebenschlüsse
und Wandler, wenigstens soweit letztere nicht kontinuierlich veränder-
bare Übersetzungen aufweisen, haben aber den Nachteil, daß sich mit
vertretbaren Mitteln nur sprungweise Änderungen durchführen lassen.
Wenn man die Zahl der Wandlerwicklungen und die Zahl der Nebenschlüsse nicht in unwirtschaftlicher Weise steigern will, bleiben die
Sprünge verhältnismäßig grob. Eine grundsätzliche Schwierigkeit ist das
zwar nicht, denn es sind auch Nebenschlüsse denkbar und ausgeführt,
die eine kontinuierliche Veränderung der Stromstärke gestatten, so z. B.
läßt sich ein Widerstand als Nebenschluß in Bandform mit gesetzmäßig
abnehmendem Querschnitt derart abgleichen, daß die Skala eine lineare
wird (s. Abb. 131 S. 283).

Die genannten Methoden erfordern verhältnismäßig großen Aufwand.
Als besonders zweckmäßig hat sich eine Verbindung zwischen der Wegverstellung und der Anwendung von Nebenschlüssen herausgestellt, bei
der die Wegverstellung und dementsprechend die Grenztemperaturver-
änderung in verhältnismäßig engen Grenzen verläuft. Dann wird durch
einen anderen Nebenschluß ein neuer Bereich erzielt, s. Abb. 41. Der
Gesamteinstellbereich kann auf diese Weise trotz des geringen Umfangs
der Wegverstellung groß sein. Eine Grenze wird ihm gesetzt durch die

Gesamtwärmeentwicklung. In diesem Punkte unterscheiden sich alle Wegverstellungen grundsätzlich von der Anwendung von Nebenschlüssen und ähnlichen Mitteln. Ändert man die Grenzstromstärke durch Änderung des Schaltweges, dann steigt die Wärmeentwicklung mit dem Quadrat dieses Änderungsverhältnisses an. Bei einer Skala, die den Grenzstrom auf das $a$-fache bringt, steigt also die entwickelte Wärme auf das $a^2$-fache. Der Nebenschluß hat eine gänzlich andere Wirkung. Steigert man mit seiner Hilfe den Grenzstrom auf das

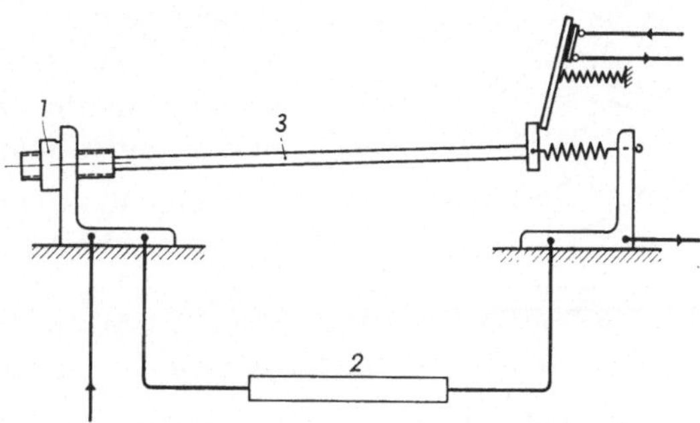

Abb. 41. Kombination der Fein- und Grobeinstellung durch Wegänderung (1) und austauschbare Nebenschlüsse (2). Das thermische Element ist ein Dehnungsstreifen (3). Nach DRP 478 070 v. 1. 7. 24 F. Klöckner

$a$-fache, dann wächst — da der Spannungsabfall der gleiche bleibt — auch der Leistungsverlust nur auf das $a$-fache. Für die Kombination von Nebenschluß und Wegverstellung ergeben sich folgende Beziehungen: Ist

$a =$ das Verhältnis des obersten zum untersten Skalenpunkt für die Wegverstellung

$n =$ die Zahl der Nebenschlüsse

$b =$ die zulässige Leistungsvernichtung bei höchster Skalenstellung (einschließlich Nebenschlußverbrauch) im Verhältnis zu derjenigen bei tiefster

$c =$ der Gesamtstromeinstellbereich als Vielfachwert des untersten Einstellwertes

so ist

$$b = a^{n+2}; \quad c = a^{n+1} = a^{\frac{\ln b}{\ln a} - 1}$$

Nimmt man für $b$ bestimmte Werte an, z. B. den Wert 3, dann ist zwischen der Zahl der Nebenschlüsse und der Feineinstellung durch Wegverstellung ein Zusammenhang geschaffen, den die Kurvenschar Abb. 42 für bestimmte Werte von $b$ vermittelt. Man sieht daraus, daß eine geringe Anzahl von Nebenschlüssen in der Lage ist, den gesamten Verwendungsbereich der Auslöser ganz bedeutend zu steigern. Nachher wird der Einfluß kleiner. Für den Punkt $n = 0$ ergeben sich die Verhältnisse eines Auslösers, der nur mit Wegverstellung arbeitet. Bei dieser Rechnung

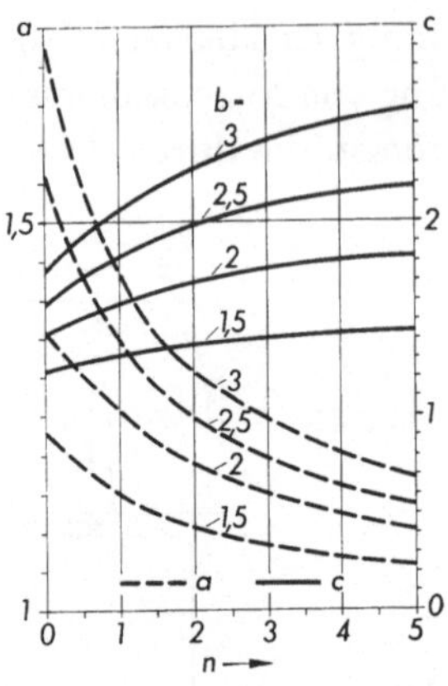

Abb. 42. Aufteilung der Gesamtverstellung durch Änderung des Weges (a) und Zahl der Nebenschlüsse (n)

b ist die zulässige Leistungsvernichtung bei höchster Skalenstellung im Verhältnis zu der bei niedrigster; c der Gesamteinstellbereich als Vielfachwert des untersten Skalenpunktes

ist $a$ für den untersten Skalenpunkt $= 1$ gesetzt, da die obere Grenze gesucht werden soll, im Gegensatz zu der in VDE 0660/52 festgesetzten Methode, nach der auf den Skalen, wenn sie Vielfachwerte des Nennstromes aufweisen, der obere Punkt mit 1 bezeichnet werden soll, sofern keine Stromstärken aufgestempelt werden.

Abb. 43 zeigt auswechselbare Nebenschlüsse. Abb. 44 beispielsweise die Anordnung solcher Nebenschlüsse „1" zu einem Dehnungsbandrelais. „2" ist eine zusätzliche Weg-(Fein-) Verstelleinrichtung zur Überbrückung der durch die Nebenschlüsse bedingten Stromstufen.

Reine Wegverstellung, d. h. Änderung der Auslösetemperatur, läßt nur einen begrenzten Verstellbereich zu. Die höchste Temperaturgrenze ist durch die thermische Festigkeit der Stoffe und die daraus resultierende Kurz-

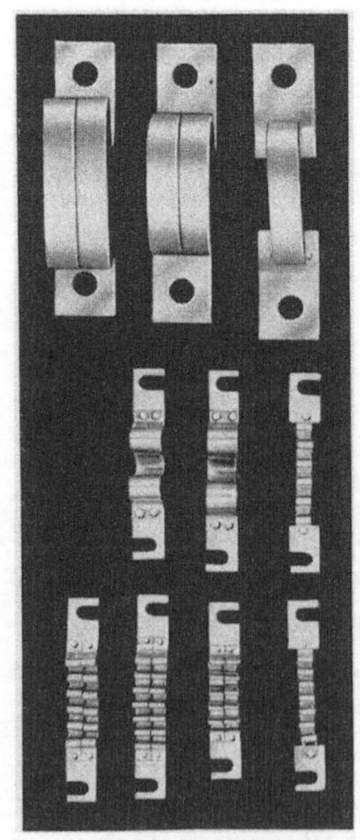

Abb. 43. Nebenschlüsse für Dehnungsbänder

Abb. 44. Dehnungsbandrelais mit Nebenschlüssen (1) und Fein-(Weg)Verstellung (2) (Klöckner-Moeller)

schlußfestigkeit bedingt (s. S. 196). Ein großer Verstellbereich verlangt also eine relativ sehr geringe Erwärmung bei dem untersten Einstellwert. Niedrige Temperaturen haben andererseits kleine Funktionswege und dementsprechend eine geringe Genauigkeit zur Folge. Allein der prozentuale Einfluß der schwankenden Reibkräfte, die Rückbiegungen z. B. bei Bimetallen zur Folge haben, wird leicht zu groß (s. auch S. 152). Der Einstellbereich liegt bei Bimetallauslösern bei etwa 0,65 . . . 1,0. Bei Bimetallrelais, bei denen der Einfluß der Kräfte im allgemeinen etwas kleiner ist, kommen auch Werte 0,5 . . . 1,0 vor. Die praktische Durchführung der Wegverstellung geschieht vorzugsweise mittels einer Exzenterscheibe. An deren Stelle können auch exzentrische Bolzen treten. Die Einstellung kann für jeden einzelnen Pol oder aber, was heute vorherrschend der Fall ist, für alle Pole gemeinsam an einem gemeinsamen Einstellorgan vorgenommen werden. Die einzelnen Wärmeelemente wirken in diesem Fall auf eine gemeinsame Traverse, deren Wirkweg durch das Verstellorgan beeinflußt wird. Möglichst lineare Skalen erzielt man durch passende Exzentrizität der Verstellorgane.

Es gibt noch eine andere Methode, die Grenzstromstärken zu verändern. Sie besteht darin, daß man bei dem in Abb. 38c u. Abb. 39 (S. 78) dargestellten Verfahren Magnethübe mittels thermischer Elemente verändert. Die Einstellung geschieht dabei durch Veränderung des Magnetluftspaltes $\delta_{max}$ im Ausgangszustand und unter Umständen durch Veränderungen von Federgegenkräften oder Schwächungen der Spulen. Die konstruktiv am einfachsten durchführbare Methode ist die des Einsatzes einer unterschiedlichen Federgegenkraft. Eine Einstellung durch Kraftänderung, z. B. veränderliche Vorspannung von Bimetallstreifen durch veränderliche Federn, findet übrigens auch bei anderen Anordnungen Verwendung. Bei weitgehend mittelbarer Beheizung thermischer Elemente hat man auch ihren Abstand von der Wärmequelle verändert.

Außer den wesentlichsten einleitend genannten zwei Einstellmethoden, Wegänderung und Einbau von Nebenschlüssen, bietet naturgemäß der Stromwandler zunächst die Möglichkeit der Veränderung in groben Sprüngen. Aber bei Wandlerrelais ging man auch häufig dazu über, den magnetischen Widerstand des Kreises kontinuierlich zu verändern, z. B. durch eine einstellbare Querschnitts- oder Luftspaltänderung um dadurch die sekundäre Stromstärke zu beeinflussen (s. Abb. 45). Diese Verstellung ist bei mehrpoligen Auslösern auch zentral möglich. Wandlerrelais s. auch S. 116.

Bisher war davon die Rede, wie man einen bestimmten Motorschutzauslöser bzw. ein Motorschutzrelais einer anderen Motornennstromstärke anpaßt. Um diese Aufgabe zu lösen, wurden Wegverstellungen, Nebenschlüsse u. dgl. angebracht. Es gibt aber *noch eine andere Aufgabe*, und zwar wie man ein Gerät mit einem Auslöser samt seinen Einstellvorrichtungen auf eine grundsätzlich andere Stromstärke bringt, d. h. *wie man einen anderen Auslöser* mit diesem Gerät verbindet. Eine solche Möglichkeit besteht durchaus nicht bei allen Erzeugnissen. Baut man Bimetallstreifen auf eine gemeinsame Grundplatte und dann das Ganze auf ein Schaltgerät auf und läßt die Bimetallstreifen auf das Klinkschloß des Schaltgerätes einwirken, dann ist es nicht möglich, die Streifen zu entfernen und durch andere zu ersetzen, ohne die Eichung vollständig zu zerstören. Bei Geräten, die Schütze in Verbindung mit Motorschutzrelais aufweisen, ist eine solche Auswechslung durchführbar. Grundsätzlich solange man die Kontakteinrichtung für die Unterbrechung des Magnetspulenstromkreises mit den auszuwechselnden Auslöseelementen in starrer Verbindung läßt, also auch diese Organe mit auswechselt. Derartige Konstruktionen sind bei Motorschutzrelais die Regel. Man kann also aus einem Motorschutzgerät — bestehend aus Schütz und Schutzrelais — das Relais entfernen, ohne an der Eichung und der Wirkungsweise irgend etwas zu ändern, vorausgesetzt — wie vorhin erwähnt —, daß der Hilfsschalter mit ihm starr verbunden ist.

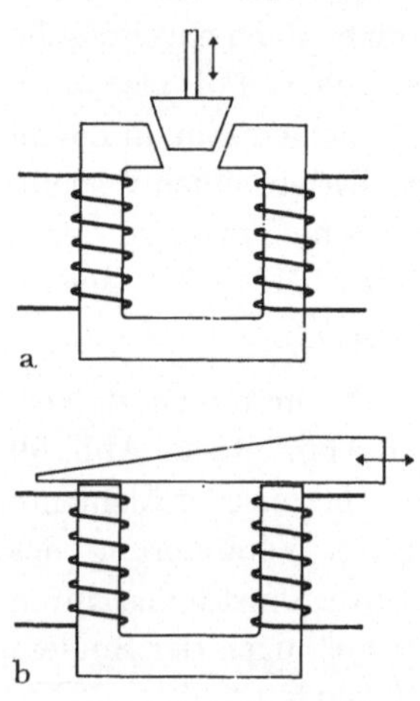

Abb. 45 a u. b.   Veränderung des Einstellstromes bei Wandlerrelais durch Änderung des Magnetkreises
a einstellbarer Luftspalt;
b einstellbare Querschnittsänderung

Aber auch dann ist man noch einen Schritt weiter gegangen. Hat z. B. ein Gerät einen Einstellbereich im Verhältnis 1 : 1,3, dann braucht man beispielsweise für den Bereich von 0,3 bis 25 A rund 18 verschiedene Relais. Werden diese Relais weiterhin noch sowohl mit Tast- wie mit Klinkkontakt (s. S. 82) ausgerüstet, dann wären das 36 Sorten. Diese Zahl hat man vermindert, indem man den Kontaktapparat im Gerät ließ und nur die Heizelemente auswechselte. Es wurde ein Motorschutzrelais in zwei Hälften zerlegt und auf die Berührungsebene bezogen geeicht [FRANKEN (18)]. Die eine Seite enthielt drei Bimetallstreifen mit ihrer Heizwicklung, die andere die Polbrücke und die zugehörigen Auslösehilfsschalter. Die Eichung eines solchen Elementes erforderte naturgemäß ganz besonders große Aufmerksamkeit und eine Genauigkeit, wie sie bei einem im Zusammenhang geeichten Element nicht notwendig ist. Dafür wurde aber die Lagerhaltung ganz erheblich einfacher. Statt der 36 Elemente hatte man deren nur noch 18. Auch bei handbetätigten Schaltern gibt es Konstruktionen, bei denen man das Element auswechseln kann (s. Abb. 46). Man darf dann die Auslöseklinke nicht unmittelbar auf das Freiauslöseschloß einwirken lassen, sondern löst mit ihrer Hilfe lediglich einen Zwischenspeicher, der nun ohne weitere Justierung in das Hauptschloß eingreift.

Abb. 46 a u. b. Motorschutzleistungsschalter mit auswechselbarem Überstromauslöseteil
(Klöckner-Moeller)
a Schalter und Auslösevorrichtung zusammengebaut, b vor dem Zusammenbau

In USA baut man auch Geräte mit auswechselbaren Heizspiralen, z. B. für Schmelzlotstifte. Eine Verstellmöglichkeit ist dann meist nicht vorhanden, die Reihe aber sehr fein, z. B. 1 : 1,1. Der „National Electrical Code" verlangt, daß bei Dauerlaufmotoren der Isolationsklasse A und 40° C Erwärmung der Grenzstrom höchstens 25% über dem kleinstzulässigen Motornennstrom liegt. Bei Erwärmungen über 50° C gilt statt 25% 15%. Das Heizelement ist dann für 0,9fachen Motornennstrom zu wählen, bei 1:1,1 ein Auslöser der nächst niedrigeren Stufe.

Die Einstellmarken bezeichnen, wie schon erwähnt, die jeweiligen Motornennströme. Die Grenzströme liegen also höher. Das wird häufig in der Praxis nicht beachtet und der Einstellstrom mit dem Grenzstrom verwechselt. Um einer vermeintlich vorzeitigen Auslösung zu begegnen, wird dann auf eine höhere als die Motorstromstärke eingestellt, so daß der Grenzstrom unter Umständen weit über 120% Motornennstrom hinausgeht und der Motor eine Übererwärmung entsprechend dem Stromquadrat erfahren kann. Auch wachsen alle Auslösezeiten bei gleicher Stromstärke an. Bei einem nicht voll ausgenutzten Motor stellt man oft auch auf den tatsächlichen (unter dem Motornennstrom liegenden) Betriebsstrom ein, vorausgesetzt, daß das Gerät dann den Anlaufvorgang sicher ohne Auslösung überwindet. Bei Motoren neuerer Bauart, mit nur wenig überlastbaren Wicklungen, ist damit der Schutzwert erhöht, insbesondere auch die Empfindlichkeit beim Ausfall einer Phase und bei blockiertem Läufer.

## 2.3 Auslösecharakteristiken

Die geforderten bzw. auftretenden Auslösezeiten sind durch den Temperaturanstieg und -abfall in den Motoren und den thermischen Elementen bedingt. Um Anspruch und Erfüllung festzustellen, müssen die Erwärmungsgesetze und die bestimmenden Faktoren, insbesondere die Zeitkonstante bzw. der Zeitfaktor (s. S. 95), bekannt sein. Die Auslösecharakteristiken sind bei den thermischen Elementen nicht wähl- und einstellbar (Ausnahmen s. S. 96). Einstellbar ist der Motorstrom (s. S. 83).

### 2.3.1 Die Erwärmungsverhältnisse

Die Verhältnisse sind im allgemeinen außerordentlich verwickelter Natur, trotzdem ist es notwendig, sie zunächst einmal für einen einfachen homogenen Körper zu behandeln, d. h. einen Körper, in dem die Wärme selbst entsteht und der sie unmittelbar an das umgebende Medium, z. B. die Luft, abgibt, bei dem ferner die Temperatur überall einschließlich der Einspannstellen gleich ist. Die grundsätzlichen Zusammenhänge können hieraus am besten erkannt werden. Aus der Grundtatsache, daß für jeden Augenblick die zugeführte Wärme gleich der gespeicherten zuzüglich der nach außen abgeführten Wärme sein muß, ergeben sich unter der Voraussetzung gleichbleibender Werte für die spezifische Wärme $c$ und die Wärmeabgabeziffer $\bar{\alpha}$ Grundgleichungen, z. B. für den **Temperaturanstieg:**

$$t = T \cdot \ln \frac{\vartheta_m}{\vartheta_m - \vartheta} \tag{28}$$

oder nach der Erwärmung aufgelöst:

$$\vartheta = \vartheta_m \cdot (1 - \exp - t/_T).*$$

Hierin ist $T$ die Zeitkonstante. Das ist die Zeit, in der die End-temperatur $\vartheta_m$ erreicht würde, wenn keine Wärmeabgabe an die um-gebende Luft stattfände. Sie ist bedingt durch Volumen $V$ (cm³) und Oberfläche $O$ (cm²) des zu erwärmenden Körpers sowie dessen spezifische Wärme $c$ ($W_s \cdot$ cm⁻³ $\cdot$ °C) und die Wärmeabgabeziffer $\bar{\bar{\alpha}}$ ($W \cdot$ cm⁻² °C⁻¹).

Da $T = \vartheta_m \cdot \dfrac{V \cdot c}{N}$ und $\vartheta_m = \dfrac{N}{O \cdot \bar{\bar{\alpha}}}$ ist

$$T = \frac{V \cdot c}{O \cdot \bar{\bar{\alpha}}} \; [\text{s}] \tag{29}$$

$\vartheta_m$ ist die höchstmögliche Erwärmung bei der betreffenden Belastung [C°].

Schon hier sei vermerkt, daß nur unter der Voraussetzung eines einfachen homogenen Körpers die Zeitkonstante eine wirkliche Konstante ist. Bei komplizierten Erwärmungsvorgängen kann man sie von Vor-stehendem abweichend verschieden definieren, s. S. 158).

Diese logarithmische Zeit-Temperatur-Anstiegformel ergibt für die Tangente des Anfangswinkels den Wert:

$$\frac{\vartheta_m}{T} = \frac{N}{V \cdot c}$$

Eigentümlich für die e-Funktion der Kurve ist, daß ihre Subtangente immer gleich $T$ ist. Dieser Umstand erlaubt eine Aufzeichnung auf ein-fache Weise. Der Grenzwert $\vartheta_m$ wird langsam erreicht. Die Temperatur-anstiegkurve ($a$), die Abb. 47 wiedergibt, ist im Anfang fast geradlinig, d. h. die Wärme wird von dem Körper fast restlos aufgenommen und noch keine abgegeben. Mit steigender Temperatur wird die Wärmeabgabe größer. Die Temperatur steigt langsamer. Beim Grenzwert $\vartheta_m$ wird die weiter zugeführte Wärme vollständig wieder abgeleitet.

Es interessiert sehr häufig die Frage, in welcher Zeit der Grenzwert $\vartheta_m$ bis auf $n/100$ erreicht wird, d. h. also in welcher Zeit

$$\vartheta = \vartheta_m \cdot \left(1 - \frac{n}{100}\right)$$

ist.

Für diese Temperatur erhält man

$$t = T \cdot \ln \frac{100}{n}$$

Daraus läßt sich $t$ als Vielfachwert von $T$ $n$ zuordnen. Für die Auf-zeichnungen sind natürlich glatte Zahlen für das Verhältnis $t : T$ zweck-mäßig. Die Werte für $n$ sind der nachfolgenden Tabelle zu entnehmen:

---

* Für die Funktion $e^x$ wurde die neuere Schreibweise nach DIN 1302 verwandt; also $\exp x \equiv e^x$ bzw. $\exp -x \equiv e^{-x}$. Zahlenwerte s. Abb. 138, S. 288.

Tabelle 5. *Erwärmungsanstieg bis auf 100 − n% und Abfall auf n% des Grenzwertes*
$\vartheta_m$ *bei einem homogenen Körper*

| $t/T$ | $n$ (%) | $100 - n(\%)$ |
|---|---|---|
| 0,5 | 60,7 | 39,3 |
| 1 | 36,8 | 63,2 |
| 2 | 13,5 | 86,5 |
| 3 | 4,98 | 95,02 |
| 4 | 1,83 | 98,17 |
| 5 | 0,674 | 99,326 |
| 6 | 0,248 | 99,752 |

Der Unterschied der Erwärmung von der Grenzerwärmung bei verschiedenen Zeiten als Vielfaches von $T$ gilt sinngemäß für Anstieg und Abfall, s. Abb. 47.

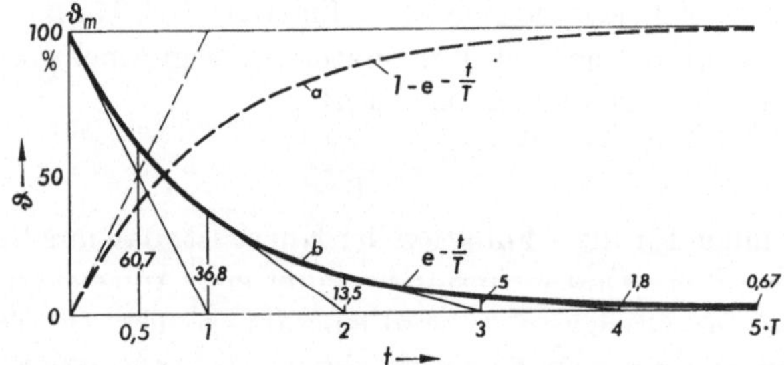


Abb. 47. Erwärmungs- (a) und Abkühlungskurve (b) eines unmittelbar erwärmten homogenen Körpers

Die Ermittlung einer der drei Größen, Erwärmung $\vartheta$ im Verhältnis zur größten $\vartheta_m$, Zeit $t$ und Zeitkonstante $T$ ist, wenn zwei gegeben sind, auch aus einem von COHN (3) angegebenen Nomogramm möglich. Wenn schon diese Zusammenhänge ziemlich unhandlich sind, so beruht die Rechnung, hinsichtlich ihrer Voraussetzungen, auf einem unerfüllbaren Ideal. Die gleichmäßige Temperatur des Wärmeelementes ist kaum gegeben, weil man nicht die Temperatur der Einspannstelle mit 0 ansetzen kann, wobei sie im Wärmeelement sprunghaft auf den gleichmäßigen Wert ansteigen würde. Das andere Extrem ist, die Erwärmung der Einspannstelle als konstant anzusetzen und auf die Annahme einer gleichmäßigen Temperatur des Wärmeelementes zu verzichten sowie dafür den allmählichen Übergang der Rechnung zugrunde zu legen. Dieser Extremfall wird von KIRCHDORFER (2) behandelt. Die Praxis hat aber gezeigt, daß es ratsam ist, in Anbetracht der zahlreichen weiteren Einflüsse von der Annahme gleichmäßiger Erwärmung als Grundlage auszugehen.

Für die **Abkühlungsvorgänge** ergeben sich ähnliche Verhältnisse. Es ist

$$t = T \cdot \ln \frac{\vartheta_m}{\vartheta} \tag{30}$$

oder nach der Temperatur aufgelöst

$$\vartheta = \vartheta_m \cdot \exp - t/_T$$

Daraus ersieht man, daß die Abkühlungskurve das Spiegelbild b der Erwärmungskurve a darstellt, siehe Abb. 47. Für diese Kurve gelten also auch genau die gleichen Zahlenwerte wie in Tabelle 5 zusammengestellt.

Aus den Werten der Tabelle und der Tatsache, daß die Subtangente immer gleich $T$ ist, läßt sich nun eine solche Kurve mit Leichtigkeit aufzeichnen, s. Abb. 47. Man trägt auf der Abszissenachse die Werte $T$ mehrfach auf und in der Ordinate als Grenzwert die Erwärmung $\vartheta_m$, dann für die einzelnen Punkte der Abszisse die entsprechenden Teilwerte nach der Tabelle. In jedem Punkt zieht man die Tangente zum nächsten Vielfachwert von $T$.

**Überlastung.** Wenn man ein solches Element mit dem $\ddot{u}$-fachen Strom belastet, dann steigt die Leistung auf das $\ddot{u}^2$-fache und dementsprechend auch die Endtemperatur etwa im gleichen Verhältnis, d. h. also

$$\vartheta_{m\ddot{u}} = \vartheta_m \cdot \ddot{u}^2.$$

Hierbei ist $\ddot{u} = $ Überlaststrom zum Einstellstrom, eines Auslösers oder Relais, mit dem $\vartheta_{m\ddot{u}}$ in unendlicher Zeit erreicht wird. Der *Grenzstrom* ($I_g$) liegt etwas höher als der *Einstellstrom* ($I_e$) (s. S. 28). Später wird, wenn der Unterschied nötig ist

$$\ddot{u} = \frac{I_{\ddot{u}}}{I_e} \text{ von } \ddot{u}' = \frac{I_{\ddot{u}}}{I_g}$$

unterschieden. Wenn $I_g = g \cdot I_e$ ist, wird $\ddot{u}'$ zu $\ddot{u}/g$. Die Zeit, in der bei der Überlastung die normale Endtemperatur für den Einstellstrom ($\vartheta_m$) erreicht wird, ist

$$t = T \cdot \ln \frac{\vartheta_m \cdot \ddot{u}^2}{\vartheta_m \cdot \ddot{u}^2 - \vartheta_m} = - T \cdot \ln (1 - 1/\ddot{u}^2) \tag{31}$$

$$\text{für } I_g > I_e \; t = T \cdot \ln \frac{\ddot{u}^2}{\ddot{u}^2 - g^2} = - T \cdot \ln (1 - 1/\ddot{u}'^2) \tag{31a}$$

Diese Gleichung gibt also bei gegebener Zeitkonstante eine Abhängigkeit der Zeit von der Überlastung, und zwar der Zeit, in der die Enderwärmung bei Grenzstrom erreicht wird oder man ist umgekehrt in der Lage, aus diesen Zeiten, wenn sie durch Messung festgestellt werden, auf die Zeitkonstante zu schließen (s. S. 99).

Der Anschaulichkeit wegen sei in Abb. 48 die zeichnerische Ermittlung der Zeiten aus der Erwärmungskurve dargestellt. Auf der Ordinatenachse sind die Erwärmungen für verschiedene Überlastungen $\ddot{u}$ und verschiedene Grenzströme zwischen 1,05 und $1,2 \times I_e$ abhängig von der Zeit aufgetragen. Die Schnittpunkte der Erwärmungskurven für ein bestimmtes $\ddot{u}$ mit der Horizontalen für eine bestimmte Grenztemperatur, z. B. $\vartheta\,1,1$ für $I_g/I_e = 1,10$ ergeben die Ansprechzeiten abhängig von der Überlastung. Für $\ddot{u} = 1,2$ und $\vartheta\,1,1$ erhält man $t_{o\,1,2}$. Bei einer Vorbelastung z. B. mit $0,8 \times I_e$ gelten die Zeiten vom Schnittpunkt mit der

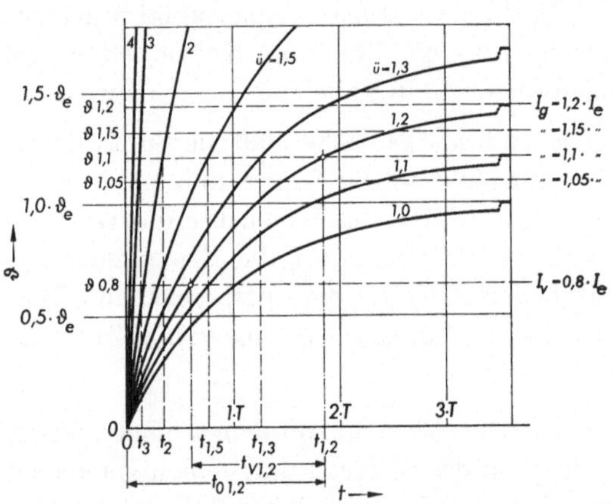


Horizontalen $\vartheta_{0,8}$ und z. B. der $\vartheta_{1,1}$ wie für $\ddot{u} = 1,2$ eingezeichnet mit $t_{v1,2}$ (s. auch S. 102). In der Praxis werden sie durch Rechnung (s. auch S. 120) und durch Versuch ermittelt.

Für die Ermittlung einer der drei Größen Belastungszeit ($t$), Zeitkonstante ($T$) und Überlastungsverhältnis ($\ddot{u}$) hat Cohn (3) ebenfalls ein Nomogramm angegeben. Es umfaßt unter der Voraussetzung un

Abb. 48. Ermittlung der Auslösekennlinie aus den Erwärmungskurven. $\vartheta_e$ Erwärmung bei Einstellstrom $I_e$

mittelbarer Beheizung die Überstromzeitcharakteristik aller Wärmeauslöser oder -relais sowie aller sonstigen Leitergebilde, d. h. also in erster Linie von einfachen Leitern mit kleinen Temperaturkoeffizienten, z. B. solchen aus Widerstandsmaterial und bei nicht allzu hohen Temperaturen.

In der Praxis verlaufen — wie schon eingangs erwähnt — die Vorgänge nicht so ganz gesetzmäßig, weil nicht alle Werte konstant sind und weil vor allem derart homogene Körper, wie sie der vorhergehenden Rechnung zugrunde gelegt wurden, praktisch nicht vorkommen. Man kann dann trotzdem mit einer Zeitkonstante rechnen und geht zweckmäßig von den zuletzt genannten Abhängigkeiten aus, d. h. der Erwärmungsvorgang spielt sich so ab, als ob mit einer wirklichen Zeitkonstante die Grenztemperatur in der Zeit $t$ erreicht würde. Da man in Wirklichkeit weitgehend für jeden Überlastfall unterschiedliche Werte erhält, ist es dann zweckmäßig nicht mehr von einer Zeitkonstante, sondern nach dem Vorschlag von Cohn (3) von einem *Zeitfaktor* zu reden. Von Stösser und Bernhardt wurde vorgeschlagen, von einer

*Momentanzeitkonstante* im Gegensatz zur *Beharrungszeitkonstante* zu sprechen.

Die gewählten Darstellungen enthalten alle die Beiwerte wie spezifischen Widerstand, Wärme, Wärmeableitungsziffern u. dgl. als Konstanten. In Wirklichkeit sind sie das natürlich nicht. Bei den zum Aufbau thermischer Auslöser verwandten Stoffen, Dehnungsbänder, Bimetallstreifen, Heizwicklungen u. dgl., ist aber der Einfluß gering. Lediglich bei Kupferspulen tritt der Widerstandstemperaturbeiwert in Erscheinung. Er äußert sich bei der Erwärmung — konstante Stromlast vorausgesetzt — in entsprechend der Widerstandserhöhung gesteigerter Grenzerwärmung. Der Wert der Zeitkonstante steigt stromlastabhängig gegenüber dem mit den Kaltwerten errechneten an. Die Wärmeableitungsziffern sind gelegentlich temperaturabhängig (s. S. 129).

Es ist häufig kaum möglich, Erwärmungsversuche bis zum Endwert durchzuführen, denn die letzten Steigerungen erfordern oft lange Zeiten, so z. B. kann es bei schlecht gekühlten, insbesondere gekapselten Maschinen, oft 24 Stunden und mehr dauern, ehe die Endtemperatur erreicht ist. Auch sind geringfügige Änderungen der Kühlmitteltemperatur geeignet, das Bild im Auslauf der Erwärmungskurve zu verwischen. Geringe Steigerungen oder auch Absenkungen der Temperatur des zu prüfenden Objektes können nicht mehr Bestandteile des eigentlichen Erwärmungsvorganges sein, sondern beruhen auf Veränderungen der umgebenden Luft. In diesen Fällen ermittelt man die Endtemperatur eines Gerätes auf Grund einer Temperatur-Zeit-Kurve, die nicht bis zum Ende festgestellt wurde. Das Verfahren s. u. a. FRANKEN (19) S. 332. Seine Genauigkeit ist mindestens so groß wie die eines noch länger fortgesetzten Erwärmungsversuches. An sich setzt die Methode selbstverständlich einen homogenen Körper voraus.

## 2.3.2 Die Zeitkonstante

Die *Zeitkonstante* ist also diejenige Zeit, mit der das thermische Element bei Grenzstrombelastung an die Auslösetemperatur herangeführt würde, wenn keine Abkühlung stattfände. Sie ist ein Kriterium für die Trägheit und bestimmt damit den Trägheitsgrad sowie die Auslösezeiten. Die marktgängigen Motorschutzgeräte haben meistens eine verhältnismäßig geringe Zeitkonstante und damit Trägheit. Für mittelbar beheizte Auslöser ist, da es sich nicht mehr um homogene Gebilde handelt, eine ausgesprochene Zeitkonstante nicht feststellbar. Man erhält von der Belastung abhängige Werte *Zeitfaktoren*, die sich aus der Auslösekennlinie berechnen lassen [FRANKEN (5)] und den Einfluß der mittelbaren Beheizung dartun. Auch kann man andere Einflüsse, z. B. das charakteristische Verhalten sogenannter *beschwerter Auslöser* (s. S. 33), herauslesen.

Die Beeinflussung der Zeitkonstante [Gl. (29)] ist außer durch Änderung der Abmessungen nur in ganz bescheidenem Umfang möglich. Sie wächst mit Steigerung der Massen des Auslöseelementes, ferner mit Steigerung seiner spezifischen Wärme. Sie sinkt mit Vergrößerung der abkühlenden Oberfläche und Steigerung der Wärmeableitungsziffer. Letztere Werte liegen je nach Gestaltung der Oberfläche und der Werkstoffe in der Größenordnung von etwa $1{,}2 \ldots 1{,}5 \cdot 10^{-3} \cdot W \cdot cm^{-2} \, °C^{-1}$. Man kann also hier bei Beibehaltung der Abmessungen in gewissem Umfang durch Änderung der Materialien, entsprechende Gestaltung der Oberfläche und dergleichen einen Einfluß auf die Verhältnisse nehmen. Ein entscheidender Einfluß ist in dieser Richtung aber nicht möglich. Für die Auslösezeiten bei hoher Belastung sind übrigens nur die beiden erstgenannten Faktoren, Gewicht und spezifische Wärme, maßgebend.

Die Änderung der Zeitkonstante in größerem Umfange ist nur durch Änderung der Abmessungen möglich, nicht aber — wie vielfach irrtümlich angenommen wird — etwa durch Änderung der Auslösetemperatur. Solange die bestimmenden Faktoren, wie spezifische Wärme, Wärmeableitungsziffer und dergleichen, tatsächlich konstant sind, ist die Zeitkonstante von der Höhe der Überlastung unabhängig, also auch von der Grenztemperatur. Man kann das leicht daran sehen, daß bei einer Steigerung der Temperatur beispielsweise auf den $a$-fachen Betrag auch die Wärmeleistung bei gleichen Abmessungen auf den etwa $a$-fachen Betrag gesteigert werden muß, so daß der gesteigerten Wärmeaufnahmefähigkeit in gleichem Maße eine Steigerung des Wärmeaufwandes entgegensteht und die neue erhöhte Temperatur in der gleichen Zeit erreicht wird. Handelt es sich um gleichartige Materialien, dann ist $T$ nur noch vom Verhältnis Volumen zu Oberfläche abhängig.

Bei der Veränderung derartiger Abmessungen kommt meistens nur die Änderung in ein oder zwei Richtungen in Betracht, so z. B. wird ein Dehnungselement seine Länge beibehalten. Man wird in der Lage sein, seinen Durchmesser abzuändern. Hat das Dehnungselement einen runden Querschnitt vom Durchmesser $d$, dann steigt das Volumen mit dessen Quadrat, die Oberfläche einfach mit dem Durchmesser und dementsprechend die Zeitkonstante mit dem Durchmesser, s. Abb. 49a. In gleicher Weise wächst die Zeitkonstante, wenn es sich um einen Körper mit quadratischem Querschnitt handelt, entsprechend dessen Kantenlänge. Bei Bimetallstreifen wird ebenfalls die Grundform meistens gegeben sein, d. h. die Länge und in diesem Falle auch die Breite. Veränderlich ist die Dicke. Das Gewicht wächst dann mit Steigerung der Dicke, die Oberfläche jedoch praktisch nicht, so daß die Zeitkonstante als Quotient der beiden Werte ebenfalls wieder der Dicke proportional ist. Im letzteren Falle würde naturgemäß mit Steigerung der Dicke die Wärmeausbiegung kleiner und dementsprechend die Genauigkeit des

Auslöseelementes geringer. Man müßte wohl noch die Auslösetemperatur steigern und einen entsprechend größeren Wärmeaufwand treiben. Wie vorhin bereits erwähnt, ändert sich aber dadurch an der Zeitkonstante nichts mehr. Die Veränderung von $l$ und $b$ vergrößert Oberfläche und Gewicht in gleichem Maße und ist daher ohne Einfluß, wenn man die Oberfläche der Schnittkanten vernachlässigt.

Alle auf Wärmeausdehnung beruhenden Auslöser (Bimetall- und Dehnungselemente) haben eine verhältnismäßig niedrige Zeitkonstante, dagegen solche mit Schmelzlegierungen und vor allem Dampfdruckkapseln meist eine höhere, da letztere mit niedrigeren Temperaturen also bei gleicher Wärmeentwicklung größerer Oberfläche arbeiten und trotzdem genügend hohe Drucke bzw. den Schmelzpunkt erreichen können, so daß bei gleichem Energieaufwand größere Abmessungen möglich sind. Die Kugel hat übrigens bei gegebener Oberfläche die größte Zeitkonstante.

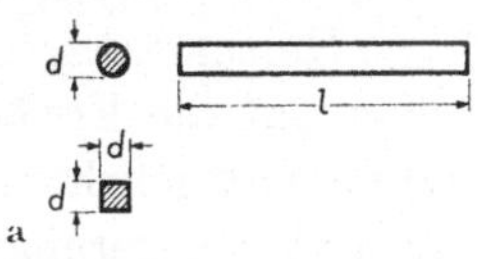
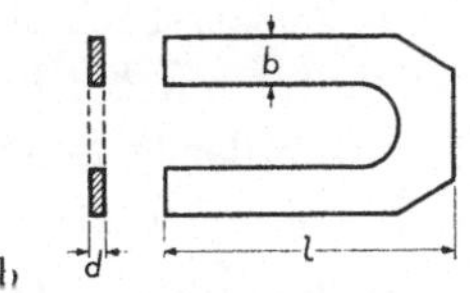

Abb. 49 a u. b. Zeitkonstante abhängig von den Abmessungen a Stäbe und Drähte; b Bänder, z. B. Bimetallstreifen, Breite konstant, in beiden Fällen $T$ prop. $d$

Bei Bimetallauslösern ist eine paketförmige Anordnung, s. Abb. 27 b, geeignet, die Zeitkonstante ganz bedeutend zu steigern und hat dabei auch noch den Vorteil, daß die mittelbare Beheizung praktisch fortfällt, es sich also um eine echte Zeitkonstante handelt.

Eine manchmal nicht unbeträchtliche Beeinflussung der Auslösecharakteristik kann auch mit Mitteln erzielt werden, die eine Wärmewanderung in Längsrichtung der Streifen bewirken. So z. B. läßt sich in gewissem Umfang eine Auslöseverzögerung durchführen, wenn man einen Bimetallstreifen in seiner unteren Hälfte durch eine gutleitende Auflage „1" überbrückt, s. Abb. 50a, so daß die Wärmeentwicklung wesentlich in dem freien Teil zustande kommt. Es wandert dann während der Belastung zunächst einmal ein Teil der an der

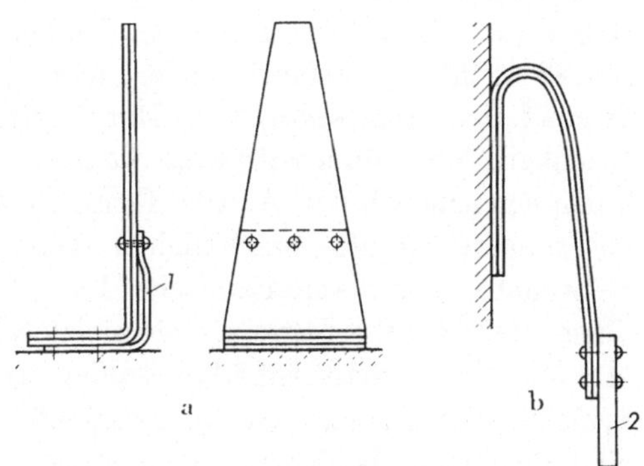

Abb. 50 a. u. b. Veränderung der Zeitkonstante durch Wärmewanderung in Längsrichtung
a Trapezförmiges Stück mit Überbrückung der unteren Partien (1) — Wärme wandert von der Spitze in die untere Hälfte; b Nichtstromführendes Verlängerungsstück (2) — kleine Zeitkonstante bei hohen Überlastungen

7 Franken, Motorschutz

Spitze entwickelten Wärme in den unteren überbrückten Teil, dadurch entstehen bei höheren Überlastungen zusätzliche Auslöseverzögerungen von nicht unbeträchtlichem Ausmaß, s. DBP 966 597 v. 16. 10. 1955. Diese Methode ist besonders wirkungsvoll bei umgewinkelten Bimetallstreifen und solchen mit trapezförmigem Zuschnitt. Den Einfluß verkürzter Heizungslängen und von der Länge abhängiger Breite der Bimetallstreifen auf die Erwärmung behandelt rechnerisch KIRCHDORFER (1). Setzt man umgekehrt an einen U-förmigen Streifen ein nicht stromdurchflossenes Verlängerungsglied (2), s. Abb. 50 b, dann erzielt man bei höheren Überlastungen eine flinke Charakteristik, weil die Wärme nicht so schnell in das Zusatzstück abfließen kann. Gesteigerte Verzögerung (höhere Zeitkonstante) nur bei höheren Belastungen erreicht man durch einen Sättigungswandler (s. S. 116). Jedenfalls lassen sich hiermit die Auslösezeiten bei höheren Überlastungen und gleicher Primärstromstärke verlängern. Die gleiche Eigenschaft haben mittelbar beheizte Auslöser. Der vermutete Vorteil wird dabei jedoch weitgehend durch die *Nachauslösung* (s. S. 114) aufgehoben.

Man hat auch Auslöseelemente mit hoher Zeitkonstante, möglichst thermische Abbilder der Motoren, herzustellen versucht. Dabei ist es nicht mit einem einfachen Dehnungselement oder dgl. getan. Es gibt verschiedene Konstruktionen, die zunächst einmal das gemein haben, daß der Motorstrom eine Kupferspule erwärmt, in deren Innerm sich dann thermische Überwachungsglieder befinden. Das Vorbild derartiger Einrichtungen ist die Calorpatrone mit einer Schmelzlotvorrichtung im Spuleninnern, s. Abb. 129 S. 282. Auf diese Weise werden Zeitkonstanten von einer halben Stunde und mehr erzielt. HEUMANN (3) beschreibt ein Relais, bei dem in einer Kupferspule ein Stahlkern sitzt, der seinerseits eine Bimetallspirale trägt, deren Enden miteinander verbunden sind, so daß in ihr ein Strom induziert wird. Die Drehbewegung der Spirale bewirkt den Auslösevorgang. Durch unterschiedliche Bemessung von Eisenkern und Bimetallspirale können unterschiedliche Auslösekennlinien erreicht werden. Andere Firmen machen zur Steigerung der Verzögerungszeiten im wesentlichen von einer indirekten Erwärmung Gebrauch, z. B. amerikanische Firmen, indem sie das thermische Glied, zylindrische Stifte an Schmelzlotelementen oder auch Bimetallstreifen, in verhältnismäßig großen Abstand zu einer Heizspirale bringen. Die Eigenkurzschlußfestigkeit ist dann meistens gering, dafür sind die Zeiten bei geringen Überlastungen hoch. BBC verändert die wärmeaufnahmefähigen Massen durch die Hinzufügung unterschiedlicher Gewichte als Wärmeträger zu einem von einer Stromspule erregten Eisenkern, der ein Heiz- und ein Temperaturmeßglied enthält. Eine Skala zeigt die Erwärmung des Relais und damit auch die des Schützlings. An einer anderen Skala wird die gewünschte Auslöseübertemperatur eingestellt [PARSCHALK]. Der wirksame Strom wird durch eine Änderung des Luftspaltes im Magnetkreis mit Hilfe eines Keiles verändert. Die auswechselbaren Wärmeträger erhöhen die Wärmeaufnahmefähigkeit des Systems. Mit ihnen kann die Zeitkonstante auf 15, 30 oder 45 Minuten gebracht werden. Die Auslösezeit schwankt dann, z. B. je nach Zeitkonstante bei 1,5fachem Strom und 60° C Auslöseübertemperatur, zwischen 20 und 7 Minuten. Eine ähnliche Lösung stellt auch das von der Firma Oerlikon, Zürich, auf den Markt gebrachte Relais Limitherm dar, das an sich zwar mehr für den Transformatorenschutz gedacht ist, bei dem die Verhältnisse ähnlich liegen. Auch hier wird eine Spule durch den Strom erwärmt und in der Spule indirekt ein eingelegtes Bimetallstreifenpaket. Es werden mit ihm bei Nennstrom Zeitkonstanten von 15...80 min erreicht. Außer dem Temperaturglied ist ein Schnellauslöser eingebaut (s. NAEF u. IMHOF). Selbstverständlich ist entsprechend seiner indirekten Beheizung der Zeitfaktor von der Überlaststromstärke abhängig.

### 2.3.3 Die Zeitkonstante und die Auslösekennlinie

Auf S. 93 ist dargestellt, wie sich die Zeit, in der die Grenztemperatur bei Überlastungen erreicht wird, errechnet. Diese Zeit entspricht der Auslösezeit eines thermischen Auslösers. Bis zur Abschaltung der Überlast kommt noch die Eigenzeit des eigentlichen Schaltgerätes hinzu. Bei der Errechnung der Auslösezeiten spielt neben der Überlastung $\ddot{u}'$ die Zeitkonstante $T$ eine Rolle. Man kann also umgekehrt, wenn Überlast und Auslösezeit gegeben sind, auch die Zeitkonstante errechnen. Man erhält dann einen Wert, der etwa dem Mittel entspricht, das zwischen Beginn der Erwärmung und Erreichen des Auslösepunktes wirksam ist, also die Zeitkonstante einer Kurve, die zum gleichen Ziel führen würde, wenn sie den genauen theoretischen Verlauf hätte. Setzt man in Gl. (31a) (S. 93)

$$- \ln (1 - 1/\ddot{u}'^2) = a \quad \text{dann ist} \quad T = t/a$$

$a$ in Abhängigkeit von $\ddot{u}'$ zeigt Abb. 51.

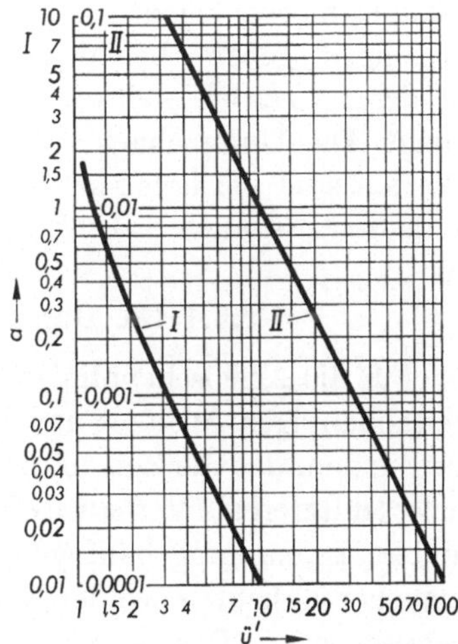


Abb. 51. Bestimmung der Auslösezeit $t_a$ aus Zeitkonstante $T$ und Überlast $\ddot{u}'$

In diesen Fällen ist bei Motorschutzauslösern und -relais der Wert $\ddot{u}' = I_{\ddot{u}}/I_g$ einzusetzen, denn es kommt darauf an, wie groß die Überlastung im Verhältnis zu diesem Grenzstrom ist, nicht zum Einstellstrom. Hierbei ist $I_g$ der Grenzstrom des Auslösers, unterhalb dessen keine Auslösung stattfindet. $I_g$ wird im Verhältnis zum *Einstellstrom* $I_e$ angegeben. $I_e$ soll identisch mit dem Motornennstrom sein.

   Beispiel:

Ein Motor habe einen Anlaufstrom gleich 6mal Nennstrom, mithin $I_{\ddot{u}}/I_e = 6$. Der Grenzstrom liege 10% über dem Einstellstrom, also dem Motornennstrom. $I_g/I_e = 1{,}1$, dann ist $I_{\ddot{u}}/I_g = 6/1{,}1 = \ddot{u}' = 5{,}45$. Hierbei sei die Auslösezeit $t_a = 5s$. Daraus errechnet sich die Zeitkonstante $T$, da „$a$" nach Kurve $= 0{,}032$ ist, zu $5/0{,}032 = 156s$. Umgekehrt errechnet sich in gleicher Weise die Auslösekennlinie für unmittelbar beheizte Relais und Auslöser aus der Zeitkonstante $T$.

Anstatt dieser schon etwas komplizierten Abhängigkeit kann man auch folgenden Schluß ziehen. Es muß mit einer bestimmten Wärmemenge, ausgedrückt durch das Produkt $\ddot{u}'^2 \cdot t$, die Masse des Auslösers bis zum Auslösepunkt geheizt werden. Weiterhin findet in dieser Zeit eine der Zeit fast proportionale Wärmeabfuhr an die umgebende Luft, an mit dem Auslöser verbundene Konstruktionselemente, das Gehäuse u. dgl. statt. Diese Überlegung führt zu dem Zusammenhang:

$$\ddot{u}'^2 \cdot t = A + B \cdot t \tag{32}$$

wobei beim unmittelbar beheizten Element $A$ praktisch $= T$ ist. Wenn man die zuerst genannte exakte Formel in einer Reihe darstellt, die nach dem zweiten Glied aufhört, dann wird $B = 1/2$. Merkbare Fehler kann es hierbei eigentlich nur noch bei verhältnismäßig geringen Überlastungen geben, bei denen der Faktor $B$ in Wirklichkeit etwas größer als $1/2$ ist, weil die Temperatur nicht mehr zeitproportional ansteigt. Die Unterschiede zwischen den genauen und den angenäherten Werten sind bei höheren Überlastungen als $1{,}5 \times$ Grenzstrom ganz unbedeutend (s. auch S. 120).

### 2.3.4 Die Darstellung der Auslösekennlinie

Für die Auslösekennlinien der Motorschutzgeräte und aller ähnlichen zeitabhängigen Auslöser und Relais ist in Deutschland ein Einheitsblatt vorhanden, das die Zeit in der Ordinate, den Strom in der Abszisse enthält, letzteren als Verhältnis Überstrom : Einstellstrom. Früher war eine andere Darstellung häufiger. Man nahm den Strom als Ordinate, und mancher ist heute noch der Auffassung, daß letztere Darstellung richtiger gewesen wäre. Das ist nicht der Fall, denn bei der Feststellung solcher Auslösekurven muß der Strom immer die unabhängige Veränderliche darstellen. Man stellt den Strom ein und mißt die zugehörige Auslösezeit. Außerdem hat die Darstellung mit Zeitwerten als Abszissen den Nachteil, daß solche Auslösekurven häufig mit irgendwelchen Anlaufkurven verwechselt werden, bei denen selbstverständlich der Strom eine

Zeitfunktion ist. Es ist nicht zulässig, diese beiden Kurven einfach zur Deckung zu bringen, um festzustellen, ob ein Gerät den Anlaufstrom aushalten kann (s. S. 167).

Die Listenangaben über die Auslösekennlinien thermischer Auslöser werden meistens entsprechend den Anforderungen der Praxis nur mehr oder weniger richtunggebend gemacht. In Wirklichkeit sind immer verhältnismäßig starke Streubänder vorhanden. Schon allein die Tatsache, daß der Grenzstrom eines solchen Elementes nach den einschlägigen VDE-Regeln (s. S. 29) zwischen 105% und 120% schwanken kann, hat bei sonst gleichen Verhältnissen ein Streuband zur Folge. Hierzu kommen noch die, wenn auch in ihrem Ausmaß meist wesentlich geringeren, materialabhängig und herstellungsmäßig bedingten unvermeidlichen Abweichungen von Stück zu Stück. Die Streuungen liegen im steilen Teil der Auslösekurve schon mit Bezug auf die nach VDE 0660 zulässigen Grenzstromschwankungen bei $\sim \pm 7,5\%$ des Mittelwertes der Zeiten. Bei kleinen Überlastungen sind die Abweichungen viel größer, s. Abb. 52. Es genügt also

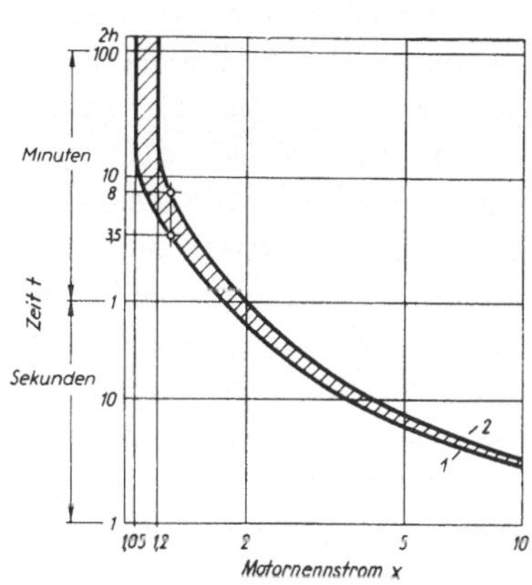



Abb. 52. Auslösekennlinie — Streubereich lediglich bestimmt durch Grenzstromunterschiede ohne Einschluß der Herstellungstoleranzen
*1* bei unterem VDE-Grenzstrom (1,05), *2* bei oberem (1,2)

nicht, ein Überstromschutzelement auf Grund einer Durchschnittskurve zu bewerten. Es ist notwendig, das Toleranzband, d. h. die Abweichungen von diesem Durchschnittswert zu berücksichtigen, wenn es sich darum handelt, die möglichen Auswirkungen des Schutzelementes zu beurteilen.

### 2.3.5 Auslösezeiten bei Überlastung im betriebswarmen Zustande

Sehr häufig wird nach der Auslösekennlinie aus dem betriebswarmen Zustand heraus beziehungsweise nach irgendeiner Vorbelastung gefragt. Eigentlich sollte ja über den betriebswarmen Zustand mit Nennstrom hinaus keine Belastung erfolgen, denn diesem Zustand entsprechen die VDE-Grenztemperaturen. Auf der anderen Seite vertragen jedoch die Motoren noch stoßweise Überlastungen. Die entsprechende Wärmemenge wird in der Hauptsache vom Wicklungsleitstoff aufgenommen. VDE 0660/52 fordert, daß entsprechend VDE 0530 für Motoren bei 1,5facher Last aus dem betriebswarmen Zustand eine Abschaltung nach spätestens 2 min eintritt. Größere Zeiten sind zulässig, wenn die Motoren sie nach VDE 0530 aushalten. Daß überhaupt noch Betriebsmöglichkeiten über diejenige mit Nennstrom in Dauerbelastung hinaus seitens der Auslöser vorhanden sind, kommt daher, daß der Grenzstrom zwischen 1,05 und 1,2 mal Einstellstrom liegen soll. Liegt er bei dem betreffenden Gerät an der unteren Grenze, und damit muß man rechnen, da die Herstellung der Geräte auf die Ausnutzung des vollen Toleranzbereiches angewiesen ist, dann steht noch die Zeit zur Verfügung, in der das Gerät von der dem Einstellstrom entsprechenden Dauertemperatur zu der dem 1,05 fachen Einstellstrom entsprechenden etwa 10% höheren ansteigt. Bei Geräten mit kleiner Zeitkonstante kommt man auf diese Weise zu nur sehr kleinen Auslösezeiten aus dem betriebswarmen Zustand, die aber für kurze Überlastungsstöße ausreichen, dagegen meist nicht für einen Neuanlauf. Im letzteren Falle liegen jedoch andererseits praktisch die Verhältnisse nicht so, daß man vom betriebswarmen Zustand ohne jede Unterbrechung in den neuen Anlaufvorgang eintritt. Bei einem Auslöser mit kleiner Zeitkonstante, z. B. $60s$, hat aber eine Unterbrechung z. B. auf die Dauer von nur $2s$, bereits einen beachtlichen Temperaturabfall zur Folge, so daß die bei dem neuen Anlauf zulässigen Zeiten weit über die unmittelbar nach dem betriebswarmen Zustand möglichen hinausgehen.

Liegt der Grenzstrom an der oberen Grenze (120%), dann ist die Zeit relativ viel größer, nämlich über viermal so hoch wie bei Grenzstrom 105%. Unter diesem Gesichtspunkt ist den Listenangaben für den warmen Zustand im allgemeinen nur ein sehr relativer Wert beizumessen. Oft ist auch eine wenn auch kleine Pause einkalkuliert. Natürlich könnte man auch hier unter Berücksichtigung der Grenzströme ein neues, aber verhältnismäßig breites Streuband aufzeichnen. Kurven über die Warmauslösezeit eines thermischen Relais sind also ohne genauere Umschreibung gar nicht aufzuzeichnen. Die exakte Rechnung führt für Vorbelastung mit Einstellstrom ($I_e$) zu folgender Formel:

$$t_{\text{warm}} = T \cdot \ln \frac{\ddot{u}^2 - 1}{\ddot{u}^2 - g^2} ; \tag{33}$$

wobei $\ddot{u} = I_{\ddot{u}}/I_e$; $g = I_g/I_e$ und $t_{\text{warm}}$ die erforderliche Zeit ist, um mit der Überlast $\ddot{u}$ nach Erwärmung mit Einstellstrom die Grenzstromerwärmung zu erreichen.

Das ergibt beispielsweise bei einer Zeitkonstante von 60 s, $\ddot{u} = 5$ sowie $g = 1,05$ eine Zeitdifferenz von 0,3 s bei $g = 1,2$ schon eine solche von 1,2 s. Die Gesamtauslösezeit aus dem kalten Zustand für g = 1,05 ist 2,37 s.

Für eine beliebige Vorbelastung mit dem Strom $v \cdot I_e$ erhält man

$$t_{\text{warm}} = T \cdot \ln \frac{\ddot{u}^2 - v^2}{\ddot{u}^2 - g^2} \tag{33a}$$

Das Verhältnis der Auslösezeit aus dem warmen ($t_{\text{warm}}$) zu der aus dem kalten Zustande ($t_{\text{kalt}}$), Gl. (31a), ergibt sich zu

$$\frac{t_{\text{warm}}}{t_{\text{kalt}}} = \frac{\ln \dfrac{\ddot{u}^2 - v^2}{\ddot{u}^2 - g^2}}{\ln \dfrac{\ddot{u}^2}{\ddot{u}^2 - g^2}}, \tag{34}$$

Es ist also von der Zeitkonstante unabhängig. Mit diesen Formeln kann die Warmauslösezeit berechnet werden, wenn zwischen Belastung und Überlastung keine stromlose Pause liegt. Eine Kurvenschar s. bei HAAS (1).

Die Konstruktion solcher Auslösekurven kann nach Abb. 48 (S. 94) erfolgen. Einen ungefähren Überblick über die Verhältnisse ohne diese umständlichen Rechnungen kann man aber nach Abb. 53 dadurch gewinnen, daß man die Temperatursteigerung des Auslösers als propor-

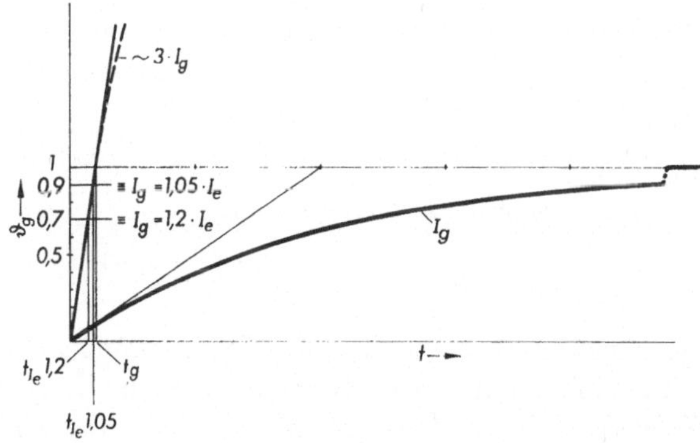


Abb. 53. Vereinfachte Ermittlung der Warmauslösezeit eines thermischen Auslösers

tional der Zeit mithin geradlinig annimmt. Das ist durchaus zulässig, sobald die Überlastungen ein gewisses Maß erreicht haben. Bei den in der Praxis hauptsächlich interessierenden Strömen in Höhe des Stillstandsstromes der Motoren, z. B. 5- oder 6mal Nennstrom, ist die Abweichung schon kaum mehr festzustellen. Die Werte sind in der Abbildung auf die Grenztemperatur $\vartheta_g$ bezogen, die bei Grenzstrom erreicht wird. Beim dreifachen Strom wird die Grenzerwärmung in der Zeit $t_g$ erreicht. Liegt der Grenzstrom 5% über dem Einstellstrom, so wird bei diesem eine Erwärmung in Höhe von 90% erreicht. Ist der Grenzstrom 20% höher als der Einstellstrom, dann sinkt die Erwärmung auf 70%. Dementsprechend liegen auch die Zeiten bis zum Erreichen der Einstellstrom-Erwärmung bei 70% und 90% der Zeit $t_g$ und sind die Restzeiten 30% bzw. 10% der Kaltauslösezeiten. In dem Beispiel ist angenommen, daß die Vorbelastung tatsächlich mit Einstellstrom geschieht. Sehr häufig wird natürlich die Belastung nicht genau dem Einstellstrom entsprechen. Der Einfluß einer niedrigeren Vorbelastung auf die Warmauslösezeit ist beträchtlich. War der Motor z. B. nur mit 80% Nennstrom belastet, dann sinkt die Erwärmung auf etwa 64%, also bei $g = 1,05$ auf $90 \cdot 0,64 = 58\%$, bei $g = 1,2$ auf $70 \cdot 0,64 = 45\%$, so daß die Warmauslösezeiten 42% bzw. 55% der Kaltauslösezeit ausmachen.

Weiterhin kann man in der Praxis immer damit rechnen, daß zwischen der Abschaltung und Wiedereinschaltung eine gewisse, wenn auch bescheidene Zeit verstreicht. Das hat zur Folge, daß die Temperaturen beim Wiedereinschalten unter die Betriebswerte gesunken sind und sich auf diese Weise die Zeit ebenfalls wieder vergrößert. Ist die Zeitkonstante 60 s, so beträgt die Abkühlung in 1 s $\sim 1,5\%$, in 5 s $\sim 8\%$. Diese Beträge erhöhen die vorhin errechneten Werte für die Warmauslösezeit. So z. B. wird bei Grenzstrom $1,2 \cdot I_e$ statt 70% Grenztemperatur bei Vorbelastung mit 100% Nennstrom und 5 s Pause eine Erwärmung auf nur $70 \cdot 0,92 = 65\%$ erzielt. Also ist die Warmauslösezeit $= 35\%$ der Kaltauslösezeit.

Für genaue Errechnung der Warmzeiten bei Einschaltung einer Wartepause $(t_w)$ auch bei geringeren Überlastungen gilt (s.a.Abb.87 S.195):

$$t_{\text{warm}} = T \cdot \ln \frac{\ddot{u}^2 - v^2 \cdot \exp\left(- t_{\text{w}}/T\right)}{\ddot{u}^2 - g^2} \tag{35}$$

Wenn man einen Richtwert für die Warmabhängigkeit aufstellen will, dann kann man nur mit Mittelwerten rechnen. Hierfür empfiehlt sich ein Mittelwert für eine Überlastungsfähigkeit $g = 1,1$ und unter Umständen die Einrechnung einer Abkühlzeit von 1, 2 oder auch 5 s.

Alle diese Umstände machen die Warmauslösekurven sehr ungenau, weil eben gewisse nicht in den VDE-Regeln festliegende Voraussetzungen erforderlich sind. Aus dem Gesagten ist also ersichtlich, daß eine einheitliche Darstellung der Warmauslösekurven nicht vorhanden und das praktische Bedürfnis hierfür erfahrungsgemäß auch nicht sehr groß ist. Jedenfalls sind sie in der Praxis mit Vorsicht zu gebrauchen. Man erhält meist irgendwelche Mittelwerte. Wenn man mit wechselnden Belastungen rechnen muß, dann kommen Verfahren — wie auf S. 176 für zwei verschiedene Stromstärken dargestellt — zur Anwendung.

Die Verhältnisse liegen etwas anders, wenn es sich um Auslöser handelt, bei denen der Aggregatzustand geändert wird. Zwischen Belastung bei Nennstrom und Abschalten bei Überstrom ist hier noch die Schmelz- bzw. Verdampfungswärme aufzubringen. Das hat eine geringere Einwirkung der Vorbelastung zur Folge.

Setzt man voraus, daß die Enderwärmungen nicht mit dem Stromquadrat, sondern der 1,6ten Potenz wachsen, s. S. 131, dann tritt in der Rechnung dieser Exponent statt des Quadrates auf. Gleichzeitig vermindert sich aber auch die Zeitkonstante. Die Auslösezeiten werden deshalb für die kurze Temperaturspanne kaum beeinflußt. Überlastungszeiten aus dem betriebswarmen Zustand bei Einstellstromvorlast, als Vielfaches der Zeitkonstante, s. Abb. 54. Man ersieht daraus den großen Einfluß des Verhältnisses Grenzstrom zu Einstellstrom auf die Auslösezeiten im betriebswarmen Zustand.

Eine besondere Bedeutung gewinnt die Frage der Überlastungsfähigkeit aus dem betriebswarmen Zustand, wenn sofort im Anschluß an eine Unterbrechung ein neuer Anlauf vonstatten gehen soll. Die angestellten Überlegungen ergeben lediglich einen bestimmten Zusammenhang zwischen der dann auftretenden Überlastung durch den Anlaufstrom und der zulässigen Zeit. In Wirklichkeit ist der Anlaufstrom aber im allgemeinen kein konstanter Wert. Man hat Abhängigkeiten entwickelt, die dem Stromverlauf ein bestimmtes, mathematisch leicht faßbares Gesetz zugrunde legen. Betrachtungen dieser Art s. z. B. M. G. Diehl. Notfalls ist ein Verfahren anzuwenden, wie es später auf S. 167 dargestellt wird. Es wird die Anlaufkurve in Abschnitte unterteilt, die dann mit der wie vorstehend beschrieben, ermittelten Stromzeitkennlinie im warmen Zustand, abhängig von der Höhe des Grenzstroms, der Vorbelastung und einer etwaigen Pausenzeit zu verrechnen sind.

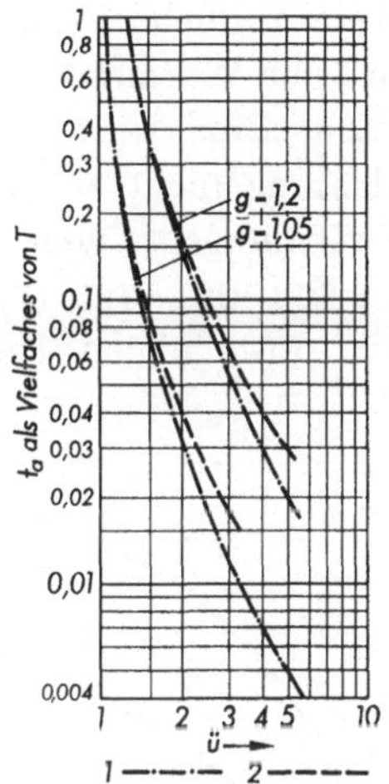


Abb. 54. Auslösezeit ($t_a$) aus dem betriebswarmen Zustand (Einstellstrom) als Vielfaches der Zeitkonstante;

$$\ddot{u} = \frac{\text{Belastungsstrom}}{\text{Einstellstrom}}$$

1 errechnet mit der 2. Potenz;
2 errechnet mit der 1,6. Potenz

### 2.3.6 Temperaturverteilung bei mittelbar beheizten und beschwerten Auslösern

Die Temperaturverteilung ist für die Beurteilung mannigfacher Fragen, z. B. die Verlängerung der Auslösezeit, die Kurzschlußfestigkeit u. dgl., außerordentlich wichtig. Sie ist aber bei den genannten Auslösern sehr schwer vorauszubestimmen. Die Zusammenhänge zwischen Temperatur und Zeit bei einem Körper, der einen inliegenden oder umhüllenden heizt, sind sehr umständlicher Art und setzen zudem noch die Kenntnis zahlreicher Stoffbeiwerte voraus, denn es ist ja z. B. nicht so, als ob die Wicklung eines mittelbar beheizten Bimetallstreifens unmittelbar auf diesem Streifen liege, sondern zwischen ihr und dem Streifen befindet sich eine Isolierschicht, die auch noch nicht einmal mit Druck auf der ganzen Fläche aufliegen kann, zum mindesten nicht an der Heizwicklung, denn diese dehnt sich schließlich mit der Temperatur. Ähnliche Verhältnisse liegen bei den Schmelzlotkapseln vor. Es muß der Wärmestrom oft durch unbestimmte Luftschichten hindurchtreten. Eine wirklich gleichmäßige Erwärmung ist selbst bei Dauerbelastung nicht zu erzielen. Es handelt sich hier um ein Zweikörper-Erwärmungsproblem. Probleme, die den gestellten nahekommen, sind von OELSCHLÄGER (2) behandelt. Würden die Körper gleichmäßig beheizt, also keinen Temperaturunterschied aufweisen, dann stiege beispielsweise die Temperatur mit der Zeit nach der Kurve *a*, Abb. 55 an. Es gibt aber ein Korrekturglied *b*, das eine Temperaturerhöhung des Heizelementes und eine Verminderung der des beheizten Elementes bewirkt, natürlich in Wirklichkeit unter Berücksichtigung der meist unterschiedlichen Massen. Damit die in der Heizwicklung erzeugte

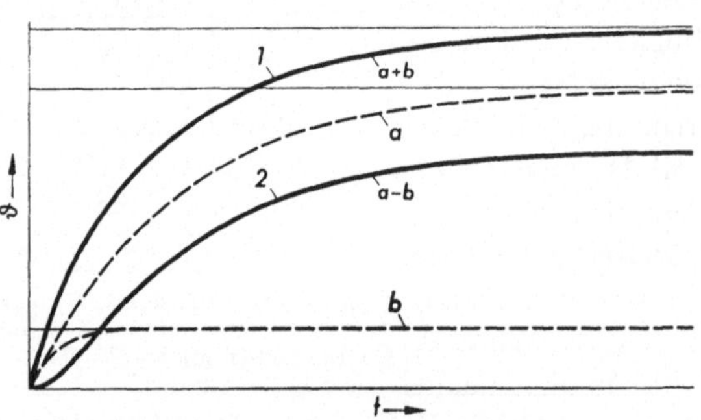


Abb. 55. 2-Körper-Erwärmung
a Temperaturanstieg bei gleichmäßiger Erwärmung aller Teile; b Korrekturglied, *1* Temperaturanstieg des wärmeerzeugenden Teiles (a + b), *2* desgleichen des wärmeaufnehmenden (a − b)

Wärme im anteiligen Verhältnis abgeleitet werden kann, ist ein bestimmtes Temperaturgefälle zwischen Wicklung und z. B. dem Bimetallstreifen erforderlich. Die Heizwicklung wird also, wenn der Bimetallstreifen die Auslösetemperatur erreicht hat, bedeutend wärmer sein. Das Ausmaß dieser Übererwärmung ist von dem Verhältnis der wärmeaufnehmenden Masse der Heizwicklung zu der des eigentlichen Auslöseelementes sowie vom Verhältnis der in beiden erzeugten Wärmemengen und von den Wärmeübergangsverhältnissen abhängig.

In der Praxis ist es bei Relais und Auslösern auch so, daß es selten nur einen heizenden und einen wärmeaufnehmenden Körper gibt, sondern meistens sind nur die Anteile der Heizleistung verschieden. Nach der Arbeit von OELSCHLÄGER kann man erwarten, daß bei mittelbarer Heizung der Temperaturverlauf sich in dem heizenden Körper durch die Summe im beheizten Körper durch die Differenz zweier Exponentiallinien ausdrücken läßt. Die mathematische Behandlung dieses Problems führt zu umständlichen Ausdrücken, die im vorliegenden Falle einen Einblick in die praktischen Verhältnisse erschweren. Genauere Ableitungen s. z. B. M. G. Diehl S. 74, Kašpar (2) S. 133.

Aus diesem Grunde wurden die Beziehungen mit einigen durch die Anwendungsform als zulässig anzusehenden Vereinfachungen errechnet. Zunächst soll aber ein einfacherer Weg als der der Weiterverfolgung dieses Gedankens beschritten werden. Wenn indirekte Heizung vorliegt, dann ist eine zusätzliche Wärmezufuhr notwendig. Eine Wärmezufuhr, die um so schärfer in Erscheinung tritt, je kürzer die Auslösezeit ist, denn kürzere Auslösezeiten bedeuten höhere Auslöseströme und damit größere Wärmezufuhr zu der Heizwicklung. Es hat sich als weitgehend zulässig erwiesen [s. Franken (16)], zu der auf S. 100 erwähnten Formel (32) noch ein zweites von $t$ abhängiges Glied, z. B. $C/t$, hinzuzufügen, also für mittelbar beheizte Auslöser

$$U'^2 t = A + B \cdot t + C/t \tag{36}$$

zu schreiben (s. auch S. 120).

Man kann dann auch die Hoffnung haben, daß die heute nicht mehr so sehr interessierenden *beschwerten Auslöser*, die früher häufiger gebaut wurden, gleichzeitig ihre Klärung finden, wobei dann $C$, da die Beschwerungsmassen bei hohen Belastungen nicht erst aufgeheizt werden, negativ wird.

Für die *exaktere Lösung* [Franken (16, 17)] lassen sich für den vorliegenden Zweck die außerordentlich umständlichen rechnerischen Zusammenhänge wesentlich vereinfachen, wenn man die Wärmeabgabe nach außen vollständig vernachlässigt, also nur die Wärmeaufnahmefähigkeit der beteiligten Auslöserteile und den Wärmeübergang zwi-

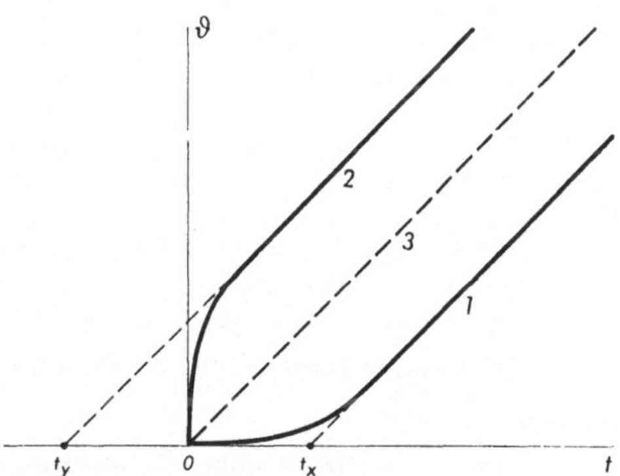

Abb. 56. Temperaturanstieg bei mittelbarer Beheizung eines thermischen Elementes, z. B. eines Bimetallstreifens und erheblicher Überlast; *1* Bimetall, *2* Bewicklung, *3* theoretischer Wert bei gleichmäßigem Anstieg

schen ihnen berücksichtigt. Diese Vernachlässigung ist zulässig, denn die Beeinflussung der Auslösekennlinie sowie der Kurzschlußfestigkeit durch die indirekte Beheizung wird erst interessant, wenn eine nennenswerte Überlastung vorhanden ist, so daß die Wärmeabfuhr nach außen vollständig zurücktritt. Bei kleineren Überlastungen und entsprechend geringer Wärmeentwicklung wird sich kein beachtliches Temperaturgefälle zwischen Bimetall und Wicklung einstellen, anders bei hohen Überlastungen. Die beiden Erwärmungskurven nehmen nun den in Abb. 56 aufgezeichneten Verlauf, d. h. die Übertemperaturen, beide bei Null beginnend, divergieren nachher. Wäre kein Temperaturgefälle innerhalb der Auslöser vorhanden, würde die Erwärmung entsprechend der Wärmeentwicklung und der wärmeaufnehmenden Gesamtmasse nach der Geraden *3* verlaufen. In Wirklichkeit wird die Temperatur der Heizwicklung (Kurve *2*) schneller ansteigen, diejenige des Bimetalls (Kurve *1*) zurückbleiben. Die Kurven würden in Wirklichkeit später, aber zu einem Zeitpunkt, in dem die Grenztemperaturen längst überschritten sind, unter dem Einfluß der Wärmeableitung nach außen, nach einer Exponentialfunktion in einen Dauerwert übergehen, s. Abb. 55.

Um die Zusammenhänge in etwa rechnerisch zu ermitteln, sei:

$V$ das Gesamtvolumen der wärmeaufnehmenden Massen [cm³]

$V_w$ das Volumen der Heizwicklung [cm³]

$V_b$ das Volumen des Bimetalls oder dgl. [cm³]

$c$ die mittlere spez. Wärme des Gesamtelementes [Ws · cm⁻³ · C°⁻¹]

$c_w$ die mittlere spez. Wärme der Heizwicklung [Ws · cm⁻³ · C°⁻¹]

$c_b$ die mittlere spez. Wärme des Bimetalls [Ws · cm⁻³ · C°⁻¹]

$\bar{\bar{\alpha}}$ die Wärmeableitungsziffer zu $O$ [W · cm⁻² · C°⁻¹]

$O$ die Wärmeübergangsfläche zwischen Heizwicklung und Bimetall [cm²]

$w$ das Verhältnis Wärmeaufnahmefähigkeit des Bimetalls zu der des gesamten Auslöseelementes $= V_b · c_b/V · c$

$u$ desgleichen das Verhältnis der Wärmeentwicklungen $= Q_b/Q$

$\vartheta_w$ die Erwärmung der Heizwicklung [°C]

$\vartheta_b$ die Erwärmung des Bimetalls oder dgl. [°C]

$Q$ die Wärmeentwicklung des gesamten Elementes [W]

$Q_w$ die Wärmeentwicklung in der Heizwicklung [W]

$Q_b$ die Wärmeentwicklung im Bimetall [W]

$Q_g$ die Wärmeentwicklung bei Grenzstrom [W]

$T$ die Zeitkonstante des Gesamtelementes bei kleinen Überlastungen $= V · c/O · \bar{\bar{\alpha}}$ [s]

wobei jeweils der Index $w$ für die Wicklung, $b$ für das Bimetall oder dergleichen gilt.

Bei der mathematischen Behandlung wird Konstanz aller Stoffbeiwerte, wie z. B. bei der spezifischen Wärme, den Wärmeübergangsziffern, den spezifischen Leitwerten u. dgl., angenommen. Die wichtigste Einschränkung, die gemacht werden muß, ist die, daß die Isolierschichten als masselos angesehen werden müssen. Das in ihnen auftretende Wärmegefälle kann man als Verschlechterung der Wärmeübergangsziffer betrachten. Aber an der Tatsache, daß auch in der Isolierschicht Wärme gespeichert wird, kommt man nicht vorbei. Auf diese Weise wird jedoch ohne nennenswerte Verschlechterung ein noch überblickbares Ergebnis gewonnen. Diese Voraussetzung ist vielleicht nicht mehr zulässig, wenn etwa zwischen Heizwicklung und Bimetallstreifen große Luftschichten oder sonstige Isolierschichten, die in ihrer Stärke weit über den Isolierzweck hinausgehen, angewandt werden. Solche Schichten kommen aber in der Praxis nur selten vor, weil bei ihrer Anwesenheit eine ausreichende Kurzschlußfestigkeit schwer zu erreichen ist. Aber auch in diesen Fällen konnte an untersuchten Geräten nach dem entwickelten Verfahren gearbeitet werden.

Wenn in den Ausführungen immer von Bimetallstreifen die Rede ist, so ist das nur beispielhaft zu nehmen. An ihre Stelle können auch Dehnungsbänder u. dgl. treten.

Es gilt:

Für die Wicklung: $Q_w \cdot dt - O \cdot \overline{\overline{\alpha}} \, (\vartheta_w - \vartheta_b) \cdot dt = V_w \cdot c_w \cdot d\vartheta_w.$

Für das Bimetall: $Q_b \cdot dt + O \cdot \overline{\overline{\alpha}} \, (\vartheta_w - \vartheta_b) \cdot dt = V_b \cdot c_b \cdot d\vartheta_b.$

Zur Umwandlung in Differentialgleichungen, die außer den Differentialen nur je eine Unbekannte enthalten, wird zunächst durch Subtraktion der beiden Gleichungen voneinander $\vartheta_w - \vartheta_b = f(t)$ errechnet und das Ergebnis in die Ausgangsgleichungen eingesetzt. In den Gleichungen sind die Vorzeichen so eingesetzt, als ob Wärme von der Wicklung nach dem Streifen strömt.

Das Ergebnis der Auswertung lautet:

$$\vartheta_b = \frac{Q_w + Q_b}{V_b \cdot c_b + V_w \cdot c_w} \cdot t - $$

$$- \frac{\left(\dfrac{Q_w}{V_w \cdot c_w} - \dfrac{Q_b}{V_b \cdot c_b}\right)\left(1 - \exp\left\{-t \cdot O \cdot \overline{\alpha} \cdot \left(\dfrac{1}{V_w \cdot c_w} + \dfrac{1}{V_b \cdot c_b}\right)\right\}\right)}{O \cdot \overline{\overline{\alpha}} \left(1 + \dfrac{V_b \cdot c_b}{V_w \cdot c_w}\right) \cdot \left(\dfrac{1}{V_b \cdot c_b} + \dfrac{1}{V_w \cdot c_w}\right)}$$

$$\vartheta_w = \frac{Q_w + Q_b}{V_b \cdot c_b + V_w \cdot c_w} \cdot t + $$

$$+ \frac{\left(\dfrac{Q_w}{V_w \cdot c_w} - \dfrac{Q_b}{V_b \cdot c_b}\right)\left(1 - \exp\left\{-t \cdot O \cdot \overline{\alpha} \cdot \left(\dfrac{1}{V_w \cdot c_w} + \dfrac{1}{V_b \cdot c_b}\right)\right\}\right)}{O \cdot \overline{\alpha} \left(1 + \dfrac{V_w \cdot c_w}{V_b \cdot c_b}\right) \left(\dfrac{1}{V_b \cdot c_b} + \dfrac{1}{V_w \cdot c_w}\right)}$$

Für $\vartheta_w$, ein Wert, der praktisch hauptsächlich bei der Feststellung der Eigenkurzschlußfestigkeit interessiert, da die höhere Wicklungstemperatur dieser die Grenze setzt, ergibt sich also fast der gleiche Wert wie für $\vartheta_b$, wesentlich ist aber das positive Vorzeichen des 2. Summanden. Weiterhin sind die Indexe in der ersten Klammer im Nenner des zweiten Bruches vertauscht. Der erste Bruch ist in beiden Fällen genau der gleiche. Er ergibt eine lineare Abhängigkeit von der Zeit, und zwar die, die entstehen würde, wenn das Wärmeelement ein homogener Körper wäre mit einer Wärmeentwicklung $= Q_w + Q_b$ und einer Wärmeaufnahmefähigkeit $=$ der Summe derjenigen von Wicklung und Streifen. Zur Vereinfachung führt man zweckmäßig noch den Anteil der Einzelelemente an der Gesamtwärmeentwicklung und Wärmeaufnahmefähigkeit ein.

Es sei
$$Q_b = u \cdot Q$$
$$Q_w = (1 - u) \cdot Q$$
$$V_b \cdot c_b = w \cdot V \cdot c$$
$$V_w \cdot c_w = (1 - w)\, V \cdot c$$

Die Formeln zeigen das erwartete Bild.

Für den allgemeinen Fall der *gemischten* Beheizung

$$\vartheta_b = Q \cdot \left[ \frac{t}{V \cdot c} - \frac{(w - u)(1 - w)}{O \cdot \bar{\bar{\alpha}}} \cdot \left( 1 - \exp\left\{ - t \cdot \frac{O \cdot \bar{\bar{\alpha}}}{V \cdot c} \cdot \frac{1}{w(1 - w)} \right\} \right) \right] \quad (37)$$

$$\vartheta_w = Q \left[ \frac{t}{V \cdot c} + \frac{(w - u) \cdot w}{O \cdot \bar{\bar{\alpha}}} \left( 1 - \exp\left\{ - t \cdot \frac{O \cdot \bar{\bar{\alpha}}}{V \cdot c} \cdot \frac{1}{w(1 - w)} \right\} \right) \right] \quad (37\,a)$$

Ist die *Beheizung* eine *rein mittelbare*, dann wird $u = 0$ und

$$\vartheta_b = Q \left[ \frac{t}{V \cdot c} - \frac{w(1 - w)}{O \cdot \bar{\bar{\alpha}}} \left( 1 - \exp\left\{ - t \cdot \frac{O \cdot \bar{\bar{\alpha}}}{V \cdot c} \cdot \frac{1}{w(1 - w)} \right\} \right) \right] \quad (38)$$

$$\vartheta_w = Q \left[ \frac{t}{V \cdot c} + \frac{w^2}{O \cdot \bar{\bar{\alpha}}} \left( 1 - \exp\left\{ - t \cdot \frac{O \cdot \bar{\bar{\alpha}}}{V \cdot c} \cdot \frac{1}{w(1 - w)} \right\} \right) \right] \quad (38a)$$

*Heizung nur im Bimetallstreifen (beschwerter Auslöser)* $u = 1$

$$\vartheta_b = Q \left[ \frac{t}{V \cdot c} + \frac{(1 - w)^2}{O \cdot \bar{\bar{\alpha}}} \left( 1 - \exp\left\{ - t \cdot \frac{O \cdot \bar{\bar{\alpha}}}{V \cdot c} \cdot \frac{1}{w(1 - w)} \right\} \right) \right] \quad (39)$$

$$\vartheta_w = Q \left[ \frac{t}{V \cdot c} - \frac{w(1 - w)}{O \cdot \bar{\bar{\alpha}}} \left( 1 - \exp\left\{ - t \cdot \frac{O \cdot \bar{\bar{\alpha}}}{V \cdot c} \cdot \frac{1}{w(1 - w)} \right\} \right) \right] \quad (39a)$$

*Heizung nur im Bimetallstreifen — keine Beschwerung*

$$u = 1; \qquad w = 1$$

$$\vartheta_b = Q \cdot \frac{t}{V \cdot c} \quad (40)$$

Bei rein mittelbarer Beheizung setzt sich also die Temperatur der Heizwicklung in ihrer Abhängigkeit von der Zeit aus einer Geraden und einer positiven Exponentialfunktion zusammen, umgekehrt die Temperatur des Bimetallstreifens aus der Differenz einer Geraden und einer Exponentialfunktion. Bei beschwerten Auslösern stellt die Temperatur des Bimetalls die Summe und die Temperatur der Beschwerung die Differenz dar. Bei gemischt beheizten Auslösern richten sich die Vorzeichen danach, ob die mittelbare oder unmittelbare Beheizung überwiegt. Ist der Anteil an der Gesamtwärme, der auf die Heizwicklung entfällt, genauso groß wie der Anteil an der gesamten Wärmekapazität, also w = u, dann verschwindet das Exponentialglied.

Alle Temperaturen wachsen im Verhältnis der aufgewandten Gesamtwärme. Die Temperaturkurve des Bimetallstreifens oder dergleichen setzt sich aus einer Geraden und einer negativen Exponentialfunktion zusammen. Die Feststellung der Temperaturverhältnisse von Heizwicklung und Bimetallstreifen, in Abhängigkeit von der Zeit, führt so zu verhältnismäßig unübersichtlichen Ausdrücken. Man wird hier mit Erfolg weitgehend eine *Vereinfachung* durchführen können und die resultierende Kurve durch eine Gerade entsprechend der Tangente ersetzen. Diese Gerade schneidet auf der Abszissenachse den Wert $t_x$ ab (s. Abb. 56). Solange man also auf dem geraden Teil der Kurve arbeitet, kann man sagen, daß $t$ um den konstanten Betrag $t_x$ vergrößert wird. Dabei ist besonders *bemerkenswert*, daß $t_x$ *von der Last unabhängig* ist. In der gleichen Weise kann man eine Ersatzgerade für die Temperatur der Wicklung einführen, sie schneidet auf der Achse die Zeit $t_y$ ab. $t_y$ ist bei mittelbarer Beheizung negativ. Ersetzt man so die Exponentialfunktion durch ihre Asymptote, dann erhält man die einfachen Ausdrücke:

$$\vartheta_b = \frac{Q}{V \cdot c}\,(t - t_x), \text{ worin } t_x = \frac{V \cdot c}{O \cdot \bar{\bar{\alpha}}}\,(w - u)\,(1 - w) \tag{41}$$

Analog für die Wicklungserwärmung

$$\vartheta_w = \frac{Q}{V \cdot c}\,(t - t_y), \text{ worin } t_y = \frac{-V \cdot c}{O \cdot \bar{\bar{\alpha}}}\,(w - u)\cdot w = -\,t_x\,\frac{w}{1 - w} \tag{41a}$$

Bedeutung von $u$ und $w$ s. S. 108).

Viel wichtiger ist es, diese Zusammenhänge in Abhängigkeit von der Überlastung $\ddot{u}'$ zu kennen. Es ist, da

$$Q = \ddot{u}'^2 \cdot Q_g, \text{ in Verbindung mit Gl. (41)}$$

$$\ddot{u}'^2 = \frac{V \cdot c \cdot \vartheta_b}{Q_g} \cdot \frac{1}{t - t_x}\,.$$

Der erste Bruch entspräche der Zeitkonstante $T$, da aber das Verhältnis Wärmeaufnahme zu Wärmeabgabe bis bzw. bei Grenzerwärmung in Höhe der Zeitkonstanten $= T$, in diesem Fall mit Bezug auf die Auslösezeiten nicht mehr in vollem Umfange stimmt, soll es bei dem schon früher (S. 100 und 107) benutzten Wert $A$ bleiben.

So ist

$$\ddot{u}'^2 = \frac{A}{t - t_x} \qquad \text{oder} \qquad t = \frac{A}{\ddot{u}'^2} + t_x \qquad \text{oder}$$

$$\ddot{u}'^2 \cdot t = \frac{A}{1 - \dfrac{t_x}{t}} \tag{42}$$

hinzu kommt das Glied $B \cdot t$ (s. S. 100 und 107).

Bei der unmittelbaren Beheizung ergibt sich der gleiche Ausdruck, nur der Bruch fällt weg. $t_x$ wird hier eben $= 0$.

Diese Vereinfachung, nach der die Exponentialfunktion nur nach ihrem Asymptotenwert eingesetzt wird, ist im Überlastbereich zulässig, im *Kurzschlußbereich* kommt man jedoch schnell in das Gebiet der Ausrundung (Abb. 56, Kurve *1* unterer Teil).

An Stelle von $t_x$ tritt dann $t_x\,(1 - \exp - t/t_z)$ wobei

$$t_z = \frac{V \cdot c}{O \cdot \bar{\bar{\alpha}}}\,(1 - w) \cdot w = t_x \cdot \frac{w}{w - u} \tag{43}$$

Kennt man also $t_x$, dann läßt sich daraus $t_z$ errechnen, wenn der Anteil der beiden Elemente an Wärmeaufnahmefähigkeit und Wärmeentwicklung bekannt ist.

Aus diesen Beziehungen läßt sich auch eine einfache Beziehung für das Verhältnis der beiden Erwärmungen ableiten. Es ist in Abhängigkeit von der Zeit:

$$\frac{\vartheta_w}{\vartheta_b} = \frac{t - t_y}{t - t_x}\ \text{bzw. genauer}\ \frac{t - t_y\,(1 - \exp - t/t_z)}{t - t_x\,(1 - \exp - t/t_z)}$$

und abhängig von der Überlastung $(\ddot{u}')$: ($\vartheta_{bg}$ Bimetallgrenzerwärmung)

$$\vartheta_w/\vartheta_{bg} = \frac{\ddot{u}'^2}{T}\,(t - t_y) = 1 + \frac{\ddot{u}'^2}{T}\,(t_x - t_y)$$

Wir haben also **drei Beziehungen** für mittelbare Beheizung. Eine einfache, durch reine Annahme gewonnene (s. S. 107)

$$\ddot{u}'^2 \cdot t = A + B \cdot t + \frac{C}{t} \tag{36}$$

eine exaktere, die im Überlastbereich wohl immer Geltung hat

$$\ddot{u}'^2 \cdot t = \frac{A}{1 - t_x/t} + B \cdot t \tag{42}$$

und eine vollständige, auch für den Kurzschlußbereich gültige

$$\ddot{u}'^2 \cdot t = \frac{A}{1 - \dfrac{t_x}{t}\,(1 - \exp - t/t_z)} + B \cdot t \tag{44}$$

Für unmittelbare Beheizung s. Gl. (32) S. 100.

### *Der Wärmeübergang zwischen Heizwicklung und Bimetall*

Die für die praktische Berechnung erforderlichen Werte sind alle leicht zu ermitteln, mit Ausnahme des Wertes $O \cdot \bar{\alpha}$, d. h. also, der je °C übergehenden Wärmemenge. Der Versuch, diesen Wert aus den Oberflächen und Wärmeableitungsziffern zu errechnen, ist von vornherein aussichtslos. Er muß für bestimmte Isolationen und Bewicklungsarten, nicht zu vergessen die Herstellungsmethoden, aus Messungen ermittelt werden. Die abgeleiteten Beziehungen gestatten aber auch einen Einblick in diese sonst schwer zu übersehenden Wärmeübergangsverhältnisse zwischen Heizwicklung und Bimetallstreifen bzw. ganz allgemein bei mittelbar beheizten Auslösern. Man kann die Übergangsziffer aus dem Wert $t_x$ ermitteln, der außer vom Wärmeübergang von der Verteilung der Wärmeaufnahmefähigkeit ($w$) bzw. der Wärmeentwicklung ($u$) auf Bimetall und Bewicklung sowie von $V$ und $c$ abhängt, s. Gl. (41) S. 111).

Dieser Wert $t_x$ kann aus Auslösekurven (s. S. 122) ermittelt werden. Für die Errechnung schwierig sind die Annahmen bezüglich der Wärmeaufnahmefähigkeit ($V \cdot c$) und der Übertragungsfläche ($O$). Bei hohen Überlastungen und nur hier macht sich die Wirkung der mittelbaren Beheizung bemerkbar, dürfte die Frage nach der wärmeaufnahmefähigen Masse mit Recht dahin beantwortet werden können, daß die des eigentlichen thermischen Elementes in Frage kommt, also nicht mehr die Befestigungselemente, z. B. das Metallstück, an das der Bimetallstreifen angeschraubt ist. Die wärmeübertragende Oberfläche wird man gleich der Berührungsfläche der Bewicklung setzen, bei Runddrähten deren

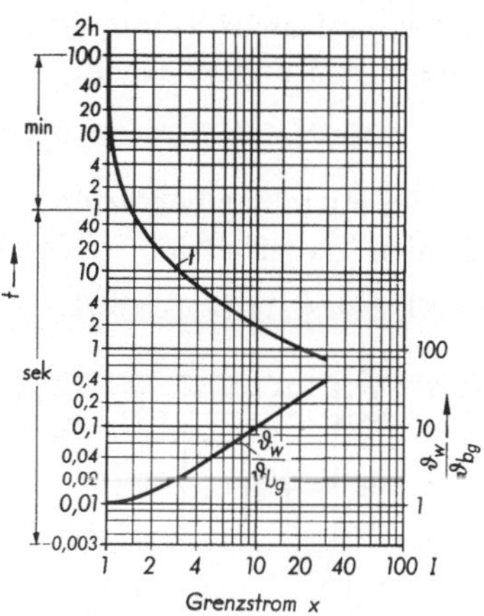


Abb. 57. Auslösekennlinie und Erwärmungsverhältnisse eines mittelbar beheizten Auslösers $\vartheta_w$ Erwärmung der Heizwicklung; $\vartheta_{bg}$ Grenzerwärmung des Bimetallstreifens; $t_x = 2{,}05\,\mathrm{s}$; $t_y = -7{,}3\,\mathrm{s}$; $t_z = 1{,}92\,\mathrm{s}$; $A = 67{,}5$; $B = 0{,}9$

Projektion. Von der Art, wie diese Werte definiert werden, hängt eben der Zahlenwert der Wärmeübergangsziffer ab. Sie kann nur in Verbindung mit der Bewicklungsart, z. B. Widerstandsdraht oder -band, und der Isolation, z. B. Glimmer oder Asbest, wobei auch die Dicken und etwaige Tränkungen angegeben werden müssen, festgelegt werden. (s. auch S. 129).

Ein *Beispiel* für einen fast ganz mittelbar beheizten Bimetallauslöser zeigt Abb. 57. Die Auslösekurve ergibt

$$A = 67{,}5; \quad B = 0{,}9; \quad t_x = 2{,}05; \quad t_y = -7{,}3; \quad t_z = 1{,}92.$$

Das Ermittlungsverfahren s. später S. 121. Aus den fast gleichen Werten von $t_x$ und $t_z$ erkennt man die fast rein mittelbare Beheizung.

Im Schrifttum finden sich Werte für die Temperaturunterschiede zwischen Bimetall und Bewicklung in einer Arbeit von MESCHEL. Leider sind die Messungen nur auf verhältnismäßig geringe Überlastungen ausgedehnt worden (bis 250%). Den Kurven lassen sich Verhältniswerte für die Erwärmung von Bimetall und Heizwicklung in Höhe von 2,86 bei Nennstrom bis 8,3 bei 2,5fachem Strom entnehmen. Auch kann man Anhaltspunkte für $T$ und $t_y$ gewinnen, und zwar erhält man $T$ zu etwa

50 s, $t_y$ zu etwa — 20 s. Die Schwierigkeit liegt darin, daß der Grenzstrom nicht genau bekannt ist. Nach den Angaben war Bimetall und Heizwicklung durch eine Luftschicht getrennt, was den verhältnismäßig sehr hohen Wert von $t_y$ erklärt.

Die stationäre Temperaturverteilung z. B. zwischen Bimetall und Verbindungsleitungen, Gehäuse u. dgl. behandelt KIRCHDORFER (1).

### 2.3.7 Nachauslösung

Bei mittelbar beheizten Auslösern wird — abgesehen von ausgesprochenem Dauerbetrieb — die Heizwicklung immer eine merkbar höhere Temperatur haben als das eigentliche Auslöseelement, z. B. der Bimetallstreifen (s. S. 107). Das hat zur Folge, daß auch nach der Auslösung zunächst noch Wärme auf das Auslöseelement überfließt. Aus dem gleichen Grunde kann es vorkommen, daß, wenn man die Belastung wegnimmt, ehe die Auslösung erfolgt ist, das Element noch nachträglich seine Auslösetemperatur erreicht. Dadurch ist in der Praxis auch bei Belastungszeiten, die kleiner sind als die beim Auslöseversuch mit Stromlast bis zum Auslöseaugenblick ermittelten, noch eine Auslösung möglich. Man nennt diesen Vorgang *Nachauslösung* [FRANKEN (13)]. Sie tritt praktisch bei allen mittelbar oder gemischt beheizten Auslösern auf. Die Nachauslösung ist um so

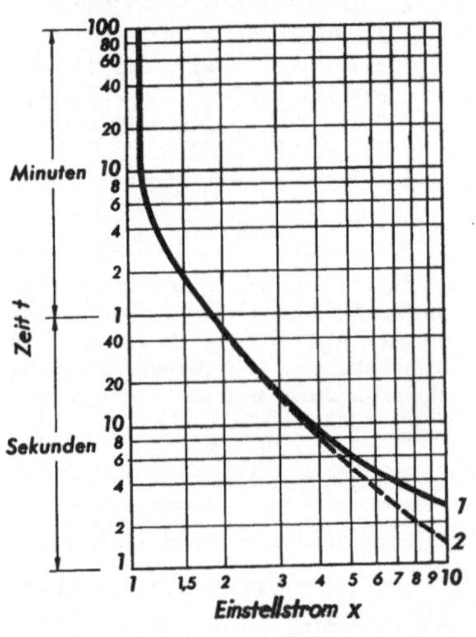


Abb. 58. Auslöse- (*1*) und Nachauslösekennlinie (*2*) eines mittelbar beheizten Motorschutzauslösers

unwahrscheinlicher, je schlechter der Wärmekontakt zwischen der Heizwicklung und dem Auslöseelement ist, wenn z. B. um ein Bimetall eine Heizwicklung mit großem Luftabstand herumgelegt ist.

Es ist interessant, die Zeitkonstanten für den Auslösevorgang und den Nachauslösevorgang festzustellen. Kennlinien dieser Art zeigt Abb. 58, dazu Abb. 59 die auf Grund des auf S. 99 geschilderten Verfahrens aus der Auslösezeit errechneten Zeitkonstanten bzw. Zeitfaktoren. Während beim Auslösevorgang mit Stromlast bis zur Abschaltung die Zeitkonstante mit steigender Überlastung stark ansteigt (etwa von 120 s auf 250 s), hat sie beim Nachauslösevorgang einen fast gleichbleibenden Wert von etwa 120 s. Bei dem untersuchten Gerät handelte es sich um einen Bimetallstreifen, bei dem die Heizwicklung auf eine Asbestpapierschicht aufgewickelt, also der Wärmeübergang ein verhältnismäßig inniger war. Man kann für ein solches Element demnach behaupten, daß die Steigerung der Auslösezeit durch die mittelbare Beheizung weitgehend eine trügerische ist und das Gerät sich praktisch so benimmt, als ob es sich um einen homogenen unmittelbar beheizten Auslöser handele. Naturgemäß behält auch dieser Auslöser noch alle Nachteile bezüglich der Eigenkurzschlußfestigkeit. Es wäre wohl zweckmäßig, wenn in den Preislisten neben der Auslösekennlinie auch die *Nachauslösekennlinie* angegeben würde, denn die Kurve *2* (Abb. 58) ist dafür maßgebend, ob ein Motor nicht schon bei bestimmten Werten von Anlaufstrom und -zeit durch das Relais abgeschaltet wird, Kurve *1* aber maßgebend dafür, ob die Schutzwirkung bei einer bestimmten Überlastung noch ausreichend ist, das heißt die Abschaltzeit kleiner ist als die zulässige.

Solche Erscheinungen treten weniger auf bei Auslösern hinter gesättigten Wandlern, deren Auslösezeiten wachsen, weil die Netzströme bei höheren Überlastungen

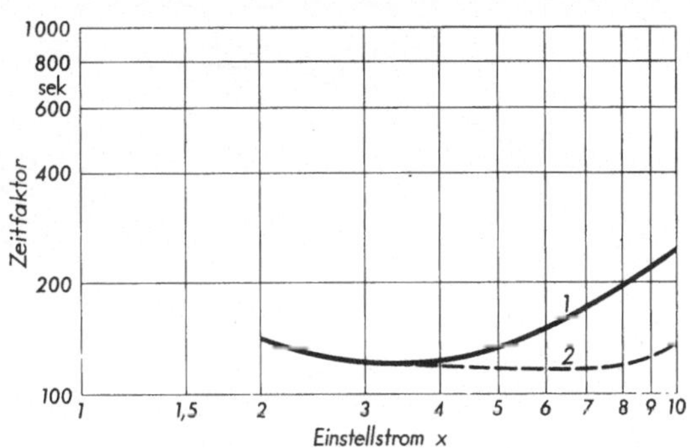


Abb. 59. Zeitfaktor bei mittelbarer Beheizung errechnet aus Auslöse- (*1*) und Nachauslösekennlinie (*2*) der Abb. 58

nicht im gleichen Maße auf die Auslöser übertragen werden, und ferner nicht bei beschwerten Auslösern, die bei hohen Überlastungen verhältnismäßig sinkende Zeiten aufweisen, da sich die Wärme in diesem Falle auf dem Auslöseelement staut. Das ist unter Umständen erwünscht, denn der Motor verlangt vom Auslöser bei geringen Überlastungen eine große Zeitkonstante entsprechend der des ganzen Motors, bei hohen Überlastungen eine kleine lediglich entsprechend der der Wicklung. Auch bei den nur noch seltener anzutreffenden Auslösern mittelbarer Heizung mit Luftpolster zwischen Heizwicklung und Auslöseelement, die einen schlechten Wärmewirkungsgrad aufweisen, braucht die Erscheinung nicht in gleichem Ausmaß aufzutreten. Die *Nachauslösezeit* ist schwieriger zu ermitteln als die *Auslösezeit*. Letztere ist die Zeit, die verstreicht, bis das Element unter Stromeinwirkung abschaltet. Bei Feststellung der Nachauslösezeit ist es notwendig, je durch mehrere Versuche für verschiedene Überlastwerte festzustellen, nach welcher Belastungszeit es noch hält. Nach Abb. 58 ist die Auslösezeit bei sechsfachem Nennstrom z. B. 5 s, die Nachauslösezeit 3,5 s.

8 *

### 2.3.8 Auslösekennlinien bei Wandlerrelais

Wandler übertragen nach Beginn der Sättigung die Primärströme nicht mehr in relativer Höhe auf die Sekundärseite. Die Auslösezeit sinkt deshalb nicht im gleichen Verhältnis, wie es das Ansteigen des Primärstromes vermuten läßt. Der Sekundärstrom bleibt entsprechend Abb. 60a hinter der Übersetzung 1 : 1 zurück. Bei welchem Strom und in welchem Maße die Abweichung einsetzt, hängt bei gegebenen Abmessungen und Wicklungen von der sekundären Bürde, also dem Wider-

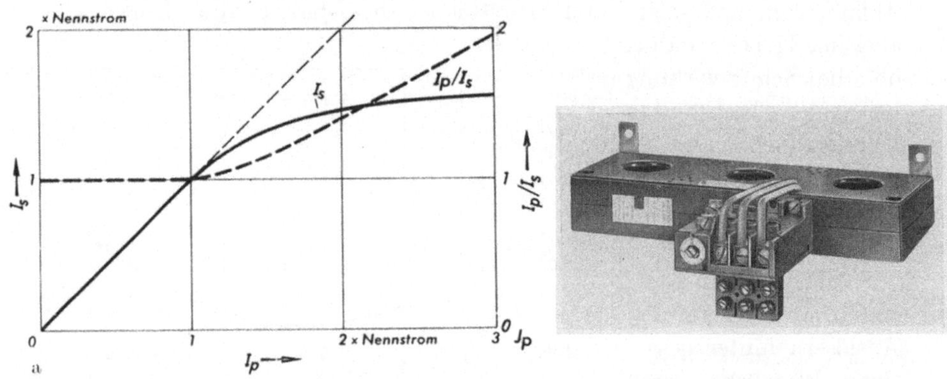


Abb. 60a u. b. Wandlerrelais

a Sekundärströme — $I_p$ Primärstrom; $I_s$ Sekundärstrom    b 3poliges Relais mit Aufschiebewandlern (Klöckner-Moeller)

stand der thermischen Auslöser einschließlich Verbindungsleitungen ab. Bei den Schutzelementen interessiert in erster Linie das Verhalten bei Überlastungen, dann steigt der Unterschied zwischen dem relativen Primär- und Sekundärstrom stärker. Bei Nennstrom muß der Wandler bei der vorhandenen Bürde noch sein Übersetzungssollverhältnis wahren, so daß dem Primärnennstrom der sekundäre entspricht. Als Nennüberstromziffer ist nach VDE 0414/58 § 3 dasjenige Vielfache des primären Nennstromes bezeichnet, bei dem bei Nennbürde der sekundäre Strom 10% hinter dem Sollwert zurückbleibt. Selbstverständlich hängt dieser Wert von der Höhe der Bürde (Scheinwiderstand) und dem zugehörigen Phasenwinkel ab. Bei dem Beispiel Abb. 60 liegt die Überstromziffer mit etwa 1,3 sehr niedrig. Bei anderen Schutzelementen, z. B. solchen für Distanzschutz u. dgl., wird man die Bürde so wählen, daß mindestens 10 herauskommt. Außer Bürde und Phasenwinkel ist für die Höhe der Überstromziffer grundsätzlich noch die Liniendichte im Wandler maßgebend. Der Fehlwinkel, also der Unterschied in der Lage des Primärstromvektors zu dem um 180° umgeklappten des Sekundärstromes, spielt bei den üblichen Motorschutzauslöserformen keine Rolle. Welche Überstromziffer gewünscht wird, hängt in erster Linie davon ab, zu welchem Zweck man die Wandler einführt. Will man lediglich Auslöser kleiner Nennstromstärke für hohe Ströme brauchbar machen, dann wird man eine hohe Überstromziffer wählen, damit die Vorgänge auf der Sekundärseite ein möglichst genaues Bild derer auf der Primärseite darstellen. Will man aber mit Absicht die Sekundärströme nicht voll zur Wirkung kommen lassen, um z. B. im Verhältnis zum Primärstrom größere Verzögerungen zu erzielen oder hohe kurzschlußartige Ströme vom Relais fernzuhalten, dann muß man mit einer kleinen Überstromziffer (Sättigungswandler) arbeiten und in erster Linie den Eisenquerschnitt im Verhältnis zu den übrigen Abmessungen herabsetzen, oder man verwendet statt Siliziumeisen eine Nickel-Eisen-Legierung, die lediglich eine hohe Anfangspermeabilität besitzt und bei Überlastungen schnell gesättigt ist. Mit gleichbleibendem Scheinwiderstand kann man auch bei den Motorschutzauslösern nur in beschränktem Umfang rechnen, jedenfalls nicht bei Bimetallstreifen mit Heizwicklungen für unterschiedliche Sekundärströme, denn auch hier ändert sich die Induktivität mit der Wicklung. Das gilt natürlich insbesondere bei eisenhaltigen Elementen, wie Klappanker, Wirbelstromwerken u. desgl., wo der induktive Widerstand mit dem Strom und oft auch dem Weg veränderlich ist (WALTER). Zusammenfassend ist zu sagen: kleinerer Eisenquerschnitt, vergrößerte Bürde und vergrößerte sekundäre Phasenverschiebung setzen die Überstromziffer herab. Wenn es darauf ankommt, im Überlastgebiet die Motorstromstärke weitgehend uneingeschränkt auf den Auslöser zu übertragen, aber andererseits bei Überschreitung des Motorstillstandsstromes den Auslöser zu schützen, dann geht man z. B. beim 3—4fachen Strom in die Sättigung über, um sie beim 8fachen zu erreichen. Der Sättigungsgrad der Wandler und damit die Verzögerungszeit des Auslösers oder Relais kann auch noch durch Zusatzbürden vergrößert werden. Die Zusatzbürde wird mit dem thermischen Element hintereinandergeschaltet. Die Wirkung ist um so größer, je höher der Ohmwert der Zusatzbürde ist. Dadurch wird der Verlauf der Kennlinien gehoben und gestreckt, so daß gleiche Auslösezeiten mit höheren primären Ansprechstromwerten erzielt werden. Der Grenzstrom der Anordnung steigt aber dadurch an. Der Sättigungsgrad ist in jedem Falle frequenzabhängig.

Sättigungswandler haben den Vorzug, daß die Kurzschlußfestigkeit der thermischen Elemente (s. S. 196) viel größer ist als bei unmittelbarer Beheizung mit dem Netzstrom. Man kommt dann in vielen Fällen mit einem gemeinsamen Kurzschlußschutz (z. B. einer Sicherung) für mehrere Abgänge aus [GRAU]. Sie ermöglichen den Anlauf bei schweren Anlaufbedingungen und die Verwendung kleiner Relais für hohe Motornennströme, wobei man allerdings den Sättigungspunkt hinauszuschieben trachtet. Einen dreipoligen Aufschiebe-Sättigungswandler mit Relais s. Abb. 60b.

Falls ein Satz Stromwandler für den kombinierten Betrieb von Anzeige- oder Meßinstrumenten und Schutzgeräten verwandt werden soll, ist zu beachten, daß die für die beiden Anwendungsgebiete erforderlichen Eigenschaften der Stromwandler unterschiedlich sind. Sollen beide Aufgaben mit dem gleichen Gerät gelöst werden, dann ist besondere Sorgfalt anzuwenden, um sicherzustellen, daß eine befriedigende Leistung des Schutzgerätes, zusammen mit einer ausreichend genauen Instrumentenanzeige, erreicht wird. Häufig ist eine Kombination dieser beiden Aufgaben überhaupt nicht möglich. Bei serienmäßig erzeugten Motorschutzgeräten sollte jedenfalls der Stromwandler keinesfalls noch zu anderen Zwecken herangezogen werden. Im Gegensatz zu Stromwandlern für Instrumentenbetrieb ist bei Stromwandlern für den Betrieb von Überstromschutzgeräten die Genauigkeit bei Strömen unterhalb der Vollast nicht von Bedeutung, jedoch muß unter Umständen der Stromwandler seine Übersetzung bei Primärströmen bis auf ein Vielfaches der Vollastwerte halten, damit eine genaue Relaisbetätigung auch bei hohen Fehlerströmen erreicht wird. Wegen des niedrigen Sättigungspunktes können deshalb Stromwandler mit Kernen aus verlustarmem Eisen nur verwendet werden, um z. B. beim Betrieb von Motorschutzgeräten eine starke Dehnung der Auslösezeiten bei hohen Überströmen durch einen Sättigungswandler zu erreichen.

Statt der Sättigungswandler verwendet man neuerdings auch Sättigungsdrosseln, die eine negative Widerstandskennlinie haben, d. h. ihre Impedanz sinkt mit steigendem Strom. Sie werden den thermischen Gliedern parallelgeschaltet und haben die gleiche Wirkung wie der Sättigungswandler. Der Eigenverbrauch des ganzen Überlastsystems wird dadurch kleiner. Bei gleicher Baugröße wächst außerdem die Kurzschlußfestigkeit [H. DIEHL (1)].

### 2.3.9 Die Auslösekennlinie in formelmäßiger Darstellung

Es ist schließlich möglich, die Auslösekennlinien weitgehend in im allgemeinen einfache Gleichungen zu fassen, die nur Kennwerte enthalten [FRANKEN (16)] außer dem Einfluß der Grundmasse, im wesentlichen ausgedrückt durch die Zeitkonstante, den Einfluß der Wärmestauung durch entsprechende Verlängerung, den der Beschwerung durch Verminderung der Auslösezeiten bei höheren Überbelastungen und einem Wert für die Wärmeabfuhr. Beim Vergleich der Auslöser untereinander wird man häufig zweckmäßig von solchen Begriffen ausgehen. Sie sollen nachstehend in ihren wesentlichen Punkten dargestellt werden. Eine Analyse für Abschmelzsicherungen ist von JOHANN angegeben worden.

Die Beziehung zwischen Strom und Zeit wurde für unmittelbare Beheizung durch die Gl. (31 a) S. 93 gegeben. Sie ist geeignet, die Verhältnisse weitgehend zu klären, entspricht aber der Praxis nur in beschränktem Maße, denn ihre Voraussetzungen (Konstanz aller bestimmenden Werte) ist keineswegs erfüllt. Die Stoffbeiwerte, wie Wärmeabgabeziffern, spezifische Wärme u. dgl., sind keine wirklichen Konstanten. Vor allem aber sind die beteiligten Massen und Oberflächen oft von der Überlast abhängig. Genauso wie bei einer Abschmelzsicherung, bei der hohe Überlastungen fast nur auf den Schmelzkörper einwirken, bei geringerer Überlast aber auch die Füllung und der keramische Körper erwärmt wird und bei sehr langen Zeiten selbst die Wärmeaufnahmefähigkeit der Stromzuführungen und nicht zuletzt die des Gehäuses beansprucht wird. Man kann also vor allen Dingen $T$ nicht als konstant voraussetzen. Ermittelt man aus der Auslösekurve $T$ wie in S. 99 geschehen, dann findet man, daß bei kleinem $ü'$ höhere Werte von $T$ festgestellt werden als bei mittlerem und bei hohem $ü'$, unter Umständen wieder abweichende, so z. B. bei mittelbar beheizten Auslösern wieder größere.

Um die Grundlagen für eine möglichst einfache formelmäßige Darstellung der Kennlinie zu erhalten und damit gleichzeitig auch eine einfache Darstellung, die einen Einblick in die Geschehnisse inerhalb eines thermischen Auslösers oder Relais der verschiedenen Aufbauformen bietet, empfiehlt sich folgende Überlegung. Es ist entsprechend S.100 u. 107 festzustellen, welcher Wärmeaufwand in den einzelnen Stadien der Überlastung notwendig ist. In jedem Fall muß das eigentliche thermische Element auf Auslösetemperatur gebracht werden. Hierfür ist eine der Wärmeaufnahmefähigkeit entsprechende feststehende Wärmemenge $A$ erforderlich. Für die Wärmeableitung an andere Körper, die Luft, das Gehäuse u. dgl., eine weitere von der Stromstärke bzw. der Auslösezeit abhängige $B$. Diese Wärmemenge wächst also mit der Auslösezeit. Hinzu kommt noch ein Glied $C$, das bei kleinen Zeiten wirksam wird, also mit sinkender Zeit zunimmt und bedingt ist durch Wärmestauungen bzw. bei beschwerten Auslösern durch verminderten Übergang an die Beschwerung.

Die Glieder $B$ und $C$ sollten mit zeitabhängigen Faktoren behaftet sein, so daß auf diese Weise eine Beziehung zwischen $ü'$ und $t$ geschaffen wird. $A$ sollte eine wirkliche Konstante sein. Die Werte $A$, $B$ und $C$ können in Anpassung an die praktischen Verhältnisse von der theoretischen Verknüpfung abweichen. Es besteht die Aufgabe aber darin zu versuchen, durch Analyse der idealen Zusammenhänge die Beziehung der drei Größen zur Zeit zu ermitteln. Läßt man zunächst einmal den Wert $C$ unbeachtet, und das ist zulässig, weil die Idealkurve auf Grund der einfachen theoretischen Zusammenhänge ja auch den Einfluß von Wärmestauung und Beschwerung nicht kennt, und entwickelt zu diesem Zweck den in Gl. (31 a) S. 93 angegebenen Zusammenhang zwischen Auslösezeit, Zeitkonstante und dem durch die Überlastung bedingten Glied in eine Reihe, d. h. den natürlichen Logarithmus, dann erhält man mit dem ersten Glied der Reihe allein:

$$\ddot{u}'^2 \cdot t = T.$$

Der konstante Wert $T$ entspricht der Wärmeaufnahmefähigkeit unter Vernachlässigung der Wärmeableitung. $T$ ist also gleich $A$ der obigen Annahme. Verwertet man die beiden ersten Glieder der Reihe, so erhält man

$$\ddot{u}'^2 \cdot t = T + \frac{T}{2 \cdot \ddot{u}'^2}$$

mithin ein Zusatzglied zu $A$, das mit $B$ gleichzusetzen wäre.

Durch weitere Reihenentwicklungen kommt man zu

$$\ddot{u}'^2 \cdot t = T + \frac{t}{2} \tag{45}$$

oder etwas genauer

$$\ddot{u}'^2 \cdot t = T + \frac{t}{2} - \frac{t^2}{4\,T} \tag{45a}$$

Also sollte nach der Rechnung der Einfluß der Zeit im Zusatzglied im Mittel bei einer Potenz unter 1 liegen. Aber schon der Vergleich der exakten Gl. (31 a), S. 93) mit der vereinfachten Gl. (45) zeigt eine weitgehende Annäherung. Der Fehler ist beim 1,2fachen Grenzstrom noch 10,5%, beim 1,5fachen etwa 2,8%, bei Werten über $\ddot{u}' = 2$ liegt er weit unter 1%, so daß man auf die nach der verfeinerten Darstellung [Gl. (45a)] zu vermutende verminderte Potenz von $t$ im 2. Glied wohl immer verzichten kann.

Die Faktoren mögen unter dem Einfluß der eingangs erwähnten Umstände schwanken. Es sollen deshalb bei der Darstellung der praktischen Auslösekurve nicht die der idealen Kurve entsprechenden physikalischen Werte, wie z. B. die Zeitkonstante $T$, eingeführt werden, sondern die Konstanten $A$ und dergleichen. Es ist demnach:

$$\ddot{u}'^2 \cdot t = A + B \cdot t^x$$

wobei $A$ etwa = der Zeitkonstante, $B$ etwa = 1/2, die Potenz von $t \gtreqless 1$ ist.

Das nun folgende Glied, das die *Wärmestauung* u. ä. berücksichtigt, soll gleich $C \cdot t^y$ sein. Über $y$ lassen sich hier auf Grund der Erörterungen im vorigen Abschnitt schlecht begründete Angaben machen. Die Erfahrung lehrt, daß $y$ bei mittelbar beheizten Auslösern meist etwa $-1$ ist, so daß sich der Gesamtausdruck nach Gl. (36) S. 107 ergibt zu

$$\ddot{u}'^2 = \frac{A}{t} + B + \frac{C}{t^2}$$

wobei $A$ ein Maß für die Wärmeaufnahmefähigkeit des eigentlichen thermischen Elementes ist, $B$ ein solches für die Wärmeabfuhr und $C$ ein solches für die Wärmestauung

**Ermittlung von $A$, $B$ und $C$ aus gemessenen Auslösekennlinien.** Man kann die Werte selbstverständlich aus drei Punkten einer gegebenen Kurve errechnen. Meist führt eine graphische Feststellung schneller und mit genügender Genauigkeit zum Ziel. Man trägt zweckmäßig hierzu $\ddot{u}'^2 \cdot t$ in Abhängigkeit von $t$ und von $1/t$ auf, Abb. 61. An beide Kurven ist je eine Tangente zu legen, die sich auf der Abszissenachse schneiden müssen. Der Abschnitt ergibt den Wert $A$. Bei größer werdendem $t$ prägt sich

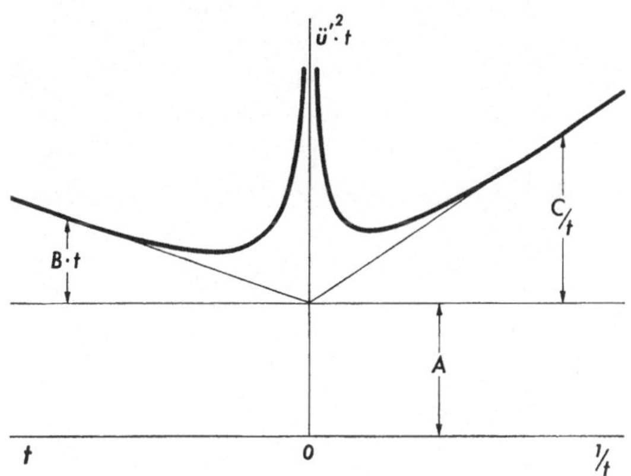



Abb. 61. Feststellung der Konstanten $A$, $B$ und $C$ zur formelmäßigen Darstellung der Auslösekennlinie

durch allmählichen Übergang der Kurve in eine Gerade der Wert $B$ aus. Er kann aus der Steigung errechnet werden. In gleicher Weise auf der $1/t$-Seite der Wert $C$. Können die beiden Tangenten auf der Abszissenachse nicht zum Schnitt gebracht werden, dann dürfte die Voraussetzung des Exponenten von $t$ mit $-1$ nicht stimmen. Solche Fälle sind aber bisher bei der Auswertung noch nicht aufgetreten.

Bei *unmittelbar beheizten Relais* wird man auf diese Weise $C$ zu 0 ermitteln, d. h. der rechte Kurvenast wird über $1/t$ aufgetragen, sich asymptotisch dem Wert $A$ nähern, dafür auch bei der linken Kurve der nach 0 zu stark ansteigende Ast verschwinden, während er bei der rechten bestehenbleibt, denn hier handelt es sich um kleine Werte $1/t$, also große Zeiten, bei denen der Wert $B$ in Erscheinung tritt. Bei mittelbarer oder gemischter Beheizung tritt weitgehend das in Abb. 61 gezeichnet Bild auf. Der Wert $B$ müßte, wenn die Abhängigkeit auch bei allerkleinsten Überlastungen noch stimmen soll, gleich 1 sein, da für $t = \infty$ $\ddot{u}' = 1$ werden muß. Die Ableitungen aus der abgekürzten Reihenentwicklung (s. vorher) führen zu dem Wert $B \sim 1/2$. Die Wirklichkeit liegt meist zwischen $1/2$ und 1.

Zu beachten ist, daß diese und die folgenden Ausführungen sich lediglich auf die Auslösekurven unter Ausschluß der Schaltereigenzeiten ($t_e$) beziehen. Letztere haben immer eine weitere Steigerung von $\ddot{u}'^2 \cdot t$ bei sinkendem $t$ zur Folge. Bei der Aufzeichnung ist also genau genommen statt $t$ immer $t - t_e$ einzusetzen, was natürlich nur bei verhältnismäßig sehr hohen Strömen von Bedeutung ist.

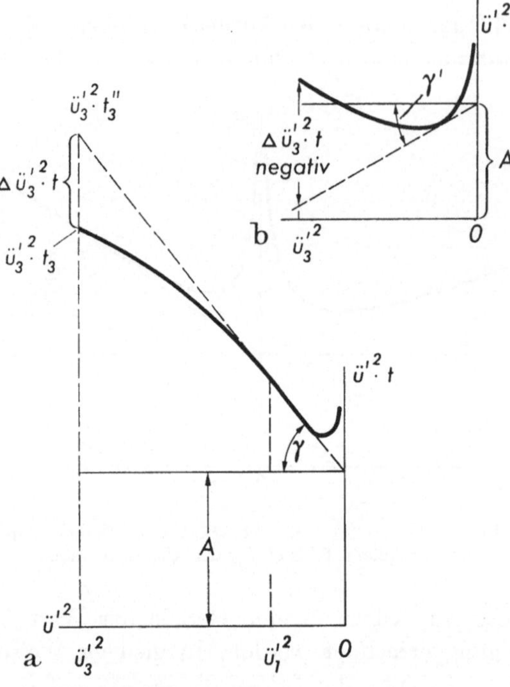

Abb. 62 a u. b. Ermittlung der Werte $t_z$ und $t_x$
a mittelbar beheiztes; b beschwertes Relais

Bei praktisch *rein mittelbarer Beheizung* kommt man jedoch mit dieser Beziehung nicht zum Ziel. In Wirklichkeit ergeben sich für hohe Überlastungen noch größere Werte von $\ddot{u}'^2 \cdot t$. Das wird klar, wenn man den für $\ddot{u}'^2 \cdot t$ auf S. 111 bei mittelbarer Beheizung gefundenen Wert untersucht. Das Glied $\dfrac{1}{1 - t_x/t}$ wird etwa $= 1 + t_x/t$, wenn $t_x/t$ im Verhältnis zu 1 klein ist und führt zu dem angenommenen Ausdruck $A + C/t$. Ist dagegen $t_x/t$ groß im Verhältnis zu 1, so muß statt dem Wert

$A + C/t$ mit dem $A \cdot \dfrac{1}{1 - t_x/t}$ gerechnet werden, die Gl. (36) S. 107 also die Form

$$\ddot{u}'^2 = \frac{A}{t - t_x} + B \text{ erhalten.} \tag{46}$$

Dieser Ausdruck dürfte allen Anforderungen der Praxis im Überlastgebiet bis etwa $10\,I_e$ genügen. Für seine weitere Verfeinerung müßte der genauere Ausdruck [Gl. (44) S. 112] herangezogen werden. Danach würde:

$$\ddot{u}'^2 = \frac{A}{t - t_x\,(1 - \exp - t/t_z)} + B \tag{47}$$

$t_z$ s. Gl. (43) S. 112.

**Ermittlung von $t_x$ aus Kennlinien.** Auch dieser Wert $t_x$ läßt sich leicht *durch*

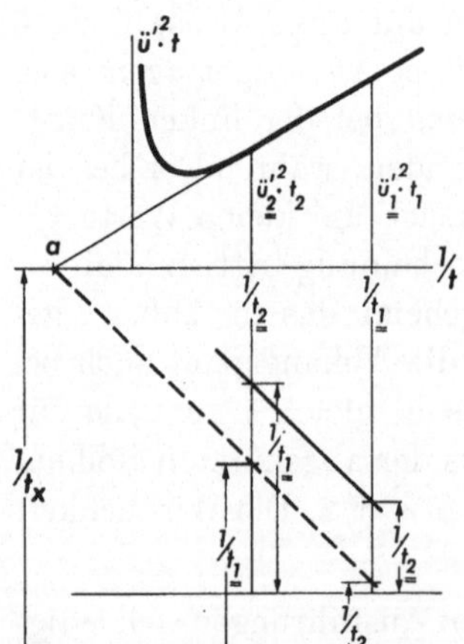

Abb. 63. Ermittlung des Wertes $t_x$

*Konstruktion* gewinnen. Zu diesem Zweck trägt man $\ddot{u}'^2 \cdot t$ über $\ddot{u}'^2$ auf, s. Abb. 62. Der Tangens des Neigungswinkels $(\gamma)$ gegen die Horizontale ist gleich $t_x$, denn

$$\ddot{u}_1'^2 \cdot t_1 = \frac{A}{1 - t_x/t_1}$$

$$\ddot{u}_2'^2 \cdot t_2 = \frac{A}{1 - t_x/t_2}$$

$$A = \ddot{u}_1'^2 \, (t_1 - t_x) = \ddot{u}_2'^2 \, (t_2 - t_x)$$

$$\ddot{u}_1'^2 \cdot t_1 - \ddot{u}_2'^2 \cdot t_2 = t_x \, (\ddot{u}_1'^2 - \ddot{u}_2'^2)$$

$$t_x = \frac{\ddot{u}_1'^2 \cdot t_1 - \ddot{u}_2'^2 \cdot t_2}{\ddot{u}_1'^2 - \ddot{u}_2'^2}$$

Für $\ddot{u}'^2 = 0$ schneidet diese Tangente den Grundwert $A$ (bzw. $T$) auf der Ordinate ab.

*Auch aus $\ddot{u}'^2 t = f\,(1/t)$ läßt sich der Wert $t_x$ ermitteln, Abb. 63.*

Es ist:

$$\frac{\ddot{u}_1'^2 \cdot t_1}{\ddot{u}_2'^2 \cdot t_2} = \frac{1 - \dfrac{t_x}{t_2}}{1 - \dfrac{t_x}{t_1}} = \frac{\dfrac{1}{t_x} - \dfrac{1}{t_2}}{\dfrac{1}{t_x} - \dfrac{1}{t_1}}$$

$\ddot{u}'^2 \cdot t$ wird über $1/t$ aufgetragen; weiterhin von einer beliebigen zur $\dfrac{1}{t}$ -Achse parallelen Geraden ab die Werte $\dfrac{1}{t_2}$ und $\dfrac{1}{t_1}$ (umgekehrter Index wie bei $\ddot{u}'^2 \cdot t$) und eine Parallele durch den Schnittpunkt $a$ der Tangente mit der Achse gezogen. Von dieser Geraden nochmals $\dfrac{1}{t_1}$ und $\dfrac{1}{t_2}$ abgetragen, ergibt $\dfrac{1}{t_x}$ . Die Tangente schneidet auf der Ordinatenachse wieder $A$ ab.

**Ermittlung von $t_z$ aus Kennlinien.** Die Kurve $\ddot{u}'^2 \cdot t$ über $\ddot{u}'^2$ nach Abb. 62 neigt sich unter dem Einfluß des Korrekturgliedes $t_z$ bei hohem $\ddot{u}'^2$ nach der Achse. $\ddot{u}'^2$ ergibt also kleinere $\ddot{u}'^2 \cdot t$-Werte als nach der Gl. (46) S. 122. zu erwarten sind, denn der Nenner [Gl. (47) S. 122] wächst durch das Zusatzglied. Unter dem Einfluß von $B$ wächst andererseits der Wert bei großem $t$, also kleinem $1/t$, bei großem sinkt er, während der Wert $\ddot{u}'^2 = A/(t - t_x)$ eine Gerade ergibt. Die Kurve muß mithin einen Wendepunkt haben. Letzteres gilt für mittelbar beheizte Auslöser, s. Abb. 62a. Sie folgt dem Gesetz

$$\ddot{u}'^2 = \frac{A}{t - t_x + t_x \cdot \exp - t/t_z} + B.$$

Hat man für den Punkt $\ddot{u}_1'^2$ den Wert $\mathrm{tg}\,\gamma = t_x$ festgestellt, so erhält man den Wert $\ddot{u}_3'^2 t_3''$ nach der Beziehung

$$\ddot{u}_3'^2 \cdot t_3'' - \ddot{u}_3'^2 \cdot t_x = \ddot{u}_1'^2 \cdot t_1 - \ddot{u}_1'^2 \cdot t_x = A$$

In Wirklichkeit ist aber:

$$\ddot{u}_3'^2 \cdot t_3 - \ddot{u}_3'^2 \cdot t_x + \ddot{u}_3'^2 \cdot t_x \cdot \exp - t_3/t_z = \ddot{u}_1'^2 \cdot t_1 - \ddot{u}_1'^2 \cdot t_x = A,$$

wenn man das Zusatzglied für den Punkt $\ddot{u}_1'^2$ wegläßt, da es hier wegen des hohen $t$ praktisch ohne Einfluß ist.

Aus den beiden Gleichungen folgt nach entsprechenden Umrechnungen

$$t_z = \frac{t_3}{\ln \dfrac{\ddot{u}_3'^2 \cdot t_x}{\triangle \ddot{u}_3'^2 \cdot t}} \tag{48}$$

Hierin entspricht $\ddot{u}_3'^2$ dem äußersten Kurvenpunkt

$t_3$ ist die zu $\ddot{u}_3'$ gehörige Auslösezeit (der Auslösekennlinie zu entnehmen)

$t_x$ wurde vorhin graphisch ermittelt, $\triangle \ddot{u}_3'^2 \cdot t$ ist der Unterschied im Punkte $\ddot{u}_3'^2$ zwischen der Kurve und der Tangente.

Bei einem *beschwerten Relais* liegen die Verhältnisse ähnlich. Die Kurve $\ddot{u}'^2 \cdot t = f(\ddot{u}'^2)$ hat naturgemäß keinen Wendepunkt mehr (s. Abb. 62b), denn bei höheren Stromstärken entstehen keine Stauungen der Wärme auf der Bewicklung, sondern im Gegenteil die Bewicklung bleibt kälter. Die Kurve wird mithin nicht unterhalb liegen, sondern gegenüber der durch den negativen Winkel $\gamma'$ bedingten Linie nach oben abweichen. Zur Ermittlung von $t_x$ kommt also nur eine Tangente an die Kurve in Betracht. Man verfährt wie bei mittelbar beheizten Relais, nur ist zu beachten, daß sowohl $t_x$ wie die Differenz $\ddot{u}'^2$ negativ sind, so daß das Ergebnis ein positives ist. Mit diesem etwas unterschiedlichen Verhalten hängt es auch zusammen, daß es praktisch offenbar nie gelingt, den Wert $C$ entsprechend Gl. (36) bei beschwerten Relais zu ermitteln. Die Bestimmung von $C$ ersetzt erfahrungsgemäß in gewissem Umfang die Bestimmung von $t_x$ und $t_z$. Sobald aber $t_z$ von nachhaltigem Einfluß wird, kann $C$ nicht mehr ermittelt werden. Das gilt praktisch für alle beschwerten Relais. Bei ihnen müssen die Werte $t_x$ und $t_z$ festgestellt werden.

Diese Darstellungen geben einen brauchbaren formelmäßigen Ausdruck für die Strom-Zeit-Kennlinien. Sie brauchen nicht für jeden zukünftigen Fall richtig zu sein. Für die üblichen Bimetall- und Dehnungsbänder stimmen sie offenbar. Man kann die Auslöser mit Hilfe der Konstanten vergleichen.

Es gelten nochmals *zusammengefaßt folgende Beziehungen*:

Für unmittelbare Beheizung

$$\ddot{u}'^2 \cdot t = A + B \cdot t \tag{32}$$

Für mittelbare Beheizung eine einfache, durch reine Annahme gewonnene

$$\ddot{u}'^2 \cdot t = A + B \cdot t + \frac{C}{t} \qquad (36)$$

eine exaktere, die im Überlastbereich wohl immer Geltung hat

$$\ddot{u}'^2 \cdot t = \frac{A}{1 - t_x/t} + B \cdot t \qquad (42)$$

und eine vollständige, auch für den Kurzschlußbereich gültige

$$\ddot{u}'^2 \cdot t = \frac{A}{1 - t_x/t\,(1 - \exp - t\,t_z)} + B \cdot t \qquad (44)$$

$t_x$ s. Gl. (41) S. 111; $t_z$ s. Gl. (43) S. 112.

Dabei ist zu beachten, daß die Formeln die Eigenzeit des Schaltgerätes nicht enthalten, diese muß zugeschlagen bzw., wenn man von vergleichenden Meßwerten ausgeht, abgezogen werden. Versäumt man das, dann haben auch die Kurven für unmittelbare Beheizung bei der Analyse den gleichen Charakter wie die für die mittelbare Beheizung, weil der Wärmenachschub in der Eigenzeit mit steigender Überlast steigenden Charakter annimmt.

Die *Methode zur Feststellung der verschiedenen Konstanten* der Auslösekurve sei nachstehend nochmals *kurz zusammengefaßt*:

Zur Verfügung steht eine Kurve, die die Auslösezeit $t$ in Abhängigkeit von der Überlastung $\ddot{u}'$ angibt, wobei $\ddot{u}'$ der Belastungsstrom als Vielfaches des Grenzstromes ist. Auf Grund dieser Werte ist $\ddot{u}'^2$, $\ddot{u}'^2 \cdot t$ und $1/t$ zu errechnen.

Es wird nun in jedem Fall $\ddot{u}'^2 \cdot t$ abhängig von den Größen $t$ und $1/t$ unter Umständen auch $\ddot{u}'^2$ aufgetragen. In Abb. 61 schneiden die Tangenten auf der Ordinatenachse den Wert $A$ ab. Ihre Steigung über $t$ ist gleich dem Wert $B$, über $1/t$ muß die Tangente wiederum den Wert $A$ abtrennen. Ihre Steigung ist nunmehr $= C$. In Abb. 62, in der $\ddot{u}'^2 \cdot t$ über $\ddot{u}'^2$ aufgetragen ist, soll der Ordinatenabschnitt wieder $A$ sein. Die Steigung der Tangente von diesem Punkt an die Kurve ist $= t_x$. Die Kurve besitzt bei mittelbarer Beheizung im allgemeinen einen Wendepunkt, dann ist die Tangente an diesem Punkt zu zeichnen. Zur Feststellung des Wertes $t_z$ nimmt man den äußersten mit einiger Sicherheit ermittelten Kurvenpunkt und bestimmt den Wert $t_z$ nach Gl. (48) S. 124 rechnerisch.

Handelt es sich um ein beschwertes Relais, dann ist dieser Unterschied negativ und in gleicher Weise auch $t_x$ negativ. Die Kurve $\ddot{u}'^2 \cdot t = f(\ddot{u}'^2)$ besitzt dabei keinen Wendepunkt mehr, denn bei höheren Stromstärken entstehen auf der Bewicklung keine Wärmestauungen mehr, im Gegenteil, die Bewicklung bleibt kälter.

Die Bestimmung von $C$ ersetzt die Bestimmung von $t_x$ und $t_z$ in gewissem beschränktem Umfange. Sobald $t_z$ von nachhaltigem Einfluß ist, kann $C$ nicht mehr ermittelt werden.

Im Laufe der Zeit wurden nach den angegebenen Methoden die Werte einer großen Anzahl von Auslösern und Relais festgelegt. Es wurde dabei festgestellt, welche Kennwerte den einzelnen thermischen Elementen zuzuordnen sind und inwieweit die Auslösekennlinie den entwickelten Gleichungen entspricht. Die Analyse der Kurven von Abb. 64 ist bei FRANKEN (16) behandelt.

Die Ergebnisse waren folgende:

a) unmittelbar beheizt $\quad \ddot{u}'^2 = \dfrac{90}{t} + 0,7$

b) Schmelzlotauslöser $\quad \ddot{u}'^2 = \dfrac{300}{t} + 1 + \dfrac{1860}{t^2} = \dfrac{300}{t-4,3} + 1$

c) mittelbar beheizt $\quad \ddot{u}'^2 = \dfrac{45}{t} + 0,95 + \dfrac{440}{t^2}$

d) mittelbar beheizt $\quad \ddot{u}'^2 = \dfrac{150}{t} + 1,15 + \dfrac{278}{t^2}$

$$= \dfrac{150}{t-1,2\,(1-\exp-t/1,86)} + 1,15$$

e) mittelbar beheizt $\quad \ddot{u}'^2 = \dfrac{100}{t} + 0,6 + \dfrac{470}{t^2}$

$$= \dfrac{100}{t-2,4\,(1-\exp-t/2,2)} + 0,6$$

f) beschwertes Relais $\quad \ddot{u}'^2 = \dfrac{60}{t+1,35} + 0,76;\ C$ nicht bestimmbar

g) beschwertes Relais $\quad \ddot{u}'^2 = \dfrac{35}{t+1,2\,(1-\exp-t/0,44)} + 1,1$

Bei Anschluß eines Dehnungsbandrelais mit $A = 50$; $B = 0,5$; $t_x = 1,5$ an einen Wandler entstand eine Charakteristik mit $A = 80$; $B = 0,35$; $t_x = 5,9$. $C$ war praktisch nicht zu ermitteln. Aufbaudaten und Kritik der Ergebnisse s. FRANKEN (16).

Auf die genannte Weise wurde der charakteristische Wert $t_x$ bei gängigen Bimetallauslösern, bei denen zwischen Heizwicklung und Bimetallstreifen Asbest oder Glimmer lag, mit Werten bis zu etwa 2 s ermittelt, ein Wert, der dann, wenn die mittelbare Heizung in die unmittelbare übergeht, stark abnimmt. Beträge von knapp $^1/_{10}$ s drücken sich noch mit genügender Genauigkeit in den Kurven aus.

Die Beispiele zeigen, daß der Unterschied zwischen den einfacheren und genaueren Formeln beträchtlicher ist, wenn der Überlastbereich überschritten wird. Beim reinen Motorschutzbetrieb wird man sich (im Überlastbereich) im allgemeinen mit den einfacheren Darstellungen ohne

Berücksichtigung des Wertes $t_z$ begnügen können. Aber schon bei der Feststellung des Verhaltens in Wechselbeziehung zu einer vorgeschalteten Sicherung oder zu einem Überstromselbstschalter wird es anders sein, vor allen Dingen auch dann, wenn man daran denkt, die Eigenkurzschlußfestigkeit zu ermitteln, wovon auf S. 201 die Rede ist. Hier spielt übrigens der Wert $t_y$ [s. Gl. (41a) S. 111], der bisher noch nicht weiter benutzt wurde, eine ausschlaggebende Rolle und hat ungefähr den gleichen Charakter wie die beiden besonders markierten Zeiten $t_x$ und $t_z$. Die Anwendbarkeit der Formel mit „$C$" zeigte sich dabei in einem weiteren Strombereich verwendbar als die mit dem Wert $t_x$ ohne Berücksichtigung von $t_z$. Die Werte für $B$, die nach der einleitenden Darlegung etwa 0,5 sein sollten, fallen durchschnittlich etwas höher aus. Festgestellt worden meistens Werte in der Größenordnung von 0,7 bis 0,8.

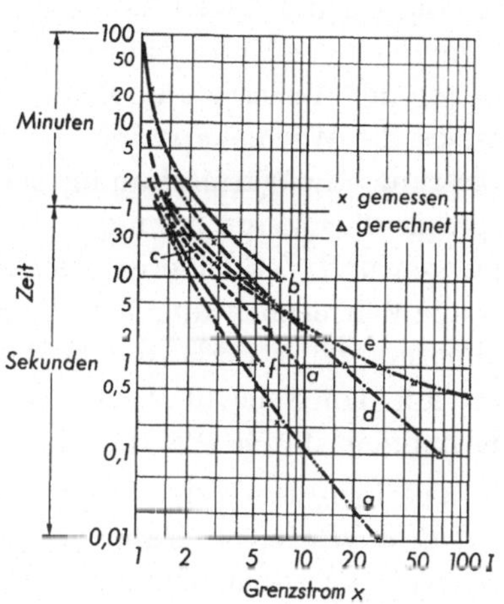



Abb. 64. Auslösekennlinien verschiedener Motorschutzauslöser gemessen und gerechnet $a$ unmittelbar beheizt; $b$ Schmelzelement; $c, d, e$ mittelbar beheizt; $f, g$ beschwerte Dehnungsbänder

In all diesen Formeln lassen sich auch erfahrungsgemäß sehr einfach die durch Fabrikation und Material bedingten Streuungen zur Konstruktion der Streubänder einführen. Während die Beziehung zwischen Ansprechzeit und Überlastung weitgehend von der Lage des Grenzstromes (zwischen 1,05 ... 1,2 Einstellstrom, s. Abb. 52 S. 101) abhängt, kommen die Abweichungen, die durch Material und Fabrikation bedingt sind, hinzu. Für ein unmittelbar beheiztes Element mit der Kennliniengleichung

$$\ddot{u}'^2 = \frac{A}{t} + B$$

und der Veränderung von $A$ und $B$ zwischen $A_{\min}$ und $A_{\max}$ bzw. $B_{\min}$ und $B_{\max}$ wird, wie ohne weiteres erkennbar,

$$\ddot{u}_{\max} = 1{,}2 \cdot \sqrt{\frac{A_{\max}}{t} + B_{\max}}; \quad \ddot{u}_{\min} = 1{,}05 \cdot \sqrt{\frac{A_{\min}}{t} + B_{\min}}.$$

Ein praktisches Beispiel ergab für $A = 78 \pm 2$ und $B = 0{,}6 \pm 0{,}05$ bei $t = 10\,\mathrm{s}$

$$\ddot{u}_{\max} = 1{,}2 \cdot \sqrt{\frac{80}{10} + 0{,}65} = 3{,}53 \cdot \text{Einstellstrom,}$$

$$\ddot{u}_{\min} = 1{,}05 \cdot \sqrt{\frac{76}{10} + 0{,}55} = 3{,}0 \cdot \text{Einstellstrom.}$$

In der gleichen Weise muß verfahren werden, wenn die Kennlinie durch eine andere Ausgangsgleichung, z. B. mit den Gliedern

$$A, \; B \text{ und } C \text{ oder } A, \; B \text{ und } t_x$$

dargestellt ist.

Die Ausführungen haben das Ziel, durch eine Analyse der Auslösekennlinien von Motorschutzgeräten Kennzahlen zu gewinnen, die das Verhalten der Auslöser und Relais charakterisieren. Diese Kennzahlen umfassen die Wärmekapazität, die Wärmeableitung, Werte zur Charakterisierung der Wärmestauung bei mittelbar beheizten Geräten und entsprechender Vergrößerung der Auslösezeit sowie bei beschwerten Elementen und Verkleinerung der Auslösezeit. Insbesondere erkennt man, ob die Wärmeableitung über die Befestigungsteile und Anschlußleitungen abnorm groß ist (z. B. $B > 0{,}7$) oder die Wärmestauung ($C$ bzw. $t_x$) hoch ist. Mit den gleichen Werten lassen sich in weiterem Umfang auch die Kennlinien durch Wandler gespeister Elemente darstellen.

Die Ermittlung der genannten Werte stößt manchmal in der Praxis auf *Schwierigkeiten*. Dann liegt es aber erfahrungsgemäß nicht am angegebenen System, sondern einzig und allein an der Aufnahme der Auslösekennlinie. Trägt man die Ermittlungscharakteristiken nach den Abb. 61 bis 63 auf, dann erkennt man sehr häufig, wie unexakt eigentlich diese als Auslösekennlinie so elegant geschwungen aussehenden Kurven in Wirklichkeit sind. Fehler schleichen sich bei der Aufnahme solcher Kurven leicht durch schwankende Raumtemperatur ein oder aber es werden neue Belastungsversuche unternommen, ehe der Auslöser wirklich auf die Ausgangstemperatur abgekühlt ist. Solche Einflüsse erkennt man bei den angegebenen Darstellungen sofort als Abweichungen von dem gesetzmäßigen Verlauf.

Für beschwerte Auslöser und Relais wäre vielleicht noch eine andere Darstellung möglich, die von den beiden Zeitkonstanten für hohe und niedrige Überlast ausgeht, entsprechend den wärmeaufnahmefähigen Massen der Seele bzw. der Seele $+$ Beschwerung. Dieser Weg wurde im Interesse der Einheitlichkeit der Darstellung für alle Auslöseranordnungen nicht beschritten.

Für alle Darstellungen können die Konstanten aus den Auslösekurven durch Konstruktion ermittelt werden. Man kann auf diese Weise mit einiger Sicherheit Kurven in die Kurzschlußgebiete verlängern, in denen die Messungen umständlicher sind. Die Darstellung hat weiterhin den Vorzug, daß die Teilwerte auch die Berechnung der Kurzschlußfestigkeit gestatten. Das ist erklärlich, da sie den Temperaturzusammenhängen entlehnt wurden (s. S. 196).

Von diesen Konstanten ausgehend ist auch eine weitgehende *Voraussage* über die Auslösekennlinien mit der für solche Fälle gewünschten Genauigkeit möglich, so daß man in der Lage ist, eine ungefähre Ermittlung der Auslösekennlinie für einen Entwurf ohne vorherigen Modellbau und ohne vorherige Erprobung vorzunehmen. Das ist auch wichtig für die bereits mehrfach erwähnte Kurzschlußfestigkeit. Dabei entspricht der Wert $A$ dem Quotienten aus der Wärmeaufnahmefähigkeit der Massen und der Wärmeableitfähigkeit. Die Wärmeaufnahmefähigkeit ist gegeben durch Volumen und spezifische Wärme, die Ableitfähigkeit zwischen Bimetall und Wicklung durch Oberfläche und zugehörige Wärmeableitungsziffer. Diese Werte ergeben sich ohne weiteres aus den angenommenen Abmessungen und Stoffkennwerten. Schwieriger ist die Festlegung der Wärmeableitungsziffer. Sie bedeutet auch eine Annahme über die Oberfläche, z. B. dann, wenn eine Drahtwicklung auf einen Bimetallstreifen gewickelt ist. Als Oberfläche wird man bei Runddrähten die Projektion dieser Drähte festlegen, bei Flachbewicklungsstoffen ihre breite Seite. Von Wärmeübergang zwischen Heizwicklung und Bimetall bei mittelbarer Heizung schlechtweg kann nicht geredet werden, denn es ist ja immer noch ein Temperaturgefälle vorhanden, bedingt durch die Zwischenschichten, z. B. Asbest oder auch ein Luftpolster. Bei Asbestschichten von 0,15 mm Dicke und entsprechend dünnen Glimmerstreifen ergab sich ziemlich übereinstimmend eine Wärmeübergangsziffer von etwa $0,1 \text{ W} \cdot \text{cm}^{-2} \cdot {}^\circ\text{C}^{-1}$.

Die übrigen Werte, die zur Berechnung notwendig sind, insbesondere die Werte $t_x$ und $t_z$, lassen sich aus den Konstruktionsdaten ermitteln, s. Gl. (41) und (43) S. 111, wobei die Werte $w$ und $u$ (s. S. 108) von Bedeutung sind. Da bei jeder Konstruktion die Widerstände und Gewichte der Einzelteile und danach die Wärmemengen und Wärmeaufnahmefähigkeiten leicht zu berechnen sind, sind auch diese Zahlen nicht schwer zu ermitteln.

### 2.3.10 Grenzerwärmung und Grenzweg

In den Ableitungen über den Temperaturanstieg und den -abfall (s. S. 91) ist die Wärmeabgabeziffer $\bar\alpha$ als konstant angenommen worden. Unter dieser Voraussetzung sind die aufgewandten Dauerwatt den Erwärmungen und etwaigen durch die Erwärmung bedingten Wegen proportional, d. h. bei gleichbleibendem Leitwiderstand entsprechen die Temperaturen und Wege dem Stromquadrat

$$\left(\frac{I_{\ddot{u}}}{I_g}\right)^2 = \ddot{u}'^2 = \frac{\vartheta_{\ddot{u}g}}{\vartheta_g}$$

Die gemachte Voraussetzung, nach der die Wärmeabgabeziffer konstant, also von der Temperatur unabhängig ist, ist aber nicht immer zutreffend. Die für den Temperaturanstieg und den aussetzenden Betrieb gegebenen Zusammenhänge werden von dieser Tatsache in der Praxis jedoch kaum berührt. Lediglich beim Überschreiten der Grenzerwärmungen, also in Gebieten, die nicht erreicht werden sollen, können die unterschiedlichen Wärmeabgabeziffern zur Auswirkung kommen. Für den ausgenutzten Teil der Erwärmungsdiagramme, d. h. bis zum Erreichen einer durch den Einstellstrom bedingten Grenzerwärmung, ist die Rechnung mit konstanten Werten für $\bar{\bar{\alpha}}$ zulässig, und für diesen Teil, insbesondere auch die Errechnung der fiktiven Grenzwerte gilt, daß das Stromquadrat den Erwärmungen proportional ist. Diese Übertemperaturen, bestimmt durch das quadratische Verhältnis der Dauerstromstärken, treten aber in der Praxis nicht immer auf. Der Unterschied ist von Einfluß bei der Veränderung der

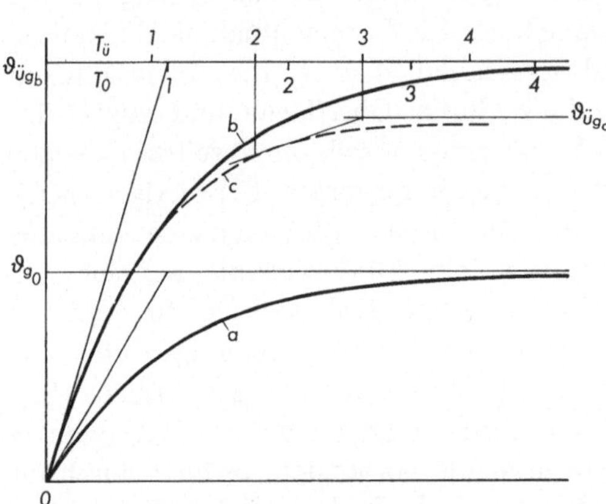

Abb. 65. Temperaturanstieg bei konstanter (b) und mit der 4. Wurzel aus der Erwärmung steigender Wärmeabgabeziffer (c)

Grenzerwärmung eines thermischen Elementes durch starke Erhöhung des Einstellstromes. $\bar{\bar{\alpha}}$ wächst oft mit steigendem Temperaturgefälle, so daß bei Erhöhung der Grenzerwärmung die tatsächlich auftretende Erwärmung hinter dem mit dem Quadrat der Stromstärke errechneten Wert zurückbleibt. Abb. 65 zeigt die Auswirkung dieser Erscheinung im nichtbenutzten Teil einer Temperaturanstiegskurve bei Überlast. Hierbei ist die Stromüberlast etwa $\sqrt{2}$-fach.

Kurve *a* zeigt den Anstieg auf die Grenzerwärmung $\vartheta_{go}$

Kurve *b* die Erwärmung bei $\sqrt{2}$-fachem Strom und konstanter Wärmeabgabeziffer auf die doppelte Erwärmung $\vartheta_{\ddot{u}gb}$

Kurve *c* die Erwärmung bei der gleichen Überlast und bei mit der 4. Wurzel der Temperatur ansteigenden Wärmeabgabeziffer auf $\vartheta_{\ddot{u}gc}$

Steigende Wärmeableitziffern sind vor allem bei flächenhaften Elementen, wie z. B. senkrecht stehenden Bimetallstreifen, zu finden. Für lotrechte Flächen unendlicher Breite begründete schon LORENZ die Abhängigkeit von der 4. Wurzel aus dem Temperaturunterschied. Also gilt:

$$\bar{\bar{\alpha}} = C \cdot \sqrt[4]{\vartheta_{\ddot{u}g}}$$

Man kommt dann zu dem Ergebnis, daß etwa die 1,6. Potenz des Stromes der Temperatur proportional ist. Ist je nach Lage und Abmessungen eine Steigerung der Konvektion durch das Temperaturgefälle unwahrscheinlich, dann bleibt es selbstverständlich beim Quadrat. Die Annahme konstanter Wärmeabgabeziffern darf also nicht mehr ohne weiteres gemacht werden, wenn die Grenzerwärmungen selbst von praktischer Bedeutung sind, z. B. bei Festlegung der Grenzwege für die verschiedenen Punkte einer *Einstellskala*. Hier müssen die Grenzwerte und nur diese genauer festgestellt werden.

Die Konstante $C$ ist vom umgebenden Medium, ferner von der Lage des Konstruktionselementes abhängig und die Wärmeabgabe demnach statt

$$O \cdot \bar{\bar{\alpha}} \cdot \vartheta_g; \quad O \cdot C \cdot \vartheta_g^{1,25}$$

und entsprechend Kurve c Abb. 65

$$\left(\frac{I_{\ddot{u}}}{I_0}\right)^2 = \left(\frac{\vartheta_{\ddot{u}g}}{\vartheta_{go}}\right)^{1,25}; \quad \left(\frac{I_{\ddot{u}}}{I_0}\right)^{1,6} = \frac{\vartheta_{\ddot{u}g}}{\vartheta_{go}}$$

Im Ausmaß der hierdurch bedingten Änderungen der Grenztemperaturen bei den verschiedenen Einstellströmen ändern sich auch die Längenänderungen der Dehnungselemente und die Ausbiegungen der Bimetalle, also deren Grenzwege. Diese Beziehung ist zur Beurteilung mancher Erscheinungen bei thermischen Auslösern außerordentlich wichtig. Die 1,6fachen Potenzen s. Abb. 138 S. 288.

### 2.3.11 Einfluß der Raumtemperatur

Bei einem Gerät, das letzten Endes auf die Erwärmung anspricht, muß auch eine Änderung der Umgebungstemperatur auf den Ansprechwert Einfluß haben. Nun erfolgt die Eichung der Schutzelemente nach VDE 0660 bei 20° C. Der Einfluß einer abweichenden Raumtemperatur auf die Auslösekennlinie, insbesondere auf den eigentlichen Auslösergrenzstrom, hängt in hohem Maße davon ab, mit welchen Auslöseübertemperaturen das Element normalerweise arbeitet. Je kleiner diese ist, um so größer ist der Einfluß von Schwankungen der Umgebungstemperatur. Bei einer Grenzstromerwärmung $\vartheta_g$ und einer Raumtemperatur $RT$ gegenüber $RTo$ beim Eichen ist das Verhältnis des neuen Grenzstroms $(I_g)$ zum Ausgangswert $(I_{go})$ annähernd

$$\frac{I_g}{I_{go}} = \sqrt{\frac{\vartheta_g - (RT - RT_o)}{\vartheta_g}}$$

Ein Bimetallstreifen, der mit einer Auslöseübertemperatur von 60° C arbeitet, wird naturgemäß von einer Schwankung der Raumtemperatur viel stärker beeinflußt als ein Dehnungselement mit einer Auslöseübertemperatur von vielleicht 200° C. Der Einfluß wird somit auch für verschiedene Skalenmarken ein verschieden großer sein, für den unteren Einstellstrom eines Auslösers also größer als für den oberen. Einen guten Anhaltspunkt für die Errechnung dieser Vorgänge erhält man nach [FRANKEN (13)].

Es sei

$z$ = Skalenwert, d. h. das Gerät ist auf $z \cdot$ Skalennennwert $(I_n)$ eingestellt $(z < 1)$

$b$ = Ermäßigung der Grenzstromstärke auf $b\%$ durch

$c$ = Außentemperaturzunahme in C°

$d$ = die normale Auslöseübertemperatur beim Skalenwert $z$
    $D$ diejenige bei $z = 1$
    und $d \cong D \cdot z^{1,6}$ (s. S. 131) oder $D \cdot z^2$

Bei Außentemperaturzunahme um $c$ °C sei der Skalenwert statt

$$z \cdot I_n \text{ in Wirklichkeit } z \cdot \frac{b}{100} \cdot I_n$$

wobei die erforderliche Auslöser-Übertemperatur von $d$ auf $d - c$ sinkt. Wenn die Temperatur mit der 1,25. Potenz dem Stromquadrat proportional ist, ergibt sich

$$\left(\frac{d-c}{d}\right)^{1,25} = \frac{z^2 \cdot \left(\frac{b}{100}\right)^2 \cdot I_n^2 \cdot R}{z^2 \cdot I_n^2 \cdot R} = \left(\frac{b}{100}\right)^2$$

$$\left(1 - \frac{c}{d}\right) = \left(\frac{b}{100}\right)^{1,6}$$

Mit $d = D \cdot z^{1,6}$ wird

$$\left(\frac{b}{100}\right)^{1,6} = 1 - \frac{RT - RT_0}{D \cdot z^{1,6}}$$

Der Wert $D$ ist eine Modellkonstante. Er entspricht — wie erwähnt — der Auslöser-Übertemperatur bei Skalenstellung 1. Er kann außer durch

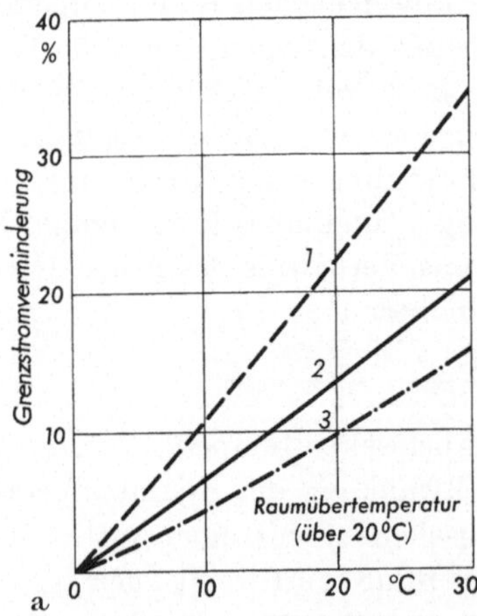


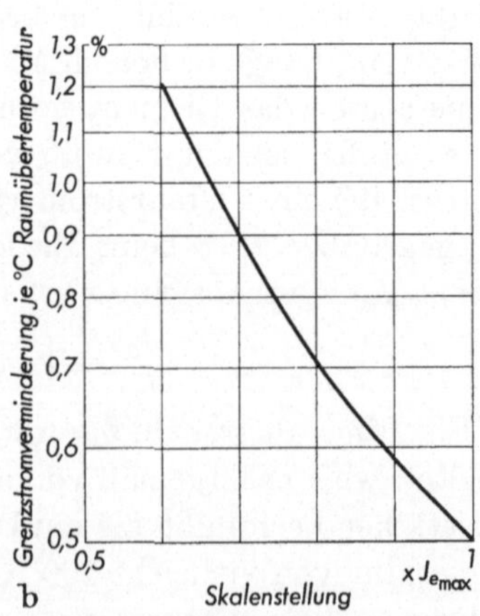


Abb. 66 a u. b. Grenzstromverminderung bei steigender Raumtemperatur
a auf verschiedenen Skalenmarken, abhängig von der Raumtemperatur über 20°C hinaus;
$D = 127$, *1* Skalenmarke 0,63, *2* Skalenmarke 0,84, *3* Skalenmarke 1 × $Ie_{max} = In$; b mittlere Grenzstromverminderung je °C Raumtemperaturerhöhung über 20°C hinaus, abhängig
von der Skalenstellung

Messung besser durch Rechnung aus zwei Versuchsreihen ermittelt werden. Messung und Rechnung ergeben eine gute Übereinstimmung. Ein Beispiel s. FRANKEN (13) Abb. 4. In Abb. 66a sind Grenzstromabweichungen, in ·Abhängigkeit von der Raumübertemperatur für die unterste und oberste sowie für eine Mittelmarke, entsprechend dem quadratischen Mittelwert zwischen oberster und unterster Marke, für ein Gerät eingezeichnet. Die mittlere Grenzstromverminderung (% °C$^{-1}$) auf den einzelnen Skalenstellungen zeigt Abb. 66b.

Der Einfluß der Raumtemperaturschwankungen kann in gewissem Umfange durch Kompensationseinrichtungen ausgeglichen werden.

### 2.3.12 Kompensation des Raumtemperatureinflusses

Zum Verständnis der Kompensationseinrichtungen und ihrer Wirkung ist es zunächst notwendig, sich das Temperaturgefälle eines Motorschutzauslösers vorzustellen. Es umfaßt im wesentlichen drei Stufen, s. Abb. 67, und geht von der Außentemperatur, also der Raumtemperatur ($RT$) aus. Im Innern des Gehäuses entsteht eine höhere Temperatur ($GT$), bedingt durch das Temperaturgefälle in der Gehäusewandung. Endlich steigt sie auf die noch höhere Temperatur des Auslöseelementes ($AT$) selbst, bedingt durch das Temperaturgefälle an dessen Oberfläche. Der Unterschied der Temperatur des Auslöseelementes ($AT$) gegen die Gehäuseinnentemperatur ($GT$) sei $\triangle\vartheta_a$, der der Gehäuseinnentemperatur gegenüber der Raumtemperatur ($RT$) $\triangle\vartheta_b$. Diese beiden Unterschiede sind strom-

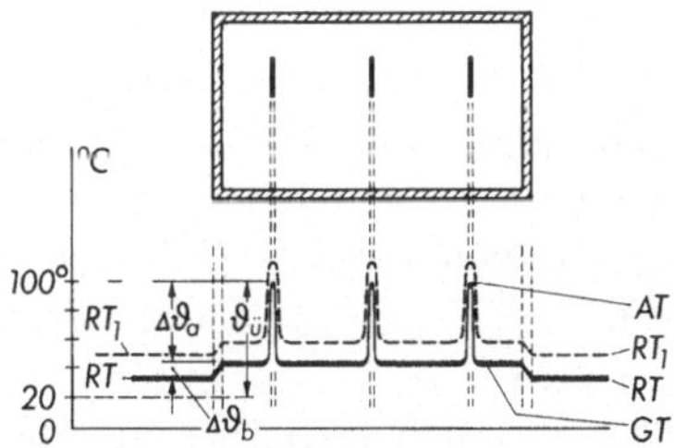


Abb. 67. Temperaturverlauf in einem Auslösergehäuse

$RT$ = Raumtemperatur; $GT$ = Gehäuseinnentemperatur; $AT$ = Auslösetemperatur; $\triangle\vartheta_a = AT - GT = f(I)$ = wirksame Erwärmung bei Kompensation; $\triangle\vartheta_b = GT - RT = f(I)$; $\vartheta_{\ddot{u}}$ = wirksame Erwärmung ohne Kompensation

abhängig. Würde man den Auslöser nicht heizen, dann wären beide Unterschiede Null. Die Ausbiegung des thermischen Elementes ist also nicht nur von seiner Übertemperatur gegenüber der Gehäuseinnentemperatur abhängig, sondern von der Übertemperatur gegenüber der Raumtemperatur und dem Unterschied, den diese gegenüber der in den VDE-Regeln 0660 festgelegten Bezugstemperatur von 20° C aufweist, mithin dem Wert $\vartheta_{\ddot{u}}$. Wird die Raumtemperatur höher, dann würde bei gleichen Strombelastungen auch die Temperatur der Auslöseelemente über den erforderlichen Wert hinaus ansteigen. Man braucht dann in Wirklichkeit zur Erreichung der Auslösetemperatur eine kleinere Stromstärke.

Dieses Verhalten, also der Verzicht auf eine Kompensation, ist grund-. sätzlich erwünscht, vor allem, solange Motor und Schutzgerät sich im gleichen Raume befinden, eine Voraussetzung, die aber heute nur in bescheidenem Umfange gegeben ist. Der Vorteil besteht auch nur in vollem Ausmaße, wenn die Auslösetemperatur des Schutzelementes sich in der Höhe der Wicklungsübertemperatur bei Motornennstrom bewegt. Eine Voraussetzung, die nur bei kleinem Einstellskalenumfang gegeben sein kann, wenn, wie vorzugsweise üblich, die Einstellung auf einer Wegänderung beruht. Bei großem Skalenumfang weicht entweder in den oberen oder unteren Bereichen die Auslösetemperatur von der Temperatur des Motors ab. Bei Einstellung durch Nebenschlüsse oder verstellbare Stromwandler sind die Verhältnisse günstiger.

Nicht raumtemperaturkompensierte Auslöser und Relais haben also den Vorzug, daß der Grenzstrom mit der Änderung der Umgebungstemperatur schwankt. Wird die der Bemessung des Motors zugrunde gelegte Raumtemperatur, z. B. in den Tropen oder auch in Hüttenwerken, Gießereien u. dgl., überschritten, dann bedeutet die Nennlast für den Motor bereits eine thermische Überbeanspruchung. In diesem Falle hilft nur ein unkompensiertes Relais, das eine Auslösekennlinie aufweist, die sich beim Überschreiten der Eichtemperatur von 20° C nach kleineren Strömen verschiebt, so daß ein voller Schutz aber auch eine volle Ausnutzbarkeit für den Motor gewährleistet ist. Ist die Erhöhung der Umgebungstemperatur nicht allgemein, sondern lokal bedingt, dann muß Auslöser und Motor unter gleichen Bedingungen arbeiten. Sie müssen also im gleichen Raum sein. Die vollkommene Anpassung beschränkt sich aber leider auf die Belastung, bei der die Auslösergrenzerwärmung gleich der zulässigen Motorerwärmung ist. Diese Anpassung des Auslöseelementes ist natürlich von der zulässigen Motorhöchsttemperatur, d. h. der Isolierstoffklasse des Wicklungsmaterials [s. KRANTZ] abhängig. Die Bimetallgrenztemperatur ist dem weitgehend anzupassen. Das kann aber, wie vorhin gesagt, nie bei einem großen Skalenumfang und Wegverstellung erzielt werden. Für eine bestimmte maximale Motorerwärmung ergeben sich je °C $RT$-Änderung bestimmte Stromstärkenminderungen, die gefordert werden müßten und wohl immer von den entsprechenden Werten der Auslöser abweichen.

Aber auch die *Kompensation* hat ihre *Vorteile*. Befinden sich Motor und Auslöser in gänzlich andersgearteter Umgebung, dann hat sie den unbestrittenen Vorzug, klare Verhältnisse zu schaffen, wenn auch bei niedrigerer $RT$ der Auslöser-Grenzstrom konstant bleibt, während der Motor eine Steigerung zuließe und umgekehrt bei höherer $RT$ eine Senkung verlangte. Ein günstiger Nebenumstand, den die Kompensation schafft, bietet die Tatsache, daß auch bei der Belastung einer unterschiedlichen Anzahl von Auslöseelementen (z. B. von nur 2 statt 3 Polen) Unterschiede in der Auslösegrenze nur mehr in kleinerem Umfange zu erwarten sind, jedenfalls, soweit die Temperaturunterschiede der Luft im Gehäuse maßgebend sind (Fehler $f_t$, S. 153). Die Unterschiede sind theoretisch in diesem Fall nur noch durch die verschiedene Art der Rückbiegung bedingt, je nachdem, ob beispielsweise ein oder drei Bimetallstreifen den Ausschaltvorgang herbeiführen müssen ($f_d$). Voraussetzung ist dabei selbstverständlich, daß das Kompensationsglied und die einzelnen Wärmeelemente tatsächlich von Luft gleicher Temperatur umspült werden. Diese Voraussetzung ist in der Praxis nicht ganz erfüllt, deshalb kann das Ergebnis auch nur mehr oder weniger unvollkommen sein.

Die Kompensation ist unter Umständen erwünscht, wenn die Einstellung bestimmter Stromwerte ganz oder zum Teil mit Nebenschlüssen geschieht. Diese Nebenschlüsse steigern die Erwärmung im Gerätegehäuse, nicht aber die Übererwärmung des eigentlichen Auslöseelementes über diese erwärmte Luft. Statt durch Kompensationseinrichtungen kann man in diesem Falle, aber auch den durch den höheren Energieverbrauch bedingten höheren Gehäuselufterwärmungen Rechnung tragen, indem man mit stärker werdenden Nebenschlüssen deren Spannungsabfall bei Nennstrom verkleinert und so das eigentliche thermische Element entlastet.

Die gleichen Verhältnisse liegen vor, wenn es sich darum handelt, die Auslöser und Relais für den Einbau in verschieden große Gehäuse einzurichten. Ein größeres Gehäuse mit besseren Abkühlungsverhältnissen setzt naturgemäß die Temperatur der die Auslöseelemente umgebenden Luft herab, infolgedessen auch beispielsweise die Ausbiegung des Bimetalls. Der Grenzstrom wird steigen. Noch schwieriger werden die Verhältnisse, wenn die Auslöser mit anderen Geräten, die Wärme entwickeln, in diesem Gehäuse zusammengefaßt werden, dann kann unter Umständen trotz des größeren Gehäuses die Temperatur steigen, der Auslöser also von Dingen beeinflußt werden, die mit seiner Aufgabe nichts zu tun haben. Die Wärme kann beispielsweise von Schaltmagneten herkommen. Bei gewissen Standardkombinationen, z. B. Zusammenfassung eines thermischen Relais mit einem oder mehreren Schützen in einem Gehäuse, läßt es sich aber möglich machen, diesem Umstand durch Kompensation Rechnung zu tragen. Das Einbringen gleicher Geräte ohne Kompensation in unterschiedliche Gehäuse bereitet jedoch Schwierigkeiten. Sind die Unterschiede nicht allzu stark, dann wird man bei Aufstellung eines entsprechenden Toleranzplanes von der Berücksichtigung des Einflusses noch absehen können, wenn unter seiner Einwirkung die zulässigen Werte des Grenzstromes nicht über- bzw. unterschritten werden. Es besteht aber auch die Möglichkeit, da jedes Steigen oder Fallen der Temperatur der umgebenden Luft, hervorgerufen

durch ein anders geartetes Gehäuse, um einen fixen Betrag die Auslöse-
wärmewege beeinflußt, diesem Umstand durch verstellbare Glieder
Rechnung zu tragen, z. B. ein Plättchen im Zuge des Hebelsystems einzulegen, das diesen Weg vermindert bzw. vergrößert. Abb. 68 zeigt die
Lage eines herausnehmbaren Zwischenstückes (1) zur Angleichung an
verschiedene Kastengrößen an einem Relais nach Abb. 30 (S. 66). Ein
kompensiertes Element bedarf eines derartigen Eingriffes nicht. Es kann
aber auch bei vollwertiger Kompensation die Wirksamkeit noch beeinflußt werden, indem beispielsweise in einem relativ großen Gehäuse

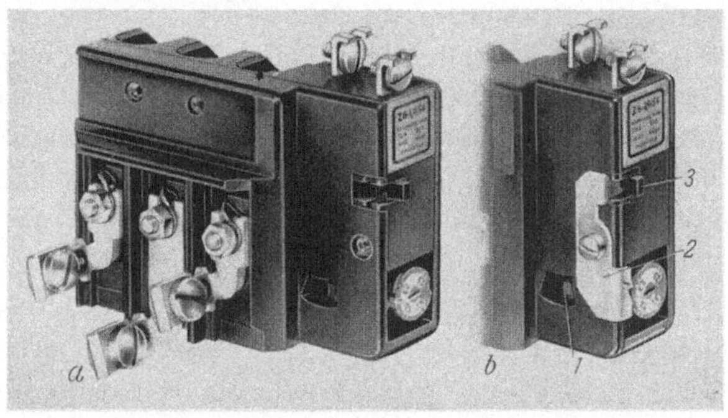

Abb. 68 a u. b. Grenzstromanpassung an schwankende Gehäuse-
abmessungen — ohne Kompensationsglied
a verklinktes; b unverklinktes Hilfsschaltglied; 1 herausnehm-
bares Zwischenstück zur Anpassung, 2 Sperrstück für Verklinkung — (bei a herausgenommen), 3 Stößel zur Entsperrung

durch Kaminwirkung eine andere Wärmeabfuhr am Relais zustande
kommt als in einem relativ kleinen Gehäuse, bei dem nur Luftumwälzung
auf geringen Strecken möglich ist.

Die Raumtemperatur-Kompensation ist eine *Notwendigkeit*, wenn
man Auslöser mit großem Einstellbereich bauen will, so daß die Grenztemperaturen stark unterschiedlich sind. Bei relativ niedrigem Einstellstrom wird dann z. B. die Bimetalltemperatur verhältnismäßig gering
sein, so daß unter dem Einfluß auch geringer Raumtemperatur-Erhö-
hungen ohne Kompensation schon eine beträchtliche, d. h. zu starke Ab-
senkung des Grenzstromes eintritt. Auch würde ein Gerät mit dem dann
nochmals verkleinerten Auslöseweg des thermischen Elementes verhältnismäßig ungenau. Der Weg $f_d$ (s. S. 153) gewänne gegenüber $f_t$ stark
an Einfluß. Das gleiche gilt natürlich auch für ein Schutzelement mit
kleinem Einstellbereich, aber niedriger Arbeitstemperatur, die den Vorteil einer hohen Kurzschlußfestigkeit (s. S. 199) bietet.

Die Kompensation hat an *Bedeutung gewonnen*, weil jetzt ein Groß-
teil der thermischen Relais mit unter Umständen zahlreichen anderen

Schaltgeräten in Schaltkombinationen zusammengefaßt wird, z. B. in Schalt- und Steuerschränken. Hier ist die Umgebungstemperatur weniger durch die eigentliche Raumtemperatur als durch die unterschiedliche Wärmeentwicklung der Nachbargeräte bestimmt. Hierdurch bedingte Zusatzerwärmungen von 30 bis 40° C treten häufig auf. Aber nicht nur der normale Wattverlust der anderen Geräte, auch deren Belastungsfaktor sowie das Ausmaß der Kapselung trägt zu Temperaturschwankungen der Umgebung bei. Der Grenzstrom sollte aber durch solche Umstände nicht beeinflußt werden. Es sollte hierbei auch nicht vergessen werden, daß unter Umständen neben der Raumtemperatur auch bei gleichbleibender Temperatur eine etwaige Luftbewegung maßgebend ist, die die Wärmeableitungsziffern beeinflußt.

Will man den Einfluß der Raumtemperatur durch Kompensation ausschalten, dann kann man selbstverständlich schlecht an der wirklichen Außentemperatur angreifen, da diese im Gerät nicht zur Verfügung steht, sondern Raumtemperaturkompensationen gleichen immer die Schwankungen der Temperatur im Innenraum der Gehäuse ($GT$) aus. Das hat notwendigerweise zur Folge, daß die Auslösewirkung nicht von dem Temperaturunterschied gegenüber der Raumtemperatur, sondern nur von dem Unterschied $\triangle\vartheta_a$ abhängt, d. h. die Wirkung beruht nunmehr auf einem kleineren Temperaturgefälle als bei dem unkompensierten Auslöser, damit wird ein Teil der Verbesserung, die die Temperaturkompensation mit sich bringt, durch eine Verminderung der Gesamtgenauigkeit (s. S. 148) wieder wettgemacht.

Die Kompensation wird praktisch durch einen der Auslösung entgegengesetzt wirkenden Temperaturausgleichstreifen, also als Wegkompensation durchgeführt. Der Streifen braucht nicht die gleichen Abmessungen zu haben, sondern bei gleicher Temperaturschwankung nur die gleiche Wirkung. So z. B. müßte bei einem Bimetallstreifen gleicher Art $l^2/d$ denselben Wert haben. Er müßte so angeordnet sein, daß er von der Erwärmung der eigentlichen Auslöseelemente praktisch nicht unmittelbar beeinflußt wird (z. B. auch nicht durch Strahlung). Eine solche Beeinflussung läßt sich natürlich nicht vollständig vermeiden. Ein Teil der Beeinflussung kann durch entsprechende Bemessung der Ausgleichsstreifen ausgeglichen werden, so daß in einem Bereich von 20° C bis etwa 50° C Raumtemperatur eine fast vollständige Kompensation erzielbar ist.

Eine einfache Darstellung der Wegkompensation gibt Abb. 69. Die Auslösung wird über ein Zwischenglied, das einen weiteren Bimetallstreifen, den Kompensationsstreifen (5) enthält, bewirkt bzw. bei Relais der Hilfsschalter beeinflußt. Die Bimetallstreifen *1* und *5* wirken im gleichen Sinne, d. h. ihre Lage zueinander ändert sich auch bei ver-

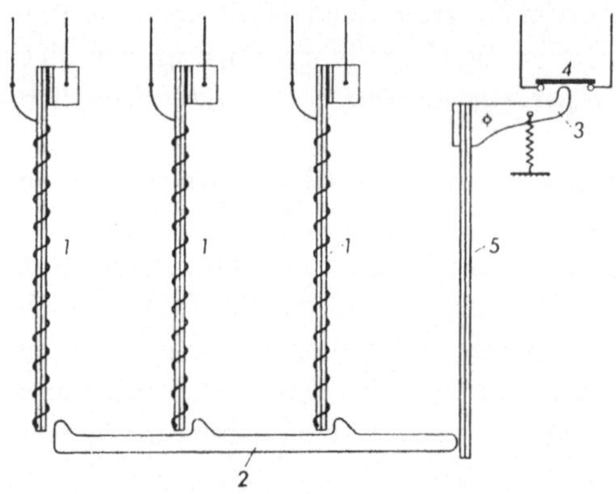

Abb. 69. Ausgleich unterschiedlicher Erwärmung der Umgebungsluft
*1* Bimetallstreifen, *2* Polbrücke, *3* Übertragungshebel auf Hilfsschaltglied *4*, *5* Kompensationsstreifen

änderter Umgebungstemperatur kaum. Infolgedessen ist der zusätzliche Wärmeweg, den die strombeheizten Bänder *1* entwickeln müssen, immer der gleiche. Eine praktische Ausführung bei einem Bimetallrelais, bei dem das Kompensationsglied sich im Hilfsschalterelement befindet, s. Abb. 70. In gleicher Weise wird mit Bimetallauslösern bei Stellschaltern verfahren und der Abstand des Klinkhebels oder dergleichen von den strombeheizten Bimetallstreifen verstellt, so daß der von ihnen bis zur Betätigung der Auslöseklinke

Abb. 70. Relais mit Kompensationsstreifen (*1*), Sprungschaltglied (*2*), Entsperrungstaste (*3*), Umstellelement mit und ohne Sperrung (*4*) (Klöckner-Moeller)

zurückzulegende Weg einigermaßen unabhängig von der Umgebungstemperatur wird.

Zur Durchführung der Kompensation wäre es an sich möglich, auch das Bimetallelement aus Teilen zusammenzusetzen, deren eigene Ausbiegung infolge der Temperaturänderung der Umgebung gegenläufig wirkt, die aber zum Teil bei dem zu überwachenden oder zu messenden Vorgang nicht mit erwärmt werden. Solche Lösungen siehe beispielsweise bei Kašpar (2) S. 49. Auch ein Blick auf die Ausbiegungsgleichungen, insbesondere bei aus geraden und gebogenen Teilen zusammengesetzten Bimetallstreifen, s. S. 55, zeigt, daß bei passenden Relationen der Teilwerte unter Umständen eine Bewegung des Gesamtgebildes nicht erfolgt. Derartige Lösungen sind aber sehr aufwendig und deshalb wenigstens bei mehrpoligen Elementen in der Praxis nicht zu finden. Dagegen sind sie bei Reglern der verschiedensten Art anwendbar, bei Motorschutzgeräten nicht, weil es praktisch nicht möglich ist, die gestellte Voraussetzung, nach der Teile des Bimetallstreifens von der zusätzlichen Erwärmung nicht beeinflußt werden, zu erfüllen.

Eine vollständige Kompensation des Raumtemperatureinflusses ist in der Praxis auf diese Weise nicht erzielbar. Wie schon früher gesagt, ist der Einfluß der Raumtemperatur um so stärker, je niedriger die Auslösererwärmung ist. Infolgedessen bleiben auch etwaige Resteinflüsse, die trotz der Kompensation vorhanden sind, im letzteren Fall größer. Die Kompensationsstreifen unterliegen ebenfalls dem Einfluß der Schaltkräfte wie die thermischen Elemente selbst. Auch ist häufig der Einfluß von Erschütterungen zu beobachten. Die Kompensation beeinflußt auch die Auslösezeiten. Je nachdem ob es sich um eine langdauernde, mäßige Überlastung oder eine kurz dauernde hohe handelt, ist der Wärmestrom, der das Kompensationsglied vom Wärmeelement ausgehend erreicht, verschieden. Das hat zur Folge, daß die Auslösezeiten bei hohen Überströmen aus dem kalten Zustand heraus kleiner werden. Den Einfluß bei unterschiedlichen Belastungen behandelt Kirchdorfer (3). Da die Zweckmäßigkeit der Kompensation oft von der Art des Einsatzes der Schutzelemente abhängt, hat man, um eine doppelte Lagerhaltung von kompensierten und nichtkompensierten Relais zu vermeiden, auch umstellbare entwickelt. Bei der Anwendung der Raumtemperaturkompensation ist dafür zu sorgen, daß die damit verbundene Erhöhung der Bimetalltemperatur bei erhöhten Raumtemperaturen nicht in unzulässige Bereiche führt. Unter Umständen darf in diesem Falle die Einstellskala nicht mehr voll ausgenutzt werden [Haas (1)]. Es sollte auch nicht vergessen werden, daß die Anwendung einer Kompensationseinrichtung, wie immer, wenn die Zahl der Einflußelemente vermehrt wird, geeignet ist, die Streuungen der Auslösewerte zu vergrößern. In schwierigen Fällen, in denen der Raumtemperatureinfluß auf Motor und Gerät unterschiedlich und eine Kompensation wegen Gefahr der Übererwärmung nicht am Platze ist, empfiehlt es sich, Temperaturüberwachungsorgane nach S. 262 zusätzlich zum stromabhängigen Motorschutzgerät in die Motorwicklung zu legen.

## 2.4 Zusätze bei Motorschutzgeräten

Die Motorschutzgeräte werden — außer für ihre eigentliche Schalt- und Schutzfunktion — oft noch mit zusätzlichen Einrichtungen ausgerüstet. Die gebräuchlichste ist der Einbau eines *Strommessers* zur Überwachung des Motors im Betrieb, um seine Ausnutzung und etwaige Überlastung erkennen zu können. Weiterhin kommen in Betracht für den Kurzschlußschutz vorgeschaltete Sicherungen (s. unten) sowie magnetische Schnellauslöser (S. 141). Ferner Spannungsrückgangsauslösung (s. S. 238) sowie Zusatzeinrichtungen, die bei ungleichmäßiger Belastung der einzelnen Pole eine schnellere Abschaltung hervorrufen (s. S. 142).

### 2.4.1 Vorgeschaltete Kurzschlußsicherungen

Ein wichtiger, in weitem Umfang unentbehrlicher Zusatz, sind sogenannte *Grobsicherungen* zur Kurzschlußbeherrschung, die den Geräten ohne Schnellauslösung und auch Geräten mit Schnellauslösung, wenn sie in Netzen mit sehr hohen Kurzschlußströmen verwandt werden, zugeordnet werden müssen, sofern nicht die Sicherung an der Hauptverteilung, der Abzweigstelle bereits diese Funktion übernehmen kann. Über das Zusammenwirken zwischen thermischen Elementen und Sicherungen s. S. 211. An sich könnte man diese Grobsicherungen in von den üblichen Leitungsschutzsicherungen abweichenden, d. h. kleineren Formen mit besonderen Konstruktionselementen aufbauen, denn beispielsweise eine 60-A-Sicherung wird in diesem Zusammenhang niemals mit 60 A belastet werden, sondern im allgemeinen nur mit einem Drittel bis zur Hälfte ihres Nennstromes, so daß die Zuführungsorgane, Anschlußschrauben, Zuführungsschienen und dergleichen für 60 A überdimensioniert sind. Bestrebungen in dieser Richtung haben sich aber bisher nicht durchsetzen können, es werden normale Sicherungselemente und Schmelzeinsätze verwandt. Die Sicherungen dienen gleichzeitig als *Trennelemente*. Eine Trennstelle ist besonders wichtig bei Motorschutzgeräten, die aus Schütz und thermischen Relais zusammengebaut sind, weil hierbei die Steuerleitungen immer unter Spannung stehen müssen, damit das Gerät betriebsbereit bleibt. Bei Geräten, die keine Grobsicherungen aufweisen, hat man an deren Stelle, um die Trennfunktion beizubehalten zu können, auch schon zu besonderen Trennelementen gegriffen, z. B. Stöpseln, nach deren Entfernung das Gerät in allen Teilen spannungslos ist.

## 2.4.2 Verbindung der thermischen Elemente mit Überstromschnellauslösern

Diese Verbindung ist immer dann notwendig, wenn es sich darum handelt, das Gerät nicht nur für die Abschaltung bei Überströmen im betriebsmäßigen Bereich bis zum Stillstandsstrom des Motors aufzubauen, sondern wenn es außerdem noch etwaige Kurzschlußströme abschalten soll. Es dient dann bei derartigen Kurzschlußströmen der möglichst schnellen Entlastung der Strombahn des Leistungsschaltgerätes und andererseits auch dem Schutz der thermischen Elemente. Über das Zusammenspiel solcher Schnellauslöser mit thermischen Elementen s. S. 208. Die Schnellauslöser arbeiten in Verbindung mit dem Schaltgerät hinsichtlich ihres Zeitverhaltens im wesentlichen von der auftretenden Stromstärke unabhängig. Bei ihrem Aufbau ist darauf Rücksicht zu nehmen, daß sie keinesfalls bei den betrieblich möglichen Einschaltströmen der Motoren in Funktion treten dürfen. VDE 0660/52 Tafel 9 sagt darum, daß sie entweder zwischen dem 8- und 16fachen Motornennstrom einstellbar sein sollen oder bei fester Einstellung dieser Wert zwischen den genannten Größen liegen soll. Die Zuordnung eines elektromagnetischen Auslösers oder Relais zu einem thermischen Element muß so sein, daß bei keinem Einstellwert des thermischen Elementes die elektromagnetische Auslösung unter dem 8fachen oder über dem 16fachen des jeweiligen Einstellwertes des thermischen Elementes liegt. Für die Überlastauslösung werden außerdem Elemente mit einem niedrigeren Einstellwert gebaut, z. B. für Geräte zum Schutz von Schleifringläufern und Gleichstrommotoren, wenn auch zu schnelles Kurzschließen der Anlaßwiderstände verhindert werden soll.

Die Schnellauslöser werden heute im allgemeinen als Klappankermagnete, und zwar einpolig gebaut, und man verwendet dann drei derartige Einzelelemente. Durch die dreipolige Anordnung ist auch ein unverzögert wirkender Schutz bei zwei- und dreipoligem Kurzschluß sowie bei Erdschluß jeder einzelnen Phase erzielt. Die empfindlichere Einstellung, die oft bei Schleifringläufermotoren gefordert wird derart, daß der Schalter beim Einschalten eines Schleifringläufermotors mit kurzgeschlossenem Läufer sofort auslöst, ist bei einem dreiphasigen Magneten durch ein einziges Einstellglied leichter möglich. Die Auslöseströme bei einem dreipoligen Magneten und einphasigem, zweiphasigem und dreiphasigem Kurzschluß bzw. Erdschluß halten sich nach Angabe von COHN (3) im Verhältnis 2 : 1, 4 : 1. Wichtig ist gelegentlich, vor allen Dingen bei größeren Geräten, die Möglichkeit, daß man solche Schnellauslöser sperren kann, wenn die zu erwartende Kurzschlußstromstärke größer ist als die, die der Schalter bewältigen kann. Es ist denkbar, die Schnellauslöser gemeinsam mit den thermischen Auslösern durch das gleiche Element zu verstellen, meistens geschieht das aber bei beiden Elementen unabhängig voneinander. Beim Schnellauslöser wird vorzugsweise die gemeinsame Verstellung der Auslöser in allen Phasen gleichzeitig durchgeführt. Sie erfolgt entweder durch Veränderung einer Federkraft oder des Abstandes von Magnet und Anker. Die Ansprechzeit beträgt — insbesondere bei hohen Überlastungen, also kurzschlußähnlichen Strömen — nur wenige ms. Da es sich bei den Motorschutzgeräten um Netzausläuferschalter handelt, sind nur unverzögerte magnetische Auslöser am Platze. Die Schnellauslöser können statt mit einer besonderen Erregerwicklung auch so durchgebildet werden, daß das thermische Element, z. B. der Bimetallstreifen, die Erregung vornimmt.

Eine Form der Verbindung Schnellauslösung mit thermischen Auslösern ist möglich bei der Anordnung nach Abb. 27c$_4$ S. 65. Zu den U-förmigen Bimetallstreifen ist ein Nebenschluß ebenfalls in U-förmiger Anordnung parallelgeschaltet, letzterer umfaßt den Bimetallstreifen. Man kann nun so bauen, daß zwischen dem unteren Ende des Nebenschlusses und dem des Bimetallstreifens eine Anziehung stattfindet. Bei thermischen Elementen, die über Wandler gespeist werden, wird auch statt des Einsatzes eines besonderen Schnellauslösers ein Anker vom Streufluß des Wandlers erregt [s. u. a. FRANKEN (1)]. Über die Zweckmäßigkeit der Verbindung von Motorschutz und magnetischem Schnellauslöser [s. FRANKEN (14)]. Über das Zusammenwirken der Elemente s. weiterhin S. 208.

### 2.4.3 Thermische Sonderschutzeinrichtungen bei Einphasenlauf

Die Stromschutzelemente liegen beim Drehstrommotor im Ständerkreis. Sie schützen die Läuferwicklung in gleicher Weise, solange deren Widerstand konstant bleibt. Das ist bei den Spezialkurzschlußläufern nicht der Fall, so z. B. haben Motoren mit Doppelkäfigwicklung bei Stillstand einen wesentlich höheren Läuferwiderstand als bei Lauf. Die Erhöhung macht sich unter Umständen schon bei einem Drehzahlrückgang, hervorgerufen durch Überlast oder Einphasenlauf, bemerkbar. Der Läufer wird also höher belastet. Über die Zulässigkeit der Höherbelastung entscheiden der Aufbau und die verwandten Stoffe. Beim Nennstrom würde der Ständer noch keinen Schaden erleiden, es sei denn, daß die Belastungsfähigkeit durch Wegfall der Lüftung herabgesetzt würde. Der Läufer kann dagegen gegenüber dem Nennbetrieb schon ein erheblich Vielfaches an Wärme entwickeln und Schaden leiden. Es gibt auch Drehstrommotoren, z. B. solche für Unterwasserpumpen, deren Überlastungsmöglichkeit bei Einphasenlauf gering ist, weil der Wärmeaustausch zwischen den einzelnen Ständer-Wicklungen auf Grund der durch den Verwendungszweck gegebenen Bauformen beschränkt ist. Laufen solche Motoren also z. B. durch einphasigen Anschluß nicht an, dann wäre es zweckmäßig, die Grenzstromstärke des Auslösers gegenüber dem Motornennstrom unter Umständen bedeutend herabzusetzen. Das ist vor allem wichtig beim Einphasenlauf, auch wenn der Motor auf Drehzahl kommt, aber mit einem größeren Schlupf, oder wenn die unterschiedliche Stromverteilung dreieckgeschalteter Motoren bei Einphasenlauf oder die Unterbrechung eines Wicklungsstranges (s. S. 12) nicht von einem guten Wärmeaustausch zwischen den Einzelwicklungen begleitet ist. Diese Aufgabe wurde zuerst durch den Differentialauslöser der Firma Sbik [BESAG (2)] gelöst. Differentialauslöser benutzen die ungleiche Ausbiegung, z. B. der Bimetallstreifen eines thermischen Auslösers zur früheren Auslösung. Bei der Lösung von Sbik, s. Abb. 71, greifen die 3-Bimetallstreifen 1 ... 3 in die Aussparungen zweier Isolierleisten 4 und 5 ein. Wenn sich die Streifen bewegen, dann gehen diese Leisten mit. Sie sind durch die Feder 6 gekoppelt. Jede Leiste trägt am Ende eine Hälfte des Auslöseschalters 7, 8. Solange die drei Bimetallstreifen sich parallel bewegen, bleibt der Ruhestromkontakt 7, 8 geschlossen, sobald jedoch die Ausbiegung der Bimetallstreifen so

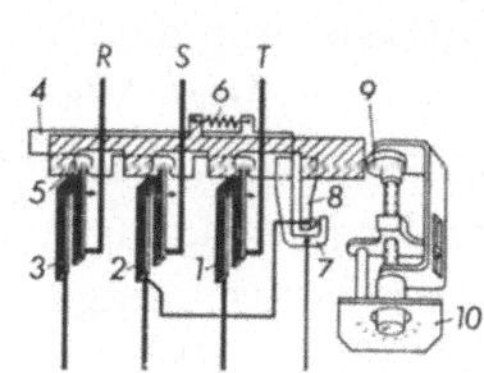

Abb. 71. Differentialmotorschutz (Sbik) (Erklärung im Text)

groß wird, daß die Leiste 5 an der Einstellkurve 9 anstößt, heben sich die Kontaktstücke 7 und 8 voneinander ab. Der Spulenstromkreis des Schützes wird unterbrochen. Das gleiche geschieht, wenn einer der drei Bimetallstreifen stromlos wird, also beispielsweise eine Zuleitung unterbrochen ist. Ist z. B. der Streifen 1 stromlos, dann hält er die Isolierleiste 5 zurück, und die sich bewegenden Bimetallstreifen 2 und 3 heben über die Leiste 4 die Schaltstücke voneinander ab. Die Einrichtung bewirkt daher bei Einphasenlauf eine wesentlich schnellere Abschaltung des Motors als bei gleichzeitiger Überlastung aller Pole. Sie ist naturgemäß nicht auf das eingangs erwähnte Anwendungsgebiet beschränkt, sondern kann überall da eingesetzt werden, wo bei Einphasenlauf die schnelle Abschaltung der Überlastung erwünscht ist. Mittlerweile ist eine große Anzahl von konstruktiven Lösungen in dieser Richtung vorgeschlagen und auch von verschiedenen Firmen ausgeführt worden. Die Grenzstromstärke geht dabei unter den Einstellstrom herunter, z. B. auf Werte zwischen 70% und 90% im Gegensatz zu einem normalen dreipoligen Relais, bei dem sie bei zweipoliger Belastung um etwa 10% und bei nur einpoliger sogar um Beträge bis zu 20% ansteigt. Die meisten Motoren nehmen hier zwar, wie später S. 150 geschildert, keinen Schaden, da die Gesamtbelastung des Motors nicht über das normale Maß ansteigt und bei Werten bis zum Grenzstrom auch noch keine Wärmestauungen zu verzeichnen sind. Die geschilderte Einrichtung erzwingt aber auch in diesen Fällen eine frühere Abschaltung. Es wurde auch vorgeschlagen, solche Relativbewegungen nur zur Signalgebung zu verwenden ohne vorzeitige Abschaltung.

Einen besonderen Wert haben die Geräte noch bei Motoren, deren Wicklungen in Dreieck geschaltet sind und die, wie auf S. 8 geschildert, bei Nennstrom in den noch intakt gebliebenen Zuleitungen in einzelnen Wicklungsteilen überlastet werden können. Abhilfe wäre mit normalen Motorschutzrelais ohne derartig zusätzliche Einrichtungen möglich, wenn man die einzelnen Relaisphasen, wie bei Stern-Dreieck-Schaltung notwendig (s. S. 222), mit den einzelnen Motorwicklungen in Reihe legte. Das bedeutet aber Anschluß der Motoren mit sechs Leitungen. Eine Verbesserung des Schutzes für Motoren mit Dreieckschaltung s. a. S. 35, Abb. 12 e durch Wandlerrelais mit dreieckgeschalteten thermischen Elementen. Die Anordnung eignet sich insbesondere für die Überwachung großer Maschinen und Geräte, bei denen ohnehin die Überstromauslöser unter Verwendung von Wandlern betrieben werden.

Weitere Schutzmittel, die nicht von der Höhe der Stromaufnahme abhängig sind, sondern die Abschaltung bzw. Nichteinschaltung von der Unsymmetrie der Ströme und Spannungen abhängig machen, s. S. 273.

### 2.4.4 Motorschutz in explosions- und schlagwettergefährdeten Räumen

Man ist bestrebt, Schaltgeräte wie alle anderen elektrischen Betriebsmittel aus derartig gefährdeten Räumen möglichst herauszuhalten, also Geräte in normaler Schutzart in ungefährdeten Räumen aufzustellen. Das ist die sicherste und auch wirtschaftlichste Lösung. In vielen Fällen ist diese Methode naturgemäß nicht anwendbar, dann kommt „Druckfeste Kapselung" nach VDE 0170 bzw. 0171 hinzu. Außerdem sind weitgehend Verriegelungen der Schaltgeräte mit den Gehäusen notwendig, um das Schalten bei geöffnetem Gehäuse und damit ein Entstehen gefährdenden Schaltfeuers unmöglich zu machen. Dabei unterscheiden sich aber die eigentlichen Schutzelemente und auch die beeinflußten Schalter in ihrem Aufbau meist nicht von denen für normale Anlagen. Nach den Vorschriften für die Errichtung elektrischer Anlagen in explosionsgefährdeten Betriebsstätten, VDE 0165/8.60, § 9, ist eine Voraussetzung für den Schutz gegen gefährliche Temperaturen bei Maschinen nach der Bauart *Erhöhte Sicherheit* sowie in gewissem Umfange auch bei der *druckfesten Kapselung* die Verwendung von Motorschutzschaltern nach VDE 0660. Von diesen Geräten wird weiterhin nach VDE 0170/171/9.57 § 37 Abs. i verlangt, daß sie für Motoren der Schutzart *Erhöhte Sicherheit* „e" im Gehäuse Auslösekennlinien der zugehörigen Auslöser oder Relais aufweisen, um feststellen zu können, ob nicht die Auslösezeit die zulässige Erwärmungszeit des Motors überschreitet.

Die Kennlinien sollen die Auslösezeiten, ausgehend vom kalten Zustand bei einer Raumtemperatur von 20° C in Abhängigkeit vom 3- bis 8fachen Nennstrom darstellen. Die angegebenen Stromwerte müssen mit einer Genauigkeit von $\pm$ 10% oder die Auslösezeiten mit einer Genauigkeit von $\pm$ 20 % eingehalten werden. Weiterhin wird die Nichtüberschreitung von Höchstwerten bei Stillstandsstrom (sogenannten $t_E$-Zeiten) gefordert. Diese $t_E$-Zeiten sind diejenigen, in denen der durch Nennstrom - Dauerbelastung erwärmte, festgebremste Käfigläufermotor in der Schutzart „Erhöhte Sicherheit" die zugelassene Erwärmung nicht überschreitet. Sie soll möglichst $\geq$ 10 s, keinesfalls aber kleiner als 5 s sein. Nur wenn die Sicherheit gegen unzulässige Temperaturerhöhung durch eine auf die Wicklungen abgestimmte Schutzeinrichtung (Motorschutzschalter oder Temperaturwächter) gegeben ist, so sind auch kürzere Erwärmungszeiten zulässig. In diesem Falle muß aber Maschine und Schutzeinrichtung, wenn

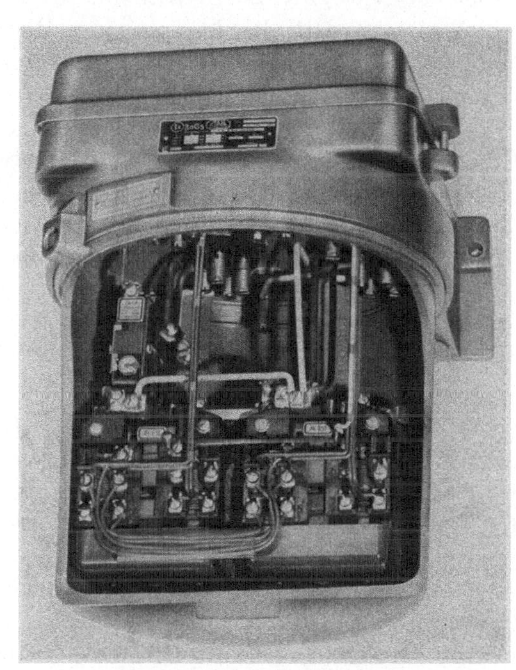

Abb. 72. Thermisches Relais und Schütze in druckfester Kapselung Explosionsschutz-Schutzart Ex (d 3n G5) (R. Stahl)

sie nicht konstruktiv verbunden sind, als zusammengehörig gekennzeichnet sein (VDE 0170/0171c/2. 61 § 35e 2). Das Motorschutzgerät muß die Nichtüberschreitung der $t_E$-Zeit aus seinem kalten Zustand heraus sicherstellen. Maßgebend sind also die Auslösezeiten des kalten Wärmeelementes, weil bei noch warmem Motor das Auslöseelement schon weitgehend abgekühlt sein kann. Für alle kleineren Überbelastungen ist bei rechtzeitiger Abschaltung des festgebremsten Motors der Schutz dann ebenfalls gegeben.

Weiterhin ist es notwendig, bei der Bauart *Erhöhte Sicherheit* für den festgebremsten Motor den Kurzschlußstrom (Anlaufstrom) der Motoren und die $t_E$-Zeit anzugeben. Diese Werte erlauben in Verbindung mit der Auslösekennlinie des Schutzelementes jederzeit die Nachprüfung, ob

Motor und Motorschutzgerät zusammenpassen. Man kann auf Grund dieser Unterlagen feststellen, ob der Motorschutzschalter bei dem auf dem Motor angegebenen Stillstandsstrom früher ausschaltet, als daß nach der auf dem Motorleistungsschild angegebenen Zeit eine gefährliche Temperatur erreicht wird. An die zugehörigen Schaltgeräte werden einige Sonderforderungen hinsichtlich der Ausnutzung des Nenneinschaltstromes gestellt (§ 37). Bei Geräten mit unverzögerter Auslösung bei Kurzschlußströmen darf die Lösung einer Wiedereinschaltsperre nur mit besonderen Hilfsmitteln möglich sein. Die eigentliche Motorschutzeinrichtung ist also sonst die gleiche wie in Anlagen, bei denen keine Explosions- und Schlagwettergefahr vorhanden ist. Der wesentliche Unterschied liegt in der Art der Kapselung und der Einführung einiger zusätzlicher Sicherheitsgrenzen bezüglich des Schaltvermögens der Geräte. Hinzu kommt die geforderte Angabe der Auslösekennlinie.

Ein Gerät mit druckfester Kapselung enthaltend Schütze und thermische Relais s. Abb. 72.

## 2.5 Verhalten der Schutzelemente

### 2.5.1 Freiauslösung — „Pumpen" der Motorschutzgeräte

Bei Motorschutzgeräten, bei denen die thermischen Auslöser in das Klinkschloß eines handbetätigten Schalters eingreifen, ist der Begriff der *Freiauslösung* ein feststehender. Es darf hier nicht möglich sein, durch Festhalten der Bedienungshandhabe die Auslösung des Gerätes unmöglich zu machen. Jede Auslösebehinderung durch den Antrieb ist ausgeschlossen. Nicht ganz so eindeutig liegen die Verhältnisse beim Zusammenwirken von Schützen und Relais. Die Hilfsschalter der Relais unterbrechen den Spulenstromkreis des Schützes. Wenn eine Schützenspule mit einem Dauerkontaktgeber ein- und ausgeschaltet wird und man würde ihren Stromkreis durch den Hilfsschalter eines thermischen Relais unterbrechen, dann besteht die Gefahr, daß, sobald sich die Hauptschaltstücke des Schützenschalters öffnen und damit der Kreis stromlos wird, die Relais etwas erkalten und sich der Hilfsschalter wieder schließt, so daß das Schütz erneut einschaltet. Dieser Ein- und Ausschaltprozeß würde sich unausgesetzt wiederholen, der Schalter würde ins *Pumpen* geraten. Um diese Erscheinung, die in Kürze zur Zerstörung der Geräte führen kann, zu vermeiden, hat man die Auslöseschaltglieder der Relais derart mit Verklinkungen versehen, daß sie sich nach ihrem Ansprechen nicht von selbst wieder schließen können, sondern erst nach Niederdrücken einer besonderen *Entsperrungstaste* (s. Abb. 73b). Wie weit hier die Freiauslösung zu gehen hat, ist umstritten. Die extreme Forderung geht dahin, daß es nicht möglich sein darf, beim Niederdrücken dieser Entsperrungstaste den Hilfsschalter des Relais dauernd geschlossen zu halten. Diese Forderung ist noch nicht allgemein anerkannt und auch in den VDE-Regeln nicht verankert, aber an sich berechtigt. Für ihre Lösung ging man verschiedene Wege. So z. B. öffnete man durch Tastendruck die Verklinkung und gleichzeitig — solange die Taste niedergedrückt war — durch eine Isolierstoffkulisse auch den Hilfsstromkreis, z. B. indem man das Gegenschaltstück zurückschob.

Bei Schützen, die nicht über einen Dauerkontaktgeber gesteuert werden, sondern einen Doppeldruckknopf aufweisen derart, daß über einen Taster der Spule Spannung zugeführt wird, dann dieser Taster durch einen am Gerät befindlichen *Halteschalter* überbrückt wird, so daß auch nach seinem Loslassen die Spule unter Spannung bleibt, wobei die Abschaltung durch Unterbrechen des Kreises mit einer zweiten Taste erfolgt, könnte man naturgemäß durch stetes Niederdrücken der Einschalttaste den gleichen Zustand erreichen wie bei dem Hilfsschalter mit Dauerkontaktgabe und Niederdrücken der Sperrtaste. Bei

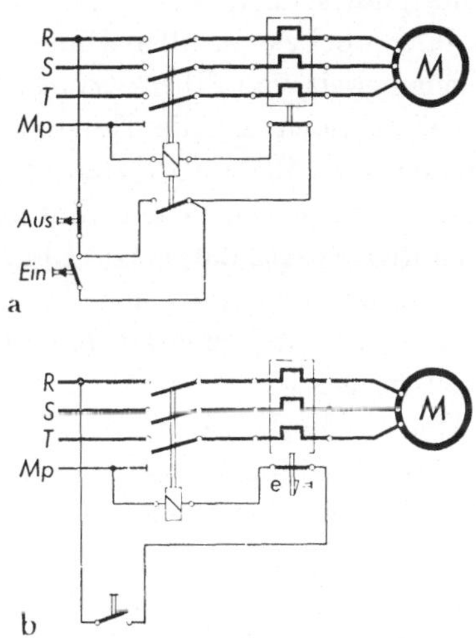

Abb. 73 a u. b. Schutzrelais im Schützenkreis a Betätigung durch Doppeldrucktaster; b Betätigung durch Dauerkontaktgeber, (*e*) Entsperrungstaste

diesen Geräten sind jedoch weitergehende Maßnahmen bisher nicht gefordert worden und wohl mit Recht, weil man hier den normalen Bedienungsknopf festsetzen müßte, während bei der ersten Ausführung das Festsetzen eines Elementes, das zur Normalbedienung nicht erforderlich ist, ausreicht. Es wird aber trotzdem hier oft ein Relais mit Sperre verwandt, um den Bedienungsmann zu zwingen, bei Ansprechen des Relais eine Pause einzulegen. Außerdem ist dann eher die Wahrscheinlichkeit gegeben, daß er die Ursache für die Überlastung untersucht. Man ist zur restlosen Erzielung der Freiauslösung bei Schützen auch noch weiter gegangen und hat besondere magnetische Sperrelais eingebaut, die in jedem Fall wirksam sind, also sowohl bei Dauerkontaktgebung wie bei Doppeldruckknopfkontaktgebung.

Mit Erfolg ist die Durchbildung von Relais versucht worden, die durch einen einfachen Eingriff in solche mit und ohne Sperrung verwandelt werden können, z. B. bei dem Gerät nach Abb. 70, bei dem das feststehende Schließerkontaktstück *4* verstellbar ist, so daß der Totpunkt überschritten oder nicht erreicht wird, oder nach Abb. 68, bei dem ein Riegel *2* aufgesetzt wird, wenn die Schaltung ein Wirksamwerden der Sperrung nach Öffnen des Hilfsschalters nicht verlangt.

10*

## 2.5.2 Die Genauigkeit der Motorschutzauslöser

Die Genauigkeit ist ein wesentliches Charakteristikum der thermischen Auslöseelemente. Sie unterliegt verschiedenen Einflüssen. Grundvoraussetzungen für genaue Erzeugnisse sind selbstverständlich eine gute Konstruktion, genaue Herstellung und sorgfältige Stoffauswahl, wobei es vor allen Dingen auf die Vermeidung aller Totgänge, die Genauigkeit von Übersetzungen u. dgl. ankommt. Wichtiger und kostspieliger noch als die Herstellung ist eine genaue Eichung, s. S. 245. Schon vom Eichungsverfahren hängt sehr viel ab. Inwieweit das Verfahren die wesentlichen Einflußgrößen berücksichtigt, ist in dem genannten Absatz dargelegt. Ein Beispiel für den Einfluß der Herstellung in Verbindung mit der Eichmethode schildert z. B. LAIG-HÖRSTEBROCK (2) mit Bezug auf ein Gerät, das mit einem Vielfachen des Einstellstromes geeicht wird, d. h. also wohl mit einer sogenannten Zeiteichung. Hierbei wird die Streuung des Grenzstromes von den Übergangswiderständen der Anschlußstellen an den Bimetallstreifen beeinflußt, denn durch geänderte Wärmeleitfähigkeit des Streifens, einschließlich seiner Übergangsstellen, werden die Abkühlungsverhältnisse geändert. Die Auslösekurve verschiebt sich deshalb gegenüber der ursprünglichen. Der Einfluß ist naturgemäß um so geringer, je kleiner die Schwankungen der Übergangswiderstände zwischen Bimetall und Zuleitung sind und je geringer der Spannungsabfall an den Befestigungsstellen gegenüber dem Gesamtspannungsabfall des Streifens ist.

Ein weiterer Grund für Veränderungen liegt im Einfluß etwaiger Schwankungen der Reibziffern. Auf S. 47 ist für einen Bimetallstreifen dargelegt, daß von dem durch die Erwärmung bedingten Weg, den er zurücklegt, durch die Notwendigkeit, die Bahnwiderstände zu überwinden, ein Teil wieder abgeht. Sobald diese Bahnwiderstände von Reibkräften abhängig sind, wie z. B. in Abb. 23b S. 60, ist der verbleibende Nettobetrag hierdurch beeinflußt. Je kleiner der durch die mechanische Beanspruchung bedingte Rückweg $s_m$ im Verhältnis zum Wärmeweg $s_w$ ist, desto kleiner sind auch diese Einflüsse auf die Genauigkeit. Ein solcher Einfluß macht sich in der Praxis meistens nicht durch eine grundsätzliche Verlagerung, beispielsweise des Grenzstromes, bemerkbar, sondern durch eine von Fall zu Fall auftretende, unterschiedliche Streuung. Aber auch noch andere Veränderungen sind denkbar. So z. B. Schwindungen bei den verwandten Isolierstoffübertragungsgliedern. Ferner etwaige weitere Alterungsprozesse bei Bimetallstreifen. Man kann bei Temperaturen bis 100° C mit einer Toleranz von 1 bis 2% rechnen. Eine Änderung der Wärmeabgabe an die Luft, also der Wärmeabgabeziffer, verändert ebenfalls den Grenzstrom und natürlich auch die Zeitkonstante. Auslöseklinken können sich abrunden sowie die Schaltstücke der Hilfsschaltglieder von thermischen Relais abbrennen, wodurch sich wiederum der Grenzstrom verändert. Den gleichen Einfluß hat eine mehr oder weniger große Wärmeverschleppung vom thermischen Element, z. B. durch den unterschiedlichen Querschnitt der Anschlußleitungen. Übermäßig starke Leitungen haben eine Erhöhung des Grenzstromes zur Folge. Die zulässigen Querschnitte siehe VDE 0660 Tafel 7. Bei einem Gerät mit großem Einstellbereich kann es vorkommen, daß für die verschiedenen Skalenpunkte mit unterschiedlichen Querschnitten zu rechnen ist. Wenn bei dem in Tafel 7 angegebenen kleinsten Querschnitt der Grenzstrom unter den 1,05fachen Einstellstrom sinken bzw. beim größten Querschnitt über den 1,2fachen steigen sollte, dann muß der Hersteller darüber Angaben machen.

Viele Unterschiede, die in Herstellungsungenauigkeiten, Stoffunterschieden u. dgl. zu suchen sind, werden, bezogen auf den Eichpunkt, ausgeglichen. Sie äußern sich dann aber unter Umständen in Abweichungen bei Skalenpunkten außerhalb des Eichpunktes. Das setzt natürlich voraus, daß, weil es sich bei den Motorschutzgeräten um Massenerzeugnisse handelt, die Skalen maschinell hergestellt werden. Sie beruhen darauf, daß sie anzeigen, um welche Beträge beispielsweise der Schaltweg eines Bimetallstreifens verändert wird, wenn man einen anderen Punkt der Skala mit der Marke in Verbindung bringt. Die Verstellung an Hand der Skala und die zugehörige Wegänderung ist also eine von vornherein gegebene, wenn nicht jeder Skalenpunkt besonders am Einzelgerät ermittelt wird. Bezüglich der Beeinflussung des Weges beim Eichpunkt zeigen z. B. die für Bimetallelemente angegebenen Formeln deutlich eine starke Abhängigkeit von den Konstruktionsdaten. Die verschiedenen Einflüsse sind alle von mehr oder weniger hohen Potenzen der Abmessungen abhängig, so daß kleine Maßänderungen bereits große Unterschiede möglich machen. Je kleiner der Einstellbereich durch Wegänderung ist, desto kleiner ist auch ein derartiger Skalenfehler. Allgemein ist bei einer Stromeinstellung auf das $m'$-fache des Eichpunktes und einem tatsächlichen Weg beim Eichpunkt in Höhe des $p$-fachen Sollwertes (wobei $p \gtrless 1$) die Stromstärke auf dem Skalenpunkt statt des Sollwertes $m' \cdot I_{\mathrm{eich}}$

$$I_{\mathrm{eich}} \cdot \sqrt{\frac{m'^2 + p - 1}{p}} = m' \, I_{\mathrm{eich}} \sqrt{\frac{m'^2 + p - 1}{m'^2 \cdot p}}$$

so daß letztere Wurzel das Fehlermaß angibt.

Über das Ausmaß solcher Skalenfehler gibt nachfolgendes Beispiel einen Anhalt. Es sei bei einer Skala, die von 0,7- bis 1 mal Nennstrom führt, die Eichung auf der Mittelmarke 0,85 durchgeführt und hierzu gehöre eine bestimmte Wegstrecke, dann wird man die Skala entsprechend den Überhöhungen und Verkürzungen bei den Marken 1 und 0,7 bzw. den Zwischenwerten herstellen. Würde sich nun z. B. durch Änderung der Ausbiegungseigenschaften eines Bimetallstreifens bei einem bestimmten Auslöser der Weg beim Eichpunkt um 5% verkürzen, also statt 1 nur noch der Weg $p = 0,95$ vorhanden sein, dann wäre bei der Marke 1 die Erweiterung des Weges durch die Verstellung zu groß, bei der Marke 0,7 die Verkürzung ebenfalls bzw. der verbleibende Weg zu klein. Folgen dieser Erscheinungen sind Skalenfehler. Bei dem gewählten Beispiel entspricht der Marke 1 eine höhere Stromstärke, und zwar $\sim 1,01$; der Marke 0,7 eine niedrigere, und zwar $\sim 0,69$. In diesem Bereich ist also die Veränderung des Grundwertes noch nicht von allzu großer Bedeutung. Das wird sofort anders, wenn die Skala einen größeren Bereich umfaßt, also statt 0,7 : 1, z. B. wie es oft vorkommt 0,5 : 1. Wird hier auf der Mittelmarke 0,75 geeicht und ist die Abweichung wieder 5%, dann ergibt sich auf Marke 0,5 ein Grenzstrom entsprechend etwa 0,48; auf Marke $1 \sim 1,02 I_e$. Bei kleinem Einstellbereich ist auch der Skalenfehler klein. Rechnet man mit einer positiven Wegveränderung, dann hat der Fehler am oberen Skalenpunkt eine niedrigere, am unteren eine höhere Grenzstromstärke zur Folge als beabsichtigt. Der angenommene Wert für den Fehler von 5% wird in der Praxis oft bedeutend überschritten. Bei der Verwendung von Nebenschlüssen (s. S. 84) läßt sich die Änderung der Einstellung ganz erheblich genauer vornehmen, denn diese werden durch eine Widerstandsprüfung auf gleichen Spannungsabfall geeicht, genau wie bei Meßinstrumenten. Geeignete Fabrikationseinrichtungen gestatten unter Umständen das Abtrennen des Werkstoffes von der Vorratsrolle genau in der Länge, die dem gewünschten Widerstandswert entspricht.

Eine andere Frage ist die der *Grenzstromabweichungen* eines *mehrpoligen Elementes* für den Fall, daß die Pole teilweise stromlos werden, z. B. eines dreipoligen bei Einphasenlauf. Die Konstanz aller Werte kann diesen Einfluß nicht beseitigen. Er wird bedingt durch die Schaltkräfte und die dabei auftretende unterschiedliche Erwärmung der die thermischen Elemente umgebenden Luft.

Die *zulässigen Stromerhöhungen bei ein- und zweipoliger Belastung* eines dreipoligen thermischen Elementes sind in VDE 0660/52 mit 20 bzw. 10% des höchstzulässigen dreipoligen Grenzstromes festgelegt. Über die dem Motor zugemuteten Stromerhöhungen bei Einphasenlauf und die Möglichkeiten auch einpoliger Überlast s. S. 8 und ff. Dabei interessiert natürlich, wie hoch die zulässige Erhöhung mit Rücksicht *auf den Motor* sein darf [FRANKEN (13)]. Handelt es sich lediglich um die gesamte Wärmeentwicklung in der Wicklung, dann würde der Motor als Ganzes bei Konzentration der Verluste auf eine Wicklung hier die dreifache

Wärmeentwicklung, d. h. den $\sqrt{3}$fachen Strom zulassen, bei zwei Wicklungen entsprechend den $\sqrt{1,5} = 1,23$fachen. In der Tat bleibt man auch bei Nachprüfungen der Temperaturen der laufenden Maschine in Abhängigkeit von der Stromstärke meist nicht weit hinter diesen Werten zurück, so zum Beispiel wurde an einem geschlossenen 3-kW-Motor $n = 920$ bei Belastung von zwei Wicklungen für gleiche Wicklungstemperatur eine Stromerhöhung um 20%, bei einer Wicklung um 62% gegenüber dem bei dreiphasigem Anschluß festgestellt. Das sind bei zwei Wicklungen 98% bei einer 94% des obigen Rechnungswertes. Die Rechnung und Messung bezieht sich auf Motor-$\curlywedge$-Schaltung. Bei $\triangle$-Schaltung bringen die unterschiedlichen Wicklungsströme andere Verhältnisse, s. Abb. 3 S. 10. Bei dem angegebenen Beispiel war nur eine Stromsteigerung von 16% in der Zuleitung bei ein- statt dreiphasigem Anschluß zulässig, um zum gleichen Wicklungsverlust zu kommen.

Ganz anders liegen die Verhältnisse aber, wenn der Motor stillsteht, und gerade das Einschalten auf stark gestörte Netze muß verhütet werden. Die Stillstandsströme, die bei dreiphasiger Belastung auftreten, werden naturgemäß bei einphasigem Anschluß bedeutend vermindert. Der Motor verträgt aber auch nur noch eine verhältnismäßig geringe Überschreitung des Nennstromes. So zum Beispiel wurden bei dem vollständig geschlossenen Motor 3 kW $n = 920$ bei Stillstand festgestellt, daß er einphasig nur um 25% im Strom überlastet werden durfte, wenn er nicht die Temperatur überschreiten sollte, die er bei dreiphasiger Vollbelastung annahm. Damit der Motorschutzschalter also in allen Situationen ein Höchstmaß an Schutz verwirklichen kann, dürfen die Unterschiede zwischen einphasiger und dreiphasiger Auslösung nicht zu hoch sein. Die VDE-Werte, s. Tabelle 2 S. 30, sind brauchbar und mit einiger Vorsicht auch einhaltbar. Diese Werte entstammen VDE 0660/52 Tafel 10. Dabei ist es vorteilhaft, den für Dreiphasenbetrieb mit $1,05 \ldots 1,2 \cdot$ Einstellstrom gegebenen Spielraum nur so auszunutzen, daß man einen Mittelwert 1,1 ($\pm$ 0,05) anstrebt, um nach oben noch Spielraum zu behalten. Sehr häufig treten aber auch neue Verlustquellen auf, die eine Erhöhung des Grenzstromes unzweckmäßig erscheinen lassen, z. B. bei manchen Käfigläufern in Sonderbauart [FRANKEN (10)].

Die Einflußfaktoren für die genannten Unterschiede bezüglich der thermischen Elemente sind von FRANKEN (12) in Formeln gefaßt worden, die einen einfachen Maßstab für diese Fehler ermöglichen. In dem nachstehenden Auszug weicht die Darstellung etwas von der früher veröffentlichten ab, ohne das Grundsätzliche zu ändern. Der Gesamtweg, den das stromdurchflossene, unkompensierte Auslöseelement zurücklegt, ist bedingt durch seine Übertemperatur und die Temperatur der um-

gebenden Luft. Wird nur ein Element eines dreipoligen Auslösers einpolig geheizt, dann geht die Übertemperatur der umgebenden Luft auf
etwa ein Drittel zurück. Dadurch ist der erste Fehler bedingt. Der zweite
Fehler wird durch elastische Verformungen bei Auftreten der Schaltkräfte hervorgerufen. Der nur einpolig eingreifende Auslöser muß nun
die vollen Kräfte auf sich nehmen, während der dreipolige angreifende
je Pol nur etwa ein Drittel zu tragen hat. Die Verkürzung des Weges
ist also beim einpoligen größer als beim dreipoligen. Bei der Verwendung
mehrerer selbständiger Auslöseelemente, z. B. Relais, bei denen dem
Wärmeelement je Pol eine Unterbrechungsstelle des Hilfsstromkreises
zugeordnet ist, beschränken sich natürlich die in den weiteren Darlegungen genannten Fehler auf die durch unterschiedliche Wärmeentwicklung bedingten. Der Verformungsfehler kommt in Fortfall. Bei den
Massenerzeugnissen findet man aber in erster Linie Geräte mit gemeinsamer Kontaktstelle für alle Pole.

Man kann die Verhältnisse leicht rechnerisch verfolgen [FRANKEN
(12)]. Sieht man von der Verwendung von Nebenschlüssen und der Feinverstellung (s. S. 84) zunächst einmal ab, dann ist der Nettoweg, den
der dreipolige Auslöser bei einem bestimmten Strom zurücklegt:

$$s_{n3} = s_{w3} - s_d = s_{wo} + s_t - s_d$$

Hierin ist:

$s_{n3}$   der Nettoweg bei dreipoliger Beheizung

$s_{n1}$   der Nettoweg bei einpoliger Beheizung

$s_{w3}$   der Wärmeweg bei dreipoliger Beheizung

$s_{w1}$   der Wärmeweg bei einpoliger Beheizung

$s_d$   die Verformung (Rückbiegung) bei dreipoliger Beheizung

$s_{wo}$   der Wärmeweg durch den Stromdurchfluß allein

$s_t$   der Zuschlag durch die Erwärmung der Luft im Gehäuse
bei dreipoliger Belastung

Der gleiche Auslöser einpolig mit dem gleichen Strom belastet, hat den
Weg:

$$s_{n1} = s_{w1} - 3\,s_d = s_{wo} + \frac{s_t}{3} - 3\,s_d.$$

Der Unterschied zwischen dem Nettoweg bei einpoliger und dem bei
dreipoliger Belastung ist:

$$s_{n3} - s_{n1} = \frac{2}{3}\,s_t + 2\,s_d.$$

Der Strom bei einpoliger Belastung muß also so lange gesteigert werden,
bis der Wärmeweg $s_{w1}$ den Wert

$$s_{w1} + \frac{2}{3}\,s_t + 2\,s_d = s_{wo} + s_t + 2\,s_d$$

annimmt. Die Ströme stehen dann im Verhältnis

$$\left(\frac{I_1}{I_3}\right)^2 = f_g{}^2 = \frac{s_{wo} + s_t + 2\,s_d}{s_{wo} + s_t/3}$$

Statt dem Quadrat und der Wurzel muß es unter Umständen genauer 1,6. Potenz und entsprechende Wurzel heißen (s. S. 131)

$$f_{g1,3} = \sqrt{\frac{s_{wo} + s_t + 2\,s_d}{s_{wo} + s_t/3}} = \text{Gesamtfehler} \qquad (49)$$

Daraus für $s_{w1} = s_{w3}$; also gleichbleibenden $s_t$-Einfluß

$$f_{d1,3} = \sqrt{\frac{s_{w3} + 2\,s_d}{s_{w3}}} = \text{Verformungsfehler} \qquad (50)$$

für $s_d = 0$.

$$f_{t1,3} = \sqrt{\frac{s_{w3}}{s_{w1}}} = \sqrt{\frac{s_{wo} + s_t}{s_{wo} + s_t/3}} = \text{Wärmefehler} \qquad (51)$$

Führt man in die Beziehung außerdem noch die Werte $m$ und $o$ ein, wobei $m$ die Steigerung des Einstellstromes durch Feinverstellung, d. h. Änderung des Auslöseweges, also $m$ Verhältnis eines beliebigen Skalenpunktes zum untersten und $o$ die Steigerung des Einstellstromes durch Nebenschlüsse, d. h. also Verhältnis des Einstellstromes mit Nebenschluß zu ohne Nebenschluß ist, dann erhalten die Formeln folgende Gestalt:

$$fmo_{g1,3} = \sqrt{\frac{m^2\,(s_{wo} + o\,s_t) + 2\,s_d}{m^2\left(s_{wo} + o\,\dfrac{s_t}{3}\right)}}$$

$$fmo_{d1,3} = \sqrt{\frac{m^2\,(s_{wo} + o\,s_t) + 2\,s_d}{m^2\,(s_{wo} + o\,s_t)}}$$

$$fmo_{t1,3} = \sqrt{\frac{m^2\,(s_{wo} + o\,s_t)}{m^2\left(s_{wo} + o\,\dfrac{s_t}{3}\right)}} = \sqrt{\frac{s_{wo} + o\,s_t}{s_{wo} + o\,\dfrac{s_t}{3}}}$$

Ändert man den Auslöser nur durch Stromstärkensteigerung $m$-fach im Auslöseelement, dann wird $o = 1$ und man erkennt, daß der Wärmefehler $f_t$ für sich allein betrachtet ($s_d = 0$) konstant bleibt. Der Einfluß der Verformung ($s_d$) und damit $f_d$ wird dagegen mit steigendem $m$ und $o$ kleiner und damit das Verhältnis des einpoligen zum dreipoligen Auslösestrom ebenfalls. Wenn zwei Messungen vorliegen, dann kann man aus den Meßwerten nach den oben angegebenen Formeln die Werte $s_t/s_{wo}$ als Fehlermaß errechnen und damit für alle anderen Fälle $f_g$ usw. vorausbestimmen. Wird gleichzeitg $m$ und $o$ geändert, dann lautet der Wert für $s_t/s_{wo}$:

$$\frac{s_t}{s_{wo}} = \frac{m^2 \cdot (1 - fmo^2) - (1 - f_1^2)}{m^2 \cdot o\left(\dfrac{fmo^2}{3} - 1\right) + \left(1 - \dfrac{f_1^2}{3}\right)}$$

wobei $f_1$ der Gesamtfehler für den Ausgangswert, also $m = 1$ und $o = 1$, ist und $f_{mo}$ der Gesamtfehler, wenn $m$ oder $o$ oder beide Werte gesteigert wurden.

Die Werte $s_t/s_{wo}$ und in gleicher Weise $s_d/s_{wo}$ geben einen Anhaltspunkt für die Fehler, und zwar ist $f_t \approx 1 + 1/3 \cdot s_t/s_{wo}$ und $f_d \approx 1 + s_d/s_{wo}$. Es ist nicht möglich, die durch Wärme und Verformung hervorgerufenen Fehler einfach zu addieren. Der Gesamtfehler ist etwas größer als die Summe zunächst angibt. Man erhält ihn als Produkt der beiden Teilwerte:

$$f_g = f_d \cdot f_t.$$

Die Formel gilt für alle Werte von $m$ und $o$.

Die Ableitungen sind alle unter dem Gesichtspunkt entwickelt, daß das dreipolige Relais nur einpolig betrieben wird. Sie lassen sich leicht dahin abändern, daß sie den Fehler zwischen der zwei- und dreipoligen Belastung ergeben. Die Erhöhung der Ausdehnung durch die Lufterwärmung im Gehäuse um den Betrag $s_t$ sinkt dann nur noch auf zwei Drittel des dreipoligen Wertes, die Verformung steigt auf das $1^1/_2$fache. Es würde zu weit führen, sämtliche Formeln unter diesem Gesichtspunkt anzugeben. Es sei deshalb lediglich die für den Gesamtfehler genannt, die unter Ausschluß des Einflusses der Feinverstellung und der Nebenschlüsse aufgestellt wurde:

$$f_{g2.3} = \sqrt{\frac{s_{wo} + s_t + 1/2\, s_d}{s_{wo} + 2/3\, s_t}}$$

Der Fehler bei zweipoliger Belastung ist grundsätzlich viel niedriger als der bei einpoliger, denn alle Fehlerwege gehen auf etwa die Hälfte zurück. Da die Werte unter den Wurzeln vorkommen, kann man in roher Annäherung sagen, daß die zweipoligen Fehler nur gleich dem vierten Teil der einpoligen sind.

Wie liegen nun die Verhältnisse bei den beiden am häufigsten gebrauchten Arten der thermischen Auslöser? Der Wärmefehler ist zunächst bei allen Konstruktionen vorhanden, nur kann er bei Dehnungselementen nach S. 38 in kleinerem Ausmaß gehalten werden, denn solche Auslöser werden mit verhältnismäßig hoher Oberflächentemperatur betrieben. Man rechnet mit Oberflächentemperaturen von etwa $200^\circ$ C. Es ist nun klar, daß eine Lufterwärmung im Gehäuse von beispielsweise $40^\circ$ C, deren Schwankungen zwischen ein- und dreipoliger Belastung etwa $27^\circ$ C betragen, hierbei von einem wesentlich geringeren Einfluß ist als bei einem Bimetall, dessen Arbeitsübertemperatur beispielsweise bei $80^\circ$ C liegt. Ähnlich sind die Verhältnisse auch bei der Verformung. Ein Dehnungsband wird durch die Schaltkräfte nur auf Zug beansprucht. Die Verformung des Bandes ist damit gering im Verhältnis zum Wärmeweg. Das gilt erst recht bei einem druckbeanspruchten Stab. Anders liegen die Verhältnisse bei Bimetallstreifen. Die Wärmeausbiegung eines solchen Streifens nimmt umgekehrt proportional seiner Dicke ab, dagegen mit dem Quadrat der Länge zu. Die Durchbiegung durch eine angreifende Kraft wächst mit der dritten Potenz der Länge und umgekehrt mit der dritten Potenz der Dicke. Die beiden Forderungen sind also widersprechend. Verlängert man das Bimetall oder macht man es dünner, beides im Interesse seiner Wärmeausbiegung, dann wächst in noch stärkerem Maße die Rückbiegung. Die Beanspruchung durch die Schaltkräfte erfolgt wohl immer in Richtung der geringsten Ausdehnung des Bimetallstreifens. Mit Verbiegungen muß also in jedem Falle gerechnet werden. Das ist auch der Hauptgrund, daß bei Bimetallauslösern die Verformungsfehler oft sehr hohe Werte annehmen. Man kann auch Bimetallstreifen für verhältnismäßig geringe Fehlersätze verwenden. Dann muß man sich aber in ihrer Ausnutzung erhebliche Beschränkungen auferlegen. Wenn der Verformungsfehler, ausgedrückt durch $f_d$, einen bestimmten Wert nicht übersteigen soll, dann ergibt sich aus Gl. (50) für einpolige Belastung bei einem dreipoligen Bimetallauslöser:

$$\frac{s_d}{s_{wo} + s_t} = \frac{s_d}{s_{w3}} = \frac{f_d{}^2 - 1}{2}$$

wobei $s_{wo} + s_t$ gleich dem durch die Temperaturerhöhungen von Band und Luft bedingten Ausschlag ($s_{w3}$) ist, für $f_d = 1{,}05$ ist $s_d/s_{w3} = 0{,}051$. Die zulässige Schaltkraft $P$ ist bei dreipoligem Angriff der thermischen Elemente mit einem Drittel anzusetzen, so daß nach den Beziehungen von Gl. (15), (25) und (26) S. 50, 57 und 58 für einen rechteckigen Bimetallstreifen bei $f_d{}^2 = 1.05$

$$P = 0{,}153\,\frac{k'}{s_m{}'} \cdot \frac{\triangle\vartheta \cdot b \cdot d^2}{l} = 0{,}0382 \cdot \frac{k \cdot \triangle\vartheta \cdot b \cdot d^2 \cdot E}{l}\ [\text{kg}]$$

$(E \text{ in kg} \cdot \text{mm}^{-2},\ l,\ b,\ d \text{ in mm}).$

Beim Vergleich der beiden Auslöserarten, die auf Wärmedehnung beruhen, ergab die Nachprüfung zahlreicher marktgängiger Geräte mit Bimetallelementen etwa folgendes Bild:

Fehler durch Temperaturschwankung $f_t = 1{,}05$ bis $1{,}07$

Fehler durch Verformung $\qquad\qquad\quad f_d = 1{,}05$ bis $1{,}15$

Daraus ergibt sich ein Gesamtfehler $\qquad f_g$ von $1{,}1$ bis $1{,}23$

Dem gegenüber kann man bei Dehnungs-, Band- und Stabelementen etwa mit $f_t = 1{,}05$; $f_d = 1{,}03$ bis $1{,}07$ rechnen. Hierbei sind die kleineren Werte mit Stabauslösern und Bandauslösern für hohe Stromstärken erzielbar, die größeren gelten für Bandauslöser geringerer Stromstärken. Der Gesamtfehler ist $1{,}08$ bis etwa $1{,}13$.

Es wird häufig vermutet, daß der Erwärmungsfehler $f_l$ bei Anwendung einer Temperaturkompensation (S. 133) verschwindet. Das ist bei nur ein- oder zweipoliger Belastung eines mehrpoligen Elementes aber nur in beschränktem Umfange der Fall, weil die Kompensation der unterschiedlichen Lufterwärmung im Gehäuseinnern sich nur begrenzt durchführen läßt. Das Ausmaß, bezogen auf die einzelnen Pole, ist deshalb meist verschieden, je nach der Lage zum Kompensationsglied.

Bei Einphasenmotoren, wie überhaupt jedem Motor mit zwei Zuleitungen und Verwendung eines normalen dreipoligen thermischen Schutzelementes, trägt man der Tatsache, daß bei Belastung von nur zwei Elementen der Grenzstrom ansteigt, dadurch Rechnung, daß man so anschließt, daß alle drei stromdurchflossen sind, s. Abb. 74. Damit ist der Unterschied noch nicht ganz beseitigt, denn bei dreipoligem Anschluß mit sechs Leitungen wird durch letztere mehr Wärme abgeleitet als bei vier.

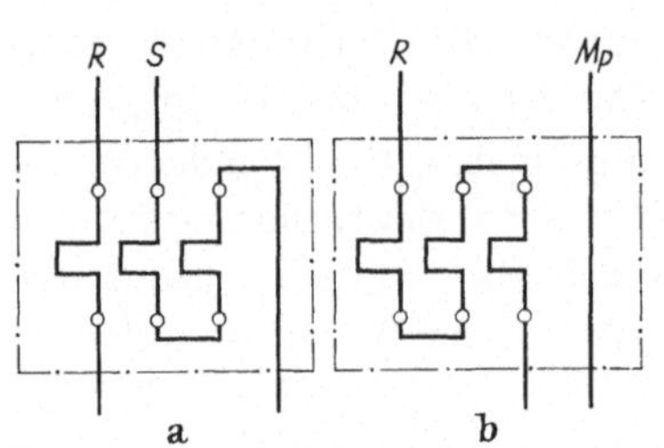


Abb. 74. Schaltung dreipoliger thermischer Schutzelemente bei Zweileiteranschluß

Bei ausgesprochen großen Motoren vermeidet man den Einfluß der unterschiedlichen Belastung, indem man im allgemeinen über Wandler drei einphasige Sekundärrelais speist [DIEHL (1)]. Meist verwendet man dann auch noch Zusatzeinrichtungen zum Schutz gegen Zweiphasenlauf nach S. 273. Bei der Beurteilung der Leistungsfähigkeit thermischer Überstromelemente für Motorschutz muß man im übrigen berücksichtigen, daß es sich hierbei nicht um Präzisionsrelais im üblichen Sinne handelt, wie man sie bei Schaltgeräten zu anderen Zwecken, Differentialschutz u. dgl., kennt. Thermische Überstromelemente sind Massenerzeugnisse, bei denen der Konstrukteur danach strebt, eine maximale Leistung mit einem Minimum an Kosten zu verbinden.

### 2.5.3 Der Temperaturanstieg und -abfall in elektrischen Maschinen, deren Zeitkonstanten und die Beziehungen zum Schutzauslöser

Um die Frage nach dem Verhalten der strombeheizten thermischen Auslöser hinsichtlich ihrer Schutzwirkung beantworten zu können, ist es notwendig, den Temperaturanstieg in den Motoren zu betrachten. Dieser folgt oft auch nicht annähernd den einfachen Exponentialkurven Man wird, wenn man eine solche Kurve zugrunde legt, leicht zu Zahlen kommen, die bei kurzzeitiger hoher Überlastung zu große Zeiten ergeben. Das ist der Fall bei allen indirekt beheizten Körpern. Man kann die Erwärmungskurve als eine Überlagerung von zwei Exponentialkurven auffassen [OELSCHLÄGER (2)]. Die Maschinen und Geräte mit mittelbarer Heizung zerfallen in zwei Teile, wie z. B. beim elektrischen Tauchsieder. Das erwärmte Aggregat besteht aus einem inneren Teil, dem Tauchsieder und einem äußeren unvergleichlich größeren, dem Wasserbehälter. Zuerst erwärmt sich der Tauchsieder mit kleiner Zeitkonstante auf eine bestimmte Übertemperatur gegen das Wasser, das im Anfang noch kalt ist. Mit der langsam ansteigenden Erwärmung desselben steigt auch noch die Temperatur des Tauchsieders an. In erster Näherung kann man sagen, die Erwärmungskurve setzt sich aus dem Temperaturanstieg des Tauchsieders bei konstanter Wassertemperatur und dem Temperaturanstieg des Wassers zusammen. Dieselben Verhältnisse liegen bei elektrischen Maschinen, Transformatoren, Motoren u. dgl. vor. Bei großen Überlastungen ist es lediglich zulässig, von diesen Teilerwärmungskurven auszugehen und nicht von dem Gesamtwert.

Die genaue Errechnung derartiger Vorgänge hat wenig Zweck, weil die zur Ausrechnung notwendigen Konstanten unbekannt sind. Ein zeichnerisches Näherungsverfahren, das die Maschine in zwei Teile aufspaltet, z. B. einen Motor in Läufer und Ständer mit Gehäuse, ist von JEHLE beschrieben. Er kommt zu dem Ergebnis, daß diese Aufspaltung in zwei Teile zur Beschreibung des Temperaturanstiegs und Ermittlung der zwei Zeitkonstanten genügt, bei den meisten Maschinen aber auch nötig ist, um ihn beurteilen zu können, falls sie im Betrieb sehr hohen Belastungsstößen unterworfen sind.

Zu beachten ist, daß die Motoren schon zwei unterschiedliche Verlustherde aufweisen, das Eisen und die Wicklung. Die Eisenverluste sind im wesentlichen von der Klemmspannung, die Wicklungsverluste vom Motorstrom abhängig. Beide Herde sind räumlich getrennt mit unterschiedlichem Verhältnis von Wärmeerzeugung zur wärmeaufnahmefähigen Masse. Dazwischen liegen Isolierstoffe, die den Wärmeaustausch hemmen. Die Verteilung der Verluste über den Motor ist je nach Bauart sehr verschieden. Dazu kommt noch, daß die einzelnen Elemente keine homogenen Gebilde darstellen, sondern aus den verschiedensten Stoffen mit unterschiedlicher, spezifischer Wärme zusammengesetzt sind. Die Abkühlungsverhältnisse sind von der Drehzahl abhängig. Es ist also undenkbar, daß der Temperaturanstieg und -abfall den für den homogenen Körper geltenden Gesetzen gehorcht. Für die Erwärmung bei hohen Überströmen, z. B. bei Stillstandsstrom, gilt wesentlich nur das Wärmeaufnahmevermögen der Wicklung, also deren relativ kleine Zeitkonstante. Die Zeitkonstante oder besser der Zeitfaktor des Schutzelementes müßte sich deshalb zum mindesten bei höheren Überlastungen denen des Motors in diesen Bereichen nähern, also kleiner sein als die Zeitkonstante beim Temperaturanstieg mit Nennstrom.

Unter diesen Verhältnissen ist es schwierig, bei elektrischen Maschinen, Motoren, Transformatoren u. dgl. überhaupt von einer Erwärmungszeitkonstante zu reden. OSBORNE macht darauf aufmerksam, daß die Frage eine unterschiedliche Antwort findet, je nachdem, wie man die Wärme-Zeit-Konstante definiert. Fünf verschiedene Definitionen sind geläufig. Man legt z. B. das Verhältnis spezifische Wärme · Volumen zu Oberfläche · spezifische Wärmeabgabe zugrunde *oder* die Zeit, nach der ein Körper ohne Wärmeabgabe die Temperatur erreichen würde, die er bei gleicher Wärmezufuhr und entsprechender Kühlung im Beharrungszustand erreicht, *oder* die Zeit, die die Ursprungstangente auf der Linie der Enderwärmung abschneidet, *oder* die Zeit, nach der die Erwärmung 63,2% der Enderwärmung erreicht (s. S. 92), *oder* endlich die Zeitkonstante für den auslaufenden Abschnitt der Erwärmungskurve. Da nun die Erwärmungskurve einer elektrischen Maschine dem einfachen Exponentialgesetz nicht mehr gehorcht, so ist es klar, daß man nach den angegebenen Methoden auch fünf verschiedene Werte ermittelt. Einmal beschäftigt man sich mehr mit dem Anfang der Kurve, einmal mit ihrer Mitte und ein anderes Mal mit ihrem Endabschnitt. OSBORNE hat zur Charakterisierung der Verhältnisse für die verschiedenen Teile eines 40-kW-gekapselten Gleichstrommotors die Zeitkonstanten angegeben. Danach erreicht man nach der ersten Definition die an sich kleinsten Werte, außerdem mit großen Unterschieden zwischen den einzelnen Konstruktionselementen, so z. B. ist die der Gesamtmaschine etwa 30 mal so groß wie die der Ankerwicklung allein. Dagegen sind die Werte für die letzte Definition, also den auslaufenden Teil der Erwärmungskurve, für alle Maschinenteile sehr gleichmäßig. Sie nähern sich außerdem der logarithmischen Linie am besten. Für die Praxis des Motorschutzes kann man aber trotzdem mit diesem Wert nicht rechnen, weil im Überlastungsfall die Maschine nicht in diesen Bereich kommt, sondern noch im steil ansteigenden Temperaturast arbeitet. Man muß also wohl die niedrigsten Werte zugrunde legen und kommt dann beispielsweise in dem gegebenen Beispiel für die Ankerwicklung auf relativ sehr geringe Beträge im Verhältnis zur Zeitkonstante der Maschine als Ganzes. Die Ankerwicklung zeigte außerdem überhaupt die größten Unterschiede zwischen den Werten für die Zeitkonstante nach den angegebenen Definitionen. Die kleinsten lagen zu den größten etwa im Verhältnis 1 : 50.

Es ist bei dieser Darstellung bemerkenswert, daß eine derart kräftige Maschine, der man als Ganzes gesehen immerhin eine Zeitkonstante von 23 000 s — das sind mehr als sechs Stunden — zumißt, bezüglich der Ankerwicklung und ihrem Temperaturanstieg nur eine solche von etwa 500 s aufweist.

Den unterschiedlichen Verlauf des Erwärmungsvorgangs, d. h. die unterschiedlichen Zeitkonstanten, stellt COHN (3) an einem einfachen Beispiel dar. Die Motorwicklung, die geschützt werden soll, ist kein einfacher homogener Leiter, der Wärme nur an die umgebende Luft abgibt. Die Wicklungen sind unter Zwischenschaltung von Isolierstoffen in das Eisen eingebettet, s. Abb. 75. Die Wärme wird, abgesehen von den Eisenverlusten, in der Wicklung $W$ erzeugt und durch die Isolation $I$ sowie das Eisen $E$ an die umgebende Luft abgeleitet. Bei Nennstrom des Motors vollzieht sich der Erwärmungsvorgang in der Wicklung so langsam, daß demgegenüber die Zeit, die die Wärme zum Durchfließen der Isolation und Eintritt in das Eisen braucht, keine nennenswerte Rolle spielt. Der Motor wirkt in seiner Gesamtheit fast wie ein homogenes Gebilde, die Temperaturkurve sinkt bei Nennstrom ($I_n$) nach dem Rande zu ein wenig ab. Anders ist es bei Überströmen ($I_k$). Je höher der Überstrom ist, desto stärker macht sich die Verzögerung des Wärmeübertritts in der Isolation bemerkbar. Die Kupfertemperatur wird der Eisentemperatur beträchtlich vorauseilen. Die Erwärmungskurven des Eisens zeigen den typischen Wendepunkt der Kurven für indirekt beheizte Körper (s. Abb. 55 Kurve 2, S. 106). Die Wirkung auf die

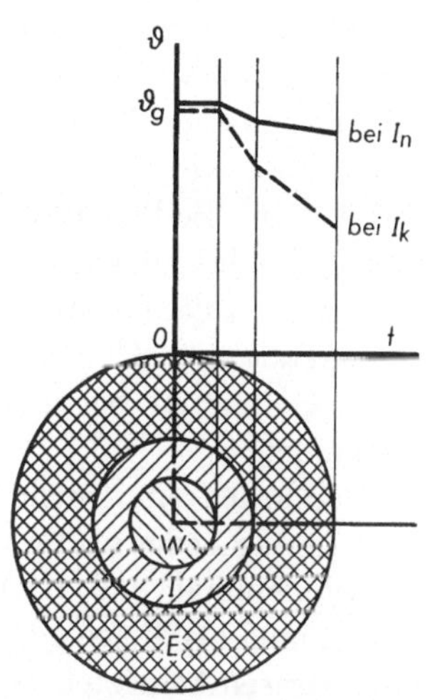


Abb. 75. Temperaturverlauf im Motor — schematisch (n. Cohn)
$W$ = Wicklung; $I$ = Isolation; $E$ = Eisen; $I_n$ = Nennstrom; $I_k$ = Stillstandsstrom

Zeitkonstante der Wicklung, also des gefährdeten Teiles, ist umgekehrt. Der Zeitfaktor der Wicklung des Motors wird mit wachsendem Überstrom kleiner werden. Er bewegt sich zwischen zwei Grenzwerten, einmal einem oberen Wert, der gewöhnlich als die Zeitkonstante des Motors angegeben wird und der unter Umständen die Größenordnung von mehreren Stunden annimmt. Er ist bedingt durch die Gesamtgewichte der Maschine und ihre abkühlende Oberfläche. Hinzu kommt ein erheblich kleinerer Wert, der bei hohen Strömen wirksam ist und der lediglich durch die Erwärmungsverhältnisse der Wicklung, also ihre Wärmeaufnahme und -abgabefähigkeit gegeben ist. In der Praxis des Motorschutzes ist bei höheren Überlastungen letzterer Wert maßgebend.

Das thermische Abbild, das die Temperatur des Motors genau mitfühlt, bleibt ein praktisch bedeutungsloses Ideal. Es wäre auch wirtschaftlich nicht zu verwirklichen, weil in dieser Richtung die Motortypen bei gleicher Leistung sehr unterschiedlich sind. Die Entwicklung der Schutzelemente hat schon allein deshalb notgedrungen zu kleinen

Werten für die Zeitkonstante geführt, die z. B. auch den Leitungsanforderungen weitgehend genügen. Es war ohnehin nicht möglich, mit marktgerechten Mitteln eine Anpassung an den jeweiligen Einzelfall vorzunehmen. Sowohl Erwärmung wie Abkühlung geht beim Schutzelement deshalb im allgemeinen schneller vonstatten als beim Motor. Das hat noch den Vorteil, daß die Geräte nach der Abschaltung wegen Überlastung schneller wieder einschaltbereit sind. Es gibt einige Mittel, die Werte für die Zeitkonstanten unter gewissen Bedingungen zu erhöhen (s. S. 98). Die Motorschutzschalter der Praxis müssen bei den verschiedensten Motoren gleicher Leistung mit ganz unterschiedlichen Erwärmungsverhältnissen, hervorgerufen durch Drehzahl, Hersteller u. dgl., eine Zeitkonstante aufweisen, die $\leqq$ ist als der kleinste Zeitfaktor, der bei beliebigen Motorüberströmen festgestellt wird. Natürlich ist es nicht zulässig, Wärmeelemente zu verwenden, deren Zeitkonstante bei irgendeinem Überstrom größer ist als der Zeitfaktor des Motors. Diese Gefahr ist bei den marktgängigen Konstruktionen auch kaum vorhanden.

Gefährlich sind auch Wärmeelemente, deren Zeitfaktoren bei der Erwärmung bedeutend größer sind als bei der Abkühlung. Dann genügt es nicht einmal, daß die Erwärmungszeitfaktoren des Auslöseelementes kleiner sind als diejenigen des Motors. Diese Gefahren bringen die transformatorisch beheizten Wärmeelemente mit sich, bei denen der Temperaturanstieg durch das veränderliche Übersetzungsverhältnis zwangsläufig verzögert wird, deren Abkühlung aber einzig und allein von der tatsächlich durch die Dimensionen gegebenen Zeitkonstante des Wärmeelementes abhängt. Der Motor kann dann bei aussetzendem Betrieb oder stark wechselnder Belastung über die zulässige Grenze hinaus erwärmt werden, ohne daß das Gerät anspricht. Das übersichtlichste Element auch hinsichtlich der Zeitkonstante ist also immer das unmittelbar beheizte. Die Motor-Zeit-Konstante bei der Abkühlung ist sogar gegenüber der bei der Erwärmung meist erheblich größer, weil beim stillstehenden Motor die Wärmeabgabe erheblich niedriger ist als beim laufenden (s. S. 175), insbesondere wenn der Motor mit besonderem Lüfter arbeitet, der bei Stillstand nicht wirkt. Das Verhältnis der Erwärmungs- zur Abkühlungszeitkonstante kann bis $\simeq 1 : 7$ sein. Wesentlich ist hierbei auch das Verhältnis der Wicklungstemperaturen zu denen des Eisens. Eine schnelle Wicklungsabkühlung ist nach Abschalten nur möglich, wenn das Eisen vorher eine erheblich niedrigere Temperatur aufwies.

Die Temperatur im Motor eilt der des thermischen Auslösers auch bei gleicher Zeitkonstante in dem in Betracht kommenden Erwärmungsbereich unter Umständen voraus, weil z. B. bei Unterbelastung die Motorerwärmung, die von Kupfer- und Eisenverlusten abhängt, relativ größer, bei Überlastung kleiner ist als die des Auslösers, die im wesentlichen vom Stromquadrat abhängt. Der neue Temperaturanstieg oder -abfall hängt von der Vorbelastung ab. Wären die Motorschutzauslöser wirklich getreue Wärmeabbilder der Motoren, dann würden solche Unterschiede natürlich nicht entstehen. STÖSSER und BERNHARDT veröffentlichen eine Vergleichskurve zwischen Motor- und Auslösertemperatur für bestimmte Beispiele. Wie man sieht, kann es einen idealen Motorschutz mit strombeheizten Wärmeelementen nicht geben (s. a. KUMMANT), aber auch nur in begrenztem Umfang mit Temperaturwächtern in der Wicklung (s. S. 262). Eine grobe Handregel sagt, daß sich bei einer Motorbelastungsänderung die Temperatur an der Drahtoberfläche mit einer Zeitkonstante von Sekunden, die an der Spulenoberfläche von Minuten und die an der Gehäuseoberfläche von Stunden ändert [ANGERMANN].

Zeitfaktoren für verschiedene Motoren und verschieden große Überströme veröffentlicht KIRCHDORFER (2). Sie fallen mit steigender Überstromstärke ab, z. B. bei einem 4,4-kW-Motor 1500 U/min von 500 s bei 1,3fachem Strom, auf 200 s bei 2fachem und 170 s bei 5fachem Strom. Die von ihm festgestellten Werte liegen aber praktisch alle über den Werten der marktüblichen Motorschutzgeräte, wenigstens soweit keine Sättigungswandler eingebaut sind.

Besonders beim Läufer von Käfigankermotoren liegen die scheinbaren Zeitkonstanten bei der Belastung im Stillstand oder doch geringer Relativdrehzahl sehr niedrig. Hierfür ist der mit der Drehzahl veränderliche Läuferwiderstand, der an sich in der Begriffsbestimmung für die Zeitkonstante nicht vorkommt und nur eine höhere Grenztemperatur zur Folge hat, maßgebend, z. B. haben die Stromverdrängungs- und Mehrnutmotoren bei Stillstand einen gegenüber dem Betrieb erheblich höheren Läuferwiderstand und deshalb schon bei Motornennstromaufnahme eine wesentlich gesteigerte Wärmeentwicklung. Die Errechnung des zulässigen Auslöserzeitfaktors (d. h. also der Temperaturanstiegsgeschwindigkeit) muß also auch auf diese Widerstandserhöhung Rücksicht nehmen, wenn auch bei modernen Käfigläufermotoren mit einem Läuferstromleiter aus Aluminiumguß der Läufer fast unzerstörbar ist, so daß nur die Ständerwicklung geschützt werden muß. Der für die Erwärmung dabei wesentliche Faktor, der den Temperaturanstieg verursacht, ist das Integral des Stromquadrates und die Dauer seiner Anwendung. In diesem Punkt unterscheiden sich Asynchronmotoren wesentlich von Gleichstrommotoren wie überhaupt Maschinen mit einem Kommutator, bei denen der Strom, der ohne Beschädigung sicher kommutiert werden kann, fast unabhängig von der Dauer der Anwendung der vorherigen Belastung der Maschine einer der einschränkenden Faktoren ist. Temperaturanstiegskurven verschiedener Konstruktionselemente bei einem 250 kW Kurzschlußläufer sowohl im festgebremsten Zustand wie bei Belastung und Beschleunigung s. MARTINY, McCoy und MARGOLIS. Bei größerwerdender Last war der Temperaturanstieg im Läufer erheblich schneller als im Ständer. Während der Festbremsperiode blieb — wenigstens was den Ständer anbelangt, dessen Wicklung durch die Isolation vom Eisen auch thermisch getrennt ist — fast die gesamte entwickelte Wärme im Kupfer. Die Temperatur der Isolation folgte der des Leiters nicht. Nur ein Teil der Wärme wurde an das Eisen abgegeben. Im Läufer trat dagegen während einer Stillstandszeit von etwa 25 s rund 2/3 des Läuferstabverlustes auf das Eisen über. Trotz hoher, durch den Skineffekt stark gesteigerter Erwärmungen im Läufer ist nach Feststellung der genannten Autoren der tatsächliche Ausfall bei Läufern verhältnismäßig selten. Die Ausdehnung des Endringes ist dabei wähernd der Festbremsperiode der kritischste Faktor. Während der Beschleunigungsperiode und erst recht bei Betriebsüberlastung bleibt der Temperaturanstieg des Läufers bei gleicher Zeitdauer, erheblich hinter dem bei einer Festbremsung zurück.

Es ist ohne weiteres zu erkennen, daß die Zeit, die die Motorwicklungen benötigen, um eine bestimmte Temperatur zu erreichen, bei einer bestimmten Überlast außer von dem Wattverlust in der Wicklung und der Kupfermasse der Wicklung, von einer Reihe von Faktoren abhängen, z. B. davon, ob der Motor läuft oder abgebremst ist, ob er gerade vom kalten Zustand angelaufen ist oder welche Vorbelastung er schon hatte. Wenn der Motor abgebremst ist, dann ist seine Erwärmungszeit geringer als wenn er läuft, denn es ist ohne unabhängigen Ventilator keine Luftkühlung vorhanden. Die erzeugte Wärme steht deshalb voll und ganz für die Erwärmung des Kupfers und der Isolation zur Verfügung mit Ausnahme des Wärmeanteils, der durch Ableitung an das umgebende Eisen verlorengeht. Wenn der Motor gerade aus dem kalten Zustand angelaufen ist, wird nicht nur das Kupfer der Wicklung, sondern auch das die Schlitze umgebende Eisen eine niedrigere Temperatur haben. Somit muß die in den Wicklungen erzeugte Wärme sowohl die Temperatur der Wicklungen erhöhen als auch die durch Ableitung über die Isolation auf das umgebende kalte Eisen entstehenden Wärmeverluste decken. Außerdem müssen die Verluste durch Luftkühlung gedeckt werden. Ist der Motor dagegen einige Zeit gelaufen, dann hat das Eisen schon eine konstante Temperatur erreicht, der Wärmeverlust durch Ableitung von der Motorwicklung ist geringer, obgleich er noch vorhanden ist.

Wichtiger noch als die Zeitkonstante ist für den Schutzwert der Auslöser der Grenzstrom, bei dessen langdauernder Überschreitung die Abschaltung erfolgt. Welche *Zeitkonstante* dann für die Schutzelemente — mit Rücksicht auf die Motorausnutzung — anzustreben ist, behandelt

VINCZE. Er geht davon aus, daß nach VDE 0530 für Motoren in Dauerbetrieb eine Überlastung mit dem 1,5fachen Nennstrom während 2 min nach erfolgter Belastung mit Nennstrom zulässig sein muß, ferner den Angaben von EDLER (4), nach denen die Zeitkonstante der Motoren für Dauerbetrieb zwischen 30 und 120 min liegt. Er legt für die weitere Berechnung den kleineren Wert zugrunde. Mit diesem Wert und der aus der Überlastungszeit und der Zeitkonstante von 30 min errechneten Steigerung der Übertemperatur von z. B. 80° C auf 86,4° C ergibt sich eine Beziehung für die Auslösecharakteristik des Motorschutzschalters, die durch folgende Gleichung gegeben ist:

$$t_a = 1800 \cdot \ln \frac{1 - \ddot{u}^2}{1{,}08 - \ddot{u}^2} \; [\text{s}].$$

Hierin ist: $t_a$ die Auslösezeit in Abhängigkeit vom Strom
$\ddot{u}$ das Verhältnis Überstrom zu Motornennstrom.

Läßt man bei der Belastung mit dem 1,5fachen Strom eine längere Belastungszeit als 2 min und dabei eine Erwärmung auf 90° C statt 80° C zu, dann wird aus der Zahl 1,08 im Nenner 1,13. Nach Ansicht von VINCZE müßte die Auslösecharakteristik der Motorschutzschalter zwischen den beiden Werten verlaufen. Kleinere Werte als die der Gleichung würden nicht gestatten, den Motor auszunutzen. Größere Werte als die mit der Ziffer 1,13 hätten Gefahren für die Wicklung zur Folge. Neuere Isolierstoffe gestatten natürlich auch noch höhere Temperatursprünge und damit eine Erhöhung der Zahl im Nenner. Bimetallauslöser und Dehnungselemente geben meist kleinere Werte, dagegen Schmelzlegierungen und Wärmedosen mit Flüssigkeit in etwa die nach Auffassung von VINCZE richtigen Werte. Die Praxis braucht im allgemeinen derartig hohe Werte nicht. Bei der Gleichung ist zu beachten, daß sie auf einer Zeitkonstante von nur 30 min aufgebaut ist.

VDE 0660 fordert außer daß das Gerät aus dem betriebswarmen Zustand heraus — bei 1,5fachem Motornennstrom — die Auslösung in spätestens 2 min durchführt, vorausgesetzt, daß die Motoren nach VDE 0530 keine längeren Überlastungszeiten aushalten, weiterhin noch, daß bei den beiden Trägheitsgraden $T_I$ und $T_{II}$ bei 6fachem Einstellstrom die Auslösezeit über 2 bzw. 5 s liegen soll (s. a. S. 30). Man kann durch einfache Überlegungen [FRANKEN (5)] zu dem Ergebnis kommen, daß die Zeitkonstante etwa den 3fachen Wert der Verzögerungszeit bei 1,5fachem Strom haben sollte. Eine genauere Rechnung sowohl der Mindestwerte wie der Höchstwerte der Zeitkonstante, die sich aus den genannten Festlegungen — bei den Grenzströmen 105% und 120% Einstellstrom — ergeben, siehe Tabelle 6. Da man immer mit dem höheren Grenzstrom rechnen muß, müßte also ein Auslöser des Trägheitsgrades $T_I$ mit einer Zeitkonstante zwischen 50 und 125 s, ein solcher des Trägheits-

11*

grades $T_{II}$ mit einer Zeitkonstante zwischen 125 und 280 s ausgerüstet sein. Diese Werte sagen dann aber über den weiteren Verlauf der Auslösekurve nichts aus, sondern lediglich, daß beim 6fachen Strom die angegebene Auslösezeit mindestens erreicht und beim 1,5fachen nicht überschritten wird. Bei transformatorisch beheizten Auslösern oder solchen mit mittelbarer Beheizung ergeben sich bei höheren Belastungen Auslösezeiten, die einem höheren Zeitfaktor entsprechen.

Tabelle 6. *Erforderliche Zeitkonstanten für Motorschutzauslöser bedingt durch VDE 0660*

| | Zeitkonstante bei Grenzstrom $I_g$ in % $I_e$ | |
| --- | --- | --- |
| | 105% | 120% |
| Mindestwert für Trägheitsgrad $T_I$ . . . . . . . | 65 s | 50 s |
| Mindestwert für Trägheitsgrad $T_{II}$ . . . . . . . | 160 s | 125 s |
| Höchstwert . . . . . . . . . . . . . . . . . . . | 1400 s | 280 s |

Ein strombeheiztes thermisches Element ist, selbst wenn man ihm eine Zeitkonstante entsprechend der des Motors geben könnte, nicht in der Lage, zwischen Stillstandsstrom und Laufstrom zu unterscheiden. Auch würde es ja notwendig sein, die Zeitkonstante während der Abkühlungszeit im Verhältnis zu der während der Belastungszeit zu ändern, wie es beim Motor der Fall ist. Das Element könnte also nicht nur durch die Kombination verschiedener Materialien und Formen auf die Situation des Motors gebracht werden, sondern es müßte außerdem auch noch die Rotation eingefügt werden, ein Umstand, der zwingend darauf hinweist, daß, wenn die Verhältnisse so gestaltet sind, daß aus dem Motor unter allen Umständen das Äußerste herausgeholt werden muß, es dann notwendig ist, die Temperaturüberwachung außerdem im Motor selbst vorzunehmen. Eine besondere Schwierigkeit bereitet noch die Tatsache, daß die Hersteller von Motoren irgendwelche Kennwerte hinsichtlich der Läufererwärmungen ihrer Motoren nicht angeben und so ist nach einem Ausspruch von CRAVEN, von dieser Seite her gesehen, bei den Festlegungen von Charakteristiken der Gerätekonstrukteur immer noch genötigt, seiner Erfahrung ein gutes Maß Hoffnung hinzuzufügen.

Diese Fragen sind bedeutend wichtiger geworden, seitdem man teilweise durch Einführung neuer Wicklungsisolationen die zulässigen Motorerwärmungen erhöhte und damit das Leistungsgewicht herabsetzte. Die Folge davon ist, daß das Verhältnis zwischen Wärmeverlust und Motormasse größer geworden ist, dementsprechend der Temperaturanstieg schneller. Auch die Frage, welche Zeit beispielsweise beim Stillstandsstrom des Motors, also bei abgebremstem Motor, bis zur Abschaltung noch zulässig ist, rückt mehr in die Interessensphäre. Die Reserven zwischen dem, was der Motor zulassen kann und was der Auslöser zuläßt, sind gesunken. Diese Frage spielt z. B. bei explosionsgeschützten Anlagen und Motoren der Bauart *erhöhte Sicherheit* eine große Rolle. Aus dem gleichen Grunde ist es auch nicht möglich, gelegentlich aus den Kreisen der Gerätehersteller mit Rücksicht auf den verhältnismäßig hohen Eichaufwand gestellte Forderungen, wie Erhöhung des oberen Grenzstromes, von jetzt 1,2 auf $1,3 \cdot I_e$ zu entsprechen. Nach den Alterungsgesetzen der Isolationen sind derartige Stromsteigerungen und die damit etwa im Quadrat einhergehenden Temperatursteigerungen nur mit erheblicher Lebensdauerverminderung der Isolation möglich. Es muß deshalb alle Aufmerksamkeit darauf verwandt werden, daß man den Grenzstrom möglichst nahe beim Nennstrom hält.

Daß grundsätzlich die Auslöserzeitkonstante nicht größer sein darf als die des zu schützenden Objektes steht außer Frage. Man befürchtet aber oft eine verminderte Schutzwirkung, wenn die Auslöserzeitkonstante wie üblich kleiner ist. Das geschieht mit der Begründung, daß dann doch auch die Abkühlung zu schnell vonstatten ginge. Hiervon ist im nächsten Abschnitt die Rede.

### 2.5.4 Schutzwirkung bei niedriger Auslöser-Zeitkonstante

Der Motorschutzschalter mit verhältnismäßig kleiner Zeitkonstante ist, wie früher auseinandergesetzt, aus den verschiedensten Gründen der normale. Einmal, weil man Motorschutzschalter mit höherer Zeitkonstante schlecht aufbauen kann, zum anderen, weil es in allen Anlagen auch noch Teile gibt, die nur eine geringere Zeitkonstante als die des Motors zulassen. So sind z. B. die Motoren nicht gleichmäßig in ihrem Aufbau. Es gibt Wicklungsteile, die sich bei hohen Belastungen verhältnismäßig stärker erwärmen, weil Wärmestauungen auftreten. Meistens wird von den Motoren — abgesehen von ganz wenigen Fällen — eine größere Überlastungsfähigkeit gar nicht gefordert als sie die marktgängigen Geräte zulassen. Bei großer Zeitkonstante wächst auch die Abkühlungszeit und damit auch die oft unerwünschte Wartezeit (s. S. 193) an. Aus diesen Gründen hat sich der Motorschutzschalter kleiner Zeitkonstante durchgesetzt. Es ist nun die Frage, wie es mit der Schutzwirkung bei unterschiedlicher Zeitkonstante steht. Gelegentlich hört man den Vorwurf, daß Schutzauslöser kleiner Zeitkonstante zu hohe Wicklungstemperaturen der Motoren zulassen. Dieser Schluß ist falsch. Erwärmungs- und Abkühlungskurven eines Körpers folgen in etwa den auf S. 91 erwähnten Exponentialgesetzen. Ist die Zeitkonstante kleiner, dann geht der Anstieg und aber auch der Temperaturabfall schneller

vonstatten, also der Unterschied zwischen der Ausgangstemperatur und
der Spitzentemperatur ist bei dem Motorschutzschalter kleiner Zeitkonstante verhältnismäßig größer als bei dem Motor mit seiner größeren
Zeitkonstante. Die rechnungsmäßige Behandlung dieses Problems zeigt,
daß die Spitzen der Motortemperatur erheblich unter dem Nennwert
bleiben, wenn bei Nennwert die Auslöser zum Ansprechen kommen.
Die Motorspitzentemperaturen bleiben um so weiter hinter ihrem Nennwert zurück, je größer die Überlastung ist [FRANKEN (10)] (s. a. S. 177
Verhalten im aussetzenden Betrieb).

Die Tatsache, daß ein Motorschutzschalter kleinerer Zeitkonstante
als die des Motors den Schutz übernehmen kann, zeigt Abb. 76. Wichtig

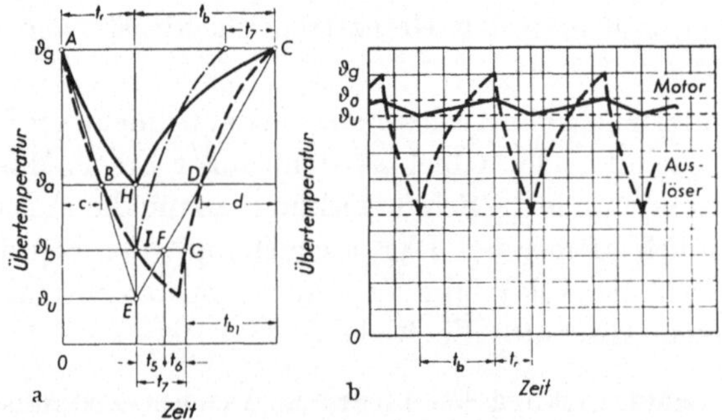

Abb. 76 a u. b.  Auswirkung des Zeitkonstanten-Unterschiedes bei Motor und Schutzelement
(Erläuterungen im Text)

für die Betrachtung ist der Umstand, daß bei relativ gleichen Temperaturen die Zeiten den Zeitkonstanten, also dem Verhältnis wärmeauf-
nahmefähiger Masse zu wärmeabgebender Oberfläche, proportional sind.
Alle gleichwertigen Zeitabschnitte stehen in diesem Verhältnis. Außerdem ist zu beachten, daß die Erwärmung zunächst schnell, dann immer
langsamer vonstatten geht. Das gleiche gilt von der Abkühlung, die
ebenfalls zunächst schnell und dann langsamer abläuft. Wenn ein Motor
sich in der Zeit $t_r$ von der Grenztemperatur $\vartheta_g$ auf die Temperatur $\vartheta_a$
abkühlt, dann ist bei einer bestimmten Überlastung wiederum eine
Belastungszeit $t_b$ zulässig, in der die Grenztemperatur $\vartheta_g$ wieder erreicht
wird. Man kann nun beweisen, daß der Auslöser nur eine um $t_7$ ver-
kürzte Belastungszeit zuläßt [Ableitung s. FRANKEN (10)]. Daraus geht
hervor, daß bei Verwendung eines Motorschutzrelais mit geringer Zeitkonstante bei wechselnder Belastung der zu schützende Motor eher abgeschaltet wird, als er seine Grenztemperatur erreicht. Die Grenztemperaturen des zu schützenden Stromverbrauchers liegen unter den zulässigen Werten. Folgt im periodischen Aussetzbetrieb (nach Abb. 76 b)

einer bestimmten Überlastungszeit $t_b$, die den Motorschutzschalter an die Grenzerwärmung $\vartheta_g$ führt, eine Abkühlungszeit auf den Ausgangswert, z. B. $0{,}45 \cdot \vartheta_g$, dann schwankt die Motortemperatur infolge der höheren Zeitkonstante nur zwischen $\vartheta_o$ und $\vartheta_u$. Für den periodisch aussetzenden Betrieb ist auf S. 178 eine Formel zur Berechnung dieser Temperaturspitzen $\vartheta_o$ im Verhältnis zu $\vartheta_g$ des Motors angegeben, unter

der Voraussetzung, daß der Auslöser mit kleiner Zeitkonstante den Takt für die Ausnutzbarkeit angibt [Gl. (56)]. Die auf der später angegebenen Rechnung beruhende Abbildung zeigt, daß diese Spitzen schon bei verhältnismäßig niedrigen Belastungszeiten beträchtlich unter dem zulässigen Grenzwert liegen.

Inwieweit man diesen Unterschied zwischen $\vartheta_o$ und $\vartheta_g$ bei festliegendem Schaltprogramm durch Höhereinstellung des thermischen Elementes aufwiegen kann, s. S. 187.

Abb. 77a u. b. Ansprechkennlinie beim Motorschutzgerät (a) und Anlaufdiagramm (b)

## 2.5.5 Bei welcher Auslösekennlinie ist der Anlauf noch möglich?

Es wird häufig der Fehler gemacht, daß man eine Auslösekurve mit einem Anlaufdiagramm zur Deckung bringt und, wenn sich die beiden Kurven nicht schneiden, behauptet, daß der Auslöser in der

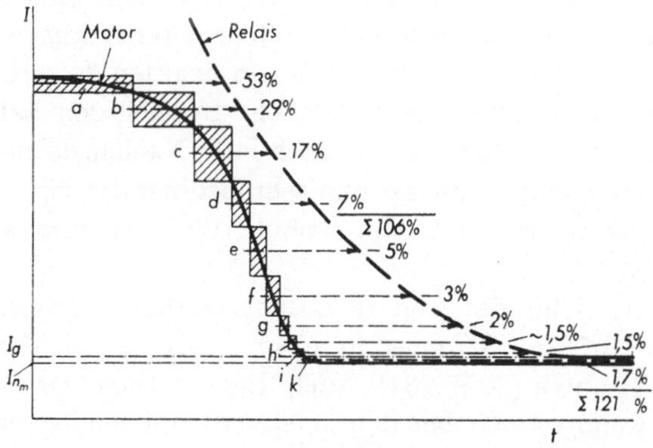


Abb. 78. Feststellung ob das Auslöseelement den Motoranlaufstrom aushält
(Erläuterungen im Text)

Lage sei, den Anlaufstrom zu überstehen, ohne anzusprechen. Natürlich ist das die erste Forderung, die erfüllt sein muß, aber das genügt nicht. Zur weiteren Klärung ist in Abb. 77 entgegen der sonst üblichen Praxis nicht nur der Anlaufstrom ($b$), sondern auch der Auslösestrom ($a$) über der Zeit aufgetragen. So z. B. würde der Punkt $A$ noch vor der Auslösekurve liegen und besagen, daß, trotzdem bei dieser Stromstärke die Zeit $t_a$ zulässig ist, nur die Zeit $t_1$ erforderlich ist. Hierbei übersieht man aber, daß vor dem Belastungspunkt $A$ bereits Belastungen mit höherer Stromstärke liegen. Der Auslöser ist also viel stärker beansprucht als mit dem Strom $I_1$ in der Zeit $t_1$. Es könnte schon eine Auslösung vor Absinken auf den Strom $I_1$ erfolgt sein, obwohl sich die Kurven nicht schneiden. Ganz einwandfreie Methoden zur Klärung dieses Problems sind nicht bekannt. Im wesentlichen deshalb, weil die Kurven des Anlaufstromes kaum nach einem bestimmten mathematischen Gesetz verlaufen. Man geht zweckmäßig so vor, daß man für jeden Augenblick die Summe $I^2 \cdot t$ darstellt, daraus den mittleren Strom errechnet und dann vergleicht, ob für diesen mittleren Strom etwa die zulässige Auslösezeit schon überschritten ist. Eine andere Methode besteht darin, daß man die Anlaufkurve in eine Treppenkurve umsetzt und für jede einzelne Treppenstufe bestimmt, wieviel Prozent der zulässigen Erwärmungszeit ausgenutzt werden (Abb. 78) [s. a. DEISSLER (1), ROTHENBACH]. So wird z. B. für den Stromabschnitt $a$ die zulässige Belastungszeit nur zu 53% ausgenutzt. Dann nimmt man an, daß das Element bereits diesen Prozentsatz seiner Auslösewärme erhalten hat. Für die nächste Stufe kommen 29% hinzu, bei der dritten Stufe 17%, bei der vierten 7%, so daß durch den Summenwert 106% die Auslösegrenze schon überschritten wird, obwohl noch weitere Belastungen erforderlich sind. Der Auslöser kann mithin den Anlaufstrom nicht bewältigen, man muß einen trägeren verwenden. Aus dem Beispiel geht klar hervor, daß der thermische Auslöser den Anlauf nicht unbedingt zuläßt, wenn die Auslösekurve über der Lastkurve liegt. Beide Methoden führen aber nur dann zu einem exakten Ergebnis, wenn es sich um einen homogenen Körper handelt. In allen den Fällen, wo mit Wärmestauungen und mit Wärmenachfluß (Nachauslösung s. S. 114) gerechnet werden muß, sind sie nur sehr bedingt richtig, aber für die Praxis meistens ausreichend. Motorschutz für schwer anlaufende Maschinen s. S. 218.

M. G. DIEHL S. 96 gibt weitere Lösungsmethoden an, indem er den zeitlichen Verlauf des Stromes in einer analytischen Funktion ausdrückte [s. a. KAŠPAR (2) S. 154]. Auch diese Methode ist natürlich nur dann exakt, wenn es sich bei den Auslösern um homogene, unmittelbar beheizte Wärmeelemente handelt, bei denen man im ganzen Strombereich von einer gleichbleibenden Zeitkonstante reden kann.

### 2.5.6 Motorschutz bei aussetzendem Betrieb

Die Frage Motorschutz im aussetzenden Betrieb würde gar nicht existieren, wenn die Motorschutzschalter regelrechte thermische Abbilder der Motoren wären. Eine Voraussetzung, die aber mit wirtschaftlichen Mitteln nicht geschaffen werden kann. Auch hätte sie den Nachteil, daß nach einer Auslösung auch die Wartezeiten (s. S. 193) steigen und z. B. im Kranbetrieb die Fortsetzung einer Fahrt unnötigerweise verzögert würde. Andererseits aber würden die Temperaturen der Auslöser genauso steigen und fallen wie diejenigen der Motoren selbst. Die Motoren würden abgeschaltet, wenn die Gefahrengrenze erreicht ist, und wieder einschaltbar sein, wenn sie unterschritten ist. Da aber handelsübliche Motorschutzgeräte nach der dauernd zulässigen Stromstärke verkauft werden, so ist es notwendig, zunächst einmal zu wissen, welcher Motorschutzschalter für einen Motor bestimmter Stromstärke bei z. B. 25% $ED$ verwendbar ist oder — mit anderen Worten — wie die zulässige Motorvollaststromstärke ansteigt, wenn die relative (prozentuale) Einschaltdauer unter 100% sinkt. Die relative Einschaltdauer ($ED$) ist das Verhältnis der Belastungszeit ($t_b$) zur Spieldauer ($t_s$). Sie wird meist in Prozent angegeben. Also:

$$ED = \frac{t_b}{t_b + t_r} \cdot 100 = \frac{t_b}{t_s} \cdot 100 \ [\%].$$

Hierbei wird ein gleichmäßiger periodischer Wechsel vorausgesetzt, wenn auch die in der Praxis vorkommenden Belastungsdiagramme oft sehr unregelmäßig verlaufen. Genormte Nennbetriebsarten für gleichmäßigen Verlauf s. VDE 0530/59, Bild 6. Bei unregelmäßigem Verlauf sind Mittelwertbildungen notwendig.

**Der äquivalente Dauerstrom.** Für einen thermisch belasteten, homogenen, ruhenden Körper ist die Frage im Grenzfall — wenn die einzelnen. Erwärmungs- und Abkühlungszeiten klein sind, schnell beantwortet. Ist $I_{ED}$ die Stromstärke bei einer beliebigen prozentualen Einschaltdauer $ED$, dann ist $I_d$ die zulässige (äquivalente) Dauerstromstärke bei 100% $ED$.

$$I_d^2 \cdot 100 = I_{ED}^2 \cdot ED; \quad I_d = I_{ED} \cdot \sqrt{\frac{ED}{100}},$$

$$I_{ED} = I_d \cdot \sqrt{\frac{100}{ED}} \tag{52}$$

In logarithmischem Maßstab dargestellt, erhält man eine gerade Linie, s. Abb. 79 Kurve *1*. Die zulässige Stromstärke eines Motors im aussetzenden Betrieb ist demnach bei 25% $ED$ etwa doppelt so hoch wie bei 100% $ED$, sehr kleine Belastungszeiten vorausgesetzt, oder umgekehrt die äquivalente Dauerstromstärke die Hälfte des Stromes im aussetzenden Betrieb. In der Praxis bieten diese Beziehungen nur eine allererste Annäherung. Sie setzen einen homogenen Körper mit bei allen Belastungen gleicher Wärmekapazität und gleicher Wärmeabgabefähigkeit voraus. Auf den so errechneten Dauerstrom müßte das Motorschutzgerät eingestellt werden.

Bei großen Belastungszeiten liegt die zulässige äquivalente Dauerstromstärke im Verhältnis zum Aussetzstrom höher, denn es sollte im Aussetzbetrieb die höchste Temperaturspitze nicht größer sein als die Erwärmung im äquivalenten Dauerbetrieb entspricht und nicht — wie oft vermutet — das Mittel zwischen der höchsten und der niedrigsten Temperatur, die im Wechselspiel auftritt. Deshalb geht umgekehrt die zulässige Überlastung im Aussetzbetrieb sofort zurück, wenn die Spieldauer länger wird. Außerdem geht sie weiterhin stark zurück, wenn die Zeitkonstante kleiner wird. Diese Zusammenhänge sind später in Tabelle 7 und Abb. 80 dargestellt. In Abb. 79 Kurven 2-1' . . . 2-30' wurden aber schon vorweggreifend für die Zeitkonstanten 1, 5, 10 und 30 Minuten die Reduktionen vermerkt und dabei in Anlehnung an VDE 0530/3. 59 § 18 eine Spieldauer von 10 Minuten angenommen, wie sie übli-

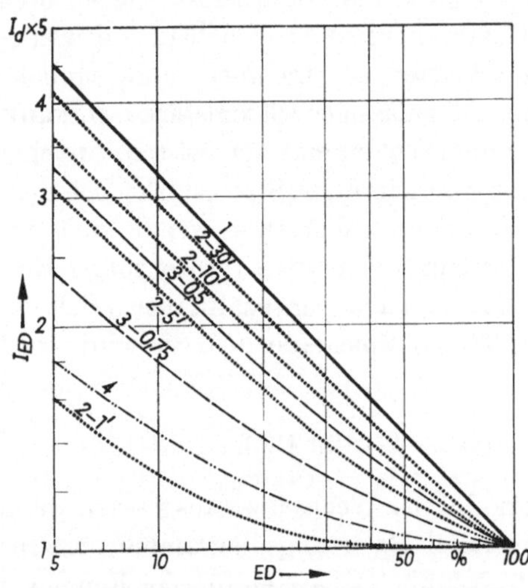

Abb. 79. Zulässige Stromüberlast = f (*ED*)
*1* bei großer Zeitkonstante bzw. kleinen Spielzeiten; *2* bei 10 min. Spielzeit und 1, 5, 10, 30 min. Zeitkonstante; *3* unter Berücksichtigung der aussetzenden Kühlwirkung $x = 0,5$ und $0,75$ bei großer Zeitkonstante bzw. kleinen Spielzeiten; *4* Lauf-Zeitkonstante 30 min., Stillstandskonstante $7 \cdot 30 = 210$ min., Spielzeit 10 min.

cherweise den Angaben der zulässigen Motorleistung zugrunde liegt. Die Zahl gilt nach der genannten VDE-Arbeit — insoweit keine anderen Vereinbarungen getroffen werden. Wie man sieht, geht die Überlastungsfähigkeit bei Körpern kleiner Zeitkonstanten, wie sie etwa die Leitungen darstellen, ganz bedeutend zurück. Aus dem Motornennstrom, der für den aussetzenden Betrieb angegeben ist, kann der für den äquivalenten Dauerbetrieb, je nach der Zeitkonstante, durch Division mit dem Überhöhungsfaktor nach Abb. 79 (Kurven 2-1' . . . 2-30') ermittelt werden. Man erhält ihn dementsprechend durch Division mit 2,1, z. B. für eine für 20% *ED* ausgelegte Maschine bei einer Zeitkonstante von 30', anstatt durch Division mit 2,25, also einen höheren Dauerstrom. In Wirklichkeit ist der Zusammenhang zwischen Dauer- und Aussetzstrom bei

den Motoren ganz erheblich komplizierter (s. a. S. 157). Eine hohe Überbelastung des Motors hat beispielsweise nur eine Überlastung der Kupfer-
wicklung, jedoch nicht gleichzeitig eine solche des Eisens zur Folge.
Die Verlustverteilung ist ganz wesentlich bestimmend für die zulässige
Erhöhung der Stromstärke im aussetzenden Betrieb. Hinzu kommt
noch, daß sich die Belüftungsarten bei den verschiedenen Motorgattungen, das Drehzahlverhalten, die Schutzart u. dgl. sehr unterschiedlich auswirken, so daß man deshalb mit den einfachen Beziehungen
vorgenannter Formel nur in ganz grober Annäherung rechnen kann.
Der für aussetzenden Betrieb aufgebaute Motor unterscheidet sich im
allgemeinen in seiner Bauart von der eines Dauerbetriebsmotors. So
muß z. B. die Eisensättigung zur Erhöhung des Kippmomentes bei Drehstrommotoren gesteigert werden. Damit steigt auch im Verhältnis der
Leerlaufstrom. Andererseits geht unter Umständen die Wärmeabfuhr
in den Stillstandszeiten zurück. Letzterer Umstand ist besonders schwer-
wiegend. Die Ausnutzbarkeit der Motoren ist meistens niedriger und
dementsprechend das Verhältnis des Dauerstromes zum Aussetzstrom
höher als die genannten Abhängigkeiten vermuten lassen. Ein Absinken
der Wärmeabfuhr bei Stillstand auf Beträge in Höhe von 15% derjenigen
bei Lauf ist durchaus nichts Ungewöhnliches. Von wesentlichem Einfluß ist hierbei naturgemäß der Aufbau, vor allen Dingen die Schutzart
des betreffenden Motors. Ein vollständig geschlossener Motor führt seine
Wärme an der Außenoberfläche ab, die rotierenden Innenteile tragen
zur Wärmeabfuhr nach außen praktisch nichts bei. Bei einem offenen
Drehstrommotor oder einem Motor mit Oberflächenkühlung und Außen-
lüfter, jedoch keinem Fremdlüfter, liegen die Verhältnisse anders. Wenn
er stillsteht, fällt dieser Kühlungsanteil weg. Teilt man die Wärmeabfuhr in zwei Teile, in diejenige, die von den feststehenden Konstruktionselementen ausgeht, die also immer wirksam ist, ihr Anteil soll
$1 - x$ sein, und diejenige, die durch die umlaufenden Teile bedingt ist,
ihr Anteil soll $x$ sein, dann ist die Wirksamkeit des letzteren Anteils
proportional der prozentualen Einschaltdauer. Für den Strom im aussetzenden Betrieb erhält man nachstehende Gleichung

$$I_{ED}^{2} \cdot \frac{ED}{100} = I_{d}^{2} \left(1 - x + x \cdot \frac{ED}{100}\right) = I_{d}^{2} \left[1 + x \left(\frac{ED}{100} - 1\right)\right]$$

oder

$$I_{ED}^{2} = I_{d}^{2} \left[\frac{1 - x}{ED/100} + x\right] \tag{53}$$

Zu dem gleichen Ergebnis kam auf Grund von Messungen GEWECKE.
Er führte lediglich die Zahl $x$ mit anderem Vorzeichen ein und stellte
deshalb negative Werte fest. Seine Messungen hatten das Ergebnis, daß,
wenn man statt den Strom in Abhängigkeit von der prozentualen Einschaltdauer aufzutragen, das Stromquadrat oder noch besser das Strom-

quadrat mal $ED$ auftrug, sich in Abhängigkeit von $ED$ praktisch gerade Linien einstellten. Die einzige Ausnahme machte in seinen Untersuchungen ein geschlossener Gleichstrom-Reihenschlußmotor. Für ihn erhielt er eine stark gekrümmte Linie und ein anderes Vorzeichen für $x$. Im übrigen für den geschlossenen Drehstrommotor wie zu erwarten $x = 0$, für einen Motor mit Oberflächenkühlung $x = 0,5$ und für einen offenen Drehstrommotor 0,7 bis 0,8. Das Siemens-Formel- und Tabellenbuch gibt (2. Aufl. S. 605) für geschützte Motoren Stillstands- zu Laufzeitkonstante mit 2 an und für geschlossene 1,4 . . . 1,5. Das gibt (s. S. 175) $x = 0,5$ bzw. 0,3. Bei den Motoren, bei denen $x$ von 0 abweicht, kann man nur mit einer kleineren Überlastungsfähigkeit rechnen als die genannten Abhängigkeiten vermuten lassen. Umgekehrt kommt man bei der Ermittlung des äquivalenten Dauerstroms durch Division mit dem niedrigeren, zulässigen Überwert auf höhere Dauerströme. Diese Zahlen sind für $x = 0,5$ und 0,75 ebenfalls in Abb. 79 Kurven 3—0,5 und 3—0,75 aufgenommen worden. Diese Werte gelten ohne weitere Korrektur nur für hohe Schalthäufigkeiten, also nur für kleine Belastungszeiten. Aus dieser Untersuchung folgert GEWECKE, daß ein Motorschutz im Aussetzbetrieb, wenn er mittels thermischer Auslöser durchführbar sein soll, dann möglich ist, wenn es gelingt, die thermischen Eigenschaften des Schutzgerätes den unterschiedlichen $I^2 \cdot ED$-Kurven der verschiedenen Motorgattungen anzupassen. Der Kurve 4, Abb. 79 ist ein Verhältnis Stillstands- zu Laufzeitkonstante $= 7$ zu Grunde gelegt, siehe Seite 175.

Bei der Ermittlung des äquivalenten Dauerstroms als Grundlage für die Auslösereinstellung muß man aber beachten, daß die Verminderungen des Aussetzstromes $I_{ED}$, wie sie sich in den Kurven 3 und 4 der Abb. 79 widerspiegeln und die umgekehrt mit diesen verminderten Überhöhungsfaktoren errechneten höheren relativen Dauerströme bei der Auswahl der Schutzelemente nicht ausgenutzt werden können, denn die aussetzende Kühlwirkung, die den Kurven 3 und 4 zugrunde liegt, kann das Schutzelement nicht nachahmen. Es kann von ihr keine Notiz nehmen, infolgedessen wäre die Gefahr bei Zugrundelegung dieses relativ hohen äquivalenten Dauerstroms zu groß. Natürlich steckt darin eine Reserve, die um so mehr in Erscheinung tritt, je geringer die prozentuale Einschaltdauer ist oder mit anderen Worten, je höher die Überlastung bei gegebener Schalthäufigkeit ist. Bei der Frage der Höhereinstellung kann dieses Moment mitberücksichtigt werden, geht aber in die auf S. 188 dargelegten Beziehungen nicht weiter ein. Die verminderte Überlastungsfähigkeit, die sich in der tieferen Lage der Kurven 2 gegenüber der Kurve 1 ausdrückt, und der daraus resultierende höhere Dauerstrom kann aber berücksichtigt werden, denn die Kurven 2 sind unter Berücksichtigung eines Schaltspiels von 10 Minuten Dauer festgelegt. Bei einer kürzeren Spielzeit wäre eine Überhöhung des aussetzenden Stromes bis zur Linie 1 hin zulässig. Legt man die Werte der Kurven 2 zugrunde, dann wird der Auslöser seinerseits bei längerer Spielzeit für die Herabsetzung des äquivalenten mittleren Stromes sorgen.

Aus diesen Zusammenhängen ist bereits ersichtlich, daß die Verhältnisse sehr schwieriger Art sind und die genaue Anpassung unmöglich ist, da man in den allerwenigsten Fällen solch genaue Angaben über die Motoren erhalten kann. In Wirklichkeit liegt im allgemeinen das Problem überhaupt anders, weil ja — wie mehrfach angedeutet — die meisten Motorschutzauslöser über Zeitkonstanten verfügen, die erheblich hinter denen der Motoren zurückbleiben, und weil auf der anderen Seite der Motor keine einheitliche Zeitkonstante aufweist, während Motorschutzauslöser, die wirkliche thermische Abbilder darstellen, kaum aufbaubar und jedenfalls praktisch nicht üblich sind. *Rechnungsmäßige Zusammenhänge* in dieser Richtung sind daher ebenfalls *nur als Richtwerte* denkbar. Eine wirklich exakte Darstellung ist nicht möglich, ja es ist noch nicht einmal zulässig, den Motorschutz im aussetzenden Betrieb allein ohne Rücksicht auf die Eisenerwärmung auf einen Strom entsprechend der gleichen Motorgrenztemperatur einzustellen wie im Dauerbetrieb, denn im aussetzenden Betrieb würde das Eisen grundsätzlich kälter bleiben und die hiervon herrührende mittlere Wärmezufuhr auch entsprechend geringer sein, s. Abb. 75 (S. 159). Wenn dort von einer sehr hohen Überlastung die Rede war, so tritt doch der gleiche Zustand bei der im Aussetzbetrieb zugelassenen, jeweils kurzzeitigen Stromerhöhung ein.

**Der Einfluß der Spieldauer und der Zeitkonstante auf den zulässigen Überstrom.** Die im vorigen Abschnitt genannten einfachen Zusammenhänge zwischen dem Überlaststrom und der prozentualen Einschaltdauer, z. B. entsprechend Kurve 1, Abb. 79, sowie unter Berücksichtigung der aussetzenden Kühlwirkung bei Stillstand eines Motors entsprechend den Kurven 3, gelten nur, solange die mittleren und die Spitzentemperaturen praktisch zusammenfallen, d. h. also nur bei kurzen Erwärmungs- und Abkühlungszeiten. Bei größeren Zeiten verläuft die Erwärmungskurve in einer Zickzacklinie. Es stellt sich ein um so größerer Unterschied ein, je mehr die Belastungszeiten wachsen, um so kleiner, je höher die Zeitkonstante des betreffenden zu erwärmenden und abzukühlenden Körpers ist. Diese Zusammenhänge sind für periodischen Betrieb in der klassischen Arbeit von OELSCHLÄGER (1) behandelt, siehe auch FRANKEN (10). Ausgehend von den Erwärmungs- und Abkühlungsgleichungen eines homogenen Körpers nach S. 91 wird zu der Erwärmung im Anstieg die Abkühlungszeit für den gleichen Temperaturbereich festgestellt. Üblicherweise für einen Stromverbraucher, wie z. B.

einen Motor, natürlich derart, daß der Endwert der Anstiegsperiode mit der zulässigen Temperatur übereinstimmt. Beim Erreichen gleichmäßiger bestimmter Temperaturspitzen ist die Zunahme in der Belastungszeit gleich der Abnahme in der stromlosen Pause. Bei niedrigeren Temperaturspitzen wäre der Anstieg stärker als der Abfall, so daß die Temperaturen steigen, bis das Gleichgewicht erreicht ist. Die wichtigsten Abhängigkeiten s. Abb. 80 und Tabelle 7. Für die Temperaturanstiegs- und -abfallzeit wird die gleiche Zeitkonstante $T$ vorausgesetzt. Man kommt dann zu den in der Tabelle unter Diagramm $A$, also einem Diagramm für konstante Strombelastung in der Belastungszeit $t_b$ angegebenen Werten für die Überlastungsfähigkeit, ausgedrückt durch das Vielfache $(\ddot{u})$ des Dauerstromes. Es ist nach Abb. 80

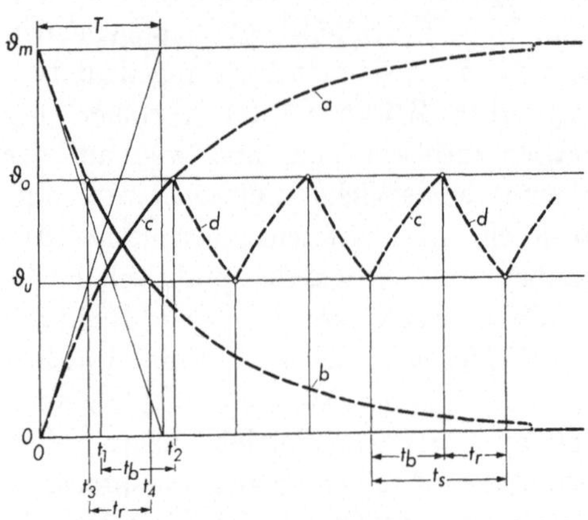

Abb. 80. Erwärmung im aussetzenden Betrieb
$t_b$ = Belastungszeit; $t_r$ = Ruhezeit; $t_s$ = Spielzeit

$$t_b = t_2 - t_1 = T \cdot \ln \frac{\vartheta_m}{\vartheta_m - \vartheta_o} - T \cdot \ln \frac{\vartheta_m}{\vartheta_m - \vartheta_u} = T \cdot \ln \frac{\vartheta_m - \vartheta_u}{\vartheta_m - \vartheta_o}$$

$$t_r = t_4 - t_3 = T \cdot \ln \frac{\vartheta_m}{\vartheta_u} - T \cdot \ln \frac{\vartheta_m}{\vartheta_o} = T \cdot \ln \frac{\vartheta_o}{\vartheta_u}$$

beide nach $\vartheta_u$ aufgelöst ergeben:

$$\vartheta_m - (\vartheta_m - \vartheta_o) \cdot \exp (t_b/T) = \vartheta_o \cdot \exp (- t_r/T)$$

und für

$$\frac{\vartheta_m}{\vartheta_o} = \ddot{u}^2; \quad \ddot{u}^2 = \frac{\exp (-t_r/T) - \exp (t_b/T)}{1 - \exp (t_b/T)} \quad \text{(s. Tabelle 7 Zeile 4)}$$

Aus diesen Zusammenhängen folgen in gleicher Weise die übrigen Werte der Tabelle 7 [Ableitungen zum Teil s. Franken (10]. Es sind auch Angaben aufgeführt zur Errechnung der Belastungszeit, der Ruhezeit, der Spielzeit, der Schalthäufigkeit u. dgl., wenn die Zeitkonstante und zwei weitere Einflußwerte gegeben sind. Die Formeln gelten sowohl für die Zeitkonstante $T_M$ des Motors als auf für die $T_A$ des Schutzelementes, und zwar für eine gleichbleibende Zeitkonstante ohne Einschränkung. Ein Fall, wie er nur bei den unmittelbar beheizten thermischen Elementen vorliegt. Zulässige Überlastungen abhängig von $ED$ für verschiedene $t_b/T$ s. Abb. 81. Die Zeitkonstanten sowohl der Motoren wie der Motorschutzelemente sind aber selten Konstante im wahren

Sinne. Sie sollten jedenfalls bei Motoren, wenn man die angegebenen Formeln verwendet, für den aussetzenden Betrieb so gewählt werden, daß sie nach den OELSCHLÄGERschen Beziehungen Kurven ergeben, die mit den tatsächlich gemessenen einigermaßen übereinstimmen. Man kann grundsätzlich die Zeitkonstante während der Belastung und die Zeitkonstante während der Ruhe unterscheiden, also beim Motor diejenige beim Lauf ($T_L$) und diejenige beim Stillstand ($T_R$), wobei der Unterschied der Zeitkonstanten durch die unterschiedliche Wärmeableitung s. S. 171 bedingt ist. Von den dann möglichen Umformungen der angegebenen Gleichungen sei nur die für den Überlastungsstrom angegeben. Setzt man das Verhältnis $T_R/T_L = y$, so steht $y$ in Beziehung zu dem Wert $x$ S. 171, und zwar ist $y = 1/(1-x)$. Um die Überlastungsfähigkeit zu berechnen, muß man entweder bei

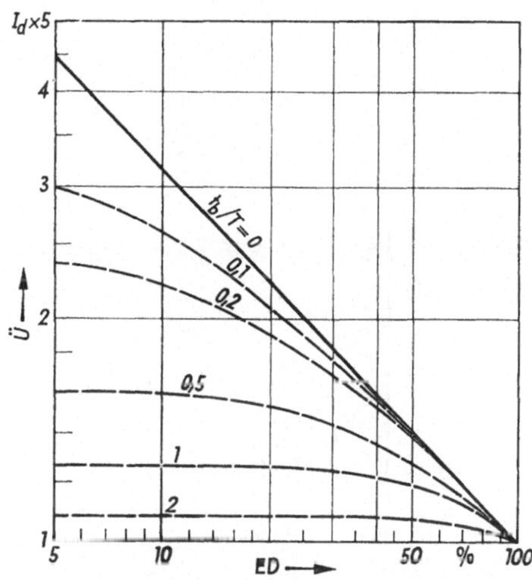

Abb. 81. Zulässige Stromüberlast (ü) im aussetzenden Betrieb als Vielfaches des Dauerstromes (gleichbleibender Widerstand vorausgesetzt) = $f (ED)$ — verschiedene Verhältnisse Belastungszeit ($t_b$) zu Zeitkonstante ($T$)

gleicher Überlastung eine größere prozentuale Einschaltdauer voraussetzen oder aber bei gleichem $ED$ die Überlast vermindern. Bei beiden Überlegungen kommt man selbstverständlich zum gleichen Ergebnis. Bei den in die Rechnung eingehenden Quotienten $t_b/T_L$ und $t_r/T_R$ prägt sich $y$ derart aus, daß man bei gleicher Zeitkonstante $T_L$ mit einer im Verhältnis $1 : y$ verminderten Ruhezeit zu rechnen hat, so daß die zulässige Überlastung auf

$$\ddot{u}^2 = \frac{\exp\left(-t_r/T_L \cdot 1/y\right) - \exp\left(t_b/T_L\right)}{1 - \exp\left(t_b/T_L\right)} \quad \text{sinkt.}$$

Eine auf Grund dieser Beziehungen für $y = 7$ ermittelte Abhängigkeit des Überlaststromes von der prozentualen Einschaltdauer bei $T_L = 30$ Min. und einer Spielzeit von 10 Min. zeigt Kurve 4 in Abb. 79. Wie man daraus erkennt, hat dieser Umstand einen ganz bedeutenden Einfluß auf die zulässige Stromüberhöhung bei den Motoren. Der Wert $y = 7$ entsprechend Kurve 4 entspricht einem Wert $x = 0,86$.

**Die Erwärmungsgrenzen im aussetzenden Spiel.** Die Erwärmungsgrenzen für den Motor im aussetzenden Betrieb sollen — wie schon

Tabelle 7. *Einige Zusammenhänge zwischen* $T$, $t_b$, $t_r$, $\ddot{u}'$ *usw. bei periodischem Betrieb für 3 Normalbelastungsfälle*

| Diagramm | Lfd. Nr. | Gesucht | Abhängig von | |
|---|---|---|---|---|
| A | 1 | $t_b$ | $T, t_r, \ddot{u}'$ | $t_b = T \cdot \ln \dfrac{\ddot{u}'^2 - \exp\left(-t_r/T\right)}{\ddot{u}'^2 - 1}$ |
| | 2 | $t_r$ | $T, t_b, \ddot{u}'$ | $t_r = -T \cdot \ln\left[\ddot{u}'^2 - (\ddot{u}'^2 - 1)\exp\left(t_b/T\right)\right]$ |
| | 3 | $t_s$ | $T, t_b, \ddot{u}'$ | $t_s = -T \cdot \ln\left[1 + \ddot{u}'^2\{\exp\left(-t_b/T\right) - 1\}\right]$ |
| | 4 | $\ddot{u}'$ | $T, t_b, t_r$ | $\ddot{u}' = \sqrt{\dfrac{\exp\left(-t_r/T\right) - \exp\left(t_b/T\right)}{1 - \exp\left(t_b/T\right)}}$ |
| | 5 | $\ddot{u}'$ | $T, t_b, t_s$ | $\ddot{u}' = \sqrt{\dfrac{1 - \exp\left(-t_s/T\right)}{1 - \exp\left(-t_b/T\right)}}$ |
| | 6 | $\ddot{u}'$ | $T, t_b, S/h$ | $\ddot{u}' = \sqrt{\dfrac{1 - \exp\left(\dfrac{-3600}{S/h \cdot T}\right)}{1 - \exp\left(-t_b/T\right)}}$ |
| | 7 | $\ddot{u}'$ | $T, t_b, ED$ | $\ddot{u}' = \sqrt{\dfrac{1 - \exp\left(-t_b/T \cdot 100/ED\right)}{1 - \exp\left(-t_b/T\right)}}$ |
| $\ddot{u}' = \dfrac{I_b}{I_g}$ | 8 | $S/h$ | $T, t_r, \ddot{u}'$ | $S/h = \dfrac{3600}{T \cdot \ln \dfrac{\ddot{u}'^2 \cdot \exp\left(t_r/T\right) - 1}{\ddot{u}'^2 - 1}}$ |
| | 9 | $S/h$ | $T, t_b, \ddot{u}'$ | $S/h = \dfrac{-3600}{T \cdot \ln\left[1 + \ddot{u}'^2\{\exp\left(-t_b/T\right) - 1\}\right]}$ |
| Bei Motoren empfiehlt es sich statt mit $\ddot{u}'$ mit $\ddot{u}$ zu rechnen, also an Stelle von $I_g$ $I_d$ zu setzen. | 10 | $ED$ | $T, \ddot{u}', S/h$ | $\dfrac{ED}{100} = -\dfrac{S/h \cdot T}{3600} \ln\left[1 + \dfrac{\exp\left(\dfrac{-3600}{S/h \cdot T}\right) - 1}{\ddot{u}'^2}\right]$ |
| B | 11 | $t_{b1}$ | $T, t_{b2}, \ddot{u}_1', \ddot{u}_2'$ | $t_{b1} = T \cdot \ln \dfrac{\ddot{u}_2'^2 - \ddot{u}_1'^2 + (1 - \ddot{u}_2'^2)\exp\left(-t_{b2}/T\right)}{1 - \ddot{u}_1''^2}$ |
| | 12 | $t_{b2}$ | $T, t_{b1}, \ddot{u}_1', \ddot{u}_2'$ | $t_{b2} = T \cdot \ln \dfrac{1 - \ddot{u}_2'^2}{\ddot{u}_1'^2 - \ddot{u}_2'^2 + (1 - \ddot{u}_1'^2)\cdot \exp\left(t_{b1}/T\right)}$ |
| $I_{b1}/I_g = \ddot{u}_1' > 1;\ \ I_{b2}/I_g = \ddot{u}_2' < 1$ | | | | |
| C | 13 | $t_r$ | $T, t_{b1}, t_{b2}, \ddot{u}_1', \ddot{u}_2'$ | $t_r = -T \cdot \ln\left[\ddot{u}_1'^2 - \{\ddot{u}_1'^2 - \ddot{u}_2'^2 + (\ddot{u}_2'^2 - 1)\cdot \exp\left(t_{b2}/T\right)\}\cdot \exp\left(t_{b1}/T\right)\right]$ |
| | 14 | $S/h$ | $t_r, t_{b1}, t_{b2}$ | $S/h = \dfrac{3600}{t_r + t_{b1} + t_{b2}}$ |

gesagt — so gelegt werden, daß die Temperaturspitze $\vartheta_0$ nach Abb. 80 mit der zulässigen Temperatur übereinstimmt. Das ist aber nicht grundsätzlich der Fall, sondern hängt vom Zusammenspiel der Belastungs- und Ruhezeiten sowie der Zeitkonstante ab. Für die Beurteilung der Rückwirkung des Motorschutzelementes auf die Temperatur des Motors ist es notwendig, die Erwärmung zunächst allgemein in Abhängigkeit von den genannten Werten kennenzulernen. Es ist die obere Erwärmungsspitze [s. FRANKEN (10) Gl. (1) und (2)].

$$\vartheta_0 = \vartheta_m \frac{1 - \exp(-t_b/T)}{1 - \exp(-t_s/T)} = \vartheta_m \frac{1 - \exp\left(\dfrac{-t_s}{T} \cdot \dfrac{ED}{100}\right)}{1 - \exp(-t_s/T)} \tag{54}$$

wobei $\vartheta_m = \ddot{u}'^2$ mal der Grenztemperatur $\vartheta_g$.

Die untere Spitze

$$\vartheta_u = \vartheta_0 \cdot \exp(-t_r/T) \tag{55}$$

Eine graphische Darstellung der Zusammenhänge ist wegen der vielen Einflußfaktoren schwierig. M. G. DIEHL gibt eine solche für $\vartheta_0$ und $\vartheta_u$ im Verhältnis zu $\vartheta_m$, abhängig von $t_b/T$ für verschiedene $ED$-Werte an. In $\vartheta_m$ steckt dabei jedoch noch das zunächst unbekannte Überlastungsverhältnis $\ddot{u}'$ [s. a. KAŠPAR (2) S. 153].

**Auswirkungen der durch die Zeitkonstantenunterschiede beim Motor und Auslöseelement hervorgerufenen Erwärmungsunterschiede.** Dieser Unterschied wurde hinsichtlich des Temperaturdiagramms bereits in Abb. 76 S. 166 dargestellt. Es zeigte sich, daß die vom Motor erreichbare Temperaturspitze hinter dem zulässigen Wert zurückbleibt, weil das Auslöseelement mit seiner geringeren Zeitkonstante ($T_A$) einen schnelleren Temperaturanstieg und dementsprechend auch -abfall hat. Soweit es sich bei den angegebenen Temperaturen um das Auslöseelement handelt, ist $\vartheta_0 = \vartheta_g$. Beim Motor gibt es einen Unterschied. Er hat mit seiner größeren Zeitkonstante einen flacheren Temperaturanstieg und auch einen flacheren Abfall, aber zum Schluß bleiben bei periodischem Betrieb und dem durch den Auslöser gegebenen Takt die Erwärmungen unter denen des Auslöseelementes, naturgemäß jeweils bezogen auf die normalen Grenztemperaturen. Die obere Erwärmung, die der Motor erreicht, während der Auslöser mit der Zeitkonstante $T_A$ den Takt angibt, geht, vorausgesetzt, daß das Auslöseelement auf den für den Motor zulässigen Dauerstrom eingestellt ist, aus der Gleichung

$$\vartheta_{0\,\text{Motor}} = \frac{\ddot{u}'^2\,[1 - \exp(-t_b/T_M)]}{1 - [1 - \ddot{u}'^2\,\{1 - \exp(-t_b/T_A)\}]\,T_A/T_M} \cdot \vartheta_g \tag{56}$$

hervor [Ableitung s. FRANKEN (10)]. Das Verhältnis $\vartheta_0\text{Motor}/\vartheta_g$ gibt einen Maßstab, um wieviel im aussetzenden Betrieb der Einstellstrom am Auslöser erhöht werden kann, ohne daß $\vartheta_g$ beim Motor überschritten wird. Voraussetzung ist ein konstantes Stromdiagramm, s. auch S. 187.

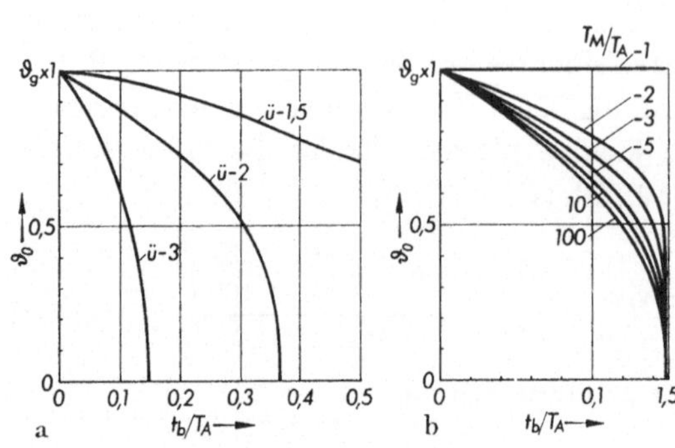


Abb. 82 a u. b. Spitzenerwärmung eines Motors im aussetzenden Betrieb

a wenn die Motorzeitkonstante $(T_M)$ fünfzigmal so groß ist wie die Auslöserzeitkonstante $(T_A)$ bei verschiedenen Überlastungen; b für verschiedene Verhältnisse bei dreifacher Überlastung; $Ig/Ie = 1{,}1$

$\vartheta_{o\,\text{Motor}}$ im Verhältnis zu $\vartheta_g$ bei einem Wert $T_M/T_A = 50$ für verschiedene Überlastungen, s. Abb. 82 a. In Teilbild b ist der Einfluß dieses Verhältnisses für $ü = 3$ zu sehen und zu erkennen, daß die Erwärmungsspitzen auch bei relativ niedrigen Werten $T_M/T_A$ (z. B. bei 2) schon beträchtlich niedriger liegen. Der weitere Abfall bei noch stärkerem Überwiegen der Motorzeitkonstante ist nicht mehr ganz so groß.

Nun wird in der Praxis viel weniger die Temperatur als solche interessieren als die daraus resultierende verminderte Ausnutzungsfähigkeit. Unter der Voraussetzung, daß das Auslöseelement auf den für den Motor zulässigen Dauerstrom eingestellt ist, muß man die für die Überlastung geltenden Werte in Relation zueinander setzen. Die Formeln sind für beide Elemente die gleichen, lediglich die Zeitkonstanten sind verschieden. Greift man die Darstellung $ü = f\,(t_b, t_s, T)$ nach Tabelle 7, Zeile 5 heraus, dann erhält man für das Verhältnis der durch das Auslöseelement bedingten Überlastungsfähigkeit $ü_A$ und der vom Motor zugelassenen $ü_M$ den Ausdruck.

$$\left(\frac{ü_A}{ü_M}\right)^2 = \frac{1 - \exp\left(-\,t_s/T_A\right)}{1 - \exp\left(-\,t_b/T_A\right)} \cdot \frac{1 - \exp\left(-\,t_b/T_M\right)}{1 - \exp\left(-\,t_s/T_M\right)} \tag{57}$$

Beim Erreichen der in Gl 56 angegebenen Erwärmung des Motors wird der Betriebsstrom durch das Auslöseelement unterbrochen, und die Pause setzt ein. Unterscheidet man beim Motor zwischen der Zeitkonstante bei Lauf $(T_L)$ und bei Stillstand $(T_R)$, dann erhält man

$$\left(\frac{ü_A}{ü_M}\right)^2 = \frac{1 - \exp\left(-\,t_s/T_A\right)}{1 - \exp\left(-\,t_b/T_A\right)} \cdot \frac{1 - \exp\left(-\,t_b/T_L\right)}{1 - \exp\left(-\,t_b/T_L - t_r/T_R\right)} \tag{58}$$

Für den üblichen Fall $T_A < T_M$ ist $\vartheta_{oA} > \vartheta_{oM}$ (relativ). Der Motor wird also nicht ausgelastet. $T_A$ darf keinesfalls größer als $T_M$ bzw. $T_L$ sein. Anderenfalls sind Motorüberlastungen möglich. Die Formeln gelten natürlich genauso für das Verhältnis der $ü'$-Werte. Abb. 83 b zeigt das Verhältnis $\ddot{u}_A/\ddot{u}_M$ für verschiedene Werte $t_s/T_A$ abhängig von ED für $T_M/T_A = 50$. Zu gleichen Ergebnissen kommt man, wenn man die Wurzel aus der relativen Erwärmungsspitze $\vartheta_0$ nach der Gl. (56) und den Kurvenwerten Abb. 82 zieht.

Es interessiert insbesondere noch die zulässige *stündliche Schaltzahl*. Sie kann natürlich in den verschiedensten Abhängigkeiten ermittelt werden, z. B. läßt sich aus Zeile 10, Tabelle 7 für die Abhängigkeit von $\ddot{u}'$, ED und $T$ eine Beziehung herleiten. Hiernach erhält man mit steigendem ED außerordentlich stark ansteigende Schalthäufigkeiten, aber sinkende mit steigender Zeitkonstante des thermischen Elementes, Abb. 84a.

Andererseits wird die Frage nach der Abhängigkeit von $\ddot{u}$, $T$ und $t_b$ gestellt (s. Zeile 9, Tabelle 7). In Abb. 84b sind danach ermittelte Kurven

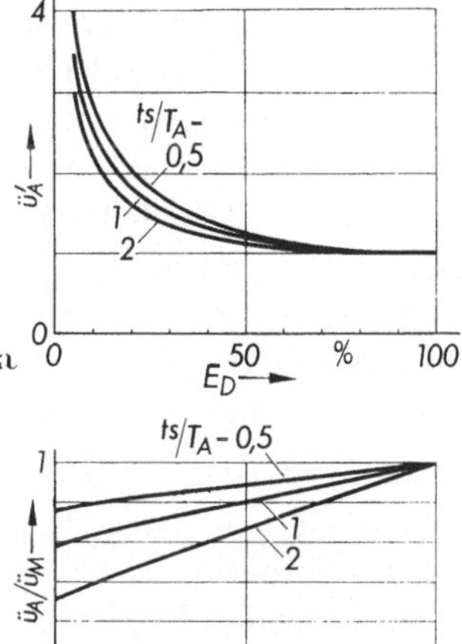

Abb. 83 a u. b. Überlastfähigkeit a abhängig von der prozentualen Einschaltdauer für verschiedene Verhältnisse Spielzeit ($t_s$) zu Auslöserzeitkonstante ($T_A$); b Verhältnis der Überlastungsfähigkeit, bedingt durch den Auslöser, zu der, die der Motor vertraten könnte, abhängig von der prozentualen Einschaltdauer für verschiedene Werte $t_s/T_A$, wenn $T_M/T_A = 50$

verzeichnet. Das Bild zeigt, daß bei steigender Belastungszeit die Schalthäufigkeit stark abfällt, naturgemäß auch mit sinkender Zeitkonstante. Bezüglich der letzteren Abhängigkeit s. a. GEWECKE. Setzt man statt $\ddot{u}'$ $\ddot{u}$ ein, dann macht man von der Tatsache, daß der Auslösergrenzstrom immer etwas höher ist als der Einstellstrom, keinen Gebrauch. Hierin liegt, wenn es sich um Vermeidung vorzeitiger Abschaltungen handelt, immer noch mindestens eine Reserve von etwa 5%.

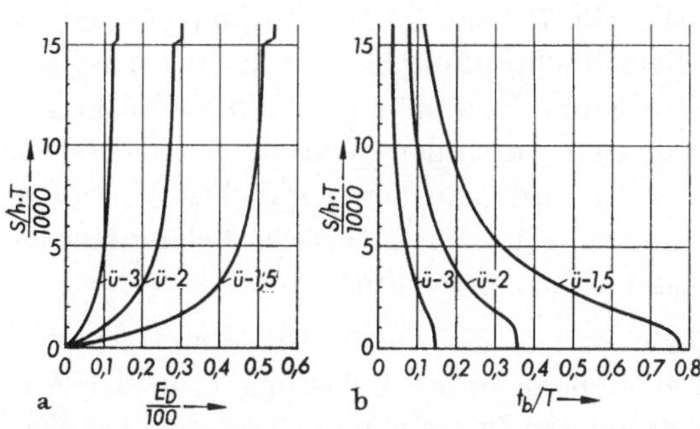

Abb. 84 a u. b. Zulässige Schalthäufigkeit ($S$/h) für verschiedene Überlastungsverhältnisse
a abhängig von der prozentualen Einschaltdauer ED
b abhängig von Belastungszeit zu Zeitkonstante — Grenzstrom zu Einstellstrom 1,1

**Die Auswahl der thermischen Auslöser für den periodisch-aussetzenden Betrieb.** Für die Beantwortung der Frage nach der Auswahl der Motorschutzelemente im periodischen Betrieb ist in der Praxis meistens der Umstand entscheidend, ob ein Motorschutzgerät üblicher Bauart in der Lage ist, das Arbeitsdiagramm ohne Auslösung über sich ergehen zu lassen, wobei natürlich bei der Projektierung des Motors bereits festgelegt wurde, daß er für dieses Diagramm ausreichend ist. Erschwert wird die Behandlung des Problems durch die Verschiedenartigkeit, die diese Diagramme aufweisen können.

Das erste ist die Festsetzung des Stromes, auf den nach rein thermischen Gesichtspunkten das Motorschutzelement eingestellt werden muß. Die Situation ist am übersichtlichsten, wenn neben der Leistung für den aussetzenden Betrieb die zulässige Dauerleistung auf dem Leistungsschild vermerkt ist. Ist das nicht der Fall, sondern nur die prozentuale Einschaltdauer und die entsprechende Leistung angegeben, dann gilt es, aus der zugehörigen Stromstärke den äquivalenten Dauerstrom zu ermitteln, d. h. der angegebene Aussetzerstrom ist durch die zulässige Stromüberlast entsprechend Abb. 79 zu dividieren. Will man kein Risiko eingehen, dann gelten die Werte der Kurve *1* für hohe Spielzahlen [nach Gl. (52) S. 169]. Für kleinere Motoren relativ niedriger Zeitkonstante und einer Spielzeit von 10 min käme man mit den Werten der Kurven *2* auf einen höheren Dauerstrom. Die entsprechende Kurve für eine Zeitkonstante von 60 min des Motors deckt sich fast mit der Linie *1*. Die Verwendung der niedrigeren Überlastungsfaktoren der Kurven *3* und *4* ist nicht ratsam, da die üblichen thermischen Schutzelemente keine unterschiedlichen Zeitkonstanten bei Erwärmung und Abkühlung aufweisen, während sie den bei Aufstellung der Kurven zugrunde gelegten Motoren eingeprägt sind.

Für den so ermittelten Dauerstrom, d. h. den Einstellstrom des Motorschutzelementes, ist nunmehr nachzuprüfen, ob das thermische Element die Überlast unter Berücksichtigung der Spiel- und Belastungszeit aushält (s. Tabelle 7, Zeile 5). Die Rechnungs- und Untersuchungsmethoden für diese Nachprüfung hängen im wesentlichen davon ab, inwieweit man das Stromdiagramm genau berücksichtigt. Ersetzt man das gesamte Diagramm durch den quadratischen Mittelwert für die Zeit der Belastung, dann wird man den wirklichen Verhältnissen nur sehr entfernt nahekommen. Für die rechnerische Behandlung sind aber damit einfache Voraussetzungen geschaffen.

Der einfachste Fall (s. Tabelle 7, Diagramm A): ist ein Wechselspiel zwischen einer bestimmten Belastung $I_b$ in der Zeit $t_b$ und einer nachfolgenden stromlosen Pause von der Dauer $t_r$. Zur Berücksichtigung schwankender Belastungsverhältnisse können die Dinge dadurch verbessert werden, daß man der ersten Belastungszeit nicht eine stromlose Pause, sondern eine Belastungszeit mit geringerer Stromstärke, z. B. dem Leerlaufstrom ($B$), folgen läßt.

Noch exakter ist naturgemäß die Annahme von zwei verschiedenen Strombelastungsperioden in der Höhe $I_{b1}$ und $I_{b2}$, also beispielsweise dem Anlaufstrom und dem Betriebsstrom mit den Belastungszeiten $t_{b1}$ und $t_{b2}$, sowie einer nachfolgenden stromlosen Pause von der Zeit $t_r$ ($C$). Ein Verfahren, das dem tatsächlichen Stromverlauf ganz nahe kommt, das also genau berücksichtigt, wie das Diagramm zeitlich abläuft, gibt es nicht. Das ist aber auch nicht notwendig, denn jede derartige Rechnung würde nur dann zu wirklich exakten Ergebnissen führen, wenn es sich um vollständig unmittelbar beheizte Auslöser handelt. Alle Formen von mittelbarer Beheizung entziehen sich durch die Wärmestauung und den Wärmenachstrom weitgehend der rechnerischen Behandlung. Sehr erschwert sind die Verhältnisse bei Wandlerrelais, die auf der Sekundärseite die Stromveränderung der Primärseite nicht genau wiedergeben und deshalb zu starken Verzerrungen der Temperaturkurven führen. Man wird im aussetzenden Betrieb stark streuende Wandlerrelais möglichst vermeiden. Wenn auch der Anlaufstrom in der kurzen Anlaufzeit beim Motor im allgemeinen nur eine bescheidene Temperaturerhöhung zur Folge hat, so ist das bei den Auslösern mit ihren kleinen Zeitkonstanten anders. Die Berücksichtigung des Anlaufstromes zeigt sehr häufig die Notwendigkeit einer beträchtlichen Vergrößerung der Pause ($t_r$) und damit eine Abnahme der zulässigen prozentualen Einschaltdauer ($ED$) bzw. der Schalthäufigkeit ($S/h$). In gleicher Weise wie die Anlaufströme sind etwaige Tippschaltungen zu behandeln [FRANKEN (19) (S. 66, 252, 318)]. Nicht nur Auslöser und Relais, auch das Schaltgerät muß für solche Tippschaltungen bemessen sein.

Ein Mittelding zwischen der Belastung mit einer Stromstärke und anschließender stromloser Pause und der Belastung mit zwei verschiedenen Stromstärken und anschließend stromloser Pause bietet insbesondere bei für Dauerlauf gebauten Motoren noch rechnungsmäßig die Voraussetzung, daß nach einem Temperaturanstieg bis auf den Grenzwert während der eigentlichen Laufzeit des Motors eine Veränderung der Temperaturen nicht mehr stattfindet, also die Belastung mit dem zugehörigen Dauerstrom erfolgt. Es wird dann nur verlangt, daß der Temperaturrückgang in der stromlosen Pause so groß ist wie der Wiederanstieg in der Zeit der hohen Einschaltbelastung. Diese Voraussetzung, die auf den ersten Blick etwas gesucht erscheint, entspricht der Praxis beim periodisch geschalteten Dauerlaufmotor sehr weitgehend. Sie trifft nur in den Fällen nicht zu, in denen man den Motor mit Rücksicht auf zahlreiche Anlaufvorgänge und hohe Anlaufüberlastung gegenüber dem Laufdrehmoment überbemißt, so daß er also auch während der eigentlichen Laufzeit abnehmende Temperaturen aufweist, dementsprechend hat auch das Motorschutzelement sinkende Temperaturen.

In Tabelle 7 sind die rechnerischen Zusammenhänge unter der Voraussetzung gleichbleibender Beiwerte ermittelt. Es kann jeweils eine Größe für das betreffende Diagramm bestimmt werden, bei der die Benutzung des Auslöseelementes noch nicht zur Auslösung führt.

Die Formeln enthalten das für den Auslöser gültige Überlastungsmaß Last- zu Grenzstrom $(ü')$. Rechnet man mit diesem Wert, dann benutzt man die Reserve, die durch die höhere Lage des Grenzstroms gegenüber dem Einstellstrom gegeben ist. Rechnet man statt dessen mit $ü$, dem Verhältnis Belastungsstrom zu Motordauerstrom, dann ist noch eine solche vorhanden. Für den Motor empfiehlt sich grundsätzlich $ü$ einzusetzen. Solange es sich um die Nachrechnung des Auslöserverhaltens handelt, ist selbstverständlich für $T$ der Wert des Schutzelementes $T_A$ einzusetzen. Bei den Diagrammen B und C liegt die Belastung $ü'_1$ immer vor der Belastung mit $ü'_2$, zu $ü'_1$ gehört $t_{b1}$ und zu $ü'_2$ $t_{b2}$, außerdem ist bei den Diagrammen B Voraussetzung, daß $ü'_2 < 1$ ist. Für den Fall, daß man nur Anlaufstrom und stromlose Pause berücksichtigt und für den Lauf den zulässigen Dauerstrom voraussetzt, benutzt man die Formeln zum Diagramm A, soweit sie nicht $t_s$ und $ED$ enthalten, dann wird natürlich die Spielzeit um die Laufzeit wachsen.

Die Abhängigkeiten sind zum großen Teil auch einfach kurvenmäßig darstellbar, z. B. für das Diagramm A $t_b/T$ in Abhängigkeit von $t_r/T$

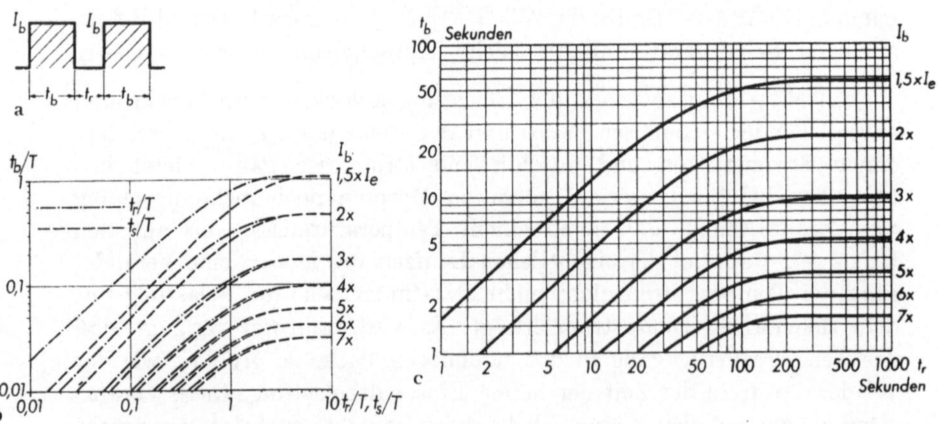

Abb. 85 a–c. Zusammenhang von Belastungszeit $(t_b)$, Abkühlungszeit $(t_r)$, Spielzeit $(t_s)$, Überlast $(ü)$ und Zeitkonstante $(T)$ bei Motorschutzelementen und Wechsel einer konstanten Belastung mit einer stromlosen Pause (n. ETZ 1933, S. 105); a Stromdiagramm; b $t_b$, $t_r$, $t_s$ im Verhältnis zur Zeitkonstante für verschiedene Überlastungen als Vielfaches des Einstellstromes $I_e$, $I_g/I_e = 1{,}2$; c desgleichen. Belastungszeit $(t_b)$ abhängig von der Ruhezeit $(t_r)$ für einen Motorschutzauslöser mit $T_A = 60$ s.

und $t_s/T$ für gleiche Überlastungen, s. Abb. 85 b. Für einen bestimmten Auslöser und damit eine gegebene Zeitkonstante lassen sich die Abhängigkeiten zwischen Belastungs- und Abkühlungszeit für bestimmte Überlastungen unmittelbar ausdrücken, s. Abb. 85c [FRANKEN (10)]. Das Diagramm B wurde auch von REINARZ (2) behandelt und ein Nomogramm dafür aufgestellt. Seine Untersuchungen und Rechenbeispiele zeigen das zunächst wahrscheinlich überraschende Ergebnis, daß bei einer nur 10% über dem quadratischen Mittelwert des Stromes liegenden Einstellung des Wärmeauslösers und einer Zeitkonstante des Auslösers von beispielsweise 180 s der Betrieb einer Zentrifuge mit 30 Chargen je Stunde durchaus möglich ist, ohne daß ein Ansprechen des Auslösers durch den lang andauernden Anlaufstrom befürchtet werden muß. Darstellungen derartiger Zusammenhänge befinden sich auch bei HAAS (2).

Einige *Beispiele* sollen die Darstellungen erläutern, dabei ist es gleichgültig, ob es sich um einen Dauerbetriebsmotor handelt, der hinsichtlich der Einwirkung seiner Überlastungen beim Anlaufen oder sonstiger kurzzeitiger periodischer Überlastungen auf das Auslöseelement untersucht wird, oder aber um einen Motor für aussetzenden Betrieb, ausgehend von seinem äquivalenten Dauerstrom. Das Verhältnis Grenzstrom zu Einstellstrom ist in den einzelnen Beispielen unterschiedlich angegeben.

Nach Diagramm A:

1. Bei einem für Dauerbelastung bestimmten Käfigläufer sei der Einstellstrom gleich dem Nennstrom. Er habe beim Anlauf eine Stromaufnahme von im Mittel sechsmal Nennstrom. Der Grenzstrom $I_g$ sei $1{,}1 \cdot I_e$, die Anlaßzeit 1,2 s und die Zeitkonstante des Auslösers = 60 s. Dann ist ohne Rücksicht auf die Laufzeit die zum Ausgleich erforderliche stromlose Pause, wobei $\ddot{u}' = 6/1{,}1 = 5{,}45$ nach Gl. (2) Tabelle 7.

$$t_r = -60 \cdot \ln\left[5{,}45^2 - (5{,}45^2 - 1)\exp(1{,}2/60)\right] = 55\,\text{s}$$

und die zulässige Schaltzahl $\text{S/h} = \dfrac{3600}{1{,}2 + 55} = 64$ je Stunde.

2. Ein Schleifringläufer habe auf die Dauer von 12 s eine mittlere (quadratische) Stromaufnahme von zweimal zul. Dauerstrom.

$I_g/I_n$ sei wieder 1,1, dann ist die erforderliche stromlose Pause bei $T = 60$ s und $\ddot{u}' = 2/1{,}1 = 1{,}82$

$$t_r = -60 \cdot \ln\left[1{,}82^2 - (1{,}82^2 - 1)\exp(12/60)\right] = 43\,\text{s}$$

Nach Diagramm B:

Ein Motor läuft mit dem fünffachen Dauerstrom in 1,2 s an, der folgende Laststrom sei 0,8mal Dauerstrom. Wie lange muß dieser Strom bis zum nächsten Wiederanlauf fließen, damit keine Auslösung eintritt. Es wird also mit der Pause $t_r = 0$ gerechnet.

Es sei $T = 120$ s, $I_g/I_e$ wieder 1,1, mithin

$\ddot{u}_1' = 5/1,1 = 4,55$, $\ddot{u}_2' = 0,8/1,1 = 0,73$, nach Zeile 12 Tafel 7 ist

$$t_{b2} = 120 \cdot \ln \frac{1 - 0,73^2}{4,55^2 - 0,73^2 + (1 - 4,55^2) \cdot \exp (1,2/120)} = 66,5 \text{ s}$$

Das entspricht einer Spielzeit von $1,2 + 66,5 = 67,7$ s oder 54 Spielen stündlich. Das quadratische Mittel des Diagramms liegt natürlich etwas tiefer als der Grenzstrom, und zwar bei

$$\sqrt{\frac{4,55^2 \cdot 1,2 + 0,73^2 \cdot 66,5}{67,7}} = 0,945$$

Diagramm C:

$\ddot{u}_1$ sei $= 5$ mal, $\ddot{u}_2 = 1,5$ mal Motordauerstrom, $I_g/I_e$ wieder 1,1, so daß $\ddot{u}_1' = 4,55$ und $\ddot{u}_2' = 1,36$. Dabei $t_{b1} = 1$ s, $t_{b2} = 36$ s und $T = 60$ s. Man erhält nach Zeile 13 Tabelle 7

$t_r = -60 \cdot \ln [4,55^2 - \exp (1/60) \{4,55^2 - 1,36^2 + \exp (36/60) \cdot (1,36^2 - 1)\}] = \infty$
Das heißt das angenommene Belastungsdiagramm erfordert die volle Kapazität des Auslösers, so daß Wiederabkühlung auf Raumtemperatur notwendig ist. Steigert man bei dem gleichen Diagramm den Grenzstrom auf $1,2$ mal Einstellstrom, so erhält man $t_r = 72$ s, und die Spielzeit schrumpft auf mindestens $1 + 36 + 72 = 109$ s. Man sieht auch aus diesem Ergebnis, daß oft schon eine ganz kleine Erhöhung der Auslösergrenzstromstärken die Geräte für größere Belastungen aufnahmefähig macht.

Wenn die Zeiten genügend klein sind, kann man statt mit den Formeln für Diagramm C auch mit denen für Diagramm A rechnen, nachdem für $(\ddot{u}')$ das quadratische Mittel für die Zeit der Strombelastung festgestellt wurde.

Setzt man das Beispiel 1 für Diagramm A voraus und nimmt weiterhin an, daß der Motor nach Anlauf mit dem zulässigen Dauerstrom oder höchstem Auslösergrenzstrom während 20 s belastet sei, dann bleibt die erforderliche Abkühlungszeit die gleiche, aber die Spielzeit wächst gegenüber dem 1. Beispiel zu A auf $1,2 + 20 + 55 = 76$ s, und dementsprechend sinkt die zulässige Zahl der Schaltungen stündlich auf 47.

Es sei nochmals darauf hingewiesen, daß all diese Rechnungen ein unmittelbar beheiztes Auslöseelement voraussetzen. Es bleiben nunmehr häufig noch *zwei Gesichtspunkte* übrig, die beachtet werden müssen, das ist einmal die längste und schwerste im Betrieb wenn auch nur gelegentlich vorkommende Beharrungsbelastung, dann die Auswahl nach dem schwersten und längsten Anlaufvorgang. Die längste Beharrungsbelastung kann z. B. häufig im Kranbetrieb eine Rolle spielen. Bei ihrer Beurteilung sind in erster Linie die Auslösekennlinien z. B. nach Abb. 52 S. 101 von Bedeutung, wobei je nach Diagramm auch das Ausmaß der Auslösezeiten im betriebswarmen Zustande nach S. 101 und die nach einer solchen längerdauernden Vorbelastung erforderliche Wartepause bis zur Wiederbelastung mit einem bestimmten Strom in einer bestimmten Zeit nach S. 195 zu berücksichtigen ist. Für die Beantwortung der Frage, bei welcher Auslösekennlinie der Anlauf möglich ist, sei auf S. 167 hingewiesen; ferner auf die Möglichkeit, nach S. 219 durch Außerbetriebsetzen des Schutzelementes während der Anlaufzeit die Auslösung zu verhüten.

Es seien noch einige Beispiele speziell bezogen auf den aussetzenden Betrieb (Hebezeug) angefügt. Zur Verfügung stehe ein Motor für Aussetzbetrieb 40% ED, 30 kW, 500 V, Nennstrom 45 A.

Gl. (52) S. 169 sowie Abb. 79 Kurve 1 ergibt einen kleinsten äquivalenten Dauerstrom von $45 \cdot \sqrt{0,4} = 28,5$ A.

Die Nachrechnung der zulässigen Überlastung bei Belastungszeit $t_b = 10$ s, Spielzeit $t_s = 30$ s und bei Auslöserzeitkonstante $T_A = 100$ s ergibt (s. Tabelle 7 Zeile 5):

$$\ddot{u} = \sqrt{\frac{1 - \exp(-30/100)}{1 - \exp(-10/100)}} = \sqrt{\frac{0,259}{0,095}} = 1,65$$

also sind zulässig $1,65 \cdot 28,5 = 47$ A. Statt dessen ist auch Errechnung von ED aus $t_b$ und $t_s$ und Ermittlung von $\ddot{u}'$ nach Abb. 81 S. 175 möglich.

Die zulässige Anzahl Schaltungen je Stunde ist (s. Tabelle 7 Zeile 9) bei $t_b = 10$ s und 43 A oder $\ddot{u} = 43/28,5 = 1,5$:

$$S/_h = \frac{-3600}{100 \cdot \ln\left[1 + 2,25 \left\{\exp(-0,1) - 1\right\}\right]} = 150$$

s. auch Abb. 84, daraus $t_s = \dfrac{3600}{150} = 24$ s und $\text{ED} = \dfrac{10 \cdot 100}{24} = 41,5\%$.

Die zulässige Zeit für den längsten Lastlauf aus dem kalten Zustande bei $\ddot{u} = 1,5$ nach Gl. (31a) S. 93, s. auch Abb. 51 ist $t = 100 \cdot \ln \dfrac{2,25}{2,25 - 1} = 59$ s.

Die Anlaufdauer für einen schwersten Anlauf aus dem kalten Zustande mit $\ddot{u} = 2,5$ nach derselben Gl. (31a) $t = 17,4$ s.

Bei diesen Rechnungen ist die Reserve, die in dem erhöhten Grenzstrom $I_g/I_e$, also dem Unterschied zwischen $\ddot{u}$ und $\ddot{u}'$ (s. S. 93) liegt, nicht berücksichtigt.

All diese Berechnungen für den aussetzenden Betrieb haben nur einen orientierenden Zweck, sie rechnen mit konstanten Werten, diese sind aber schon beim thermischen Element nur im beschränkten Umfang konstant, beim Motor nie. Bei diesem kommen sogar die meist noch vorhandenen Unterschiede hinsichtlich der Lauf- und Stillstandszeitkonstanten hinzu. Trotzdem sind die Überlegungen notwendig, um einen Einblick zu erhalten und um die Möglichkeiten der Auslöser auszuschöpfen. Auf der anderen Seite haben sie sich für die Praxis als gut brauchbar, wenn auch vielleicht nicht als besonders befriedigend erwiesen, letzteres weil sie nur Sonderfälle behandeln können und sich darauf beschränken müssen festzustellen, ob das Gerät den betreffenden Belastungsfall ohne Auslösung überdauert. Daß die Schutzwirkung bei richtiger Einstellung bei den handelsüblichen Auslösern ausreichend ist, kann unterstellt werden, ob aber der Motor ausgenutzt werden kann, ist fraglich und meist zu verneinen. Die ausreichende Schutzwirkung setzt die Verwendung unmittelbar beheizter thermischer Elemente voraus, mittelbar beheizte folgen im Aussetzbetrieb bei Erwärmung und Abkühlung nur mit Verzögerung. Stark streuende Wandlerrelais sind ungeeignet.

Wenn die Beziehungen zeigen, daß der Auslöser den Ansprüchen nicht gewachsen ist, dann wird man versuchen, mit einer kleinen Höhereinstellung, die meistens nur in der Größenordnung von 10% zu liegen braucht, auszukommen, s. S. 187. Eine solche Höhereinstellung darf aber nur in verhältnismäßig bescheidenem Ausmaß erfolgen, es muß beachtet werden, daß beim etwaigen Übergang vom Aussetzbetrieb zum Dauerbetrieb die höhere Einstellung wieder geändert wird, weil sonst in diesem Falle kein ausreichender Schutz vorhanden ist. Erweist sich die Überlastfähigkeit als zu gering, dann liegt es nahe, zunächst nach einem Auslöseelement höherer Zeitkonstante zu suchen. In besonders schwierigen Fällen tritt die Temperaturüberwachung nach S. 262 zu der Stromüberwachung hinzu.

**Andere Hilfsmittel beim Aussetzbetrieb.** Es ist aber auch versucht worden, den Schutz im aussetzenden Betrieb noch weiter zu verbessern und möglichst die Ausnutzung des Motors zu ermöglichen. So beschreibt SCHRADER ein Gerät, das nicht auf thermischer Grundlage arbeitet. Es handelt sich um eine Ferrarisscheibe, die von je einer Motorstrom- und Netzspannungsspule in entgegengesetzten Richtungen angetrieben wird. Beide Spulen erzeugen jede für sich ein Drehmoment, das dem Quadrat des Stromes bzw. der Spannung proportional ist. Das der Spannungsspule ist konstant und das auf die Scheibe wirkende resultierende Drehmoment gleich der Differenz zwischen dem Stromspulen- und dem Spannungsspulendrehmoment, das erstere proportional $I^2$ und damit in erster Annäherung proportional dem Anstieg der Erwärmung der Wicklung. Wenn der begrenzte Drehwinkel durchfahren ist, wird ein Kontakt geschlossen, der z. B. auf den Hauptschalter wirkt. Die Spannungsspule des Relais liegt jedoch weiterhin an Spannung und bewirkt nach Abschaltung des Motors die Rückdrehung der Scheibe in die Ausgangsstellung. Ihr Drehmoment wird so abgeglichen, daß die Laufzeit, die zur Kontaktgebung bei stromloser Stromspule führt, gleich der Ruhezeit des Aussetzbetriebes wird. Das Drehmoment der vom Nennstrom durchflossenen Spule wird so eingestellt, daß bei gleichzeitig erregter Spannungsspule ein Drehmomentüberschuß vorhanden ist, der das Gerät in der maximal zulässigen Betriebszeit vom Anschlag nach rechts bis zum Endkontakt bewegt. Das Relais schützt den Motor bei Nennstrom also auch vor einer Überschreitung der zulässigen Einschaltzeit. Die üblichen Erwärmungs- und Abkühlungskurven im aussetzenden Betrieb werden gewissermaßen durch zwei Gerade abgebildet, die die Sehnen dieser Kurvenbögen bilden. In der Arbeit sind die Erwärmungszeiten des Motors und die Laufzeiten des Relais bei beliebiger Belastung durchgerechnet. Die Anpassung an die Bedingungen des aussetzenden Betriebes erscheint recht weitgehend.

Zum Ausgleich des Einflusses von $x$ (s. S. 171) schlägt GEWECKE eine Zusatzbeheizung des thermischen Auslösers mit konstantem Hilfsstrom in Abhängigkeit von der prozentualen Ein- bzw. Ausschaltdauer vor.

Eine Sonderform des aussetzenden Betriebes ist der *Kurzzeitbetrieb*, d. i. ein Betrieb, bei dem die vereinbarte Betriebsdauer so kurz ist, daß in ihr die Beharrungstemperatur bei der angegebenen Nennleistung nicht erreicht wird, die Pause auf der anderen Seite so lang, daß die Maschine sich praktisch vollständig abkühlt. Der Schutz der hierfür gebauten Motoren ist besonders schwierig. Die Überlastungsfähigkeit eines solchen Motors ist ungefähr proportional seiner Zeitkonstante. Bei der Nennleistung handelt es sich also immer um eine wesentliche Überschreitung der Leistung, die das Modell bei Dauerbelastung ertragen könnte. Wenn man schützen will, bleibt nichts anderes übrig, als den thermischen Auslöser mit seiner geringeren Zeitkonstante auf diese erhöhte Betriebsleistung einzustellen. Dann ist aber keinerlei Schutz mehr gegeben, falls die festgelegte kurze Belastungszeit überschritten wird. Würde man das Gerät auf eine zu errechnende äquivalente Dauerleistung einstellen, die nebenbei bemerkt aus der Kurzzeitleistung und der zugehörigen Betriebsdauer ohne Kenntnis der Zeitkonstante gar nicht ohne weiteres errechnet werden kann, dann wäre bei den geringeren Zeitkonstanten der thermischen Elemente eine vorzeitige Auslösung ziemlich wahrscheinlich. Bei solchen Motoren muß der Schutz wesentlich in einer Reserve hinsichtlich der Motorleistung gesucht werden, wenn man nicht auch hier zum Einbau von Temperaturüberwachungsgeräten in der Wicklung übergehen will. Man hat auch schon integrierende Wattmeter verwandt, s. WATTS (4).

### 2.5.7 Die „Höhereinstellung" der Motorschutzgeräte

Die verhältnismäßig kleine Zeitkonstante der handelsüblichen Motorschutzgeräte zwingt gelegentlich, insbesondere im aussetzenden Betrieb, zur sogenannten *Höhereinstellung*. Diese Höhereinstellung ist naturgemäß unzulässig, wenn ein Motor verhältnismäßig lange Laufzeiten aufweist und das Schutzgerät lediglich wegen zu geringer Verzögerungszeiten den Anlaufvorgang ohne Abschaltung nicht bewältigen kann. In diesem Falle sind vorübergehende Schwächungen der Ansprechempfindlichkeit, z. B. Überbrückungen der thermischen Elemente während des Anlaufs, wie auf S. 219 beschrieben, erforderlich. Anders ist es im aussetzenden Betrieb. Bei ihm ist mit dem steten Wechsel von Anlaufbelastung und Pause nach den Darlegungen von S. 177 damit zu rechnen, daß der Motor beim Erreichen der Grenztemperatur des thermischen Auslösers seine Grenzerwärmung noch nicht aufweist. Es wäre also bei Beibehaltung des vorgesehenen Schaltdiagramms durchaus zulässig, das thermische Element auf einen höheren Grenzstrom einzustellen derart, daß die Temperaturspitzen des Motors gleich dem zulässigen Grenzwert werden. Man stellt zunächst unter Berücksichtigung der Auslöserzeitkonstante $(T_A)$ für eine bestimmte Belastungszeit $(t_b)$ und z. B. stündliche Schalthäufigkeit $(S/h)$ $\ddot{u}_A$ nach Zeile 6 der Tabelle 7 fest und daraus $I_b = \ddot{u}_A \cdot I_d$ dem äquivalenten Dauerstrom des Motors. Ist dieser Wert für die Praxis zu klein, das heißt verträgt der Motor mehr und wird dieses Mehr auch von ihm verlangt, dann läßt sich die Höhereinstellung nicht vermeiden, wenn man auf die Motorausnutzung nicht verzichten will. Man erhöht den Einstellstrom von $I_d$ auf $I'_e$ mit einem Faktor bis zu $\ddot{u}_M/\ddot{u}_A$, wobei $\ddot{u}_M$ der Überstrom ist, den der Motor bei dem zugrunde liegenden Diagramm verträgt. Unter Benutzung der Gleichung Zeile 6, Tabelle 7, erhält man

$$\frac{I'_e}{I_d} = \ddot{u}_M \sqrt{\frac{1 - \exp\left(-t_b/T_A\right)}{1 - \exp\left(-\dfrac{3600}{S/h \cdot T_A}\right)}} = \ddot{u}_M \cdot G \tag{59}$$

$G$ ist also hier der reziproke Wert von $\ddot{u}'$ nach Zeile 6, Tabelle 7. Naturgemäß bringt eine derartige Maßnahme eine Einschränkung der Schutzwirkung des Motorschutzgerätes mit sich. Ein entsprechender Hinweis findet sich auch in VDE 0113/54 *Regeln für die elektrische Ausrüstung von Be-und Verarbeitungsmaschinen,* wo es heißt, daß: *Motorschutzschalter mit allpoliger Abschaltung bei Motoren mit Dauerbetrieb zu empfehlen sind, jedoch zu beachten ist, daß bei einer durch die Arbeitsbedingungen etwa notwendigen Einstellung des thermischen Auslösers auf einen höheren Wert als den Motornennstrom die Schutzwirkung für den Motor eingeschränkt wird.* Häufig wird die Auffassung vertreten, daß in all den Fällen, in denen eine Höhereinstellung notwendig wird, der Motorschutzschalter seinen Sinn vollständig verliere. Das stimmt nicht, denn die Schutzwirkung derartiger Motorschutzgeräte ist noch bei weitem größer als die von Abschmelzsicherungen. Von besonderem Vorteil ist weiterhin die sofortige Wiedereinschaltbereitschaft. Die Frage ist nur, welche Grenzen sind durch die Höhereinstellung dem Schutzbereich gesetzt. Beim durchlaufenden Motor ist die Höhereinstellung, wie schon gesagt, sinnlos. Bei Schaltbetrieb, vor allen Dingen bei periodisch wiederkehrenden Schaltvorgängen, liegen die Dinge aber anders. Hierbei muß die Zahl der Schaltungen je Stunde, die Strombelastung, unter Umständen als quadratisches Mittel aus Einschaltstrom und Belastungsstrom errechnet, sowie die Belastungszeit bekannt sein. In der Praxis zeigt sich dann meistens, daß die Beanspruchung der Motoren auf Grund dieser Zahlen schon erheblich niedriger ist als die wegen des Auslösers mögliche Beanspruchung. Nimmt man aber volle Ausnutzung des Motors an und stellt fest, wie stark die Einstellung des Motorschutzschalters überhöht werden muß, dann zeigt sich, daß keinerlei mangelnde Schutzwirkung vorhanden ist, sobald man beim Schalthäufigkeitsbetrieb bleibt (s. S. 166 und auch Abb. 82 bis Abb. 84). Vergrößert man lediglich irgendeine der Komponenten, entweder die Schalthäufigkeit oder die Belastungszeit, noch weiter, dann führt das sofort zur Auslösung des Schutzgerätes. Wenn bei diesem

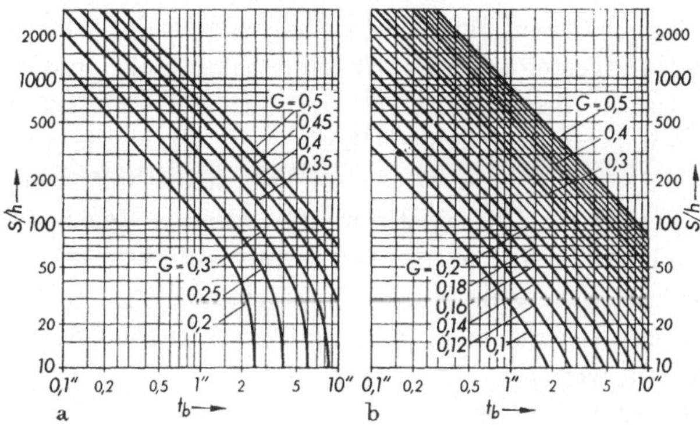

Abb. 86 a u. b. Bestimmung der Zahl $G$ für Motorschutzgeräte im Schaltbetrieb bei Höhereinstellung (Erklärung im Text)
a für $T_A = 60$ s; b für $T_A = 240$ s; $t_b$ = Belastungszeit; $S/h$ — Schaltungen je Stunde

Verfahren in der Praxis trotzdem Versager auftreten, so muß das darauf zurückgeführt werden, daß die Einstellung der Motorschutzgeräte nach Handgelenk und dann naturgemäß immer ein Stück über den notwendigen und zulässigen Punkt hinaus vorgenommen wird. Für Auslöser mit den Zeitkonstanten $T_A = 60$ und $240s$ zeigt Abb. 86 die Beziehung zwischen $S/h$ und $t_b$ für $G$ als Parameter.

*Beispiel:*
Bei einem Motor seien dauernd 10 A zulässig,

$$S/h = 600; \quad \ddot{u} = \frac{I_a}{I_n} = 5.$$

Mit Rücksicht auf die thermischen Verhältnisse darf $t_b$ also höchstens

$$= \frac{3600 \cdot 10^2}{600 \cdot 50^2} = 0{,}24\,s$$

werden. Nach Abb. 86 b erhält man für diese Belastungszeit und Schalthäufigkeit bei $T_A = 240s$ $G$ zu 0,2. Es ist mithin bei Verwendung eines Auslösers mit dieser Zeitkonstante keine Höherstellung notwendig, denn $0{,}2 \cdot 5 = 1{,}0$. Desgleichen bei einer Schalthäufigkeit 200 S/h und einer entsprechend längeren zulässigen Belastungszeit in Höhe von 0,72 s, denn auch hier wird $G$ zu 0,2. Anders ist es bei $T_A = 60$ s (Abb. 86a)
für $S/h = 600$; $t_{b\,max} = 0{,}24s$ ist $G = \sim 0{,}22$ u. $G \cdot \ddot{u} = 0{,}22 \cdot 5 = 110\%$
Dauerstrom
$S/h = 200$; $t_{b\,max} = 0{,}72s$ ist $G = \sim 0{,}23$ u. $G \cdot \ddot{u} = 0{,}23 \cdot 5 = 115\%$
Dauerstrom
Hier ist also eine verhältnismäßig bescheidene Höhereinstellung erforderlich.

Mit einem Bimetallrelais, das obige Zeitkonstante in Höhe von 240 s aufwies, wurden Versuche vorgenommen und die Formel auf ihre praktische Brauchbarkeit nachgeprüft. Der angegebene Wert für die Zeitkonstante entsprach mittleren Überlastungen. Bei geringen und hohen Überlastungen erhielt man für $T$ auch etwas höhere Werte. Man ermittelte für eine bestimmte Schalthäufigkeit und Belastungszeit den Strom, bei dem das Relais noch eben hielt. Aus diesen Zahlen kann für eine gegebene Schalthäufigkeit und Belastungszeit der tatsächliche Wert des Faktors $G$ festgestellt werden. Er errechnet sich als Quotient $I_g/I_b=G$, d. h. also: des Relaisgrenzstromes und des Belastungsstromes. Diese Relation stammt aus folgender Überlegung. Es wurde vorausgesetzt, daß $I_d \cdot \ddot{u} = I_b$ und $I_g = \ddot{u} \cdot G \cdot I_d$ sei. Daraus erhält man $G = I_g/I_b$. Bei $S/h \geqq 50$ war die Übereinstimmung zwischen Rechnung und Messung fast vollständig. Bei geringeren Schalthäufigkeiten zeigte sich ein Unterschied, bei $S/h = 30$ wurde für $G$ etwa 10%, bei 20 etwa 20% mehr gemessen als errechnet. Hier mußte das Relais noch wesentlich höher eingestellt werden.

An Hand einer Kurvenschar wie Abb. 86 lassen sich also für einen bestimmten Auslöser die *Höhereinstellwerte* einigermaßen genau feststellen. Bei Überschreitung der bei der Projektierung zugrunde gelegten Beanspruchung würde das Gerät ordnungsgemäß ansprechen, insbesondere, wenn bei gegebener Schalthäufigkeit die Belastungszeit über das zulässige Maß ausgedehnt wird, desgleichen, wenn die Schalthäufigkeit gesteigert wird, vorausgesetzt, daß gleichzeitig von der vorgesehenen Belastungszeit in vollem Ausmaße Gebrauch gemacht wird. Das geschilderte Verfahren hat noch den Nachteil, daß es mit einer einzigen Stromstärke, dem quadratischen Mittelwert des Belastungsvorganges, rechnet und nicht Anlauf- und Laststrom auseinanderhält. Die Ermittlung der Höhereinstellung wäre, ausgehend von den Formeln der Zeilen 13 und 14, Tabelle 7, möglich. aber umständlich. Sie geschieht z. B. indem man in Gl. 13, Tab. 7 $\ddot{u}'_1$ und $\ddot{u}'_2$ durch einen Faktor dividiert bis man auf den erforderlichen Wert von $t_r$ kommt. Dieser Faktor ist dann gleichzeitig derjenige für die Höhereinstellung. Wenn der Laststrom, wie es häufig der Fall ist, praktisch gar keine Rolle spielt, dann wird man das Verfahren zweckmäßig lediglich auf den Anlaßvorgang, d. h. auf Anlaufstrom, Schalthäufigkeit und Anlaßzeit und Ruhezeit, anwenden, wie auf S. 181 als Mittelding zwischen Diagramm A und C, Tabelle 7, behandelt. Bei der geschilderten Methode ging man davon aus, daß für das vorgesehene Arbeitsprogramm, gegeben durch $t_b$, $t_s$ oder dergleichen, die zulässige Überlastung des Motors $\ddot{u}_M$ gegeben sei. Wäre statt dessen die Zeitkonstante des Motors $T_M$ bekannt und allgemeingültig, so ließe sich für die gegebenen Werte $t_b$ und $t_s$, bei gleichzeitiger Kenntnis der Auslöserzeitkonstante $T_A$, das notwendige Ausmaß der Höherstellung, auch mit diesen Werten angeben. Als Grundlage dienten die Gl. (57) und (58), S. 178, und zwar wäre der Faktor für die Höhereinstellung $G' = \dfrac{1}{\ddot{u}_A/\ddot{u}_M}$. Diese Beziehung gilt bezüglich ihrer Schutzwirkung in gleicher Weise in bezug auf Leitung und Motor, wobei $T_M$ auf die betreffenden Elemente bezogen werden muß. Hier muß der Grenzstrom und damit der Einstellstrom des Auslösers $G'$ mal höher bzw. niedriger sein als der zulässige Dauerstrom.

Bezüglich der verbleibenden Schutzwirkung ist zu beachten, daß ein zu klein gewählter Motor naturgemäß nicht zu schützen ist, d. h. wenn man für $\ddot{u}_M$ die tatsächliche Betriebsanforderung und nicht den vom Motor für das betreffende Arbeitsdiagramm zugelassenen Wert einsetzt.

Beispiele für die Höhereinstellung bei Hebezeugmotoren s. auch bei GEWECKE und BLASCHKE (S. 203). Sie empfehlen für alle Anforderungen (s. S. 184) die geforderte Höhereinstellung zu errechnen und dann den höchsten Wert zu wählen. Das kann unter Umständen zu weit gehen, soweit der längste Lastlauf oder der schwerste Anlauf in Betracht kommen. Man sollte sich damit begnügen, die Höhereinstellung auf Grund der Last- und Ruhezeit im Aussetzbetrieb zu ermitteln und dann die letztgenannten Werte nochmals nachzurechnen. Reicht das Schutzgerät danach nicht aus, so ist ein solches mit höherer Zeitkonstante (möglichst nicht mit gesättigtem Wandler) einzusetzen oder zusätzlich Temperaturüberwachung (S. 262) bei höher eingestelltem Auslöser nach S. 267, Abb. 120. Es darf nicht einfach noch höher eingestellt werden.

### 2.5.8 Motorschutz und Leitungsschutz

Genauso wie sich beim handelsüblichen Motorschutzgerät die Frage erhebt, ob es — auf Grund seines Auslöseverhaltens, d. h. vor allen Dingen seiner Zeitkonstante — in der Lage ist, nicht nur den Motor rechtzeitig abzuschalten, sondern auch seine Ausnutzbarkeit nicht einzuschränken, so entsteht umgekehrt bei der Gegenüberstellung von Motorschutz und Leitungsschutz die Frage, ob nicht die Auslösezeiten für die erheblich weniger wärmeaufnahmefähigen Leitungen schon zu lang sind. Das Verhältnis von Leitungsquerschnitt und Motorabmessungen rechtfertigt schon den Grundsatz, an die Zeitkonstante des Motors mit der des Gerätes nicht heranzugehen, denn hier ist in jedem Falle die Leitung bezüglich ihrer Wärmeaufnahmefähigkeit die ganz erheblich schwächere. Beim Motorschutzschalter wird man sich bezüglich der Leitung immer etwas im Grenzgebiet bewegen. Unter Umständen ist mit Rücksicht auf die Motorausnutzung eine Leitungsquerschnittvergrößerung in bestimmtem Umfang notwendig. Man muß deshalb der Frage des Verhältnisses von Motorschutz und Leitungsschutz Aufmerksamkeit widmen [FRANKEN (5), OTT (2)]. Die entscheidende Frage ist auch hier wieder — genau wie beim Motor — diejenige nach der Größe der Zeitkonstante der Leitung, die genauso wenig wie beim Motor mit einer einzigen Zahl beantwortet werden kann. Ja, es ist berechtigt zu sagen, daß der Begriff der Zeitkonstanten einer Leitung noch unbestimmter ist als der eines Motors. Betrachtet man den Erwärmungsvorgang bei geringen Überlastungen, also bei Zuständen, bei denen sowohl die metallische Seele, die Isolation und auch der Schutzmantel für die Wärmeaufnahme und -abgabe in Betracht kommt, dann erhält man natürlich sehr viel größere Werte als bei hohen Anlauf- oder gar kurzschlußartigen Strömen, bei denen die Metallseele allein für die Wärmeaufnahme herangezogen werden kann. Soweit Angaben in der Literatur vorhanden sind, so beruhen die Unterschiede, die teilweise recht groß sind, wohl in erster Linie darauf, daß die Feststellung der Zeitkonstanten unter gänzlich abweichenden Verhältnissen vorgenommen wurde. So z. B. stellt OTT (2) bei 3·4 mm² Zeitkonstanten von 16 min fest, die mit steigendem Querschnitt auf 70 min bei 3 · 120 mm² anstiegen. In der Arbeit von FRANKEN (5) sind für ein Isolierrohr 11 mm, mit drei eingezogenen Leitungen 1,5 mm² Kupfer, geeignet für eine Dauerstromstärke von 14 A, nach Messungen Werte errechnet worden, die bei Überlastungen zwischen dem zweifachen und sechsfachen Dauerstrom bei etwa 350 s oder rund 6 min liegen. Bei späteren Versuchen stellten sich ähnliche Größenordnungen bei sechsfachem Dauerstrom heraus, z. B. bei 6 mm² etwa 12 min. Diese Werte sind also bedeutend niedriger als diejenigen der OTTschen Arbeit. Sie sind errechnet aus den Zeiten, die notwendig sind, um mit den angegebenen Überlastungen die Grenztemperatur zu erreichen. Die höheren Werte von OTT sind offenbar durch langdauernde Belastung bis zur Endtemperatur ermittelt, wobei die Zeitkonstante nach dem üblichen Verfahren aus den letzten Meßwerten festgestellt wurde.

Wenn es sich darum handelt festzustellen, ob ein Motorschutzgerät in der Lage ist, den Leitungsschutz zu übernehmen, dann darf man sich aber nicht damit begnügen, die Abschaltzeiten im Bereich der Motorströme bis zum Stillstandsstrom zu ermitteln, sondern muß unter Umständen auch auf eine gewisse Kurzschlußbeanspruchung Rücksicht nehmen. Bei der genannten Arbeit FRANKEN (5) aus dem Jahre 1930, mit den damals geringeren Dauerbelastungen der Leitungen ohne Rücksicht auf ihre Verlegungsart, war es möglich festzustellen, daß bis zu einer Übertemperatur von etwa 40° C, abgesehen von den Leitungen mit 1,5 bis 4 mm² Querschnitt, die Motorschutzgeräte mit den in Tabelle 6 festgelegten Höchstzeitkonstanten in der Lage waren, den Schutz zu übernehmen, ganz abgesehen davon, daß bei kurzschlußartigen Strömen naturgemäß die Leitertemperatur etwas höher getrieben werden kann, so daß das Ergebnis in der Praxis auch noch für die dünneren Leitungen galt. Eine solche Rechenmethode wäre heute nur noch für die Verlegungsgruppe 1 nach VDE 0100 möglich. Bei der Gruppe 2 und erst recht der Gruppe 3 ergeben sich bei kleinen Querschnitten Überlastungsmöglichkeiten auch dann, wenn man der Leiterüberlastung eine Temperatur von 160° C im Kurzschlußfall zugrunde legt, wie sie in VDE 0103, Tafel 5, als Richtwert für Kabel bis 6 kV angegeben ist. Für die Kurzschlußbelastung dieser Leitungen kann man also nicht mehr grundsätzlich damit rechnen, daß die Wärmezeitkonstante des Motorschutzelementes eine rechtzeitige Abschaltung zur Folge hat, sondern man muß sich auf die für die Kurzschlußbeherrschung zusätzlichen Elemente, wie Vorschaltsicherungen und Schnellauslöser, verlassen. Für eine Erwärmung der Kupferseele von 30° auf 160° C gilt dabei die Beziehung

$$I^2 \cdot t = q^2 \cdot 2{,}04 \cdot 10^4$$

wobei $q$ in mm² einzusetzen ist. Bei Aluminium geht der Zahlenfaktor auf 0,85 zurück.

Für den Bereich der Motorströme ist naturgemäß eine Kontrolle notwendig, wenn es sich um Schutzorgane handelt, die beim 1,5 fachen Motornennstrom höhere Auslösezeiten als beispielsweise die nach Tabelle 2 mit Rücksicht auf die Überlastungsfähigkeit der Motoren durch die VDE-Regeln festgelegte Abschaltzeit von 2 min bei 1,5 facher Überlast aufweisen. Die Vergrößerung dieser Zeit ist — wie angegeben — zulässig, wenn der Motor diese Erhöhung verträgt. Ein Überziehen der Zeiten bei höheren Motorströmen ist auch möglich durch Sättigungswandler. Auch bei stark mittelbar beheizten Elementen, die oberhalb des 1,5 fachen Stromes einen wesentlich steigenden Zeitfaktor aufweisen, ist eine Nachprüfung erforderlich. Ein Motorschutzschalter wird erst dann zum „Leitungsschutzschalter", wenn er entweder mit zusätzlichen magnetischen Schnellauslösern, s.S. 141 und 208 versehen ist, oder in Verbindung mit Abschmelzsicherungen, s.S. 140 und 211 arbeitet. Motorschutzschalter mit magnetischen Schnellauslösern, die ein hinreichendes Schaltvermögen aufweisen, s. S. 229 nennt man „Motorschutzleistungsschalter", wenn das Abschaltvermögen auch bei kleineren Stromstärken mindestens 1500 A beträgt.

### 2.5.9 Die Wartepause

Die Wartepause der Motorschutzgeräte, d. h. die Zeit, die nach erfolgter Abschaltung bis zur Wiedereinschaltung vergehen muß, gehört zu den umstrittensten Begriffen. An sich ist eine solche Pause nicht erforderlich, denn das thermische Relais verhindert die Überschreitung einer bestimmten Temperaturgrenze im Motor. Allerdings muß man diese Behauptung mit gewissen Einschränkungen versehen. So z. B. wird das Bild durch die Eigenzeit des Schalters verzerrt, denn wenn der thermische Auslöser das Kommando zum Abschalten gibt, dann bleibt der Strom während der Eigenzeit noch auf dem Motor und auf dem Auslöser stehen. Hierdurch kommen in das gesamte System gewisse Verschiebungen. Es braucht damit keine gefährliche Übererwärmung des Motors verbunden zu sein, denn es wird ja nun auch das thermische Element übererregt und braucht beim Erkalten einige Zeit, um seinen Hilfsschalter wieder zu schließen bzw. den Schalter wieder einschaltbereit zu machen. Der Betriebsingenieur steht natürlich oft auf dem Standpunkt, daß er eine Pause nicht zugestehen kann, jedenfalls ihre Erzwingung nicht gefordert werden kann, da er möglichst fortlaufenden Betrieb anstrebt. Auf der anderen Seite ist zu beachten, daß bei den nach den VDE-Regeln üblichen Grenzströmen für die Motorschutzauslöser der Motor im Auslösepunkt schon eine nicht unbeträchtliche Übertemperatur aufweisen kann. Das unausgesetzte Ein- und Ausschalten bei dieser Temperatur könnte der Wicklung gefährlich werden. Der Motor sollte also einige Zeit Ruhe haben, um aus dieser Gefahrenzone der Temperatur wieder herauszukommen, und deshalb sollte man ihm eine entsprechende Abkühlungspause gönnen, besonders bei Antrieben mit schwierigen Anlaufverhältnissen, weil hier andernfalls die Gefahr nochmaliger Abschaltung gegeben ist. Die Erwärmung des Auslösers geht andererseits schneller zurück als die des Motors. Das bedeutet verhältnismäßig schnelle Wiedereinschaltbarkeit, die aber keinen Nachteil bedeutet, wie auf S. 166 dargelegt. Die Abschaltung ist im übrigen immer ein Grund, nach der Ursache zu forschen. Lange Pausen sind selbstverständlich bei sehr vielen Antrieben unmöglich. Aber auch bei geringen Überlastungen, bei denen die zusätzliche Erwärmung in der Eigenzeit des Schaltgerätes ohne Bedeutung ist, wird sich eine Wartezeit einstellen, und zwar immer dann, wenn der Wärmeweg durch die Schaltkräfte und die Verformung gekürzt wurde (s. S. 60). Sobald die Kräfte überwunden sind, wird die Verformung aufgehoben, und das Wärmeelement muß erst um so viel kälter werden als dem Verformungsweg entspricht, ehe es wieder einschaltbar ist. Dieser Vorgang ist also von der Verbindung zwischen thermischem Glied und Schaltgerät abhängig und besonders wichtig bei Auslösern, die Verklinkungen zu lösen haben.

Bei Relais mit unverklinktem Hilfsschalter ohne Sprungglied tritt eine solche Entlastung nicht ein. Ist die Verformung von Einfluß und der Verformungsfehler (s. S. 153) 5%, also $f_d = 1{,}05$, dann ist nach Gl. (50) S. 153 $s_d \approx 0{,}05 \cdot s_{w3}$.

Der Grenztemperatur entspricht nicht mehr der Nettoweg $s_{w3} - s_d$, sondern der Weg $s_{w3}$. Um ihn auf den alten Grenzbetrag $s_{w3} - s_d$ zurückzubringen, muß die Übertemperatur von $\vartheta_g$ auf z. B. $\vartheta_a$ sinken, wobei

$$\frac{\vartheta_g}{\vartheta_a} = \frac{s_{w3}}{s_{w3} - s_d}$$

und die erforderliche Abkühlungszeit

$$t = T \cdot \ln \frac{\vartheta_g}{\vartheta_a} = T \cdot \ln \frac{s_{w3}}{s_{w3} - s_d} = T \cdot \ln \frac{2}{3 - f_d{}^2} \quad \text{(nach Gl. 50 S. 153)}$$

oder in obigem Beispiel $t = T \cdot 0{,}0516$.

Bei $T = 60$ s, $t = 3{,}1$ s; $T = 180$ s, $t = 9{,}3$ s.

Mithin handelt es sich also um beachtliche Werte.

Ein von der Konstruktion abhängiges Warteverhältnis $w_{bb}$ führt HAAS (1) ein. Es ist die Wurzel aus der Erwärmung ($\vartheta_{bb}$), auf die das Element zurückgehen muß, damit die Wiedereinschaltbereitschaft gegeben ist, im Verhältnis zur Erwärmung beim Einstellstrom ($\vartheta_e$) $w_{bb} = \sqrt{\dfrac{\vartheta_{bb}}{\vartheta_e}}$. Das Wartezeitverhältnis ist abhängig von den Wirkmitteln, so z. B. bei Bimetallauslösern von der Verklinkungskraft und dem Verklinkungsweg, bei Bimetallrelais von der Kontaktkraft bzw. der Art der Kontaktbetätigung. Nach HAAS (1) ist für Bimetallauslöser $w_{bb} = 1 \ldots g$, wobei vorausgesetzt wird, daß bei Einstellstromerwärmung die Betriebsbereitschaft wieder gegeben ist, was nicht immer zu gelten braucht ($g = I_g/I_e$). Für Bimetallrelais mit langsam bewegtem Öffner ist $w_{bb} = g$ und für solche mit Sprunggliedern $w_{bb} = 0{,}7 \ldots 1$, wobei also die Wiedereinschaltbereitschaft bei Rückgang auf Erwärmung entsprechend der Einstelltemperatur nicht immer gegeben ist. Die Zeiten werden sich bei größeren Überlastungen, bei denen während der Eigenzeit des betätigten Hauptschaltgerätes noch eine nennenswerte Zusatzerwärmung auftritt, grundsätzlich noch steigern. Mit der Einführung des Warteverhältnisses $w_{bb}$ ist

$$t_w = t_a \cdot \frac{\ln \dfrac{g^2}{w_{bb}{}^2}}{\ln \dfrac{\ddot u^2}{\ddot u^2 - g^2}} \tag{60}$$

Hierin ist $t_a$ die Auslösezeit bei Belastung aus dem kalten Zustand.

Bei einem homogenen Körper, also einem unmittelbar beheizten, dessen Erwärmung genau nach der Exponentialfunktion verläuft,

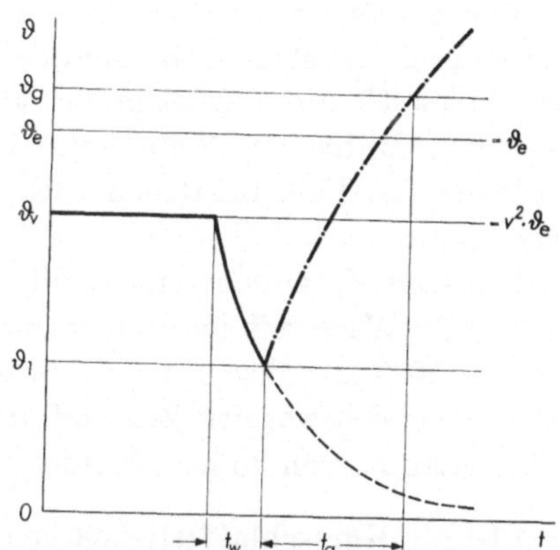

Abb. 87. Wartezeit ($t_w$), wenn nach einer vorhergegangenen Belastung mit $v \cdot$ Einstellstrom ($J_e$) eine Anlaufzeit $t_a$ bei dem Überlaststrom $\ddot u \cdot I_e$ erwartet wird $\vartheta_g = \text{g}^2 \cdot \vartheta_e$

ist, ohne Berücksichtigung der Eigenzeit $t_e$ des Hauptschaltgerätes, die Wiedereinschaltzeit für alle Vielfache des Stromes konstant.

Fragt man, wie groß ohne Berücksichtigung des Warteverhältnisses die Wartezeit $t_w$ nach einer Vorbelastung in Höhe $v \cdot I_e$, bei der also die Auslösergrenztemperatur ($\vartheta_g$) nicht erreicht wurde, sein muß, um daran anschließend bei der Überlastung $\ddot{u}$ eine Anlaßzeit $t_a$ bis zum Erreichen der Auslösergrenztemperatur zu erzielen. So ist nach Abb. 87 (s. S. 195)

$$t_a = T \cdot \ln \frac{\ddot{u}^2 - v^2 \cdot \exp\left(-t_w/T\right)}{\ddot{u}^2 - g^2}$$

Hierin ist $\ddot{u} = I_{\ddot{u}}/I_e$; $v = I_v/I_e$; wobei $I_v$ der Vorbelastungsstrom und $g$ wie üblich $= I_g/I_e$ ist.

Diese Gleichung nach $t_w$ aufgelöst ergibt

$$t_w = - T \ln \frac{\ddot{u}^2 - (\ddot{u}^2 - g^2) \cdot \exp\left(t_a/T\right)}{v^2} \tag{61}$$

Eine andere Art der Fragestellung ist die, wie lange man warten muß, bis ein solches Element die Einstellstrom-Erwärmung wieder erreicht hat. Hier lautet das Ergebnis

$$t_w = T \cdot \ln g^2.$$

Auch kann man fragen, wie lange man warten muß, bis die Übertemperatur durch die Eigenzeit des Hauptstromgerätes $t_e$ verklungen ist. Durch diese Eigenzeit wird eine Grenzerwärmung höher als $\vartheta_g$ erreicht. Die Wartezeit ergibt sich zu

$$t_w = - T \cdot \ln \frac{g^2}{\ddot{u}^2 - (\ddot{u}^2 - g^2) \cdot \exp\left(- t_e/T\right)} \tag{62}$$

Die Gl. 61 und 62 sind natürlich nur für Geräte mit konstantem $T$, also im wesentlichen unmittelbar beheizten allgemein anwendbar.

Muß man statt von einer Zeitkonstante von einem *Zeitfaktor* (s. S. 94 und S. 115) sprechen, dann sind die Wartezeiten bei ganz geringer und ganz hoher Überlast meist größer als bei mittleren, z. B. zwischen dem zwei- und fünffachen Nennstrom. Das ist bei den mittelbar beheizten Auslösern der Fall, bei denen nach erfolgter Abschaltung noch Wärme nachströmt.

In diesem Zusammenhang stellte EDLER (4) bezüglich des Motors fest daß sich die Wartezeit, um von der zulässigen Übererwärmung des betriebswarmen Motors während 2 min. mit 1,5fachen Strom ausgehend wieder auf den betriebswarmen Zustand des Motors zu kommen, bei Motorzeitkonstanten von 30 bis 120 min. als nahezu konstant (4 min.) erweist.

### 2.5.10 Die Kurzschlußfestigkeit von thermischen Auslösern und Relais

Thermische Auslöser und Relais, die für Motorschutzzwecke verwandt werden, müssen zunächst einmal im Überlastgebiet, das heißt bis zum Stillstandsstrom des betreffenden Motors, ihre Funktion ausüben und nach einer mehr oder weniger großen Zeit diese Überlast abschalten. Es ist ganz selbstverständlich, daß für diesen Bereich die Geräte so konstruiert sein müssen, daß sie durch die durchfließenden Überlastströme keinen Schaden erleiden und auf keinerlei Hilfe etwa durch andere Schaltelemente angewiesen sein dürfen. Schwieriger ist die Frage zu beantworten, wieweit darüber hinaus bei kurzschlußartigen Strömen, die im Netz auftreten können, noch die Erhaltung der Relais und Auslöser gewährleistet ist. Unter Erhaltung ist hierbei nicht nur zu verstehen, daß keine äußerlich erkennbaren Schäden vorhanden sind, sondern es dürfen auch die Auslösezeiten und vor allem die Grenzströme nicht beeinflußt werden. Mit anderen Worten, es darf kein Element über eine Temperatur hinaus gebracht werden, die ihm seine Eigenschaften raubt.

Die Kurzschlußfestigkeit thermischer Auslöser und Relais besagt also, bis zu welchem Strom die Auslöser belastet werden dürfen, so daß sie in Verbindung mit ihrem Schaltgerät die Last in einer Zeit wegnehmen, die so klein ist, daß die Eichung durch Übererwärmung noch nicht verdorben ist, also keine unelastischen Formveränderungen auftreten oder der Auslöser gar zerstört wird. Ein Gerät, dessen Eichung durch Übererwärmung gelitten hat, braucht das nach außen noch nicht erkennen zu lassen. Seine Schutzelemente können noch unbeschädigt erscheinen. In Wirklichkeit sind sie u. U. nicht mehr in der Lage, den Schutz zu übernehmen. Die Kurzschlußfestigkeit wird davon beeinflußt, ob der Auslöser oder das Relais in Verbindung mit einem Schnellauslöser (s. S. 141) bzw. einer Sicherung (s. S. 140) arbeitet oder nicht. Der Schnellauslöser setzt bei einer bestimmten Überlastung ein, schon ehe die Grenztemperatur des Auslösers erreicht ist. Er hat jedoch in Verbindung mit dem Schaltgerät ebenfalls eine bestimmte Eigenzeit ($t_k$) und dementsprechend eine von der Höhe des Überstromes abhängige Höchsttemperatur zur Folge. Günstiger sind die Verhältnisse, wenn an Stelle der Schnellauslöser eine Abschmelzsicherung tritt, denn bei der Abschmelzsicherung verkürzt sich die Schmelzzeit mit steigender Stromstärke ganz bedeutend, da im äußersten Falle das Produkt $i'^2 \cdot t$ und dementsprechend auch die Temperaturerhöhung praktisch eine Konstante ist und bezogen auf den Nennstrom des thermischen Elementes der Kurzschlußstrom eine erheblich stärkere relative Steigerung darstellt als bezogen auf den Sicherungsnennstrom. Auf diese Weise wird bei weiterer Steigerung der Stromstärke in Verbindung mit der Sicherung eine verhältnismäßig geringere Steigerung der Wärmeaufnahme der Auslöseelemente einsetzen und bei schweren Kurzschlüssen der Auslöser entlastet werden. Insofern ist die sicher wirkende Abschmelzsicherung das günstigste Element zur Steigerung der Kurzschlußfestigkeit der thermischen Auslöser.

Spricht man jedoch von der Kurzschlußfestigkeit eines Schutzelementes in Verbindung mit seinem Gerät schlechthin, dann meint man immer die *Eigenkurzschlußfestigkeit* ohne Hilfeleistung durch andere Geräte. Davon zu unterscheiden ist diejenige des vollständigen Gerätes in Verbindung mit Schnellauslösern oder auch mit vorgeschalteten Sicherungen. Diese Eigenkurzschlußfestigkeit ist in ihrer Höhe in erster Linie davon abhängig, ob die Auslöser mittelbar oder unmittelbar beheizt sind. Es sei:

$t_e$  die Eigenzeit des Hauptschaltgerätes, die einsetzt, wenn das Auslöseelement am Ende seiner Auslösezeit ist [s]

$t_k$  die Eigenzeiten von Schnellauslösern und Hauptschaltgerät zusammengerechnet [s]

$T$  die Zeitkonstante des thermischen Auslösers [s]

$\vartheta_g$  die Erwärmung, die bei Grenzstrom auftritt [°C]

$\vartheta_{max}$ die höchstzulässige Erwärmung bei Kurzschlußabschaltung [°C]. Das ist nicht die Schmelztemperatur, sondern diejenige, die keine bleibende Verformung zur Folge hat

$\ddot{u}'_k$  der zulässige Kurzschlußstrom $[I_k]$ im Verhältnis zum Grenzstrom $[I_g]$

**Unmittelbar beheizte Auslöser und Relais** haben eine höhere Kurzschlußfestigkeit als mittelbar beheizte. Sie leiten nach Erreichen einer bestimmten Grenzarbeitstemperatur die Abschaltung ein. In der Eigenzeit der Schalter ($t_e$) werden sie noch Übertemperaturen annehmen. Die Temperatur eines solchen Wärmeelementes steigt nach einer logarithmischen Linie, die bei kurzschlußartigen Strömen in eine Gerade übergeht, und erreicht nach einer gewissen Zeit den Grenzwert ($\vartheta_g$), den die Auslösung zur Voraussetzung hat, s. Abb.

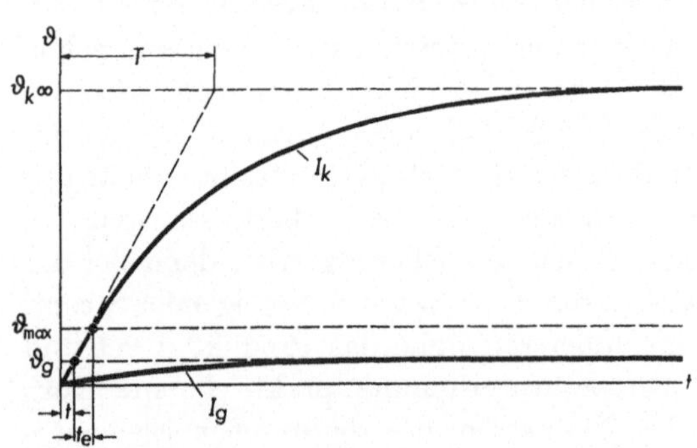



Abb. 88. Kurzschlußerwärmung thermischer Auslöser
(Erläuterungen im Text)

88. Jetzt setzt die Eigenzeit des beeinflußten Schaltgerätes ein, und erst nach einer weiteren Temperatursteigerung wird die Abschaltung tatsächlich eintreten. Diese Eigenzeit der Schaltgeräte ($t_e$ bzw. $t_k$) ist meistens eine ziemlich konstante Größe, so daß die Temperatursteigerung über den Grenzpunkt hinaus erheblich stärker sein wird,

wenn es sich um eine hohe Stromüberlastung handelt als um eine geringe. Man ist in der Lage, bei einem Auslöser, der mit einer Grenztemperatur $\vartheta_g$ arbeitet und mit Rücksicht auf seinen Erhaltungszustand die Überschreitung der Temperatur $\vartheta_{max}$ nicht zuläßt, an Hand der Erwärmungskurven die Kurzschlußüberlastungsfähigkeit $\ddot{u}'_k$ als Vielfachwert des Grenzstromes $I_g$ zu berechnen. In Abb. 88 ist $\vartheta_g$ die normale Auslösetemperatur bei Grenzstrom, $\vartheta_k\infty$ die Erwärmung, die bei Kurzschlußstrom $I_k$ ohne Abschaltung erreicht würde, und $\vartheta_{max}$ diejenige, die unter dem Einfluß der Eigenzeit $t_e$ erreicht werden darf. Diese Rechnung ist von Cohn (3) ausgeführt worden. Es ist:

$$\ddot{u}'^2_k = \frac{T}{t_e}\left(\frac{\vartheta_{max}}{\vartheta_g} - 1\right) \tag{63}$$

Diese Formel gilt für Geräte mit unmittelbarer Beheizung *ohne* zusätzlichen *Schnellauslöser*, bei denen also das Wärmeelement selbst die Auslösung durch Aufheizen auf seine Grenztemperatur $\vartheta_g$ einleiten muß.

Haben die Geräte einen zusätzlichen Schnellauslöser, dann ist nicht mehr die Erwärmungszeit des Auslösers bis zur normalen Grenztemperatur maßgebend, sondern nur noch die Eigenzeit des Schnellauslösers zusammen mit der Eigenzeit des Hauptgerätes. Nennt man die Summe dieser Werte $t_k$, dann gilt für Geräte *mit Schnellauslösern* die Beziehung:

$$\ddot{u}'_k = \frac{T}{t_k} \cdot \frac{\vartheta_{max}}{\vartheta_g} \tag{64}$$

Beachtlich ist, daß in diesen Formeln die Eigenerwärmungszeit des Auslösers nur durch seine Zeitkonstante ausgedrückt ist. Für diesen Zusammenhang entwickelte Cohn (3) ein Nomogramm, das auch für die Auswertung der Gleichung ohne Schnellauslöser verwendbar ist. Natürlich wird man zu guter Letzt die Kurzschlußfestigkeit im Verhältnis zum Nennstrom statt zum Grenzstrom angeben ($\ddot{u}_k$).

Die letztgenannte Gleichung gilt natürlich auch bei einem thermischen Element, das selbst nicht mit einem Schnellauslöser ausgerüstet ist, wenn man für die Feststellung der Kurzschlußfestigkeit der Gesamtanordnung die Abschaltzeit des nächst vorgeschalteten Hauptschalters mit Schnellauslösung einsetzt. Man kann unter diesen Voraussetzungen also Motorschutzschalter mit geringer Abschaltleistung verwenden. Eine ausreichende Eigenkurzschlußfestigkeit des Wärmeelementes ist aber auch dann noch zu fordern.

Bei Leistungsschaltern wird man natürlich immer versuchen, die Kurzschlußfestigkeit der Auslöser so hoch zu halten, daß sie mindestens gleich der des Schalters ist. Das kann im allgemeinen auch erzielt werden,

Beachtlich ist noch, daß bei einem thermischen Auslöser ohne Schnellauslöser die Kurzschlußfestigkeit nicht von dem vorherigen Temperaturzustand abhängt, wohl aber bei einem solchen mit Schnellauslöser.

Die Gl. 64 gilt unter der Voraussetzung, daß der Kurzschluß im kalten Zustand des thermischen Auslöseelementes einsetzt, andernfalls muß auch bei Vorhandensein eines Schnellauslösers mit der Gleichung 63 gerechnet werden.

Bei den unmittelbar beheizten thermischen Elementen bietet die Kurzschlußfestigkeit kaum irgendwelche Schwierigkeiten. Setzt man die nach VDE 0660 kleinstzulässige Ansprechzeit von 2 s bei sechsfachem Einstellstrom voraus, dann wird in einer Eigenzeit des Schaltgerätes ($t_e$) von 25 ms — wie etwa bei Schützen — und vierzigfachem Einstellstrom das Element über die Ansprechzeit von $2 \cdot 6^2/40^2 = 0{,}045$ s hinaus insgesamt 70 ms, also 1,55mal so lange belastet und damit im gleichen Verhältnis auch die Erwärmung gesteigert. Unmittelbar beheizte Auslöser lassen sich daher — insbesondere bei Dehnungselementen — leicht auf eine Kurzschlußfestigkeit von $50 \cdot$ Einstellstrom bringen. Eine solche Rechnung gilt natürlich nur, wenn die Strombahn in ihrem ganzen Verlauf gleichwertig ist, also nicht etwa Verengungen aufweist, z. B. Bohrungen oder zu kleine Schweißpunkte, an denen bei den Kurzschlußströmen Wärmestauungen entstehen.

Die Verhältnisse bei *mittelbar beheizten Auslösern* und Relais sind naturgemäß vollständig andere. Die Elemente sind weniger eigenkurzschlußfest. Im allgemeinen liegt die Heizwicklung außen auf einem Bimetallstreifen oder an der Schmelzlotkapsel oder dergleichen auf. Zwischen der Heizwicklung und dem Bimetallstreifen befindet sich eine elektrische Isolationsschicht, die gleichzeitig Wärmeisolation ist. Damit die in der Wicklung erzeugte Wärme im anteiligen Verhältnis abgeleitet werden kann, ist ein bestimmtes Temperaturgefälle zwischen Wicklung und Bimetallstreifen erforderlich. Die Heizwicklung wird also, wenn der Bimetallstreifen seine Auslösetemperatur erreicht hat, bedeutend wärmer sein. Für die Kurzschlußfestigkeit ist dann aber die zulässige Temperatur der Heizwicklung entscheidend. Der Bimetallstreifen ist dabei im allgemeinen nicht gefährdet. Es ist ohne weiteres einzusehen, daß die Kurzschlußgrenzstromstärke solcher mittelbar beheizter Auslöser erheblich niedriger liegt als die der unmittelbar beheizten. Entlastend tritt auch hier eine etwa vorhandene Schnellauslösung bzw. die Abschmelzsicherung hinzu.

Die Beziehungen für unmittelbar beheizte Relais werden hier nur beschränkt anwendbar sein. Bei mittelbarer Beheizung darf man keinesfalls die normale Zeitkonstante des Relais einsetzen. Die einfache Beziehung zwischen Schmelztemperatur, Auslösetemperatur und den zugehörigen Zeiten ist damit verschwunden. Es wird also für überschlägliche Rechnung nur möglich sein, die Heizwicklung allein als wärmeaufnehmende Masse zu betrachten und festzustellen, bei welchem Strom sie in der Eigenzeit $t_k$ die Temperatursteigerung $\vartheta_{max}$ erreicht. Hierdurch errechnet man natürlich nur den absoluten Wert von $I_k$, und zwar ist

$$I_k = \sqrt{\frac{V \cdot c \cdot (\vartheta_{max} - \vartheta_g)}{R \cdot t_k}} \quad [A]$$

Hierin ist:  $V$  das Volumen der Heizwicklung in [cm³]

$\quad\quad\quad\quad$ $c$  die spezifische Wärme $[Ws \cdot cm^{-3}\ °C^{-1}]$

$\quad\quad\quad\quad$ $R$  der Widerstand der Heizwicklung $[\Omega]$

$\quad\quad\quad\quad$ $t_k$  die Kurzschlußabschaltzeit des Schalters [s]

Eine zweckmäßigere Berechnung der Zusammenhänge ist für diesen Fall an Hand der Ausführungen auf S. 107 nach einer Arbeit von FRANKEN (17) möglich. Für den Fall der Vernachlässigung der Wärmeabfuhr nach außen ist eine Temperaturverteilung entsprechend Abb. 56 (s. S. 107) rechnerisch behandelt worden, wobei beide Temperaturen von Null ausgehend sich in die Geraden 1 und 2 einspielen. Bezüglich der Bezeichnungen $u$, $w$, $t_e$, $t_x$, $t_y$ und $t_z$ sei auf S. 111 verwiesen. Während beim Studium der Kennlinien (s. a. S. 122) $t_x$ und $t_z$ besonders wichtig waren, tritt bei der Berechnung der Kurzschlußfestigkeit vor allem $t_y$ hinzu. $t_y$ ist die Zeit, mit der die Erwärmung des Bimetalles dem Mittelwert der gesamten Massen nachhilft. $t_y$ ist also bei mittelbar beheizten Relais ein negativer Wert, $t_z$ wiederum der Wert, der für die Ausrundung dieser Kurven nach einer Exponentialfunktion vom Nullpunkt an maßgebend ist. Die Werte $t_x$, $t_y$ und $t_z$ (s. S. 111) Gl. (41) und (43) sind aus den Konstruktionsdaten zu errechnen. Auch können $t_x$ und $t_z$ aus Auslösekurven ermittelt werden (s. S. 122 und S. 123) und $t_y$ daraus in Verbindung mit dem Verhältnis $w$ der Wärmeaufnahmefähigkeit des eigentlichen Wärmeelementes zu der des Gesamtelementes, s. Gl. (41a) S. 111 errechnet werden. So wie es, s. S. 122, möglich war, unter Verwendung der Zeit $t_x$ die Beziehungen zwischen Überlastung und Auslösezeiten für solche mittelbar beheizten Auslöser zu errechnen, ist es in gleicher Weise möglich, unter Benutzung des Zeitwertes $t_y$ die Kurzschlußfestigkeit festzustellen. Das damit errechnete Temperaturverhältnis für Wicklung und Bimetall $\vartheta_w/\vartheta_b$ [s. Gl. (41a) und (41) S. 111] führt ohne Beachtung des Wertes $t_z$ also für den Überlastbereich und Geräte *ohne Schnellauslöser* zu:

$$\ddot{u}_k'^2 = \frac{T \cdot \left(\dfrac{\vartheta_{w\,max}}{\vartheta_{bg}} - 1\right)}{t_x + t_e - t_y} \tag{65}$$

wobei $\vartheta_{w\,max}$ die höchstzulässige Erwärmung der Wicklung und $\vartheta_{bg}$ die Grenzerwärmung, z. B. des Bimetalls ist.

Für Geräte *mit Schnellauslösern* erhält man:

$$\ddot{u}_k'^2 = T \cdot \frac{\vartheta_{w\,max}}{\vartheta_{bg}} \cdot \frac{1}{t_k - t_y} \tag{66}$$

Diese Formel ist für den Überlastbereich zulässig, also für den Bereich bis zu der unbedingt geforderten Eigenkurzschlußfestigkeit mindestens in Höhe des Motorstillstandsstromes. Für noch höhere Belastungen ist die Berücksichtigung der Ausrundung durch die Exponentiallinie, also $t_z$, meist unerläßlich. In den Erwärmungsgleichungen erhalten dann die Zeiten $t_x$ und $t_y$ Korrekturglieder $(1 - \exp{[-t/t_z]})$. Die Formeln für $\ddot{u}'_k$ ändern sich z. B. bei Geräten *mit Schnellauslösern*:

$$\ddot{u}_k'^2 = \frac{T \cdot \dfrac{\vartheta_{w\,\mathrm{max}}}{\vartheta_{bg}}}{t_k - t_y\,(1 - \exp{[-t_k/t_z]})} \tag{67}$$

Für Geräte *ohne Schnellauslöser*, bei denen also mit der Erwärmung in der Relaiszeit $t$ und der Schaltereigenzeit $t_e$ zu rechnen ist, sind die Zusammenhänge komplizierter. Man kann der Gleichung verschiedene Formen geben, z. B.

$$\frac{\vartheta_{w\,\mathrm{max}}}{\vartheta_{bg}} = \frac{t + t_e - t_y\,(1 - \exp{[-(t + t_e)/t_z]})}{t - t_x\,(1 - \exp{[-t/t_z]})} \tag{68}$$

Es ist dabei praktisch nicht möglich, $t$ durch $\ddot{u}'$ und $T$ zu ersetzen. Man kann aber $\vartheta_{w\,\mathrm{max}}/\vartheta_{bg}$ für gegebenes $t_e$, $t_x$, $t_y$ und $t_z$ als Funktion von $t$ errechnen und daraus $t$ für das Temperaturgrenzverhältnis interpolieren, $\ddot{u}'$ ist dann nach Gl. (47) S. 122 zu ermitteln. Einfacher noch ist es, wie in den nachfolgenden Beispielen dargestellt, $t_k$ als Funktion von $\ddot{u}'_k$ nach der für Betrieb mit Schnellauslösern angegebenen Formel zu errechnen und dann die Kurve mit der um $t_e$ erhöhten Auslösekennlinie zum Schnitt zu bringen. $t_a + t_e$ ist ja in diesem Falle identisch mit $t_k$. Alle Formeln gehen für unmittelbare Beheizung in die eingangs abgeleiteten über, diejenigen für die mittelbare und gemischte Beheizung gelten auch für beschwerte Auslöser.

Aus den Formeln ersieht man ohne weiteres, an welchen Punkten man ansetzen muß, um kurzschlußfeste thermische Auslöser und Relais zu konstruieren. Zu dem gleichen Ergebnis kommt man naturgemäß auch durch einfache Überlegung. Die Kurzschlußfestigkeit wächst danach wenn

> die Zeitkonstante des Wärmeelementes größer wird,
> die Eigenzeit des Schalters kleiner wird,
> die zulässige Höchsttemperatur des thermischen Elementes
> ansteigt,
> die Grenztemperatur absinkt.

Der Einfluß dieser vier Begriffe ist ohne weiteres verständlich. Wenn die Zeitkonstante groß ist, dann werden bei gegebener Belastungszeit die Temperatursteigerungen verhältnismäßig klein sein. Wenn die Eigenzeit wiederum absinkt, wird ebenfalls die Temperatursteigerung klein sein. Wenn andererseits das Verhältnis zulässige Höchsttemperatur zur

Grenztemperatur größer wird, wird ein größerer Spielraum für die Zusatzerwärmung vorhanden sein als umgekehrt, wenn die beiden Werte einander näherrücken.

Zur Erhöhung der Eigenkurzschlußfestigkeit der Auslöser wurden in den zwanziger Jahren häufig besondere Schaltstücke angebracht, die das Wärmeelement während der Eigenzeit des Hauptstromgerätes kurzschlossen. Bei der im allgemeinen schleichenden Kontaktgebung und den verhältnismäßig hohen Stromstärken, die zu beherrschen sind, bestand immer die Gefahr des Verschweißens solcher Schaltstücke. Deshalb wurden u. a. Kohlestücke verwandt.

Beispiele:

Für den Fall der unmittelbaren Beheizung habe ein Auslöser eine Zeitkonstante von 100 s. Die normale Arbeitsgrenztemperatur ($\vartheta_g$) sei 200° C, die höchste zulässige Temperatur ($\vartheta_{max}$) 1000° C. Ferner besitze der Schalter einen Schnellauslöser, der die Abschaltung in einer Zeit ($t_k$) von 20 ms durchführt. Dann ist das

Gerät nach Gl (64) bis zum $\sqrt{\dfrac{100}{0,02} \cdot \dfrac{1000}{200}} = \sqrt{25\,000} = 160$fachen Strom kurzschlußfest. Das gleiche Gerät auf sich selbst ohne Schnellauslöser angewiesen ($t_e$)

hat nach Gl (63) nur eine Kurzschlußfestigkeit bis zum $\sqrt{\dfrac{100}{0,02} \cdot \left(\dfrac{1000}{200} - 1\right)} =$

$\sqrt{20\,000} = 140$ fachem Strom unter der Voraussetzung, daß hier die Eigenzeit ($t_e$) den gleichen Wert von 20 ms aufweist.

Abb. 89 gibt ein weiteres Beispiel für die Abhängigkeit der Kurzschlußfestigkeit von den Eigenzeiten an. Bei einem unmittelbar beheizten Auslöser mit $T = 60$ s und $\vartheta_{max} : \vartheta_g = 4$ ist die Beziehung zwischen dem zulässigen Überstrom und der Eigenzeit von Schnellauslöser und Schalter $t_k$ nach Gl (64) aufgezeichnet (Kurve 1). In den Beispielen ist entsprechend den Gepflogenheiten von S. 100 und S. 111 statt $T\,A$ eingetragen. Über die Unterschiede siehe dort. Wenn auch die Kurzschlußfestigkeit von der Zeit $t_k$ abhängt, so ist hier doch die bei Auslösekurven übliche Darstellung beibehalten worden und sind die Zeiten $t_k$ als Ordinaten verzeichnet. Zeichnet man in gleicher Weise nach der Gl (63) für Abschalten ohne Schnellauslöser, d. h. lediglich mit der Eigenzeit $t_e$ des Hauptstromschaltgerätes, dann erhält man die Kurve 2. Wie man daraus ersieht, sind für schnellschaltende Geräte beispielsweise solche, die zum Lösen der Klinken und Kontaktlösen nur eine Eigenzeit von 5 ms haben zuzüglich einer Lichtbogenzeit von einer Halb-

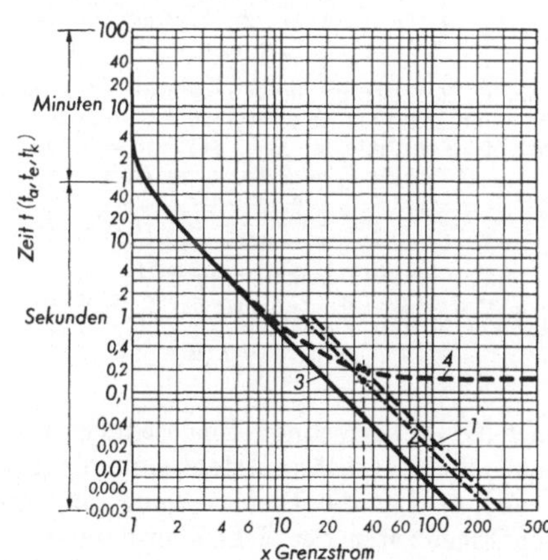


Abb. 89. Ermittlung der Kurzschlußfestigkeit eines unmittelbar beheizten Auslösers
$A = 60$ s, $B = 0,6$, $\dfrac{\vartheta_{max}}{\vartheta_g} = 4$

$1\ t_k = f(\ddot{u}'_k)$ mit Schnellauslöser; $2\ t_e = f(\ddot{u}'_k)$ ohne Schnellauslöser;
$3\ t_a = f(\ddot{u}')$; $4\ t_a + 0,15 = f(\ddot{u}')$

welle gleich 10 ms, also 15 ms, die Kurzschlußfestigkeiten außerordentlich hoch; sie liegen in diesem Fall ohne Verwendung von Schnellauslösern bei etwa 110fachem Grenzstrom. Bei höheren Zeiten, z. B. 150 ms, wie sie gelegentlich bei Schützen infolge Remanenz und Adhäsion auftreten, sinkt diese Zahl auf den 35fachen Grenzstrom ab. Mit Schnellauslösern und $t_k = 15$ ms ergibt sich etwa der 126fache Grenzstrom (Kurve 3 und 4 s. später).

Abb. 90 behandelt einen mittelbar beheizten Auslöser, und zwar den auf S. 127 (Abb. 64, Kurve e) dargestellten. Bei ihm wurde ermittelt $A = 100$ s, $B = 0{,}6$, $t_x = 2{,}4$ s, $t_z = 2{,}2$ s. Für die Errechnung der Kurzschlußfestigkeit braucht man außerdem den Wert $t_y$, der zu $- t_x \cdot \dfrac{w}{1-w}$ angegeben wurde. Im vorliegenden Falle war $w$, d. h. der Anteil der Wärmeaufnahmefähigkeit des eigentlichen Wärmeelementes, in diesem Fall des Bimetallstreifens, 75 % desjenigen des gesamten Auslöseelementes einschließlich Heizwicklung. Damit ergibt sich $t_y = - 2{,}4 \cdot 0{,}75/(1 - 0{,}75) = - 7{,}2$ s. Die Kurve 1 zeigt nun nach Gl (67) die Abhängigkeit der im Grenzfall möglichen Überlastungsfähigkeit, also der Kurzschlußfestigkeit von der Eigenzeit von Schnellauslöser und Hauptschaltgerät $t_k$, und ergibt bei $\vartheta_{w}\mathrm{max} : \vartheta_{bg} = 5$ für $t_k = 15$ ms den 90fachen, für $t_k = 0{,}15$ s den 28fachen Strom. Ein Temperaturverhältnis 10 würde bei Bimetallauslösern schon eine verhältnismäßig niedrige Arbeitstemperatur voraussetzen, die beim unteren Skalenpunkt einen großen Verformungsfehler, s. S. 153, zur Folge hätte. Diesem entspricht die Kurve 2, die bei $t_k = 0{,}15$ s den 41fachen Grenzstrom als zulässig angibt. Die Errechnung der Kurzschlußfestigkeit für den Fall, daß keine Schnellauslöser verwendet wurden, ist, wie früher dargetan, außerordentlich umständlich. Es ist deshalb viel zweckmäßiger, die unter Benutzung der Werte $A$, $t_x$ und $t_z$

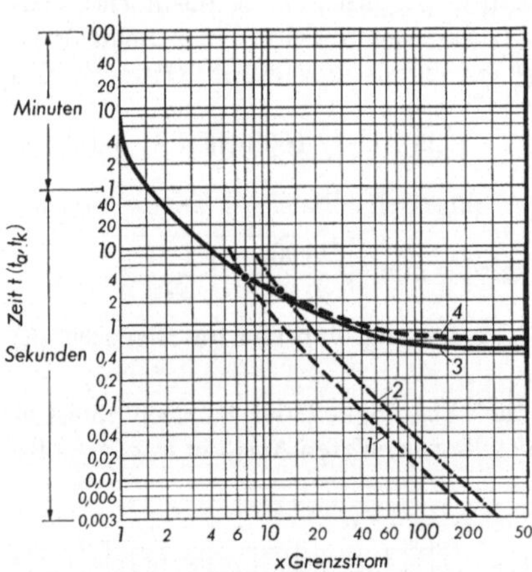



Abb. 90. Ermittlung der Kurzschlußfestigkeit für einen mittelbar beheizten Auslöser (entspricht Kennlinie $e$ Abb. 64); $A = 100$ s; $B = 0{,}6$; $t_x = 2{,}4$ s; $t_z = 2{,}2$ s;

$$t_y = - 2{,}4 \,\frac{0{,}75}{1 - 0{,}75} = -7{,}2''\,;$$

$$w = 75\,\text{v.H.}\,;\quad u = 3{,}9\,\text{v.H.}$$

1 $t_k = f(\ddot{u}'_k)$ für $\vartheta_w\mathrm{max}/\vartheta_{bg} = 5$; 2 desgleichen für das Verhältnis 10; 3 $t_a = f(\ddot{u}')$; 4 $t_a + 0{,}15 = f(\ddot{u}')$

nach Gl (47) errechnete Auslösekurve 3 um die Eigenzeit des Schaltgerätes $t_e$ zu erhöhen. Bei $t_e = 0{,}15$ s entsteht dann die Kurve 4. Der Schnittpunkt der Kurven 1 bzw. 2 und 4, d. h. die Gleichsetzung der eigentlichen Relaisauslösezeit $(t_a) + t_e$ mit den Eigenzeiten der Schnellauslöser und des Hauptschalters $t_k$ ergibt die Kurzschlußfestigkeit ohne Verwendung der Schnellauslöser. Das ist für diesen Fall für

$$\frac{\vartheta_w\mathrm{max}}{\vartheta_{bg}} = 5 \text{ der 7fache, für das Verhältnis 10 der 13fache Einstellstrom.}$$

Die gleiche Methode ist übrigens auch bei dem unmittelbar beheizten Auslöser nach Abb. 89 anwendbar. Auch hierbei ist die Auslösekurve 3 eingetragen und erhöht um den Betrag $t_e = 0{,}15$ s in der Kurve 4 dargestellt. Der Schnittpunkt dieser Kurve 4 mit der Kurve 1 ergibt eine Kurzschlußfestigkeit in Höhe des 35fachen Grenzstromes. Das ist der gleiche Betrag, den die Kurve 2 für $t_e = 0,15$ s zeigt. Die auf diese Weise für $\ddot{u}_k'$ ermittelten Werte decken sich praktisch mit den durch Versuch am Auslöser festgestellten.

Bei der Betrachtung der Temperaturverhältnisse $\vartheta_{\max} : \vartheta_g$ ist zu beachten, daß bei indirekt beheizten Auslösern dies Verhältnis im allgemeinen etwas größer sein kann als bei direkt beheizten, denn bei indirekt beheizten hat die Heizwicklung nur diesen Zweck, ihre mechanische Festigkeit spielt im allgemeinen keine Rolle. Bei direkt beheizten liegen die Verhältnisse anders. Hier spielt die Festigkeit des Elementes selbst eine Rolle, und aus diesem Grunde muß, um Veränderungen zu verhüten, der Wert $\vartheta_{\max}$ bei gleichem Stoff verhältnismäßig niedriger angenommen werden.

Die gesamte Frage der Eigenkurzschlußfestigkeit gewinnt noch eine besondere Note durch den Umstand, daß sie naturgemäß *für die gesamte Skala* eines Gerätes studiert werden muß. Für die gesamte Skala eines Gerätes bedeutet das, daß das Verhältnis der maximalen Wicklungstemperatur zur normalen Grenztemperatur bzw. bei unmittelbar beheizten Auslöser überhaupt das Verhältnis der maximalen zur normalen Grenztemperatur verschieden ausfällt, denn Einstellbarkeit des Auslösers bedeutet im allgemeinen Wegveränderung und damit Veränderung der Temperaturgrenze bis zum Auslösepunkt. Ist die Überlastungsfähigkeit für den oberen Skalenpunkt 1 $\ddot{u}_1'^2$, dann ist sie für den Skalenpunkt $z$ bei quadratischer Abhängigkeit und Verwendung von Schnellauslösern

$$\ddot{u}_z' = \frac{\ddot{u}_1'}{z}$$

Man könnte zu der Auffassung kommen, daß diese Abhängigkeiten umständlicher Art sein müssen, wenn die Temperaturen sich nicht wie die Quadrate der Stromstärken, sondern im allgemeinen wie deren 1,6. Potenz verhalten. Dem steht aber gegenüber, daß auch die Zeitkonstante hiervon beeinflußt wird. In ihr kommt ebenfalls die schwankende Wärmeableitungsziffer zum Ausdruck. Die Einflüsse bei Temperaturverhältnis und Zeitkonstante heben sich, wie die Rechnung zeigt, auf, so daß die vorstehende Formel unter Berücksichtigung dieses Umstandes gilt [FRANKEN (17)]. Etwas anders liegen die Verhältnisse bei der Eigenkurzschlußfestigkeit, wenn die Eigenschaltzeit $t_e$ eine Rolle spielt. Hier heben sich die beiden Einflüsse naturgemäß nicht auf, da $T$ nicht mit dem Temperaturverhältnis, sondern mit dem Temperaturverhältnis — 1 zu multiplizieren ist. Die Wärmeableitungsziffern verhalten sich wie die vierten Wurzeln aus den Temperaturen. Die Zeitkonstante für den Punkt $z$ ist dann gleich $T_1/z^{0,4}$, wobei $T_1$ diejenige für den Skalenpunkt 1 und $\vartheta_{g1}$ die dabei auftretende Grenzerwärmung ist.

*Mit* Schnellauslöser erhält man nach FRANKEN (17) die vorstehende Abhängigkeit; weiterhin *ohne* Schnellauslöser:

$$\ddot{u}'_z = \ddot{u}'_1 \cdot \sqrt{\dfrac{\dfrac{\vartheta_{max}}{\vartheta_{g1}} \cdot \dfrac{1}{z^2} - \dfrac{1}{z^{0,4}}}{\dfrac{\vartheta_{max}}{\vartheta_{g1}} - 1}}$$

Bei konstanten Wärmeableitungsziffern wird der zweite Summand im Zähler 1.

Durch die zur Aufstellung von Kennlinien-Gleichungen (S. 112) benutzten Werte $t_x$, $t_y$ und $t_z$ ist es also möglich, auch die Kurzschlußfestigkeit von mittelbar beheizten thermischen Relais und Auslösern mit und ohne Schnellauslöser auszudrücken. Die Zusammenhänge sind ähnlich denjenigen für unmittelbar beheizte Relais und Auslöser, wobei außer den Grenztemperaturen und den genannten drei Zeitwerten die Eigenzeiten des gesteuerten Hauptschalters sowie die der etwa verwendeten Schnellauslöser bekannt sein müssen.

Die Kurzschlußfestigkeit eines Auslösers wird auch noch durch infolge der Massenträgheit verlängerte Auslösezeiten (s. S. 61) herabgesetzt. Sie wirkt so, als ob die Eigenzeit $t_e$ des Schaltgerätes verlängert würde. Diese Erscheinung kann gerade bei hohen Überlastungen und dementsprechend kurzen Ansprechzeiten auftreten. Die Eigenkurzschlußfestigkeit der Auslöser und Relais muß bei Motorschaltern mindestens so groß sein, daß die Stillstandsströme der Motoren ohne Schwierigkeiten mit Sicherheit ($+ 25\%$) beherrscht werden, d. h. bei Motoren bis 100 A Nennstrom muß sie bei mindestens zehnmal Nennstrom, über 100 A bei mindestens achtmal Nennstrom liegen (s. S. 229). Sie muß darüber hinaus so hoch liegen, daß bei Überschreitung der zulässigen Maximalbelastung das vorgeschaltete Schutzorgan (Sicherung oder Leistungsschalter mit Schnellauslösung) die Belastung rechtzeitig wegnimmt. Es sei bezüglich der Kurzschlußfestigkeit noch auf die Arbeit von KAŠPAR (1) verwiesen.

Zu beachten ist, daß insbesondere bei ganz kleinen Auslösernennströmen die Widerstände der Wärmeelemente die maximale Stromstärke begrenzen und sie dadurch vielfach kurzschlußfest machen. Beim Einsatz der Werte $\vartheta_{max}$ empfiehlt es sich für Bimetalle, selbst wenn sie ausreichend künstlich gealtert sind, nicht über 500° C zu gehen.

Nach diesen Darlegungen über die rechnungsmäßigen Zusammenhänge entsteht nun die häufig umstrittene Frage, ob man die Geräte zur Erweiterung ihrer Kurzschlußsicherheit mit einem Schnellauslöser versehen soll, d. h. wenn das Schaltvermögen des Gerätes es zuläßt, oder ob man für den Kurzschlußfall durch eine Sicherung vorsorgen soll, wobei, wenn man zum Schnellauslöser greift, es wesentlich interessiert, ob man dann auch jede Sicherung entbehren kann. Diese Zusammenhänge seien deshalb im nächsten Abschnitt (s. unten) noch einmal ohne Rechnung, im Zusammenwirken der Auslösecharakteristiken, behandelt. Zunächst sei aber noch darauf hingewiesen, daß die Eigenkurzschlußfestigkeit thermischer Elemente durch die Anwendung von Sättigungswandlern ganz bedeutend gesteigert werden kann. Die Herabsetzung der die Auslöser durchfließenden Kurzschlußströme und damit die Erhöhung der Eigenkurzschlußfestigkeit in bezug auf die mögliche Kurzschlußstromstärke kann auch durch parallele Sättigungsdrosseln erzielt werden, die bei hohen Stromstärken ihren Widerstand verringern und damit das thermische Element entlasten [H. DIEHL (1)].

### 2.5.11 Das Zusammenwirken von thermischen Elementen, Sicherungen und Schnellauslösern

Diagramme über die Kurzschlußentlastung thermischer Elemente zeigt Abb. 91. In Teilbild a wird die Kennlinie des thermischen Auslösers (1) durch die einer Sicherung (2) im Punkte A geschnitten und der Auslöser bei Strömen oberhalb dieses Punktes durch die Sicherung entlastet. In Teilbild b wird in gleicher Weise ein magnetischer Schnellauslöser (3) mit der Eigenzeit $t_e$ bzw. in Verbindung mit dem Hauptschalter $t_k$ wirksam. Der Schnittpunkt der Kurven A bzw. B muß unterhalb des Stromes liegen, bei dem das thermische Element noch eigenkurzschlußfest ist.

Eine umstrittene Frage ist nun die, ob man die Geräte mit Schnellauslösern (Seite 141) ausrüsten soll oder nicht. Sie kann nur so

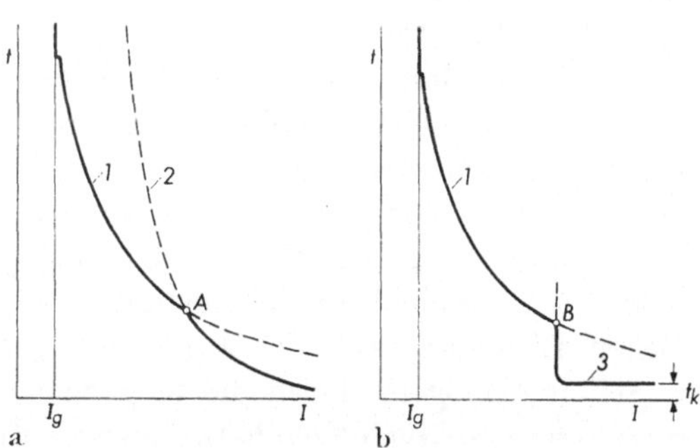


Abb. 91 a u. b. Kurzschlußentlastung eines thermischen Auslösers
a durch Schmelzsicherung; b durch magnetischen Schnellauslöser; 1 Kennlinie des therm. Auslösers, 2 Kennlinie der Sicherung, 3 Kennlinie des Schnellauslösers

beantwortet werden, daß Schnellauslöser bei Schützen (S. 234) kaum in Betracht kommen. Bei Schloßschaltern (s. S. 229) hängt es vom Schaltvermögen ab, inwieweit Schnellauslöser Sinn haben.

Bei Schaltern, die nur das Schaltvermögen eines Motorschalters haben, sind sie zwecklos. Bei Leistungsschaltern sind sie üblich, vorausgesetzt, daß das Kurzschlußschaltvermögen so hoch ist, daß man für einen weiten Anwendungsbereich nicht trotzdem noch entlastende

Zusatzsicherungen braucht. Wird ein Schaltgerät bestimmten Schaltleistungsvermögens so eingebaut, daß der an der Einbaustelle mögliche Kurzschlußstrom kleiner ist als der zulässige, so muß natürlich immer noch das Schutzbedürfnis des Auslösers nachgeprüft werden.

Der Auslöserwiderstand oder der gesamte Widerstand von Auslöser und Netz hat insbesondere bei kleinen Motorströmen oft überraschend zur Folge, daß die Auslöseransprüche automatisch erfüllt sind, weil durch diese Widerstände nur ein begrenzter Kurzschlußstrom möglich ist. Wenn der Auslöserwiderstand allein genügt, dann sind die Geräte unbegrenzt eigenkurzschlußfest. Hinsichtlich des Einflusses auf das Schaltvermögen ist dabei entscheidend, daß bei der Ermittlung des Ausschaltvermögens nach VDE 0660/52 der Geräteeigenwiderstand, also auch der Auslöserwiderstand, unberücksichtigt bleibt [s. FRANKEN (19), S. 341]. Nach Einschaltung des Schaltgerätes, vor allen Dingen der Auslöser, in den Prüfkreis wird also der Kurzschlußstrom geringer sein als der dem Nennausschaltvermögen des Gerätes entsprechende.

### 2.5.11.1 Thermische Elemente und Schnellauslöser

Angenommen, bei der Motorschutzcharakteristik *1* in Abb. 92 ist wegen Erreichen der Eigenkurzschlußfestigkeit im Punkte *B* Entlastung notwendig, die statt einer Sicherung *2* ein Schnellauslöser *3* in der Zeit $t_k$ bringt, dann ist, während bei der Sicherung die Schmelzzeit mit steigendem Strom ständig kleiner wird, die Ansprechzeit des Schnellauslösers und die des zugehörigen Schalters ($t_k$) praktisch konstant, so daß bei einer bestimmten Höhe des Kurzschlußstromes dem thermischen Element wieder zu viel Wärme zugeführt wird. Bei Überschreiten des Punktes *C* ist deshalb unter Umständen wegen der Belastung des thermischen Elementes auf die Dauer von $t_k$ oder wegen Überschreitung des Schaltvermögens durch die möglichen Kurzschlußströme am Einbauort des zugehörigen Schalters eine neue Entlastung durch ein weiteres Schutzmittel notwendig. Hierzu können beispielsweise Sicherungen mit den Charakteristiken *4* oder *5* dienen. Eine Sicherung mit der Kennlinie *6* wäre unzulässig.

Der Punkt, an dem ein Schnellauslöser entlastend auftritt, muß selbstverständlich über den betriebsmäßig auftretenden Stromstößen liegen. Deshalb sind die schon auf S. 141 genannten, in VDE 0660/52, § 34, Tafel 9, angegebenen Werte einzuhalten. Sie erfordern ein Ansprechen zwischen dem Acht- und Sechzehnfachen des Motorstromes. Die Ausnutzung bis zum sechzehnfachen Wert hat eine entsprechende Eigenkurzschlußfestigkeit des thermischen Elementes zur Voraussetzung.

Bei Schleifringläufermotoren käme man natürlich mit niedrigeren Werten aus. Man macht aber mit Rücksicht auf einheitliche Erzeugung von dieser Möglichkeit im allgemeinen keinen Gebrauch. Die Einstellung auf niedrigere Werte hat nur dann Sinn, wenn man den Bedienenden zu einem einigermaßen ordnungsmäßigen Anlaßvorgang zwingen will. Eine Einstellbarkeit zwischen den Werten *8* und *16* wird üblicherweise nicht gefordert. Zu niedrige Werte sind vor allen Dingen bei Drehstrom nicht zweckmäßig, denn die Schnellauslöser müssen nicht nur die Motorstillstandsströme, sondern auch die Ausgleichströme aushalten können ohne anzusprechen.

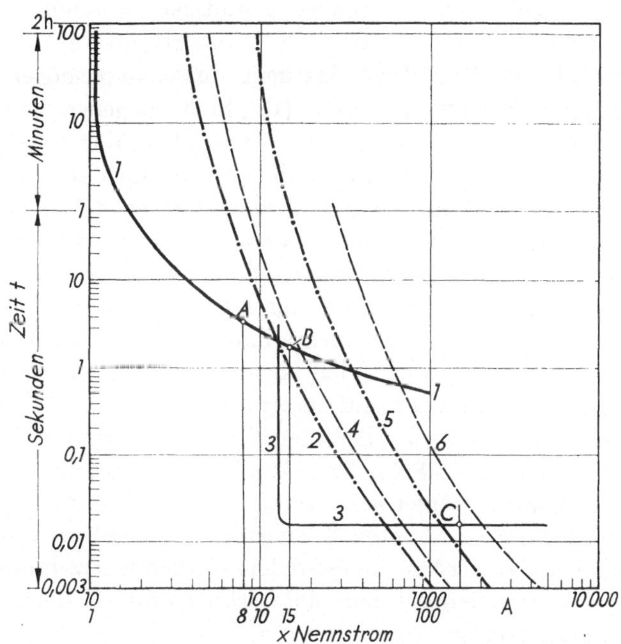


Abb. 92. Thermische Elemente und ihr Verhalten in Verbindung mit Vorschaltsicherung und magnetischem Schnellauslöser

*1* Motorschutz-Kennlinie $I_e = 10A$; *2* desgleichen der höchst-zulässigen NH-Sicherung (25A) mit Rücksicht auf den Auslöser; *3* desgleichen des Schnellauslösers; *4* wegen der Schnellauslöser zulässige Sicherungsverstärkung (35A); *5* desgleichen höchstzulässige; *6* unzulässige Sicherung (100A)

Ströme über den Stillstandswert hinaus können nur bei Isolationsstörungen auftreten. In Anlagen, in denen solche Schäden häufiger möglich sind, ist die Anwendung von Schnellauslösern am Platze. Derartige Anlagen sind aber verhältnismäßig selten und beschränken sich auf gewisse ortsveränderliche. Bei der Verwendung von Schnellauslösern ist erst eine Rücksichtnahme auf die Sicherung notwendig, wenn Ströme auftreten können mit einem höheren Wert als dem Punkt *C*, Abb. 92,

14 Franken, Motorschutz

entspricht. Die Entlastung bei Strömen über $C$ können statt einer Sicherung, wenn es sich nur darum handelt, ein höheres Abschaltvermögen zu entwickeln, auch andere in der Anlage vorgeschaltete Geräte entsprechender Auslösezeit, auf die das Motorschutzelement nicht einwirkt, übernehmen. Sehr häufig ist das sogar schon für den Punkt $B$ der Fall. Geräte mit Schnellauslösern müssen nun zur Bewältigung der Kurzschlußströme bis zur Entlastung durch die starke Sicherung bzw. zum höchst vorkommenden Wert $C$ gebaut sein und deshalb meist Zusatzeinrichtungen, wie Blasmagnete, Löschbleche und dergleichen, enthalten, um solche Schaltleistungen bewältigen zu können, insbesondere müssen sie auch die gesteigerten Kontaktkräfte entwickeln, die notwendig sind, um dem Gerät das dem Ausschaltvermögen entsprechende Einschaltvermögen [FRANKEN (19), S. 26] zu geben. Entlastungsmaßnahmen durch Vorschaltgeräte sind vor allen Dingen bei Anlagen größerer Anschlußwerte notwendig, in denen dann auch kleinere Motoren installiert werden, z. B. in den Eigenbedarfsanlagen von Elektrizitätswerken, wenn große Generatoren und Transformatoren mit den Motoren durch kurze Leitungsstücke verbunden sind. Für die Entlastung oberhalb des Punktes $C$ hilft praktisch nur noch die Abschmelzsicherung. Weitere Geräte mit Schnellauslösern kommen meist nicht in Betracht, jedenfalls keine einfach wirkenden, denn die weiter vorgeschalteten Geräte brauchen mit Rücksicht auf die erforderliche Selektivität zunächst größere Eigenzeiten als die mit den thermischen Auslösern verbundenen. Man muß dann also schon Schnellauslöser haben, deren Eigenzeiten bei höheren Stromstärken stufenweise sinken. Vorschaltgeräte, die wenigstens oberhalb einer bestimmten Stromstärke unverzögert ansprechen, können dazu benutzt werden, bei besonders starken Kurzschlüssen durch gleichzeitiges Ansprechen mit dem Motorschutzgerät die Überschreitung dieses Wertes anzuzeigen.

Die Eigenzeiten derartiger Geräte sind wesentlich durch die Konstruktion bedingt. Schütze (S. 234), deren Rückführkräfte durch die Magnetkräfte begrenzt sind, werden es nicht auf die Werte bringen, die Schloßschalter (S. 229) erreichen können. Aus dem gleichen Grunde kann man Schütze nicht für Leistungsschaltung in diesem Sinne ausbilden, weil sie dann auch hohe Kontaktdruckkräfte haben müßten, um Kurzschlußströme einschaltend zu bewältigen [FRANKEN (19) S. 121].

Die Werte für die Lage des Punktes $B$ liefern die auf S. 199ff aufgestellten Zusammenhänge zwischen $ii'$ und einem bestimmten Verhältnis $\vartheta_{w\,\mathrm{max}}/\vartheta_{bg}$ bei mittelbarer und unmittelbarer Beheizung. Für den Punkt $C$ gelten die gleichen Werte unter Hinzuziehung der Schnellauslöser- und Schaltereigenzeit (Summe $t_k$) und auf der anderen Seite das Ausschaltvermögen des verwandten Hauptstromschaltgerätes, s. S. 227.

### 2.5.11.2 Thermische Elemente und vorgeschaltete Abschmelzsicherungen

Die Vereinigung der beiden Begriffe erscheint auf den ersten Blick hin sonderbar, denn man hat doch gerade die Abschmelzsicherung auf dem Gebiet des Motorschutzes durch die eigentlichen Motorschutzgeräte ersetzt. Trotzdem ist diese Verbindung eine außerordentlich wesentliche und muß regelmäßig in den Kreis der Betrachtungen gezogen werden. Einmal in dem Sinne, daß die irgendwie im weiteren Verlauf des Leitungsnetzes ohnehin vorhandenen Abschmelzsicherungen im Verhältnis zum Motorschutzgerät nicht so bemessen sein dürfen, daß sie im Bereich der betriebsmäßigen Überlastungen zu kürzeren Abschmelzzeiten führen, als der Motorschutzschalter Auslösezeiten aufweist. Weiterhin aber, weil sie sich in Netzen mit hohen Kurzschlußströmen als das einfachste und billigste Mittel zur Beherrschung der ganz selten auftretenden Kurzschlußströme erwiesen haben und nicht zuletzt, weil sie gleichzeitig ohne weitere Zusätze ein Trennelement für durch Motorschutzgeräte geschützte Kreise darstellen, was vor allen Dingen sehr wichtig ist, wenn die Motorschutzgeräte aus Schützen und thermischen Relais bestehen. Daß die Hintereinanderschaltung nennstromgleicher Motorschutzauslöser und Abschmelzsicherungen nicht statthaft ist, ist ohne weiteres klar, denn man hat ja die Sicherungen im wesentlichen auch deshalb durch die Motorschutzschalter ersetzt, weil ihre Überlastungsfähigkeit z. B. gegenüber den Anlaufströmen zeitlich zu eng begrenzt war. Die Hintereinanderschaltung nennstromgleicher Elemente würde also bei höheren Überlastungen regelmäßig zu einem zu frühen Abschalten durch die Sicherung führen, ehe der Motorschutzschalter zum Ansprechen kommt. Die Sicherung muß demnach grundsätzlich eine nennstromstärkere sein. Damit wird die Beziehung zwischen Motorschutzschalter und Vorschaltsicherung im allgemeinen schon auf die nächste Abzweigsicherung verwiesen, also die Sicherung, die an der Hauptverteilung oder an der Abzweigstelle dem Leitungsquerschnitt zugeordnet ist. Diese Überlegung zeigt, wie schwach die Sicherung nicht sein darf, welche Größe sie nicht überschreiten darf, wird durch den etwa notwendigen Schutz des thermischen Elementes oder durch die zu bewältigenden Kurzschlußströme bedingt. Daß die Sicherung in der Lage ist, außerordentlich schwere Kurzschlüsse zu bewältigen, ist bekannt und in erster Linie durch den Umstand bedingt, daß sie nicht mit der Eigenzeit irgendwelcher mit Masse behafteter Elemente zu rechnen hat und die Erwärmungszeiten und Abschmelzzeiten des Schmelzdrahtes unter Umständen nur Bruchteile einer Halbperiode in Anspruch nehmen, die Zeiten mithin so klein sind, daß die kurzschlußartigen Ströme sich gar nicht erst entwickeln können, weil der durch die Selbstinduktivität bedingte Verzug beim Aufbau des Kurzschlußstromes größer ist als die Abschmelzzeit [FRANKEN (19), S. 165]. Sie

**14***

ist also das Gerät, das in der Lage ist, große Schaltleistungen auf dem kleinsten Raum zu bewältigen und dabei betriebssicher und billig ist. Bei der Sicherungsauswahl sollte die Hochleistungs-(NH-) Sicherung bevorzugt werden.

In dieser Zusammenfassung von Motorschutzschalter und Abschmelzsicherung ist die Sicherung ihrer früheren Nachteile vollständig entkleidet, denn ihr Nennstrom ist grundsätzlich höher als der Einstellstrom des Motorschutzauslösers. Die Betriebstemperaturen sind infolgedessen bescheiden, über zu geringe Trägheit kann man nicht mehr klagen, denn bei den Belastungen, bei denen sie nun ansprechen soll, ist die kürzeste Zeit gerade gut genug. Bei Belastungen, wie sie betriebsmäßig vorkommen können, einschließlich der Anlaufströme tritt sie überhaupt nicht in Tätigkeit. Der Grenzstrom der Sicherung kommt fast an den Stillstandsstrom des Elektromotors heran. Hat man sich einmal dazu entschlossen, den Kurzschlußschutz den Abschmelzsicherungen zuzuweisen, dann hat es auch keinen Zweck, das Eigenschaltleistungsvermögen der Geräte nennenswert über die Stillstandsströme der Motoren hinaus zu steigern. Auf der anderen Seite soll man naturgemäß mit dieser Grenze nicht zu nahe an die Motorströme herangehen.

Die Kosten des Ersatzes einer Sicherung fallen hier nicht mehr ins Gewicht, denn die Sicherung spricht ja nun nur noch dann an, wenn ein ausgesprochener Isolationsschaden entstanden ist, also außerordentlich selten und in Fällen, in denen das Wiedereinlegen eines Schalters allein gar keinen Zweck hätte, denn zunächst muß der Isolationsschaden behoben werden.

Bei der Bemessung der Sicherungen darf man nun nicht nur darauf Rücksicht nehmen, daß das Gerät in Verbindung mit der Sicherung in der Lage ist, auch schwere und schwerste Kurzschlüsse abzuschalten. Man muß auch darauf achten, daß die Ströme, bei denen der thermische Auslöser nicht mehr eigenkurzschlußfest ist, in den Schutzbereich der Sicherung einbezogen sind. Bei direkter Beheizung und genügend großem Unterschied zwischen Betriebs- und Schmelztemperatur der Auslöserelemente sind die thermischen Auslöser in der Lage, auch noch verhältnismäßig große Ströme im Rahmen der durch die Auslöser bedingten Eigenzeit auszuhalten. Bei mittelbar beheizten Auslösern liegt die Grenze schon bedeutend tiefer. Der niedrigste zugelassene Grenzwert ist dadurch gegeben, daß er wohl 25% über den in VDE 0660/52, Tafel 23, angegebenen Motorstillstandsströmen liegen sollte. Das ergibt, daß bei Käfigläufermotoren und Motornennstromstärken bis 100 A das thermische Element ohne irgendwelche Unterstützungen durch Schnellauslöser, Sicherungen und dergleichen bis zum zehnfachen Nennstrom im Rahmen seiner Eigenzeit kurzschlußfest sein muß, bei Strömen über

100 A bis zu achtmal Nennstrom. Die vorzuschaltenden Sicherungen sind also so auszulegen, daß sie bei Strömen, die die Eigenkurzschlußfestigkeit des Auslösers bzw. die Abschaltfähigkeit des Schalters überschreiten, zum Ansprechen kommen, daß sie andererseits aber im Rahmen der Motoranlaufströme in keiner Weise gefährdet werden. Die Charakteristik der nennstromstärksten Sicherung (2), die zugelassen wird, schneidet die Auslösekurve des Motorschutzgerätes spätestens im Punkte *B*, d. h. bei der Stromstärke, bei der die Eigenkurzschlußfestigkeit des thermischen Auslösers aufhört bzw. bei zusätzlicher Verwendung von Schnellauslösern im Punkte *C* (Sicherungskennlinie 5) die Schaltleistungsgrenze des Gerätes erreicht ist, s. Abb. 92. Oberhalb der Schnittpunkte wird die Sicherung immer zu kürzeren Abschaltzeiten führen als die des Motorschutzschalters.

Der Anwendung von Sicherungen solcher Größe bezogen auf den für den Motorstrom erforderlichen Leitungsquerschnitt standen lange Zeit die einschlägigen VDE-Vorschriften über die Zuordnung von Leitungsquerschnitt und Sicherung entgegen. Die zulässige Sicherungsnennstromstärke einer bestimmten Leitung lag sogar niedriger als der zugelassene Dauerstrom. Sollte die Sicherung höhere Anlaufströme bzw. -zeiten gestatten, dann mußte sie nennstromstärker sein und hätte einen übersetzten Leitungsquerschnitt verlangt. Die Übung der Praxis ging schon früh dahin, den am Ende der Leitung liegenden Motorschutzschaltern die Kontrolle der Dauerbelastung der Leitung und der am Anfang liegenden Sicherung lediglich den Kurzschlußschutz zu übertragen. Die *VDE-Vorschriften standen dem entgegen.* Verbesserungsvorschläge wurden gemacht [FRANKEN (11); KOCH, H.] und vorgeschlagen, für Leitungen, in deren Zuge Motorschutzschalter liegen, grundsätzlich stärkere Sicherungen zuzulassen. In den amerikanischen Vorschriften fanden sich derartige Werte nach Motorarten abgestuft. Für die Abstufung war kein Bedürfnis vorhanden. Entweder mutet man der Leitung derartiges zu oder nicht. Unter dem Einfluß des Krieges kamen dann weitergehende Auffassungen zum Durchbruch. Man beschränkte die Änderungen nicht auf Leitungen mit Motorschutzschaltern, sondern trennte ganz allgemein *Kurzschluß-* und *Überlastungsschutz.* Unter gewissen Bedingungen braucht das Schutzorgan, das den Überlastschutz durchzuführen hat, nicht am Anfang der Leitungen zu liegen. Hier wird nur die Sicherung für den Kurzschlußschutz gefordert, s. VDE 0100/11.58 § 20 A.

Die Regel lautet heute so, daß eine Abzweigsicherung an der Verjüngungsstelle entfallen kann, wenn der Querschnitt durch nachgeschaltete Stromsicherungen geschützt ist und eine im Leitungszug liegende Vorschaltsicherung höchstens drei Sicherungsstufen stärker ist als für den verjüngten Querschnitt gefordert wird. Grundsätzlich kann also auch jeder Leitung, die in ihrem Zug gegen Überlast geschützt ist, am Anfang die drei Stufen stärkere Stromsicherung vorgeschaltet werden. Sind an einer Abzweigleitung mehrere Kreise anzuschließen, z. B. eine Verteilungstafel, dann geht man von der Summe der Einzelsicherungsnennwerte für den Überlastungsschutz aus. Es muß vor allem dafür gesorgt werden, daß der auftretende Kurzschlußstrom die starke Sicherung zum Abschmelzen bringt. Die hierfür jetzt maßgebende Vorschrift lautet, daß an der Einbaustelle der vorgeschalteten Stromsicherung bei Kurzschluß zwischen zwei Leitungen mindestens ihr 15facher Nennstrom zum Fließen kommt und daß weiterhin der Spannungsabfall in der Leiterschleife bei Nennstrom der vorgeschalteten Stromsicherung nicht über 3,5% der Betriebsspannung liegt. Nimmt man roh an, daß die vorgeschaltete Sicherung zweifach überdimensioniert ist, dann entspricht das einem Spannungsabfall von maximal etwa 1,8% bei Nennstrom des Überlastschutzes. Diese beiden Bedingungen sind in industriellen Anlagen heute fast immer restlos erfüllt, dagegen nicht immer in Anlagen des Kleingewerbes und vor allen Dingen in der Landwirtschaft beim Vorhandensein langer Stichleitungen. Es wäre natürlich möglich, diese beiden Grenzen gegeneinander etwas zu verschieben, d. h. beim einen mehr und beim anderen weniger zuzulassen. Für die praktische Handhabung dürfte aber die scharfe Zweiteilung angenehmer sein. Bei Werkzeugmaschinen soll die Hauptsicherung nach VDE 0113 nicht in der Maschine, sondern am Anfang der Zuleitung liegen, wobei ein Überlastschutz innerhalb der Maschine nicht gefordert wird.

Bezüglich des Verhältnisses zwischen Motorschutzschaltern und Sicherungen empfiehlt DENK (1) die Begriffe *Überstromselektivität* und *Kurzschlußselektivität*. Unter ersterem wird verstanden, daß die Auswahl so getroffen sein muß, daß im Rahmen der Überströme unbedingt das Schutzgerät und nicht die vorgeschaltete Sicherung anspricht, unter *Kurzschlußselektivität*, daß die Kurzschlußleistung spätestens sobald die Grenzleistung des Schalters erreicht ist, von der Sicherung und nicht vom Schalter beherrscht wird. Über *Selektivität zwischen Motorschutzschalter und Sicherung* berichtet auch SCHACHTNER.

Man kann auch mehrere Motorschutzgeräte durch eine *gemeinsame Sicherung* schützen, s. Abb. 93. Wieweit das im Einzelfall zweckmäßig ist, muß von Fall zu Fall geprüft werden. Arbeiten mehrere Motoren in Abhängigkeit voneinander, so ist es meist doch notwendig im Falle, daß an einem Motor eine Störung vorhanden ist, auch die einwandfrei laufenden abzuschalten. Man spart dann oft schwer lösbare Verriegelungsvorgänge. Selbstverständlich darf eine solche gemeinsame Sicherung nur so stark sein, daß sie auch das Auslöseelement eines einzelnen Motors noch gegen Kurzschlußbeschädigung schützt. Durch diese Forderung ist eine Grenze gegeben.

Wenn einem thermischen Element eine zu starke Sicherung vorgeschaltet ist, die nicht in der Lage ist, es beim Überschreiten seiner Eigenkurzschlußfestigkeit in jedem Fall zu schützen, z. B. nur eine Sicherung mit den Charakteristiken *4* oder *5* in Abb. 92 und nicht *2*, so ist die Frage der Schutzwirkung von der Höhe der Überlastung abhängig. Rechts von dem zum Punkt *B* in Abb. 92 gehörigen Schnittpunkt verträgt das thermische Element im allgemeinen nur noch eine Belastung, die bezüglich des Wertes $ü^2t$, einschließlich etwaiger Eigenzeiten $t_k$, nicht größer ist als diejenige im Punkte *B*. Sobald die Charakteristik *1* von derjenigen der stärkeren Sicherung geschnitten wird, ist die Möglichkeit gegeben, daß die Sicherung rechtzeitig abschmilzt, also das Relais schützt. In dem Bereich zwischen diesem Schnittpunkt und dem Punkt *B* muß jedoch

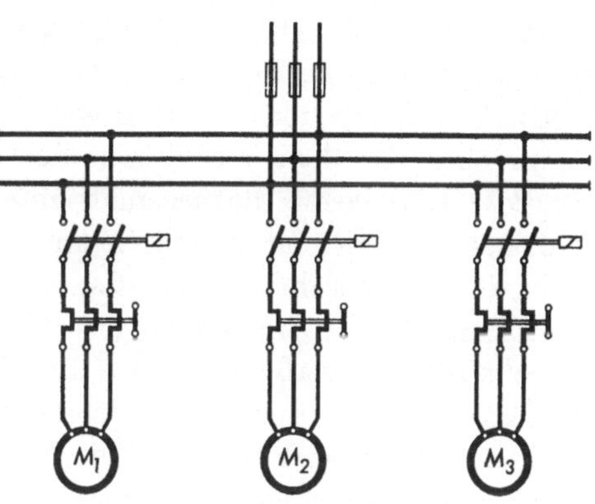

Abb. 93. Motorschutzgeräte mit gemeinsamer Kurzschlußschutzsicherung

in jedem Fall der Auslöser Schaden leiden. Oberhalb des Schnittpunktes mit *4* bliebe er bei einem Kurzschluß unter Umständen heil. Was bei einer zu starken Sicherung geschieht ist demnach nicht ohne weiteres klar. Bei sehr hohen Kurzschlußstromstärken kann es also vorkommen, daß das thermische Element trotz der zu starken Sicherung wieder geschützt wird. Inwieweit das der Fall ist, hängt von seinem Aufbau ab. Auf ausführliche Darstellung dieser Zusammenhänge wird verzichtet, weil die Teilkenntnis wenig Wert hat. Die Tatsache ist nur deshalb wichtig, weil aus einem guten Verhalten bei hohen Kurzschlußströmen und einer Sicherung, die stärker ist als nach den Herstellerangaben zulässig, oft fälschlicherweise geschlossen wird, daß auch eine derartige den Schutz grundsätzlich durchführen kann.

Der Gedanke liegt nahe, die Beziehungen zwischen Sicherungen und Auslösern zahlenmäßig durch Aufstellung zweier Gleichungen festzustellen, die es dann erlauben, für den gewünschten Schnittpunkt der beiden Charakteristiken die Sicherungsgröße zu ermitteln. Ein derartiges Vorgehen ist jedoch praktisch nicht möglich. Einer der Gründe ist die Tatsache, daß es sich bei den Sicherungen nicht um eine kontinuierliche Reihe handelt. Die sprunghaften Änderungen würden also immer wieder in die rechnerischen Beziehungen eingehen. Auch stoßen die rechnerischen Vergleiche schon deshalb auf gewisse Schwierigkeiten, weil sich die Angaben weitgehend auf den Belastungsstrom im Verhältnis zum Grenzstrom beziehen müßten und gerade der Grenzstrom bei den Sicherungen nicht genau feststeht. An sich finden sich im Schrifttum Angaben über die Beziehungen zwischen Überstrom und Schmelzzeit, siehe z. B. JOHANN. Unter diesen Umständen bleibt wohl nichts anderes übrig, als die Beziehungen zwischen Sicherungs- und Motorschutz-Charakteristiken durch Vergleich der Kennlinien graphisch festzustellen. Zur Durchführung dieser Abstimmung trägt man in die Auslösekennlinie die Grenze der Eigenkurzschlußfestigkeit und den höchsten vom zugehörigen Schaltgerät leistungsmäßig zu bewältigenden Strom ein. Vor dem niedrigsten der beiden Punkte muß die Sicherungskennlinie liegen, naturgemäß unter Berücksichtigung ihres Streubereiches. Das gleiche Verfahren tritt auch ein, wenn das Schutzgerät außer den thermischen Elementen Schnellauslöser besitzt. Es ist dann die Eigenkurzschlußfestigkeit des Gerätes, in Verbindung mit den Schnellauslösern, maßgebend. Auf diese Weise bestimmt man die stärkste zuzulassende Sicherung, unter Umständen getrennt nach unverzögerten und trägen Schmelzeinsätzen. Die VDE-Regeln geben einen gewissen Streubereich für die Sicherungen an. Für die NH-Sicherungen jetzt nach einem Neuentwurf zu VDE 0660 bis zum 20fachen Sicherungsnennstrom. Diese Streubereiche sind nicht gerade klein. Die einschlägige Industrie ist aber schon seit langem bemüht, sie immer wieder zu verkleinern.

Die Sicherung einer bestimmten Nennstromstärke bedingt aber nun auch einen nicht zu unterschreitenden Leitungsquerschnitt, wenigstens bezüglich des Kurzschlußverhaltens, und nicht zuletzt ein Sicherungselement einer gewissen Mindestgröße. Beide Umstände zwingen oft dazu, nicht zu sehr nach der höchstzulässigen als nach der *kleinsten, noch brauchbaren Sicherungsnennstromstärke* zu suchen. Diese kleinste Sicherungsnennstromstärke ist — wie schon gesagt — durch die Forderung bestimmt, daß die Sicherung durch die Motoranlaufströme nicht zum Ansprechen kommen darf. Dafür ist nicht die Anlaßzeit maßgebend, sondern die Auslösezeit des thermischen Schutzelementes, damit die Sicherung in keinem Fall, auch nicht bei nur gelegentlicher Überbeanspruchung des Motors, zum Abschmelzen kommt. Der Schnittpunkt ihrer Kennlinie mit der Kennlinie 1, Abb. 92 des thermischen Elementes, darf keinesfalls unterhalb $A$, dem Wert für den vom festgebremsten Motor aufgenommenen Strom liegen. Bei einer Auslöserreihe gleichbleibender Zeitkonstante wird mit steigender Motorstromstärke die kleinstzulässige Sicherung relativ schwächer, weil ihre Zeitkonstante mit der Nennstromstärke etwas ansteigt.

Eine nicht leicht abschließend zu beantwortende Frage ist die, ob die Sicherung jenseits des Gefahrenpunktes für Auslöser und Relais grundsätzlich mit einem kleineren $I^2 t$ arbeitet als das Relais es zuläßt. Ihr Wert $I^2 t$ bleibt jenseits des Gefahrenpunktes konstant bzw. er nähert sich sogar noch einem festen, vielleicht niedriger liegenden Grenzwert. Bei Auslösern kann das bei rein unmittelbarer Beheizung auch der Fall sein, soweit der Auslöser allein in Betracht kommt. Für den Auslöser in Verbindung mit dem Schaltgerät wird aber die Kurve durch die Eigenzeit des Gerätes, die mit steigendem Strom bei konstanter Zusatzzeit steigende Zuschläge zum Wärmebedarf zur Folge hat, derart beeinflußt, daß sie ebenfalls mit dem Strom ansteigt, s. Abb. 94. Bei Aufstellung dieser Abbildung wurde eine konstante Eigenzeit des Schaltgerätes von nur 10 ms angenommen. Auslöser mit mittelbarer Beheizung haben ähnliche charakteristische Kurven schon ohne Einbeziehung der Eigenzeit, s. Abb. 95, Kurve *1*. Bedenken kann man bei beschwerten Auslösern haben, bei denen einige Vorsicht am Platze ist. Aber auch bei ihnen dürfte im Schnittpunkt

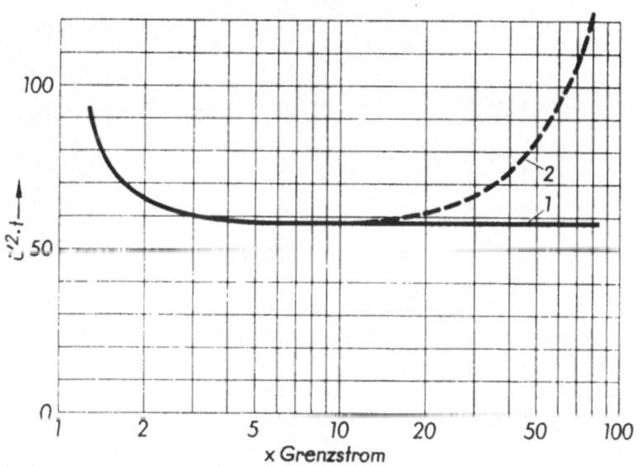


Abb. 94. Beeinflussung von $u'^2 \cdot t$ durch die Eigenzeit ($t_e$ bzw. $t_k$) des Schaltgerätes
*1* ohne Einfluß der Eigenzeit; *2* mit Einfluß der Eigenzeit (10 ms)

der beiden Kurven der Einfluß der Beschwerung praktisch verschwunden sein und $I^2 t$ nicht mehr weiter fallen. Es wird aber auch hier durch die Eigenzeit im wieder steigenden Sinne beeinflußt. Aus den gleichen Erwägungen heraus wird man im allgemeinen auch annehmen können, daß die Sicherung in der Lage ist, die Auslöser bei höheren Strömen als dem Schnittpunkt der beiden Kurven entspricht, vor thermischer Zerstörung zu bewahren. Das setzt naturgemäß voraus, daß die Auslöser bei höheren Strömen wenigstens die gleiche Wärmemenge vertragen wie im Schnittpunkt der beiden Kurven. Diese Forderung braucht insbesondere bei mittelbarer Beheizung nicht immer erfüllt zu sein. In Grenzfällen muß dieser Punkt genauer untersucht werden. Die Schutzwirkung der verschiedenen Elemente ist nochmals aus Abb. 95 zu ersehen, und zwar gibt sie die Wärmemenge, die bei Überströmen noch durchgelassen wird, an. In ihr sind *1* und *2* die Auslösekennlinien thermischer Elemente, *3* diejenige der Sicherung, *4* des Schnellauslösers. In den Schnittpunkten *A* entlastet die Sicherung die thermischen Elemente in den Punkten *B* der Schnellauslöser. Oberhalb des Punktes *C* ist der Schutzwert der Sicherung größer als der des Schnellauslösers.

Die Sicherung hat gegenüber dem Leistungsschalter den Nachteil, daß sie im Störungsfalle nicht grundsätzlich allpolig abschaltet und damit Einphasenlauf ermöglicht. Dieser Umstand, sowie der Vorteil un-

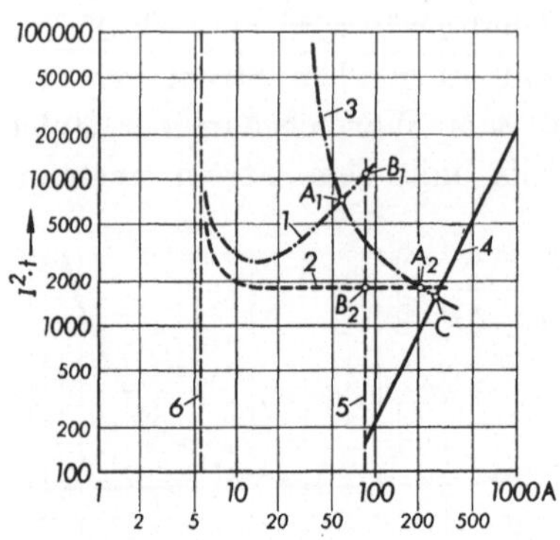

Abb. 95. $I^2 \cdot t$ von thermischen Auslösern, Sicherungen und Schnellauslösern
*1* mittelbar beheiztes Wärmeelement; *2* unmittelbar beheiztes Wärmeelement; *3* Sicherung mit verzögerter Abschaltung 15 A; *4* Schnellauslöser; *A* Entlastungspunkte durch Sicherung; *B* durch Schnellauslöser bei Ansprechgrenze 5; *6* Motornennstrom (5,5 A)

mittelbarer Wiedereinschaltbereitschaft nach Beheben der Störung bei Leistungsschaltern, wie weiterhin die Möglichkeit gefahrlosen Ein- und Abschaltens unter anomalen Lastbedingungen und die zwangsläufig richtige Zuordnung von Überlast- und Kurzschlußcharakteristik haben in den letzten Jahren zur Folge gehabt, daß Motorleistungsschalter bzw. Leistungsschalter als Vorschaltgeräte einfacher Motorschutzschalter in stärkerem Umfange eingesetzt werden [WIERNY]. Wird aber von der Einrichtung eine hohe Lebensdauer auch bei einer höheren Schalthäufigkeit verlangt, so erweist sich die Kombination von Sicherung und Motorschutzelement mit einem Schütz hoher Lebensdauer besonders

wirtschaftlich gegenüber dem Versuch einen Leistungsselbstschalter für höhere Schalthäufigkeit geeignet zu machen. Im übrigen sollten die zulässigen Nennströme der Sicherungen auf dem Skalenschild der Schutzschalter vermerkt sein.

## 2.6 Anwendung in Sonderfällen

### 2.6.1 Motorschutz bei schwer anlaufenden Maschinen

Wenn auch im allgemeinen die verhältnismäßig geringe Zeitkonstante der handelsüblichen Motorschutzschalter noch ausreicht, um eine Abschaltung während des Anlaufvorganges zu verhüten, so gibt es doch immer wieder Motoranlagen, bei denen diese Voraussetzung nicht zutrifft. Hierzu gehören beispielsweise Zentrifugen, auch Ventilatoren verhältnismäßig großen Durchmessers und hoher Drehzahl und eine Anzahl anderer Maschinen, meist mit großem Schwungmoment. Wenn festgestellt worden ist, daß (s. S. 167) das Relais vorzeitig abschaltet, dann ist der erste Weg die *Höhereinstellung* des betreffenden Gerätes s. S. 187), eine Methode, die in diesem Falle verhältnismäßig gefährlich ist, weil sie voraussetzt, daß das Arbeitsprogramm der Arbeitsmaschine ein durchaus festliegendes ist und nicht etwa Dauerlauf folgt. Wenn man diese Voraussetzung machen kann, dann ist es nötig zu untersuchen, ob die

Höhereinstellung zu gefährlichen Übertemperaturen führen kann oder
nicht. Sobald aber Laufzeiten, Schalthäufigkeiten und vielleicht Belastungen nicht genau festliegen, führt dieser Weg zu Schwierigkeiten.
Leider wird diese Methode von den Betriebselektrikern häufig ohne
weitere Überlegung in beliebigem Ausmaß angewandt, obwohl damit
der Überlastschutz bei etwaiger längerer Laufzeit vollständig verschwindet.

Außerdem gibt es noch zwei Möglichkeiten. Erstens kann man den
Motor nur während des Betriebs, aber nicht beim Anlauf, und zweitens
in beiden Fällen durch getrennte Elemente schützen. Die Motorschutz-
anordnung für den ersten Fall besteht darin, dem Motor ein Relais vorzuschalten, dessen Einstellstrom gleich Motornennstrom ist, das aber — um eine vorzeitige Auslösung beim Anlauf zu verhindern — während der An-

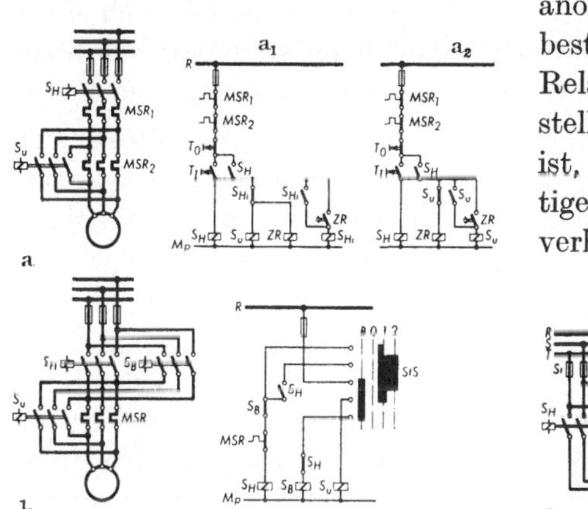
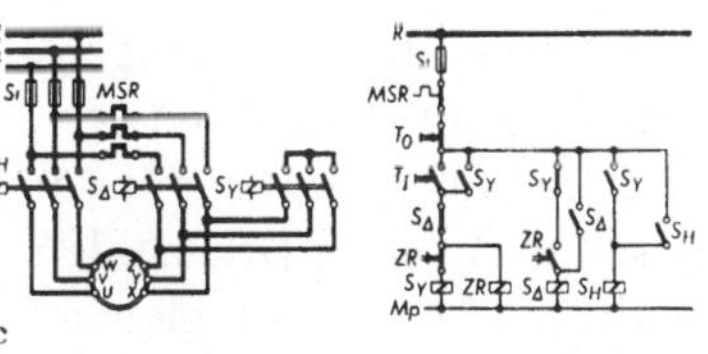

Abb. 96 a – c. Anlauf bei überbrücktem Motorschutzrelais
a 2 Relais verschiedener Grenzströme; $a_1$ $S_{\ddot{u}}$ normales Schließschütz, $a_2$ $S_{\ddot{u}}$ hat unerregt
geschlossene Hauptstromkontaktglieder; b Überbrückung bei Anlauf und Bremsung;
c Relais bei Stern-Dreieck-Anlauf nur in der Dreieckschaltung wirksam

| | | | | |
|---|---|---|---|---|
| $Si$ | = Sicherung | $S_B$ | = Bremsschütz | $MSR$ = Motorschutzrelais |
| $S_H$ | = Hauptschütz | $StS$ | = Steuerschalter | $S\gamma$ = Sternschütz |
| $S_{Hi}$ | = Hilfsschütz | $T_0$ | = Austaster | $S\triangle$ = Dreieckschütz |
| $S_{\ddot{u}}$ | = Überbrückungsschütz | $T_I$ | = Eintaster | $ZR$ = Zeitrelais |

laufperiode überbrückt wird [s. a. Rothenbach]. Natürlich ist dann
wenigstens ein Kurzschlußschutzmittel, Sicherung oder vorgeschalteter
Hauptschalter mit Auslöseorganen, erforderlich. Als Beispiel zeigt
Abb. 96b den Schaltplan eines Antriebs mit Gegenstrombremsung.
Sowohl beim Anlauf auf Walzenschalterstellung „1" wie auch bei der
Bremsung auf Stellung „B" wird das Zusatzschütz „$S_{\ddot{u}}$" erregt, das
seinerseits das Schutzrelais $MSR$ kurzschließt. Erst beim Übergang
in die Betriebsstellung „2" wird dieses Schütz wieder abgeschaltet und
das Relais dem Motor vorgeschaltet. Gerade beim *Bremsen* treten
unter Umständen sehr hohe Ströme auf, deshalb wird das Relais hier
während der ganzen Einschaltzeit kurzgeschlossen. Damit der Walzenschalter auf dieser Stellung nicht stehenbleiben kann, ist in der Brems-

stellung üblicherweise eine Rückzugfeder wirksam, so daß kurz vor Erreichen des Stillstandes die Gegenstrombremsung aufgehoben wird, indem der Steuerschalter beim Loslassen in seine Grundstellung zurückspringt.

Die zweite Lösungsmöglichkeit durch Anwendung zweier verschiedener Relais und zeitweiser Überbrückung des auf Nennstrom eingestellten zeigt das Teilbild a. Es ist hier ein Relais *MSR 1* vorhanden, dessen Einstellstrom über dem Nennstrom des Motors liegt, und ein weiteres Relais *MSR 2*, dessen Einstellstrom gleich dem Motornennstrom ist. Das letztere ist zunächst kurzgeschlossen. Der Kurzschluß wird unter Zuhilfenahme des Schützes $S_{ü}$ und des Zeitrelais $ZR$ nach einiger Zeit aufgehoben. Bei Stern-Dreieck-Anlauf kann sogar auf das besondere Überbrückungsschütz verzichtet werden, wenn man nach Teilbild c ein auf den Motornennstrom dividiert durch $\sqrt{3}$ eingestelltes Schutzrelais in die Motorleitungen legt, die erst bei Dreieckschaltung Strom erhalten (WAHL). Es ist dann zweckmäßig, ein weiteres höher als auf Motornennstrom eingestelltes Relais in die Netzzuleitungen zu legen, das auch schon beim Sternanlauf stromdurchflossen ist.

Die angeführten Lösungen sind keine Ideallösungen, aber haben sich in der Praxis bewährt und erlauben in sehr vielen Fällen die Verwendung normaler Motorschutzgeräte auch bei Antrieben mit größeren Schwungmassen und hohen Drehzahlen. Die bei Wendebetrieb oft durchgeführte Anordnung von zwei gleichen Relais, je eins für jede Drehrichtung [s. DEISSLER (2)], hat keinen besonders hohen Schutzwert im Gefolge. im allgemeinen ist die *Höhereinstellung* nach S. 187 vorteilhafter, wenn auch nicht ideal.

### 2.6.2 Motorschutzgeräte als Maschinen- und Werkzeugschutz sowie für andere Stromverbraucher als Motoren

Genausogut wie der Motorschutzschalter in der Lage ist, einen Motor gegen Überlastungen zu schützen, d. h. gegen die Wärmeauswirkungen dieser Überlastungen, so ist er auch in der Lage, mechanische Dauerüberbeanspruchungen der Maschinen zu verhindern. Es wird aber sehr häufig noch die weitergehende Aufgabe gestellt, auch die augenblicklichen Belastungen über einen bestimmten Punkt hinaus zu begrenzen. Bei zahlreichen Maschinen wird hiervon Gebrauch gemacht. Viele Maschinen fahren z. B. mit geradlinig bewegten Teilen in eine Endlage. Die Endlage ist wegmäßig schlecht zu erfassen, so daß die Anbringung von Endlagenschaltern nur sehr schwer durchführbar ist, aber an der auftretenden hohen Stromstärke kann man gut ermessen, ob die Endlage erreicht ist. So z. B. werden Ballenpressen, je nachdem wieviel Material in die Presse gelegt wurde, ihre Drucksteigerung immer an einem anderen Bahnpunkt erreichen. Diese Druckverstärkung und die damit verbundenen Stromerhöhungen werden zum Abschalten benutzt. Meistens üblich ist hier die Verwendung von Schnellauslösern. Bei diesen hat man aber bei Verwendung von Kurzschlußläufermotoren die Sorge, daß sie während des Anlaufs unschädlich gemacht werden müssen. Die Verwendung von Motorschutzschaltern für diesen Zweck erlaubt ohne derartige Zusatzeinrichtungen zu arbeiten, vorausgesetzt, daß Motor und Maschine die durch die Auslösekennlinie des Motorschutzgerätes bedingte zusätzliche Belastungszeit aushalten können.

Bei Wechsel- und Drehstrommagneten, z. B. Bremslüftmagneten, ist eine Überlastung leicht möglich, wenn der Magnet klemmt also mit größerem Luftspalt stehenbleibt oder z. B. ein Drehstrommagnet durch Wegbleiben einer Phase gar nicht anziehen kann. Bei einem 3-Phasen-Magneten beträgt der Einschaltstrom bei Ausfall einer Phase etwa 85 % des dreiphasigen. Der Haltestrom sinkt beim entlasteten Magneten auf etwa 80%, beim belasteten steigt er z. B. auf 125%. Bei einem Motorschutzrelais mit einem Einstellstrom $= \sim 0{,}2$ mal Magneteinschaltstrom trat bei einer Relaiszeitkonstante von etwa 60 s auch bei 120 $S/h$ keine Auslösung ein, wohl aber bei drei Schaltungen in einem Abstand von 10 s. Solche Auslöser und Relais können also den Magneten gegen Überlastung bei einphasigem Einschalten und Nichtanziehen schützen, nicht aber gegen geringe Steigerungen des Haltestromes.

### 2.6.3 Schutz gegen Bedienungsfehler bei Motoranlaßgeräten

Diese Frage hat ganz erheblich an Bedeutung verloren. Früher war es mit Rücksicht auf die Netzbelastung und Vermeidung zu hoher Anlaufspitzen wichtig, daß der Schalt- und Anlaßvorgang ganz genau programmäßig vonstatten ging, zu schnelles Schalten beispielsweise eines Läuferanlassers hatte zu hohe Stromspitzen zur Folge. Eine ungefähr der Nennleistung angepaßte Abschmelzsicherung konnte abschmelzen. Das einzige Mittel, das hiergegen — abgesehen von der Anwendung von Selbstanlassern — einigermaßen wirksam ist, ist die Ausrüstung der Anlaßgeräte — insbesondere der Motorschutzgeräte — mit entsprechend eingestellten Schnellauslösern (s. S. 141), die dann zum Ansprechen kommen, wenn man zu schnell anläßt. Der Bedienungsmann wird das bald merken und seine Arbeitsmethode diesen Erfordernissen anpassen. Da die Netze heute verhältnismäßig stabil sind und starke Kurzschlußsicherungen vor dem Motorschutzschalter zugelassen sind (s. S. 213), spielt diese Art des Schutzes keine nennenswerte Rolle mehr. — Anders ist es jedoch mit den Methoden zur Erzwingung eines normalen Anlaßvorganges überhaupt, d. h. zur Erzwingung des Rückdrehens des Läuferanlassers vor Einschaltung, denn wenn das nicht geschieht, dann treten zwar auch sehr hohe Stromspitzen auf, aber — was noch wesentlicher ist — das Anzugsdrehmoment des Motors geht auf ganz geringe Werte zurück. Auch gibt es Arbeitsmaschinen, die das plötzliche Auftreten hoher Anlaßdrehmomente gar nicht vertragen können, die also z. B. nicht zulassen, einen normalerweise in Stern-Dreieck-Schaltung anlaufenden Motor unmittelbar in Dreieckschaltung einzuschalten, um dann mit dem dreifachen Drehmoment zu beginnen. In all diesen Fällen kann man den Motorschutzschalter vorzüglich zur Verriegelung verwenden, allerdings eignen sich hierfür nur Motorschutzschalter zusammengebaut aus Schütz und thermischen Relais (s. S. 234). Die Anlaßgeräte erhalten auf einer Vorstufe oder auf der ersten Anlaßstellung einen Hilfsschalter, der selbst die Einschaltung vornimmt oder erst seinerseits erlaubt, den Schaltmagneten des Motorschutzschalters zu erregen [Franken (19) S. 263]. Gleiche Verriegelungen lassen sich an der Bürstenabhebevorrichtung anbringen, so daß der Anlauf nur bei aufliegenden Bürsten möglich ist. Schwieriger ist die Wiederabschaltung für den Fall, daß das Abheben der Bürsten vergessen wird, dann muß man besondere Zeitelemente vorsehen, die den Schutzschalter wieder zur Auslösung bringen.

### 2.6.4 Der Schutz von Motoren mit Sterndreieckschaltern, Polumschaltern und dergl.

Bei Motoren, die betriebsmäßig in Dreieckschaltung laufen sollen und mit *Stern-Dreieck-Schaltern* angelassen werden, ist der Wicklungsquerschnitt, der in der Sternschaltung den dem Netz entnommenen Strom zu führen hat, kleiner als in der betriebsmäßigen Dreieckschaltung. Daraus geht hervor, daß diese Motoren in der Sternschaltung eines anders eingestellten Auslösers bedürfen als in der Dreieckschaltung. Die Lösung ist in der Richtung gesucht worden, daß man die Motorschutzauslöser nicht in die Netzleitungen legte, sondern mit den Wicklungen zusammen in Stern- bzw. Dreieck umschaltete [Franken (10)]. Dann werden die Motorschutzauslöser in der Sternstellung unmittelbar vom Netzstrom durchflossen und in der Dreieckstellung nur von einem Teilstrom, der aber identisch ist mit demjenigen, der auch den Wicklungsquerschnitt durchsetzt. Das hat zur Folge, daß der Einstellstrom dieser Auslöser entsprechend dem Motornennstrom geteilt durch $\sqrt{3} = 0{,}58 \cdot$ Motornennstrom sein muß, s. Abb. 97, die den Einsatz von Schutzrelais bei einem Walzen-Stern-Dreieck-Schalter mit Schütz darstellt. Sollte der Stern-Dreieck-Schalter in der Sternstellung stehenbleiben, so würde anderenfalls der Motor ungeschützt sein und unter Umständen Schaden leiden. Mit dieser Maßnahme ist es auch möglich, schnell wieder abzuschalten, wenn der Hochlauf in der Sternstellung aus irgendeinem Grunde nicht zustande kommt.

Ähnliche Überlegungen empfehlen sich bei *polumschaltbaren Motoren*. Motoren mit zwei getrennten Wicklungen müssen naturgemäß zwei verschiedene, den Einzelleistungen angepaßte Relais erhalten. Hier kommen nur Schütze mit Relais in Betracht, da nur auf diese mehrere Auslöseelemente einwirken können. Auslöser für mechanische Wirkung in größerer Zahl auf einen gemeinsamen Schalter wirkend würden Sonderausführungen verlangen. Bei der Dahlanderschaltung kann man ebenfalls in jeder Zuleitung zwei Relais verwenden, je eines z. B. bei ⅄ und ⅄⅄ oder aber man schaltet sie von vornherein grundsätzlich mit den Einzel-

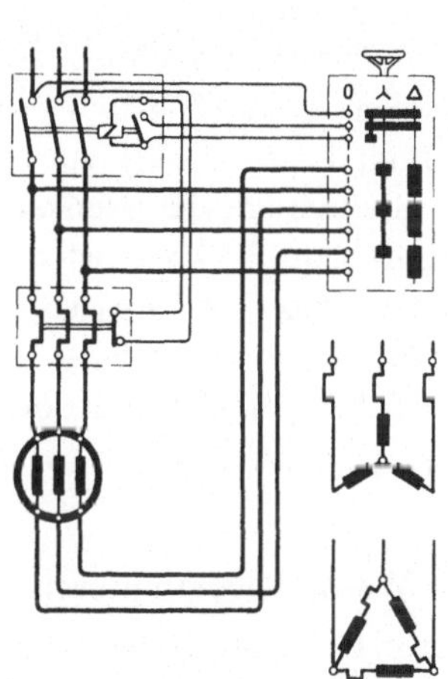

Abb. 97. Motorschutzrelais bei
⅄-△-Anlauf mit Walzenschalter
und Schütz

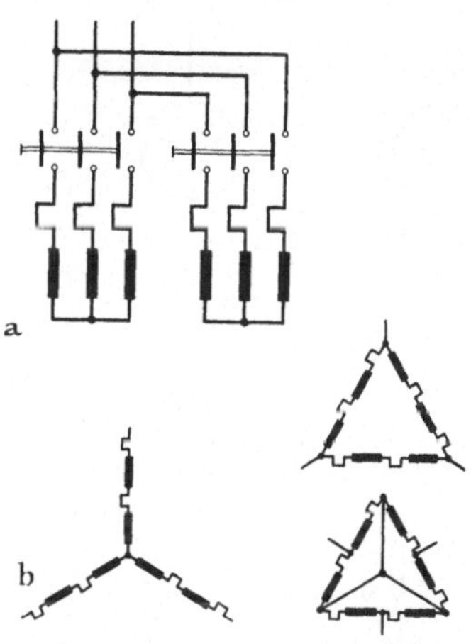

Abb. 98 a u. b.   Motorschutzrelais
bei polumschaltbaren Motoren
a Motor mit 2 getrennten Wicklungen; b Motor in Dahlanderschaltung

wicklungen zusammen (s. Abb. 98b), dann ist es gleichgültig, in welcher Schaltung, z. B. ⅄ − ⅄⅄ oder △ − ⅄⅄, der Motor betrieben wird. In Sonderfällen bei konstantem Leistungsbedarf bei den verschiedenen Schaltungen kommt man auch mit einem einzigen thermischen Element aus.

Auch bei Schleifringläufermotoren und Gleichstrommotoren, die mit Widerständen zur Drehzahleinstellung betrieben werden, ist — wenn die Erwärmung bei Eigenbelüftung und gleichbleibendem Strom von der Drehzahl abhängt —, eine Einstellung der thermischen Elemente entsprechend der dann zulässigen Stromlast notwendig. In diesen Fällen kann zusätzliche Temperaturüberwachung, s. S. 262, nützlich sein. Bei Antrieben, deren Drehmomentenbedarf mit der Drehzahl stark zurückgeht, wie z.B. bei Ventilatoren, ist hierdurch schon ein Ausgleich geschaffen. Bei Schleifringläufermotoren und Gleichstrommotoren, die nicht mit Drehzahlverstellung betrieben werden, werden an die Schutzeinrichtungen keine besonderen Ansprüche gestellt.

### 2.6.5 Motorschutz bei Blindstrom-Einzelkompensation

Bei Einzelkompensation können die Motorschutzauslöser naturgemäß nicht mehr für den normalen Motornennstrom ausgelegt werden, wenn der Kondensator den Motorklemmen unmittelbar parallel liegt. Die Einstellstromstärke muß dann kleiner sein und läßt sich nur durch eine Rechnung ermitteln. Will man die Rechnung vermeiden, dann muß der Kondensator zwischen Netz und Auslöser angeschlossen werden. Ein Beispiel hierfür zeigt Abb. 99. Aus den angegebenen Daten errechnet sich der Motorwirkstrom $I_w$ zu $0,85 \cdot 15,5 = 13,2\,\mathrm{A}$, der Blindstrom $I_b$ zu $(0,53)\sin\varphi \cdot 15,5 = 8,2\,\mathrm{A}$. Bei einem Kondensator mit der Aufnahme von 3 bkVA ist der Phasenstrom $1000 : 220 = 4,55\,\mathrm{A}$, so daß die Blindstromaufnahme auf $8,2 - 4,55 = 3,65\,\mathrm{A}$ zurückgeht und damit der neue Strom in der Zuleitung bei Vollast auf $\sqrt{3,65^2 + 13,2^2} = 13,7\,\mathrm{A}$ [V. D. MARK].

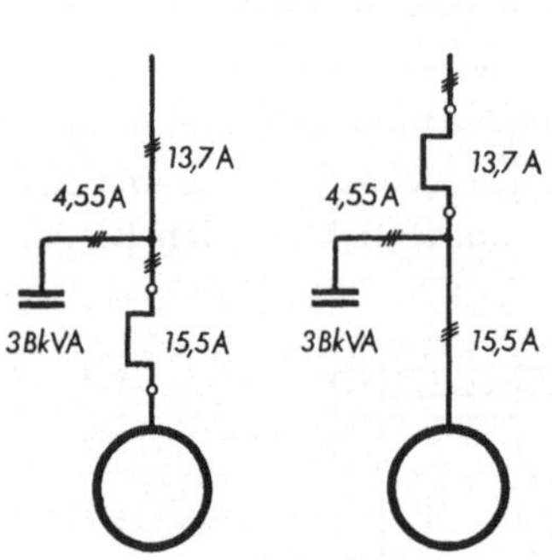


Abb. 99. Motorschutzrelais bei Einzelkompensation
$N_m = 7{,}5\ \mathrm{kW}$; $U_n = 380\ \mathrm{V}$ ; $I_n = 15{,}5\ \mathrm{A}$; $\cos\varphi = 0{,}85$; $N_C = 3\ \mathrm{BKVA}$

### 2.6.6 Motorschutz bei Einphasen-Wechselstrommotoren

Besondere Bedingungen haben die Motorschutzgeräte bei Einphasen-Wechselstrommotoren zu erfüllen, wie sie vor allen Dingen auch in Haushaltgeräte eingebaut werden. Die Erwärmung der Motoren wird vom Verhältnis Kurzschlußstrom zu Nennstrom und von den Belüftungszuständen beeinflußt. Bei Maschinen mit einem großen Kurzschlußstromverhältnis ist die Erwärmung von der Belüftungsänderung weniger abhängig. Hier reichen wohl immer von der Stromaufnahme abhängige thermische Auslöser oder Relais aus. Sinkt das Kurzschlußstromverhältnis unter 3, dann ist ein ausreichender Schutz in Frage gestellt. Das gilt vor allen Dingen dann, wenn die Temperaturverhältnisse wesentlich durch die Belüftung beeinflußt werden. Dann empfiehlt es sich, zusätzlich die Erwärmung des Motors mittels eines eingebauten Temperaturorganes (s. S. 262) zum Einleiten des Auslösevorganges zu benutzen. Bei Kurzschlußstromverhältnissen von etwa 1,2 bis 2,5 wird die Erwärmung im Nennbetrieb durch eine starke Belüftung niedrig gehalten. Schutz gegen Überbelastung bei Stillstand ist dann nur noch durch das Abtasten der Temperatur an den gefährdeten Stellen möglich. In Grenzfällen ist die Verwendung strombeheizter Auslöseelemente, die gleichzeitig noch vom Kühlluftstrom beeinflußt werden, durchführbar. Geräte mit Strom- und Temperatureinfluß s. S. 269.

GARBERS gibt in diesem Zusammenhang die *Kurzschlußstromverhältnisse der Motoren* wie folgt an:

Reihenschluß-(Universal-)Motor bis 10
Drehstrommotor bis 8
Einphasenwechselstrommotor mit Widerstandshilfsphase bis 7
Einphasenwechselstrommotor mit Anlaufkondensator bis 5
Einphasenwechselstrommotor mit Betriebskondensator bis 4
Einphasenwechselstromrepulsionsmotor bis 4
Einphasenwechselstromspaltmotor bis 2,5

Die vier letztgenannten Motorarten bedürfen nach seinen Darlegungen eines Schutzgerätes, das nicht nur vom Strom, sondern auch von der Wärme beeinflußt wird (s. S. 269). Bei den drei letztgenannten empfiehlt sich auch eine Beeinflussung durch die Lüftung. Für die letzte Zeile kommen praktisch nur die Temperaturbegrenzer durch die Motorerwärmung in Betracht.

Eines besonderen Schutzes bedürfen die *Anlaßwicklungen*. Ihre Überlastung zieht auch die Hauptwicklungen in Mitleidenschaft. Sie sind selbstverständlich nur für kurzzeitige Belastung bemessen und laufen deshalb Gefahr, überbeansprucht zu werden und unter Umständen zu verbrennen, insbesondere, wenn bei Abschaltung durch einen Fliehkraftschalter die Beschleunigung des Motors nicht schnell genug vor sich geht oder wenn sich ein Fliehkraftschalter oder ein besonderes Anlaßgerät irgendwie verklemmt. Naturgemäß liegen dieselben Schwierigkeiten vor, wenn ein Motor zu oft nacheinander angelassen wird. Der Überlastschutz der Anlaufwicklung ist genau der gleiche wie bei den sonstigen Motorwicklungen. Er ist möglich durch Einbau thermischer strombeheizter Elemente in diesen Kreis oder aber auch durch die auf S. 262 behandelten Wärmeschutzelemente in den Wicklungen, die von der Motortemperatur beeinflußt werden. Beide Einflüsse können auch gemeinsam zur Wirkung gebracht werden. Bei kleineren Motoren dienen die Kontaktelemente derartiger Glieder der unmittelbaren Abschaltung, bei größeren wirken sie auf den Steuerstromkreis, z. B. eines Schützes, ein. Die Abschaltung der Anlaufwicklung mit Rücksicht auf ihre Erwärmung muß naturgemäß gleichzeitig die Abschaltung der Hauptstromwicklung nach sich ziehen.

Die Verhältnisse sind die gleichen, wenn ein in irgendwie anderer Weise arbeitendes *Anlaßrelais* zum Schalten der Hilfsphase verwandt wird, z. B. indem der hohe Strom beim Einschalten der Hauptphase ein Relais erregt, das seinerseits die Hilfsphase der Hauptphase parallel schaltet, um dann, nachdem der gemeinsame Strom auf einen bestimmten Betrag abgesunken ist, den Hilfsphasenkreis wieder zu öffnen. Von diesen Relais wird ein außerordentlich geringer Unterschied zwischen Anzugs- und Abfallstrom verlangt. Die Differenz muß auch noch des-

halb besonders klein sein, weil man die Beeinflussung durch Spannungsabweichungen mit zu berücksichtigen hat. Verläßt man sich bei einer
solchen Anordnung auf das ordnungsgemäße Funktionieren des Anlaßrelais, dann kann die Schutzfrage auch so beantwortet werden, daß,
wenn eine Abschaltung unter Stillstandstrom in genügend kurzer Zeit
vor sich geht, auch die Hilfsphasenwicklung mit geschützt ist. Wichtig
bei solchen Geräten ist eine genügend lange Öffnungszeit, bevor sich
der Schalter automatisch wieder schließt, denn nur dann ist sicher-
gestellt, daß der Motor im Blockierungsfall nicht nach jedem automatischen Wiedereinschalten seine Temperatur steigert. Die Abkühlungszeitkonstante sollte also bedeutend größer sein als die Erwärmungs-
konstante [EISERT und GROSSE-BRAUCKMANN]. Eine Kombination von
thermischen Anlaßzeitrelais für die Hilfswicklung und Schutzrelais für
den aufgenommenen Gesamtstrom s. HEUMANN (1) sowie NAIDENOW.

Verwendet man bei Einphasenmotoren normale dreipolige Schutzschalter in der Zuleitung, so soll man durch Hintereinanderschaltung
zweier Schalterpole dafür sorgen, daß alle drei Pole vom Strom durchflossen werden, weil bei Erwärmung von nur 2 der Grenzstrom ansteigt
(s. Abb. 74, S. 156).

## 2.7  Zu den Motorschutzauslösern und -relais gehörende Hauptstrom-Schaltgeräte

Die bisher behandelten Elemente des Motorschutzes, die thermischen
Auslöser und Relais, müssen ihrerseits auf ein Hauptstrom-Schaltgerät,
das in der Lage ist, bei Überlast den Motor abzuschalten, einwirken.
Über die Art des Zusammenwirkens s. bereits S. 78. Danach kann das
in zwei Arten geschehen (s. Tabelle 8), einmal auf einen Schloßschalter (Selbstschalter), also ein Gerät mit mechanischer Sperre und Freiauslösung (s. VDE
0660 § 5), indem ein Aus-
löser (s. S. 27), wenn es von Hand, pneumatisch, motorisch oder elektromagnetisch in die Kontakt-
lage gebracht wurde, durch Einwirkung auf ein Schalt-

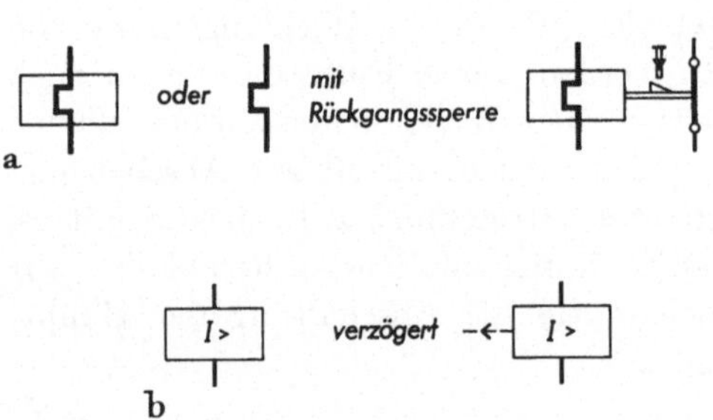


Abb. 100 a u. b.  Schaltzeichen für Schutzelemente
nach DIN 40 713
a elektro-thermisch; b elektro-magnetisch

schloß (z. B. Klinkenschloß) die Abschaltung herbeiführt, oder auch indem
ein Schutzrelais, also ein Gerät mit Rückzugskraft ohne mechanische
Sperre (s. VDE 0660 § 5), elektrisch auf ein Schütz einwirkt und dessen
Schaltkräfte z. B. durch Unterbrechen der Spulenleitung zum Ver-

schwinden bringt. Statt auf eine Schützenspule kann ein Relais weiterhin auch auf eine Schaltspule eines anderen Gerätes, z. B. die Nullspannungsspule eines Selbstschalters, wirken.

Für die Darstellung der Motorschutzrelais und -auslöser wie auch für die der zugehörigen, den Hauptstrom führenden Geräte sind die DIN-Blätter 40 710 bis 40 719 (in erster Linie DIN 40 713) maßgebend. Eine ausführlichere Darstellung s. FRANKEN (19), S. 217. Die wesentlichen Schutzelemente, elektrothermische und magnetische, s.

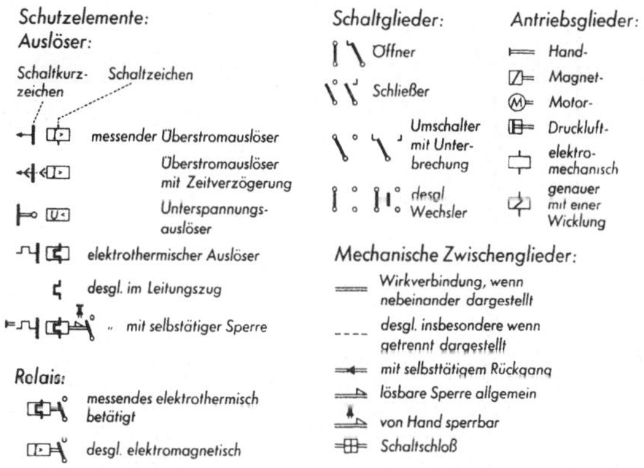

Abb. 101. Schaltzeichen nach DIN 40 713 für Teile von Motorschutzgeräten

Abb. 100. Einige weitere Zeichen für Teile von Motorschutzgeräten s. Abb. 101. Schaltzeichenkombinationen sind in Tabelle 8 aufgeführt. Sie enthält gleichzeitig eine Gliederung der Hauptstromschaltgeräte mit Motorschutzeinrichtungen nach Wirkungsweise, Antriebsart, Schaltvermögen und Ausführung der Schutzelemente.

## 2.7.1 Das Schaltvermögen
### (Motorschalter — Leistungsschalter)

Neben der Wirkungsweise ist entscheidend das Schaltvermögen. Ein Motorschutzgerät muß mindestens alle Ströme, die ein unbeschädigter Motor bei Stillstand und Lauf aufnehmen kann, abschalten können. Kann es nur das, dann ist es hinsichtlich des Schaltvermögens ein *Motorschalter*. Kann es aber darüber hinaus auch Kurzschlußströme beherrschen, dann ist es ein *Leistungsschalter*. Zunächst sei von diesem Schaltvermögen die Rede.

Der Abschaltung der Motorströme dient das eingebaute thermische Element. Wird die Abschaltfunktion über die Stillstandsströme des Motors hinaus erweitert, dann muß entweder das thermische Element später in seiner Wirkung durch einen Schnellauslöser abgelöst werden

Tabelle 8. *Einteilung der Hauptstromschaltgeräte mit Motorschutzeinrichtungen*

| | Nach der Wirkungsweise VDE 0660/52 § 5a | Nach der Antriebsart § 5b | Bedienungselement | Nach dem Schaltvermögen § 5c | Ausführung der Schutzelemente thermisch | Ausführung der Schutzelemente magnetisch | Prinzipschaltplan |
|---|---|---|---|---|---|---|---|
| 1 | „Selbstschalter" Stellschalter mit Schaltschloß und Freiauslösung, Rückzugkraft mit mechanischer Sperre (Schloßschalter) | „Handschalter" unmittelbar | Handgriff, Drucktasten | Motorschalter | Auslöser | — | 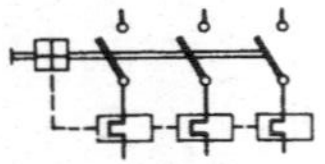 |
| 2 | | | | Motorleistungsschalter | Auslöser | Auslöser | 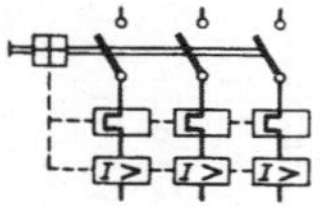 |
| 3 | | | | Motorleistungsschalter | Relais auf Nullspannungs- oder Arbeitsstromauslöser wirkend | Auslöser | 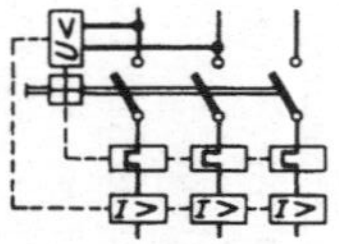 |
| 4 | | „Fernschalter" mit Kraftantrieb: Motor Druckluft Magnete | Doppeldruckknopf Schwenktaster | Motorleistungsschalter | Nach Zeile 1 oder 3 | Auslöser | 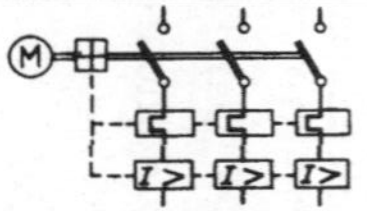 |
| 5 | „Schütze" Tastschalter mit Rückzugkraft ohne Sperre | | | Motorschalter | Relais auf Steuerstromkreis wirkend | — | 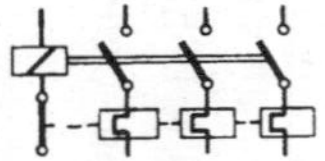 ohne |
| | | | Hilfsstrom-Dauerkontaktgeber | | | — | 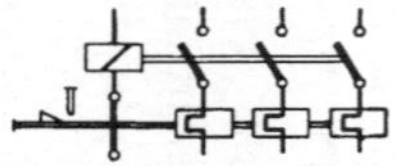 mit Wiedereinschaltsperre |

oder es muß dem Gerät eine Sicherung zusätzlich als Kurzschlußschutz-sicherung vorgeschaltet sein oder schließlich sogar beides (s. S. 209). Die Forderung, daß das Gerät die Motorströme beherrschen muß, ist un-abdingbar. Die Beherrschung von Kurzschlußströmen kann nicht ohne weiteres gefordert werden. Wenn das Gerät dazu imstande ist, spricht man von einem *Motorschutzleistungsschalter*.

Die Ansprüche an das Schaltvermögen zum Beherrschen der Motor-ströme, also die an die *Motorschalter*, sowie die Richtwerte für die be-beherrschbaren Kurzschlußströme für *Motorschutzleistungsschalter* sind in VDE 0660/52 in § 63, Tafel 22 und 23, an Hand der praktischen Be-dürfnisse geregelt. Danach muß z. B. ein Motorschalter für einen Käfig-läufermotor unter 100 A Nennstrom den achtfachen Strom bei 110% Spannung und cos $\varphi = 0{,}4$ abschalten und den zwölffachen einschalten können. Es liegt nahe, von dem Gerät, das nur dem Motorschutz dient, also gewissermaßen einen Netz Ausläuferschalter darstellt, ein geringeres Kurzschluß-Ausschaltvermögen zu verlangen als von einem Netz-Verteilerschalter mit thermischen Überstromschutzeinrichtungen. Über die Durchführung der Versuche zur Feststellung des Schaltvermögens s. FRANKEN (19) S. 340ff.

Das Einschaltvermögen soll höher sein als das Ausschaltvermögen, denn es müssen die beim Motor auftretenden Ausgleichströme ohne Verschweißen und übermäßigen Schaltstückverschleiß ebenfalls bewäl-tigt werden können. Die Ansprüche an die Abschaltfähigkeit von Kurz-schlußströmen sind nicht durch die Motoreigenschaften bedingt, sondern durch die Netzverhältnisse, d. h. die mögliche Kurzschlußstromstärke am Einbauort. Treten bei einem Schaltgerät mit eingebautem Schnell-auslöser und gesteigerter Kurzschlußabschaltfähigkeit in der Praxis noch höhere Ströme als seinem Ausschaltvermögen entsprechen auf, dann muß auch hier der Schutz durch eine Abschmelzsicherung verhältnismäßig großen Nennstroms übernommen werden. An Stelle der Abschmelz-sicherung kann auch ein vorgeschalteter Hauptschalter entsprechender Auslösecharakteristik treten.

Durch Erhöhung der Eigenwiderstände des Schutzschalters lassen sich unter Umständen auch absolut kurzschlußfeste Geräte schaffen. Über eine derartige Konstruktion berichtet J. MOELLER. Unter der Vor-aussetzung einer beliebig hohen Ergiebigkeit des Netzes stellte er sich die Aufgabe, die Eigenwiderstände in Verbindung mit hoher Kurzschluß-festigkeit und Einschaltfestigkeit so zu steigern, daß bei kleinen Geräten der Strom auf 2000 A begrenzt und dieser Wert beherrscht wird.

### 2.7.2 Schloßschalter (Selbstschalter)

Die Verbindung der Motorschutzelemente mit Schützen (s. S. 234) stellt das eine große Anwendungsgebiet dar. Das andere ist die Verbindung von Auslöseelementen mit Schloßschaltern (Selbstschaltern), also Geräten, die von sich aus Freiauslösung haben, wobei sie im wesentlichen durch mechanische Elemente bedingt ist, so daß man das Bedienungselement festhalten kann und die Motorschutzauslöser trotzdem zur Wirkung kommen. Hier sind zwei Kategorien zu unterscheiden. Stellschalter dieser Art können als *Motorschutzschalter* ausgebildet werden. Dabei stellen sie noch bescheidene Ansprüche an das Schaltvermögen (s. S. 229). Es handelt sich bei dieser Kombination meist um handbetätigte (mit Druckknöpfen, Drehgriffen oder Kipphebelantrieb) oder soweit größere Elemente in Betracht kommen, unter Umständen auch um fernbetätigte Motorschutzschalter, wobei die Fernbetätigung im Gegensatz zum Schütz nur zur Einschaltung bzw. zur Ausschaltung dient, der Schalter aber nach erfolgter Einschaltung ohne Aufrechterhalten der Schaltkräfte in der Einschaltstellung bleibt. Andernfalls wären es ja Schütze. Zu der anderen Kategorie von Geräten gehören diejenigen, die darüber hinaus in der Lage sind, auch noch etwa aufkommende Kurzschlußströme zu bewältigen, dann handelt es sich um *Motorschutzleistungsschalter*.

Der konstruktive Aufbau dieser Geräte umfaßt praktisch alle Formen, die beim Bau von Stellschaltern vorkommen. Man hat Walzenschalter und Nockenschalter mit Motorschutzauslösern versehen, ja sogar mehrstellige Geräte, wie z. B. Stern-Dreieck-Schalter, Wendeschalter u. dgl. Die üblichste Form ist aber heute die des Tastkontaktschalters. Einen solchen mit Druckknopfbetätigung und Doppelunterbrechung je Phase, wobei die Hebel des Schaltschlosses wesentlich aus Isolierpreßstoffteilen bestehen, zeigt Abb. 102. Er muß mit Rücksicht auf etwa mögliche Kurzschlußströme und auch in gewissem Umfang zum Schutz der thermischen Auslöser mit Vorschaltsicherungen, die auf das Schaltvermögen und die Eigenkurzschlußfestigkeit der thermischen Elemente Rücksicht nehmen, versehen werden. Die Konstruktionselemente bestehen weitgehend aus Formpreßstoffen.

Geräte, die darüber hinaus Schnellauslöser aufweisen, brauchen bei kleineren Erzeugnissen, also solchen für kleinere Motorleistungen, auf die Kurzschlußstromstärke der Einbaustelle im allgemeinen noch keine Rücksicht zu nehmen, wenn sie trotz der Schnellauslöser auch noch eine Vorschaltsicherung haben. Lediglich bei Geräten mit thermischen Elementen für verhältnismäßig sehr kleine Motorströme ist gelegentlich der Widerstand dieser Elemente so groß, daß der Kurzschlußstrom auf einen Wert begrenzt wird, den der Schalter in Verbindung mit seinen Schnellauslösern selbst bewältigen kann. Leistungsschalter mit Schnellauslösern für größere Stromstärken werden im allgemeinen mit Einfachunterbrechung je Pol gebaut, sie erhalten die Merkmale der Leistungsbeherrschung, z. B. Löschbleche über den Abschaltstellen. Die Vielfach-

unterbrechung je Pol kommt hierbei seltener in Betracht, weil ein Gerät
für hohes Abschaltvermögen auch ein hohes Einschaltvermögen haben muß
und es deshalb notwendig ist, die Kontaktkräfte zu konzentrieren. Auch
ist bei höheren Stromstärken der Wärmeverlust an mehreren betriebsmäßig hintereinandergeschalteten Unterbrechungsstellen schwer zu beherrschen. Die Mehrfachunterbrechung als Verfahren zur Bewältigung
der Schaltleistung ist in diesem Falle auch nicht von besonderer Bedeutung, denn Schloßschalter sind keine Geräte für hohe Schalthäufigkeit, so daß im Normalbetriebsfall die Lebensdauerfrage der Schalt-

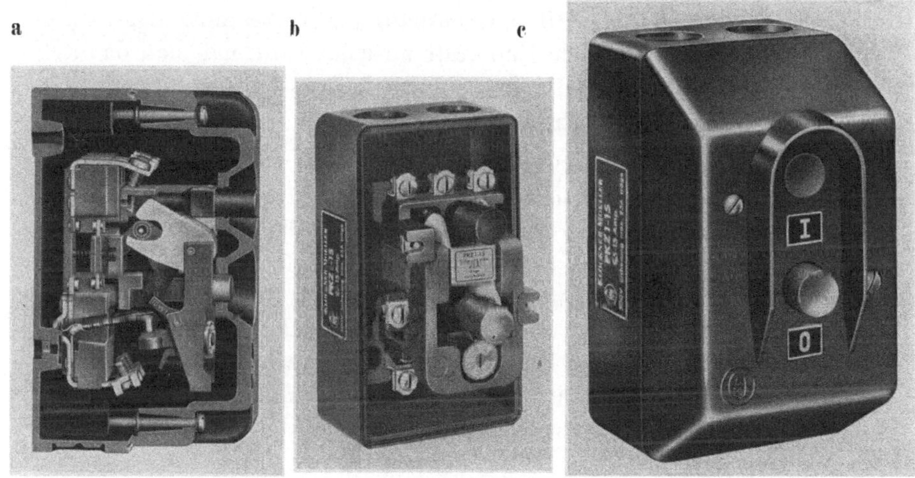

Abb. 102 a – c. Motorschutzschalter mit Drucktastenbedienung
a Schnitt; b im Gehäuse; c Schutzart P 41

stücke eine untergeordnete Rolle spielt. Derartige Geräte können,
wie alle Leistungsschalter, mit weiteren Zusätzen versehen werden,
so z. B. Null- oder Unterspannungsauslösung. Gelegentlich erfolgt bei
ihnen die Abschaltung auch nicht durch thermische Auslöser, sondern
durch thermische Relais, die ihrerseits auf die Null- bzw. Unterspannungsauslöser einwirken. Man findet auch Arbeitsstromauslöser, die
von den thermischen Elementen eingeschaltet werden. Hierbei ist mit
Rücksicht auf die mögliche Spannungsunsymmetrie, s. z. B. Abb. 1,
S. 8, auf eine niedrige Anzugsspannung ($<$ 50%) zu achten. Die Nullspannungsauslöser sind entweder dauernd erregt oder werden bei Be-
wegungsbeginn des Schalters durch ein Hilfsschaltglied eingeschaltet.
Wird der vom Schalter beherrschbare Kurzschlußstrom an der Einbaustelle überschritten, so sind noch zusätzliche Vorschaltsicherungen erforderlich.

Bei der Konstruktion der Schaltschlösser hat man naturgemäß versucht, den Einfluß der Reibkraft der Schaltklinke zu verbessern. Gelegentlich ist man auch zu magnetischen Kupplungen übergegangen, auf die Relais einwirken, oder man arbeitet auf die Nullspannungsauslösung. Dann liegen die Verhältnisse ähnlich wie beim Schütz. Die kleinsten Auslösezeiten liegen bei dieser Ausführung fast immer höher als bei Einwirkung auf das Schaltschloß. Andere Mittel zur sicheren Abschaltung sind Zwischenklinken und die Wahl von Stoffen mit niedrigem Reibkoeffizienten, wie z. B. Kunstharzpreßstoff, der noch die Preßhaut trägt und auf Stahl arbeitet [s. FRANKEN (19), S. 299]. Den Nachteil, daß bei einem handbetätigten Schalter die Klinkverbindung womöglich jahrelang nicht gelöst wird und deshalb ihr Verschmutzungszustand und damit die erforderliche Reibkraft unsicher wird, hat man dadurch zu beseitigen versucht, daß man die normale Ausschaltung immer durch Lösen dieser Klinke durchführte.

Eine öfter vorkommende Bauweise ist die mit auswechselbaren Auslösern, wie man bei Selbstschaltern überhaupt bestrebt ist, die Varianten einer Grundausführung durch Anbauteile herzustellen, möglichst solchen, die sich auch nachträglich in verhältnismäßig einfacher Weise ein- oder ansetzen lassen. Mit den anbaubaren thermischen Auslösern können dabei die Schnellauslöser zusammengefaßt sein und als eine Einheit angesetzt werden. Nach dem Einbau oder der Umwechslung ist keine neue Eichung erforderlich (s. auch LUDWIG). Eine derartige Ausführung bedarf des Einbaues eines Zwischenkraftspeichers, der die Abschaltzeiten etwas vergrößert.

Einen Motorschutz-Leistungsschalter s. Abb. 103. Er besteht aus einem Preßstoffunterkasten und einer zum Teil durchsichtigen Abdeckung. Der Unterkasten enthält den Kontaktapparat mit den Löschblechen, dem Schaltschloß, dem Antriebselement und den Auslösern sowie notfalls noch Hilfsschalter, Arbeitsstrom- und Unterspannungsauslöser. Der geschlossene Schalter hat die Schutzart P 20. Die Anschlußklemmen liegen frei, Schutzart P 00. Ein solches Gerät nach Einbau in ein Schutzgehäuse mit durchsichtiger Abdeckung s. Abb. 103 c Die prellfreie Schnelleinschaltung ist bedienungsunabhängig. Die Einstellung der Schutzelemente geschieht durch eine gemeinsame Einrichtung. Eingebaute Schnellauslöser sprechen nach VDE 0660/52, Tafel 9, zwischen dem acht- und sechzehnfachen Einstellstrom des thermischen Auslösers an (s. S. 141).

Die Schutzeinrichtungen für *Hochspannungsschaltgeräte* unterscheiden sich im Prinzip von denen der Niederspannungsschaltgeräte nicht. Im allgemeinen werden sie bei Verwendung der Hochspannungs-Leistungsschalter, gleichgültig welcher Ausführung, ob als Ölschalter oder mit

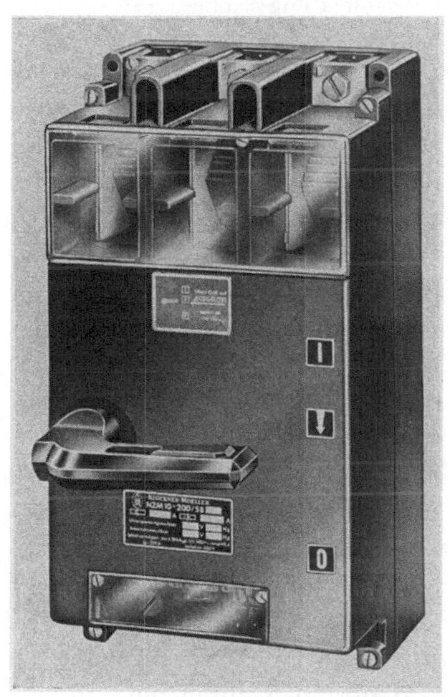
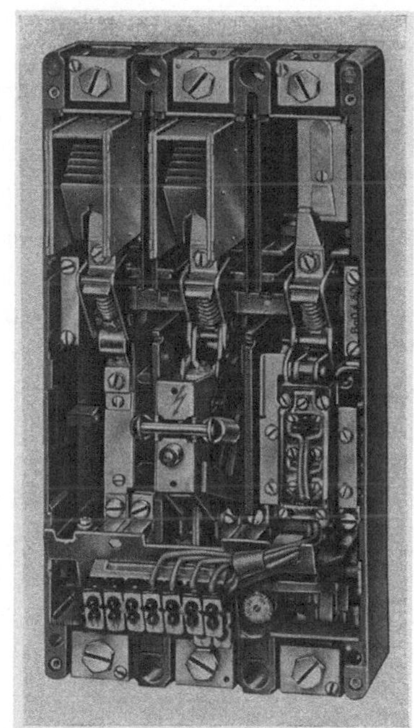

a

b

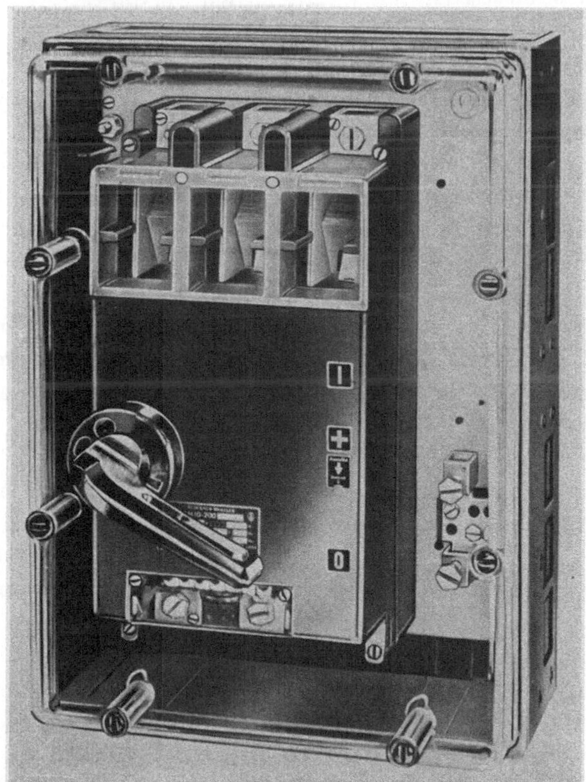

c

Abb. 103 a—c. Motorschutz-Leistungsschalter 200 A (Klöckner-Moeller)
a Schutzart P 20/00; b mit abgenommener Schutzhaube. Am rechten Pol sind die Löschbleche weggenommen; c Schutzart P 43

anderem flüssigem oder gasförmigem Löschmittel, als Sekundärrelais über Stromwandler betrieben. Außerdem finden aber auch unmittelbar wirkende Primärauslöser Anwendung [PARSCHALK]. Im allgemeinen legt man verständlicherweise bei der Herstellung der Schutzelemente für Hochspannungsschalter noch ein größeres Maß von Genauigkeit an. Es handelt sich ja auch um größere und wertvollere Objekte, die einen größeren Aufwand rechtfertigen. Trotzdem auch hier die dreipolige Ausführung der Schutzelemente am Platz ist, findet man noch verhältnismäßig häufig die Anordnung der Schutzrelais lediglich in zwei Polen. Der dreiphasige Schutz ist in jedem Fall sicherer und vorzuziehen.

Die Verwendung von Sekundärrelais hat in den Hochspannungsmotoranlagen den großen Vorteil, daß sie vom Hochspannungskreis isoliert sind und ihre Bedienung und Einstellung auch während des Betriebes möglich ist. Kompensation des Umgebungstemperatureinflusses ist üblich. Hinsichtlich der Kurzschlußfestigkeit sind die größeren Eigenzeiten der Hochspannungsschaltgeräte zu berücksichtigen, wobei der in jedem Fall vorhandene Sättigungseinfluß des Wandlers für das Relais von Vorteil ist. Der Einfluß wird oft noch durch dem thermischen Element vorgeschaltete Zusatzbürden verstärkt.

### 2.7.3 Schütze in Verbindung mit Motorschutzrelais

Unter den mit Motorschutzrelais versehenen Fernschaltern nehmen die Schütze [FRANKEN (19)], das sind Fernschalter, die nach Aufhören der Betätigungskraft selbsttätig in die Ausgangsstellung zurückgehen, eine besondere Stellung ein. Es sind die Geräte, die gleichzeitig besonders bequeme Steuerung von Motoren erlauben und auch eine hohe Schalthäufigkeit zulassen. Lange Jahre hindurch dürften in dieser Weise aufgebaute Geräte zahlenmäßig an erster Stelle gestanden haben. Erst als man daran ging, auch kleine und kleinste Motoren zu schützen, trat auch der einfache handbetätigte Schalter mehr in den Vordergrund. Ein geeigneter Name für diese Kombination ist noch nicht eingeführt. Die Siemens-Schuckert-Werke nannten es *Thermoschütz*. Die Verbindung von Schütz und Relais bringt große Vorteile. Der eine ist darin zu suchen, daß ein Schütz in Verbindung mit einem thermischen Relais nicht nur ein Schutzgerät darstellt, sondern auch ein ganz leicht bedienbares Schaltgerät für bequemste Steuerung mit kürzesten Griffzeiten ist. Dem Schütz, als dem geeignetsten Schaltgerät für Arbeitsmaschinen aller Art, brauchte nur das thermische Relais zugeordnet zu werden, um zum Motorschutzgerät zu gelangen. In der Praxis mag dieser Umstand oft für den Käufer, dem die Schutzwirkung für einen bescheidenen Mehrpreis geboten wird, ausschlaggebend sein. Für den Konstrukteur gab es noch einen anderen sehr wichtigen Grund, solche Geräte weitgehend auf Schützengrundlage aufzubauen. Hier war die Arbeitsgenauigkeit maßgebend. Ein Schutzelement tritt seiner Natur nach nur selten in Tätigkeit, der durch ihn zu behebende Ausnahmezustand ist ja nicht die Regel. Es kann also leicht vorkommen, daß bei einem solchen Gerät erst Jahre nach seiner Montage zum erstenmal die Überstromauslösung in Tätigkeit tritt. Die Zuverlässigkeit der Verbindung von Auslöser und eigentlichem Schaltgerät ist von ihrem Aufbau abhängig. Ein einfacher handbetätigter Motorschutzschalter muß sich nach erfolgter Einschaltung verklinken. Diese Verklinkung ist vom Auslöser bei Eintritt außergewöhnlicher Zustände zu lösen. Die hierzu erforderlichen Kräfte sind durch den Reibungszustand der Verklinkung bestimmt (s. vorher). Ein verschmutztes Schaltschloß erfordert höhere Kräfte und verändert dadurch den Grenzstrom der thermischen Auslöser, erhöht beispielsweise die Rückbiegung der Bimetallstreifen und damit den erforderlichen Wärmeaufwand. Beim Schütz sind diese Kräfte von geringem Ausmaß, denn es wird nur ein Schaltglied im Spulenstromkreis beeinflußt. Daher ist die Veränderung der Kräfte auch nicht von so großer Bedeutung. Für dessen geringe Ströme kommt man mit verhältnismäßig geringen Kontaktdruckkräften aus, wobei aber im Interesse der Kontaktsicherheit keinesfalls Werte von etwa 35 bis 50 g bei Silberschaltstücken unterschritten werden sollten [FRANKEN (19), S. 18 und 25]. Man kann auch schlecht noch weiter herabgehen, weil sich sonst leicht die Massenschläge bei der Einschaltung in Unterbrechungen des Steuerkreises auswirken können und kurzzeitige Unterbrechungen neue Massenschläge hervorrufen, die nicht nur zu einer Überbeanspruchung der Magnetflächen, sondern auch zu einer weitgehenden thermischen Zerstörung der Hauptschaltstücke führen. Ein einfacher Hilfsschalter (Öffner) im Spulenstromkreis ist bezüglich seiner Schaltkräfte praktisch nur von den Kontaktdruckkräften abhängig, vorausgesetzt, daß der Hilfsschalter sich beim Erkalten der thermischen Relais wieder selbsttätig schließt. Ist das nicht erwünscht, dann muß auch ein derartiger Hilfsschalter verklinkt werden, es sei denn, daß man Sprungschaltglieder, s. S. 81, verwendet, die ihren Totpunkt überschreiten und so die neue Kontaktlage beibehalten. Eine solche Klinke unterliegt bezüglich ihrer Reibungskräfte den gleichen Einflüssen wie die der handbetätigten Schalter (Selbstschalter), da aber, wie gesagt, die Schaltkräfte von Hause aus gering sind, so ist auch ihre verhältnismäßige Erhöhung von bescheidenem Einfluß und deshalb die Genauigkeit eine große. Eine geringe Schaltkraft hat weiter den Vorzug, daß der Unterschied zwischen dem Grenzstrom bei ein- und dreipoliger Belastung verhältnismäßig klein ist (s. S. 152). Der dort mit $f_d$ bezeichnete Verformungsfehler wird gering. Diese Vorzüge haben im Laufe der Zeit die Hersteller gelegentlich bewogen, auch Motorschutzschalter, die von Hand am Gerät selbst bedient werden, auf dem Schützenprinzip aufzubauen. Hiervon ist man erst abgegangen, als es gelang, auch bei den handbetätigten, verklinkten Geräten mit verhältnismäßig kleinen, besonders durch den Einsatz von Preßstoff nicht allzusehr veränderlichen Schaltkräften auszukommen. Heute ist wohl im großen und ganzen der Motorschutzschalter auf dem Schützenprinzip wieder auf sein ureigenstes Gebiet des leichtsteuerbaren Gerätes mit geringen Griffzeiten beschränkt, wobei Fernsteuerung und Steuerung von mehreren Punkten aus ebenfalls eine Rolle spielen, also in der Hauptsache Arbeitsgerät und Schutzgerät ein und dasselbe ist. Benachteiligt ist das Schütz, wenn es sich nicht nur darum handelt, Motorüberströme abzuschalten, sondern auch etwaiger Kurzschlußströme Herr zu werden. Das Abschaltvermögen könnte man schon herbeiführen, es ist aber schwer, die Geräte mit einem solchen Einschaltvermögen aufzubauen, daß sie sich ohne Verschweißung auch auf einen Kurzschluß einschalten lassen. Das ist bedingt durch die mögliche Höhe der Kontaktdruckkräfte [FRANKEN (19), S. 31]. Diese Kräfte sind beim Schütz durch die Abmessungen der Schaltmagnete begrenzt. Beim Handschalter ist es im allgemeinen nicht schwer, durch Übersetzung zwischen Schaltelement und Kontaktdruckstelle eine hohe Kontaktdruckkraft zu überwinden. Sie ist die Voraussetzung für ein hohes Nenneinschaltvermögen. Kurzschlußströme werden von vorgeschalteten Sicherungen oder Leistungsschaltern übernommen.

Eine ausführliche Darstellung über Aufbau, Anwendung und Verhalten der Schütze s. FRANKEN (19). Der konstruktive Aufbau der Schütze ist weitgehend durch das zur Lichtbogenlöschung angewandte Prinzip bedingt [FRANKEN (19), S. 44ff.], weiterhin durch das Medium, in dem sie arbeiten, Luft oder Öl. Die Luftschütze beherrschen heute das Feld, nachdem man die Reibungsfragen durch Wahl geeigneter Stoffe zu beherrschen gelernt hat und im Silber und seinen Verbindungen Kontaktstoffe mit gleichbleibendem Übergangswiderstand und langer Lebensdauer [FRANKEN (19), S. 10ff. bzw. S. 303ff.] gefunden hat. Ein Luftschütz mit aufgebautem Schutzrelais s. Abb. 104. Einen selbsttätigen aus Schützen aufgebauten Stern-Dreieck-Schalter s. Abb. 105.

Die Motorschutzrelais können aber auch in beliebiger Weise getrennt angeordnet werden, z. B. am Motor selbst oder im Schaltschrank zusammengefaßt. Bei getrennter Anordnung ist auch eine Hilfsleitung zum Schütz zu verlegen. Die getrennte Anordnung hat Vorzüge. Relais und Schütz beeinträchtigen sich nicht durch wechselseitige Aufheizung. Außerdem wird der unvermeidliche Schaltschlag des Schützes vom Relais ferngehalten.

Die Verbindung der Befehlsschalter mit der Schützenspule und dem Schutzrelais hängt von der Verwendung des gesamten Gerätes ab. Handelt es sich um ein Motorschutzgerät, das an Ort und Stelle gesteuert werden soll, so kann ein Befehlsschalter angebaut werden. Mei-

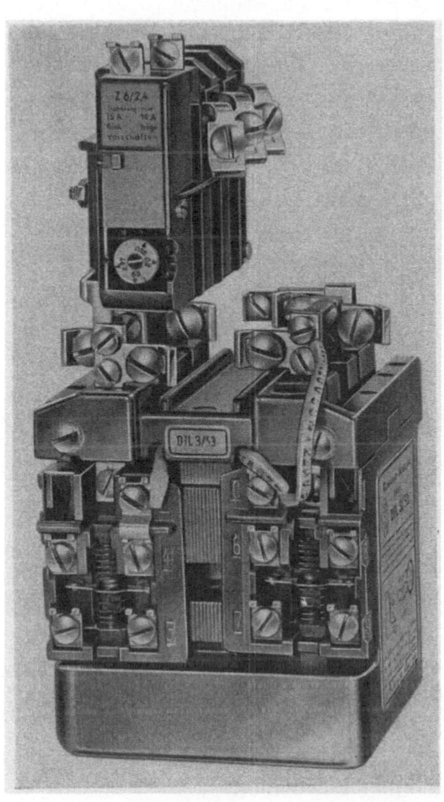

Abb. 104.
Luftschütz mit aufgebautem
Motorschutzrelais

Abb. 105. Selbsttätiger
Sterndreieckschalter bestehend aus Schützen, Zeit-
relais und Motorschutzrelais

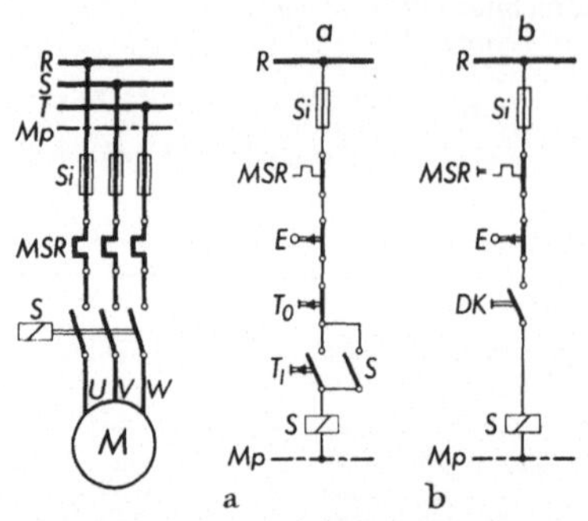



Abb. 106 a u. b.     Stromlaufplan eines
Schützes mit Motorschutzrelais
a gesteuert mit Doppeldruckknopftaster;
b gesteuert mit Dauerkontaktgeber, $E$ =
Endlagenschalter, $MSR$ = Motorschutzrelais, $Si$ = Sicherung, $T_0$ = Ausschalttaste, $T_I$ = Einschalttaste, $S$ = Schütz,
$DK$ = Dauerkontaktgeber

stens ist dagegen im Interesse der Bedienung des Gerätes die Trennung von Befehlsschalter und Schütz vorteilhafter. Hier gibt es nach Abb. 73 (s. S. 147) zwei verschiedene Möglichkeiten, einen Doppeldruckknopf (a) oder einen einfachen Dauerkontaktgeber (b). Die Betätigung durch Doppeldruckknopf erfordert drei Leitungen und zwar eine Zuleitung, eine Leitung für die Einschaltung der Schützenspule und eine Überbrückungsleitung nach Loslassen des Einschaltdruckknopfes. Eine Darstellung eines einfachen Schützenkreises nach Art der heute üblichen

*Stromlaufpläne* [FRANKEN (19), S. 262], s. Abb. 106. Bei größeren Schützengruppen (Wendeschütze, Polumschaltschütze u. dgl.) vermehrt sich natürlich die Zahl der Befehlselemente und dementsprechend der Steuerleitungen. Für Kurzschlußabschaltung kommen die Schütze nicht in Betracht.

### 2.7.4 Spannungsrückgangsauslösung

Zu den Schutzeinrichtungen der Motoren und damit zu den Zusatzelementen zu den Motorschutzgeräten gehört noch die Nullspannungs-, Unterspannungs- oder Spannungsrückgangsauslösung, die verhindern soll, daß ein Motor nach Wegbleiben der Spannung unbeabsichtigt wieder anläuft. Sie hat weniger mit dem eigentlichen Motorschutz zu tun als dem Schutz der Arbeitsmaschine und des Bedienenden. Es gibt Maschinen, vor allen Dingen Schleifringläufermotoren, die beim Wegbleiben der Netzspannung und ihrer plötzlichen Wiederkehr nicht in der Lage sind, von selbst anzulaufen. Hier ist die Nullspannungsauslösung und eine Verriegelung, die erzwingt, daß vor ihrem Wiedereinlegen der Anlasser zurückgedreht wird, erforderlich. Bei anderen Maschinen, dazu gehören viele Be- und Verarbeitungsmaschinen, ist der unvorhergesehene selbsttätige Wiederanlauf zu verhüten, weil hierdurch der Bedienungsmann erheblich gefährdet werden kann oder die plötzliche Spannungswiederkehr durch Selbstanlauf zahlreicher Motoren zu einer hohen Netzüberlastung führt. Bei den Schützen, s. S. 234, ist die Nullspannungsauslösung je nach Schaltung ohne weiteres gegeben, bei den Stellschaltern und Motorschutzleistungsschaltern muß sie zusätzlich auf das Schaltschloß wirkend eingebaut werden. Die Einrichtung wird dabei meistens mit der Charakteristik einer Unterspannungsauslösung nach VDE

0660/52, Tafel 9, gebaut, die festgelegten Abfallgrenzen liegen nach dieser Tafel zwischen 35% und 70% der Nennspannung, bei der Nullspannungsauslösung zwischen 10 und 35%. Derartige Auslöser und Relais für Schutzschalter allgemein werden unverzögert, vom Spannungsverlauf unabhängig und abhängig verzögert gebaut und im Drehstromsystem meist einphasig verwandt. Die unverzögert funktionierenden Unterspannungsauslösungen sollen nach § 35 e der genannten Arbeit so gebaut sein, daß sich Selbstschalter bei 80% der Nennspannung des Auslösers wieder schließen lassen. Abhängig und unabhängig verzögerte Auslöser sollen bei Wiederanstieg der Spannung auf 90% des Nennwertes innerhalb zwei Drittel der Auslösezeit in die Ausgangslage zurückgehen, also keine Abschaltung erfolgen. Für Nullspannungsauslöser oder -relais gilt das Gleiche.

Vielfach ist eine verzögerte Spannungsrückgangsauslösung erwünscht, wenn nicht sogar notwendig. In solchen Fällen muß man genau feststellen, auf wie lange Zeit die Spannung ausbleiben kann, damit der Motor in der Zwischenzeit nicht zum Stillstand kommt bzw. nicht einen solchen Drehzahlabfall erleidet, daß sein selbsttätiger Wiederanlauf bei Rückkehr der Spannung unmöglich ist. Konstruktionen, die diese Aufgabe lösen, sind auf dem Markt. Sie besitzen also eine Spannungsrückgangszeitauslösung. Man hat hierfür verschiedenartige Lösungen entwickelt.

Bei Schützen mit Dauerkontaktgebung im Steuerkreis ist keine Nullspannungsauslösung vorhanden. Das Gerät zieht bei Spannungswiederkehr selbsttätig wieder an. Bei Schützen mit Impulskontaktgabe, z. B. Doppeldruckknöpfen, ist sie dagegen ohne weiteres gegeben. Aber auch hier ist selbsttätige Wiedereinschaltung in einer gewissen Zeit durch Sonderausführungen und Zusätze möglich [FRANKEN (19), S. 143 und 254]. Die Spannungsrückgangsauslöser sind natürlich nicht in der Lage, eine sichere Abschaltung beim Unterbrechen einer Zuleitung im Drehstromnetz (s. S. 7) zu bewirken. Hierfür kommen unter Umständen *Phasenausfallschutzeinrichtungen*, s. S. 273, oder allenfalls Spannungswächter in Betracht.

### 2.7.5 Geräte für Mehrmotorenmaschinen und aussetzenden Betrieb

Bei Maschinen mit mehreren Motoren kann der Motorschutz auch in der Weise durchgeführt werden, daß man jedem einzelnen Element lediglich die Überwachungseinrichtungen wie thermische Relais zuweist und diese aber auf einen gemeinsamen Hauptschalter einwirken läßt. Eine derartige Anwendung wäre im Prinzip auch bei Auslösern möglich. Hierfür sind aber verständlicherweise keine Konstruktionen auf dem Markt, so daß es in der Praxis darauf hinauskommt, thermische Relais

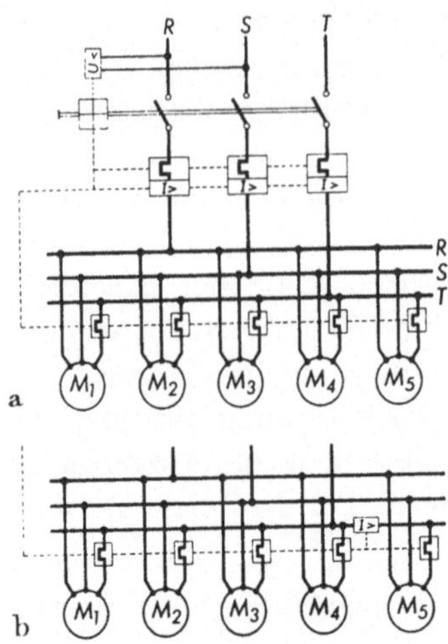

Abb. 107 a u. b. Schutzschalter für Motorgruppen im aussetzenden Betrieb a zentrale Kurzschlußauslösung; b zusätzlich nochmals Kurzschlußauslösung für einen kleinen Motor

zu verwenden, die beispielsweise in den Kreis der Unterspannungsauslösung eines Hauptschalters oder den Steuerkreis eines Schützes eingreifen. Die Relais werden dann in Sammelkästen vereinigt.

Eine besondere Bedeutung hat diese Ausführung bei Kombinationen, die nur im Aussetzbetrieb arbeiten, wie z. B. bei Kränen [RITZ, KIRSCH]. In diesem Fall begnügt man sich im allgemeinen mit dem einpoligen thermischen Schutz eines jeden Drehstrommotors, während die beiden anderen Leiter im wesentlichen durch eine gemeinsame, magnetische Schnellauslösung gedeckt sind. Im Aussetzbetrieb ist diese Methode erfahrungsgemäß durchführbar, weil

Abb. 108. Kranschaltkasten je Abgang ein Schutzschalter mit je 3-poliger, thermischer und magnetischer Auslösung (Klöckner-Moeller)

längere Laufzeiten nicht in Betracht kommen und beispielsweise beim Ausbleiben einer Phase ein Wiederanlauf bei der nächsten Einschaltung nicht mehr möglich ist. Es genügt also für die thermische Überwachung im wesentlichen die Überwachung des Zustandes bei dreiphasigem Betrieb, s. Abb. 107. Soweit die Ansprechstromstärke der Schnellauslöser im Verhältnis zu den Erfordernissen des thermischen Relais im Grenzfall zu hoch

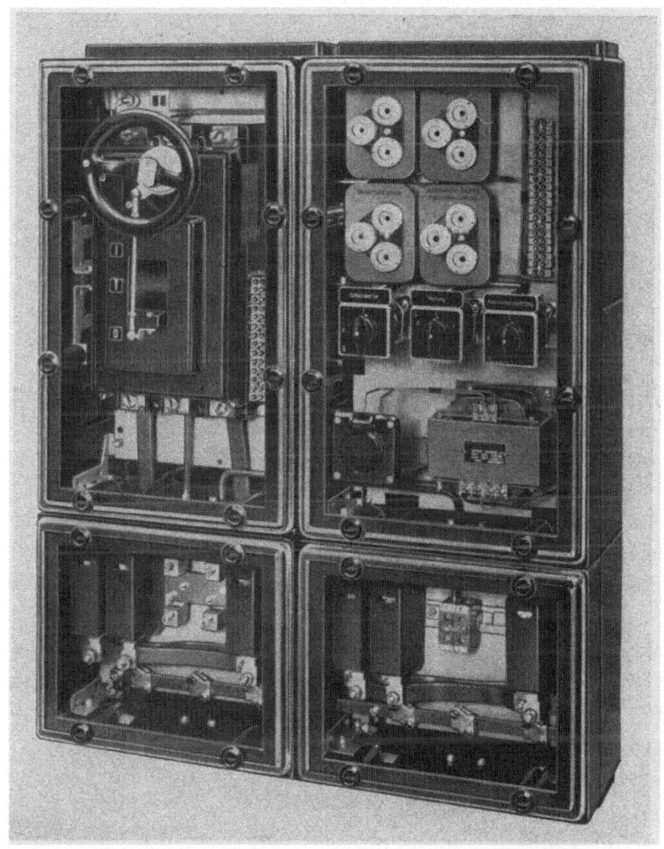

Abb. 109. Schaltkasten für 4-Motoren-Kran, je Motor ein 2-poliges Schutzrelais auf Hauptschalter wirkend; Hauptschalter mit therm. und Schnellauslösung in allen 3 Polen

ist, ist es unter Umständen notwendig, einzelnen oder Gruppen von thermischen Elementen der Einzelmotoren noch zusätzliche Schnellauslöser zuzuordnen, die dann in der Praxis jedoch im allgemeinen als unverzögert wirkende magnetische Überstromrelais eingesetzt werden müssen, die auf die Unterspannungsauslösung einwirken (b). In der Praxis zieht man zwar heute vor, den Hauptschalter gleichmäßig in allen drei Phasen mit Schnellauslösung und Überlastauslösung zu versehen. Die Ansicht eines solchen Kranschaltkastens, der üblicherweise außer dem Hauptleistungsschalter und den einpoligen thermischen Überwachungselementen für die einzelnen Motoren noch die Steuertransformatoren und die Beleuchtungsschalter mit Sicherungen enthält, s. Abb. 109. Der einfachste Weg bei der heute üblichen Massenerzeugung von Selbstschaltern kleinen Raumbedarfs trotz dreipoliger thermischer und magnetischer Auslösung ist jedoch der Einbau solcher Schalter für jeden Motor, s. Abb. 108.

### 2.7.6 Geräte mit selbsttätiger Rückschaltung nach Überstromauslösung wegen Einphasenlauf

Motorschutzschalter können ansprechen, weil die Maschine, die der Motor anzutreiben hat, überlastet ist, sie können aber auch ansprechen, weil in einzelnen Wicklungen Überströme auf Grund von Netzstörungen auftreten, z. B. weil eine Zuleitung des Motors unterbrochen ist. Im allgemeinen hat es keinen Zweck, zwischen diesen beiden Störungsursachen zu unterscheiden. Man wird nach erfolgter Auslösung die Wiedereinschaltung erneut versuchen und muß dabei darauf gefaßt sein, daß eine nochmalige Abschaltung erfolgt. In diesem Falle ist die Behebung der Störung erste Aufgabe. Sehr unangenehm ist aber die Ausschaltung, wenn sie auf Grund von Netzstörungen erfolgt und Antriebe umfaßt, die nicht dauernd beaufsichtigt werden, die also weitab von menschlichen Behausungen liegen. Das ist in weitem Umfang bei Wasserhaltungen der Fall. Hat in einer solchen Anlage der Motorschutzschalter angesprochen, vielleicht lediglich deshalb, weil in dem weit entfernten Transformatorenhaus eine Phase durch Abschmelzen einer Sicherung oder Herausfallen eines Trennmessers ausblieb, dann ist es notwendig, außer der Behebung des Schadens auch noch die Wasserhaltungsstation aufzusuchen, um den Motorschutzschalter wieder einzulegen. Dieser Umstand veranlaßte schon verhältnismäßig früh die Entwicklung von Motorschutzgeräten mit selbsttätiger Wiedereinschaltung. Solche Geräte sind naturgemäß nur auf der Grundlage von Fernschaltern aufbaubar, sie bestehen in erster Linie aus Schützen (s. S. 234). Nach erfolgter Ausschaltung wird das Netz durch Spannungsrelais abgetastet und festgestellt, ob es bei der Ausschaltung gesund war oder nicht. War es gesund, dann muß eine endgültige Unterbrechung der Stromzufuhr zum Motor erfolgen, es muß ein Sperr-Relais eingreifen, das die selbsttätige Wiedereinschaltung verhütet. War es dagegen in diesem Augenblick nicht gesund, dann erfolgt keine Durchschaltung bis zu dem Sperr-Relais, der Motorschutzschalter bleibt ausgeschaltet, bis die Spannung auf allen drei Phasen in praktisch voller Höhe wiederkehrt. Der Geräteaufwand kann verschieden hoch sein. Von der Höhe der Aufwendungen hängt es ab, mit welcher Genauigkeit die Einrichtung wirkt. Eine ganz genau arbeitende Anlage braucht drei Relais für die Sperrüberwachung und drei Relais für die Wiedereinschaltüberwachung. Meistens begnügt man sich allerdings mit weniger.

Das Zusammenwirken eines Motorschützes mit drei Spannungswächterrelais oder Hilfsschützen zeigt Abb. 110. Beim Einschalten durch den Dauerkontaktgeber wird der Spannungswächter *1* erregt und setzt seinerseits das Netzschütz in Tätigkeit, vorausgesetzt, daß der Spannungswächter *3* sich noch in Ruhelage befindet. Unterbricht das Motorschutzrelais, dann wird der Spannungswächter *1* abgeschaltet, gleichzeitig das Motorschütz. Der Spannungswächter *2* tritt in Tätigkeit, schaltet den Spannungswächter *3* ein, der sich selbst hält, und damit die Anlage endgültig stillegt. Ist zwischen den Leitern *S—T* oder *R—T*, an denen die Spannungswächter *2* und *3* liegen, keine ausreichende Spannung vorhanden, dann kommt die Sperrung nicht zu-

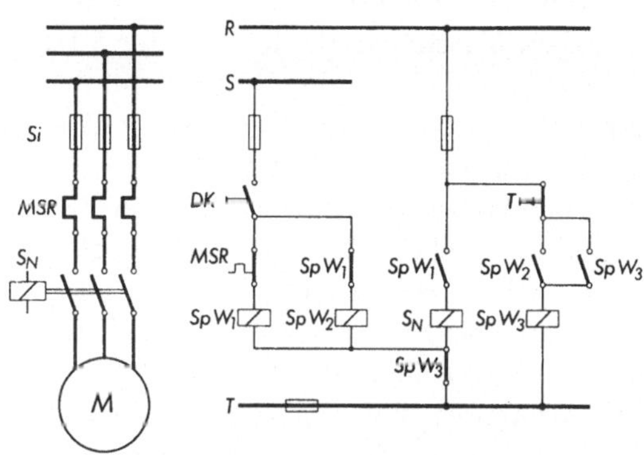


Abb. 110. Motorschutzgerät mit selbsttätiger Rückschaltung nach 1-Phasenlauf
*T* — Taster zur Beseitigung der Sperre; *Si* = Sicherung. *SpW* = Spannungswächter, $S_N$ = Netzschütz; *MSR* = Motorschutzrelais; *DK* = Dauerkontaktgeber

stande. Die etwaige elektrische Sperrung kann durch den Taster *T* wieder aufgehoben werden. Spannungswächter sind einfachen Hilfsschützen oder Schaltrelais vorzuziehen, da es wesentlich darauf ankommt, daß die Spannung an den kontrollierten Phasen auch tatsächlich eine ausreichende Höhe aufweist und die Relais bei kleiner Unterspannung entsprechend dem Wert, den der laufende Motor aufrechterhält, möglichst nicht anziehen. An Stelle des Spannungswächters *1* kann auch ein einfaches Hilfsschütz oder -Relais verwandt werden, da es nicht der Spannungskontrolle zur Vorbereitung der Sperrung dient. Die ersten Anlagen dieser Art wurden bei den Wasserhaltungen des Kaiser-Wilhelm-Kanals im Jahre 1925 errichtet [FRANKEN (2)]. Die Pumpwerke des Kanals liegen weit ab von Wohnorten, Unterbrechungen der vorher geschilderten Art hätten sich hier sehr unangenehm bemerkbar gemacht. Die Sperrung war eine mechanische, d. h. das letzte Relais verklinkte sich und führte die endgültige Abschaltung des Relais herbei. Die Auslösung der Sperrung geschah durch Drucktaste. Statt der mechanischen Sperre ist auch eine Relaissperre möglich [FRANKEN (4)].

16*

### 2.7.7 Motorschutzgeräte als Abzweigschalter an Verteilern

Motorschutzgeräte sind nicht nur in der Lage, gleichzeitig als Betriebsschaltgeräte zu wirken. Sie sind auch in der Lage, überdies die Funktionen des Abzweigschalters zu übernehmen. In diesem Falle werden sie unmittelbar an die Verteiler angebaut. Handelt es sich um Handschalter, dann gibt es weiter nichts Bemerkenswertes. Eine solche Anordnung bietet aber auch nicht die Möglichkeit der bequemen Steuerung. Anders bei der Verwendung von Schützen. Diese kann man unter Umständen von der Arbeitsmaschine aus steuern. Das Gerät ist dann also Schutz-, Abzweig- und Steuergerät in einem. Bei Pumpen u. dgl., also allen Maschinen, die nicht unter VDE 0113 fallen und nicht weiter beobachtet zu werden brauchen, kann man dabei auch die Steuerorgane mit den einzelnen Schaltgeräten verbinden. Bei den Be- und Verarbeitungsmaschinen wird nach VDE 0113 ein Hauptschalter an der Maschine selbst verlangt, so daß die Fernsteuerung durch Schütze am Verteiler ausscheidet. Es ist auch möglich, die Steuerorgane eines Verteilers, z. B. in Form eines *Druckknopfsammelkastens* oder eines *Steuerpultes*, an einer Stelle zusammenzuziehen — möglichst mit Signalgeräten. Letztere Anordnung wird als *Zentralfernsteuerung* bezeichnet [FRANKEN (9)]. Wenn die Befehlsgeräte an dem Verteiler unmittelbar befestigt sind, so spricht man von einer *Zentralsteuerung*.

Besondere Aufmerksamkeit erfordert bei all diesen Lösungen die Frage des Steuerkreises. Bevorzugt wird ein von den Haupstromkreisen getrennter Steuerkreis, der von den Sammelschienen über Sicherungen abzweigt und auch seinerseits ein bis zwei Hilfsschienen enthält. Das besondere Steuernetz hat aber auch Nachteile. Schmilzt beispielsweise eine Hauptsicherung ab, so bleibt das Gerät eingeschaltet. Nimmt man Schmelzeinsätze als Trennelemente heraus, so kann man leicht zu der Auffassung kommen, das gesamte Abzweigfeld sei spannungslos, was aber nicht der Fall ist, denn das Steuersystem steht von den Hilfsschienen aus weiter unter Spannung. Ist dieser Gesichtspunkt entscheidend, dann sollte man auf das gemeinsame Steuersystem verzichten und die Steuerspannung je Feld hinter der Hauptsicherung abnehmen.

Die Frage, wie stark solche Steuerleitungen abgesichert sein müssen, ist durch die VDE-Bestimmungen beantwortet. Ein Dauerstromschutz ist nicht erforderlich, lediglich ein Kurzschlußschutz (s. z. B. VDE 0113). Ist also die Hauptsicherung gleich oder schwächer als die Steuersicherung sein darf, so ist keine besondere Steuerleitungssicherung notwendig [FRANKEN (19), S. 236, (20)].

Schütze mit Motorschutzrelais am Verteiler bedürfen noch eines Trennelementes. Hierfür genügt im allgemeinen eine vorgeschaltete Sicherung.

### 2.7.8 Die Lebensdauer der Geräte

Die Lebensdauer der Schaltgeräte war lange Zeit der am meisten vernachlässigte Auswahlfaktor, während das Entgegengesetzte richtig gewesen wäre. Auch diese Frage gehört dem Schaltgerätebau im allgemeinen an und soll deshalb hier nicht im einzelnen behandelt werden. Besonders wichtig ist sie für Motorschutzgeräte, die auf der Grundlage der Schützenschalter aufgebaut sind und gleichzeitig zur betriebsmäßigen Ein- und Ausschaltung dienen, möglichst mit bequemen Betätigungsschaltern (Druckknopftasten) und dabei in der Lage sind, auch höhere stündliche Schalthäufigkeiten zu bewältigen [FRANKEN (19), S. 295, 303, 325, 349].

Zu unterscheiden ist die mechanische Lebensdauer (*Gerätelebensdauer*) und diejenige der Schaltstücke. Die VDE-Regeln 0660/12.52 geben auch hier Richtzahlen. So z. B. unterscheiden sie für die Gerätelebensdauerprüfun g fünf Gruppen (A . . . E) und ordnen ihnen eine Prüfschaltzahl zu, die unter bestimmten Voraussetzungen ermittelt wird. Bei Gruppe A ist die Prüfschaltzahl 1000 und steigt dann jeweils um eine Zehnerpotenz bis auf $10 \cdot 10^6$ bei Gruppe E. Motorschutzschalter sollten möglichst mindestens für Gruppe C 100000 Schaltungen ausgeführt werden, jedenfalls für Gruppe B nur dann, wenn die Geräte reine Schutzfunktionen auszuüben haben und andere zur Inbetriebsetzung der Motoren zur Verfügung stehen. Für Schütze gelten vorzugsweise die Gruppen D und E mit 1 bzw. $10 \cdot 10^6$ Prüfschaltungen.

Die *Schaltstücklebensdauer* sollte möglichst genauso groß sein wie die Gerätelebensdauer. VDE 0660 läßt aber bei bequemer Ersatzmöglichkeit der Schaltstücke hierfür auch geringere Prüfschaltzahlen zu, verlangt jedoch mindestens 5% der Gerätelebensdauer. Der Lebensdauerprüfung der Schaltstücke werden nach VDE 0660/52 § 53 bei Drehstrom bestimmte Einschalt- und Ausschaltströme zugrunde gelegt.

In jedem Falle muß das Motorschutzgerät so betriebssicher und von so hoher Lebensdauer sein, daß es nicht selbst zur Störquelle gegenüber dem Motor werden kann. Das sollte möglichst auch für die Schaltstücke gelten. Die Geräteform ist deshalb den Betriebsbedingungen anzupassen. Bei höheren Schalthäufigkeiten kommt nur das Schütz mit Relais in Betracht oder aber ein der Motorsteuerung vorgeschaltetes Schutzgerät in Form des Selbstschalters, der seinerseits selten betätigt wird.

Genaueres über das Verschleißverhalten, die Bewertung und Lebensdauerprüfung bei Schützen s. FRANKEN (19), S. 295, 316, 349.

## 2. 8 Eichung und Prüfung von Motorschutz-Auslösern und Relais

Ein sehr wichtiger Vorgang beim Aufbau von Motorschutzgeräten ist die *Eichung* bzw. *Prüfung* der thermischen Elemente. Hierbei muß ein verhältnismäßig sehr großer Aufwand, der einen wesentlich größeren Prozentsatz der gesamten Herstellungskosten ausmacht als sonst bei Schaltgeräten üblich, getrieben werden. Die Eichung muß zum Ziel haben, dafür zu sorgen, daß der Grenzstrom der Geräte, und zwar möglichst auf allen Polen gleichmäßig, zum mindesten in die durch die VDE-Regeln festgelegten Grenzen von 1,05 bis 1,2 mal Motornennstrom fällt. Da die obere Grenze verhältnismäßig hoch liegt und bereits zur Erhöhung der Wicklungstemperatur von über 40% führt, so sollte angestrebt werden, diese Grenze in der Praxis zwischen 1,05 und 1,15, also im Mittel bei 1,1 mal Nennstrom, zu legen. Es kommt aber nicht nur darauf an, daß das Gerät bei allpoliger Belastung diese Forderung erfüllt, sondern ein dreipoliges muß auch bei ein- und zweipoliger Belastung innerhalb gewisser Grenzen ansprechen, und zwar bei einpoliger spätestens bei 20% und bei zweipoliger bei 10% höherem Strom. Der Grenzstrom muß demnach nach den VDE-Regeln also einpolig bei spätestens 144%, zweipolig bei spätestens 132% des Einstell-Motornennstromes liegen. Die Werte gelten für eine Raumtemperatur von 20° C (s. Tabelle 2, S. 30). Diese Eigenschaften müssen die Geräte auch nicht nur bei einem einzigen Skalenpunkt haben, sondern bei allen Punkten der Skala. Da bei der Massenerzeugung die Skalen kaum Einzeleichung zulassen, sondern grundsätzlich festgelegt und maschinell hergestellt werden müssen, so ist in erster Linie eine außerordentlich hohe Präzision bei der Auswahl der Materialien und der Herstellung der Einzelteile notwendig, denn jede Skala, die beispielsweise auf einer Wegveränderung des Gerätes beruht, sagt damit aus, daß der ursprünglich z. B. für die Mittelmarke eingestellte Schaltweg der thermischen Elemente um einen bestimmten Betrag unter- bzw. überschritten werden darf. Würde man den mittleren Ausschaltweg wegen Unexaktheit bei der Herstellung der Einzelteile vergrößern oder verkleinern, dann müßten im gleichen Maße auch die Skalenabstände abgeändert werden (s. S. 148). Da das unmöglich ist, so muß — wie bereits erwähnt — die Herstellung der Einzelteile außerordentlich genau sein. Hierbei wird aber immer eine mehr oder weniger große Abweichung zurückbleiben, deshalb muß die andere Aufgabe um so genauer gelöst werden, nämlich für den beim jeweiligen Gerät vorhandenen Schaltweg eine genügend genaue Eichung durchzuführen oder umgekehrt — besser gesagt — den Schaltweg den gegebenen Stromverhältnissen für einen bestimmten Punkt genügend genau anzupassen. Man wird hierzu zweckmäßig etwa den Mittelpunkt der Skala wählen, damit etwaige Fehler an beiden Endpunkten als Teilwerte erscheinen, einmal positiv, einmal negativ und nicht etwa an einem Skalenendpunkt in voller Höhe.

Wenn beispielsweise nur die Hebelübersetzung eines Dehnungselementes um 5% von ihrem Sollwert abweicht, dann müßte im gleichen Verhältnis der Skalenwert abgeändert werden. Nimmt man eine Skala mit den Marken 1, 0,75 und 0,5 an und eicht bei der Marke 0,75 genau, d. h. man berücksichtigt, daß der Schaltweg nur noch 0,95 statt dem Normalwert 1 ist, dann würde sich (s. S. 149) nunmehr eine Auslösestromstärke von 1,02 statt 1 auf der oberen Marke ergeben. Da Unterschiede in der Größenordnung von 5% z. B. bedingt durch eine Hebelübersetzung oder aber bei Bimetall, bei dem die Ausdehnung sehr stark von der Formgebung abhängt, durchaus nicht ungewöhnlich sind, so geht hieraus hervor, daß es notwendig ist, die Eichung auf dem Skalenmittelpunkt genau zu betreiben, damit sich nicht mehrere derartige Fehler addieren.

Bezüglich der Grenzstromunterschiede bei ein-, zwei- und dreipoliger Belastung und die Zusammenhänge zwischen den Skalenfehlern und den unterschiedlichen Schaltwegen s. S. 150 [FRANKEN (12)].

Der Eichung vorher geht eine mechanische und elektrische Kontrolle der Einzelteile. Die mechanische Prüfung erstreckt sich dabei in erster Linie auf den Kontaktapparat, z. B. dessen Auslöse- und Kontaktkraft, die elektrische auf die Nachprüfung der Widerstandwerte der thermischen Elemente. Voraus gehen Materialerprobungen insbesondere bei Bimetallstreifen bezüglich ihrer Abmessungen, der spezifischen Durchbiegung, der Rückbiegung u. dgl. Vor der Eichung erfolgt auch vielfach noch ein zusätzlicher Glühprozeß, wodurch innere Spannungen der Auslöseelemente beseitigt werden. Das ist z. B. der Fall bei Dehnungsbandpaketrelais nach Abb. 16, S. 42, aber auch bei Bimetallelementen mit Heizwicklung, dabei werden die Elemente durch kurzzeitige Stromstöße jeweils auf Rotglut gebracht. Zahl und Dauer der Stöße überwacht ein Zeitschaltwerk. Über die Alterung von Bimetallstreifen s. S. 69. Vielfach werden die Geräte schon bei der Montage oder diesen Zwischenprüfungen so eingestellt, daß die drei thermischen Elemente, z. B. die Bimetalle, gleichen Abstand von der Polbrücke haben.

Die Eichung erstreckt sich auf die thermischen Relais im allgemeinen ohne ihren etwaigen Zusammenbau mit dem Hauptstromschaltgerät. Das gilt auch für thermische Auslöser soweit sie als selbständige Bausteine ansetzbar sind (s. z. B. Abb. 46 S. 89). Schalter mit nicht auswechselbaren Auslösern müssen als Einheit geeicht werden.

Für die *Eichung* auf dem Skalenmittelpunkt gibt es nun grundsätzlich *fünf verschiedene Wege* [FRANKEN (18)]. Sie sind in Tabelle 9 in der Reihenfolge des Aufwandes dargestellt. Natürlich ist die Genauigkeit dieser Verfahren unterschiedlich.

Um diese Unterschiede darzulegen, sollen folgende Bezeichnungen verwendet werden:

$s_{RT}$ der Weg, den das thermische Element unter dem Einfluß von Raumtemperaturschwankungen zurücklegt,

$s_{GT\ddot{u}}$ der Weg, den es unter dem Einfluß der Lufttemperaturerhöhung im Gehäuse zurücklegt,

$s_{AT\ddot{u}}$ der zusätzliche Weg, der unter dem Einfluß der Stromwärme über $s_{GT\ddot{u}}$ hinaus entsteht,

$s_w$ der gesamte Weg, den das thermische Element durch Wärmeentwicklung zurücklegt;

$$s_w = s_{RT} + s_{GT\ddot{u}} + s_{AT\ddot{u}}.$$

Dieser Weg ($s_w$) wird um den Betrag ($s_d$) vermindert, der beim Ausschaltprozeß durch Verformung, z. B. Rückbiegung des Bimetalls, zur Überwindung der auftretenden Schaltkräfte auftritt.

Der Nettoschaltweg ist dann $s_n = s_w - s_d = s_{RT} + s_{GT\ddot{u}} + s_{AT\ddot{u}} -$ $- s_d$. Diese Wege sind nun durch die verschiedensten Einflußfaktoren bedingt. Es soll hinsichtlich der Schwankungen dieser Faktoren unterschieden werden:

$B$ kennzeichnet den Einfluß der Eigenschaften des Wärmeelementes bezüglich des Zusammenhanges zwischen Temperatur und Wegänderung, also z. B. bei Bimetall seiner Abmessungen, seiner Vorbehandlung und seiner spezifischen, von der Legierung abhängigen, Ausbiegung.

$R$ kennzeichnet den Einfluß des Leitwiderstandes des Auslöseelementes, z. B. des Bimetallstreifens selbst und vor allen Dingen den einer etwaigen Heizwicklung. Aber nicht nur die Größe des Ohmwertes ist maßgebend, sondern auch z. B. die Lage der Heizwicklung auf dem Bimetallstreifen und in vielen Fällen die Höhe des Anpreßdruckes oder dgl.

$I$ kennzeichnet den Einfluß der Stromstärke, die den Auslöser durchfließt. Wesentlich ist hierbei auch der Einfluß der Stromzuführungselemente, der Kontaktübergangswiderstände u. dgl., die außerhalb des thermischen Elementes liegen. Unterschieden wird weiter:

$G$　　der Einfluß des Gehäuses auf die Erwärmung,

$K$　　der Einfluß der Ausschaltgegenkräfte auf die Auslösung,

$RT$　ist die Raumtemperatur bei der Eichung bzw. deren Schwankung,

$GT\ddot{u}$　die Übertemperatur der Luft im Gehäuse,

$AT\ddot{u}$　die Übertemperatur des thermischen Elementes gegenüber der Temperatur im Gehäuse.

$ET$　die Eichtemperatur im Innern eines Eichschrankes oder dergleichen.

Die Temperatur z. B. eines Bimetallstreifens ist demnach gleich $RT +$ $+ GT\ddot{u} + AT\ddot{u}$.

Ehe die einzelnen Eichverfahren hinsichtlich ihrer Wirksamkeit näher behandelt werden, soll noch kurz ein Wort über die Einflußfaktoren auf die genannten Einzelwegabschnitte gesagt werden. Im fertigen gekapselten Gerät ist abhängig

$s_{RT}$ also die Wegbeeinflussung durch die Raumtemperatur von $RT$ und $B$,

$s_{GT\ddot{u}}$, bedingt durch die Übertemperatur der Luft im Gehäuse, von $R$, $I$, $G$, und $B$,

und endlich

$s_d$ der Rückbiege- oder Verformungsweg von $B$ und $K$, wobei der Zahlenwert von $B$ ein etwas anderer ist als bei den Wärmewegen.

In der Praxis kann man den Einfluß der beiden ersten Wegstrecken in einem gewissen Umfang kompensieren. Über diese Temperaturkompensation s. S. 133.

Eine Kompensation von $s_{GT\ddot{u}}$ hat nur einen Sinn, soweit man damit den Einfluß der unterschiedlichen Wärmeabfuhr verschieden großer Gehäuse ausgleicht. Sonst hat sie den Nachteil, daß der Nettoweg der thermischen Elemente grundsätzlich vermindert wird und damit die Genauigkeit sinkt.

Tabelle 9. *Übersicht über die verschiedenen Eichmethoden und die dabei nicht berücksichtigten Einflüsse*

| | Methode | Berücksichtigt nicht: |
|---|---|---|
| 1 | *Mechanische Einstellung* eines bestimmten *Auslöseweges* | $B$, $R$, $I$, $RT$[1], $G$, $K$ |
| 2 | Einstellung einer *Auslösezeit* bei einer bestimmten *Überlastung* | $B$, $R$, $I$, $RT$[1], $G$, $K$ |
| 3 | *Reine Temperatureichung.* Das Gerät wird in einen Raum mit überhöhter Temperatur gebracht und bei dieser Erwärmung durch Stellschrauben oder dergleichen die Auslösepunkte festgelegt | $R$, $I$, $G$ |
| 4 | *Grenzstromeinstellung.* Die thermischen Elemente werden unter Strom gesetzt und die Auslösepunkte bei konstanter Temperatur im Innern eines Eichkastens festgelegt | $G$, $RT$[1,2] |
| 5 | Wie 4, jedoch Eichung in *Einzelgehäusen,* deren *ÜT* durch die jeweilige Eigenwärme bei konstanter Außentemperatur bedingt ist | $RT$[1] |

[1] Wenn nicht temperierte Räume oder vollwirkende Raumtemperaturkompensationen vorhanden sind.

[2] Fehler (durch $R$ und $B$) kommen hinzu, wenn die Eichschranktemperatur unter Berücksichtigung der höchsten vorkommenden Raumtemperatur und der Wärmeentwicklung des stromstärksten Gerätes verhältnismäßig hoch angesetzt werden muß. Das ist zu vermeiden durch unterschiedliche dem jeweiligen Gerät angepaßte Eichschranktemperatur und Einbauräume mit der Praxis entsprechender Kühlfläche.

In der Praxis werden alle genannten Methoden angewandt. Die *Einstellung eines bestimmten Auslöseweges* besteht z. B. darin, daß man lediglich mit mechanischen Mitteln gewisse Abstände einjustiert, also z. B., so daß der Abstand zwischen Bimetall und Polbrücke zwischen zwei festgelegten Grenzwerten liegt. Es ist der einfachste Weg für die Eichung. Sie kann nicht besonders genau sein, denn sie berücksichtigt die Faktoren $RT$, $B$, $I$, $R$, $G$ und $K$ nicht. Sie verläßt sich vollständig darauf, daß alle diese Teilwerte vom Material und der Formung her in einem ganz engen Streubereich liegen. Diese Voraussetzung kann aber erfahrungsgemäß nicht gemacht werden. Man vernachlässigt dann beispielsweise bei einem Bimetallelement die Veränderung der den Auslöseweg beeinflussenden Faktoren, z. B. die Durchbiegung bei einer bestimmten Temperatur, Dickenunterschiede, Widerstandstoleranzen einer etwaigen Heizwicklung u. ä. Die Widerstände kann man naturgemäß in einem besonderen Verfahren nachmessen. Es ist aber nicht nur die Größe des Ohmwertes maßgebend, sondern auch die Lage der Heizwicklung auf den Bimetallstreifen, in vielen Fällen die Höhe des Anpreßdruckes u. dgl. In Wirklichkeit ergeben alle diese Faktoren zusammen die Ausbiegung bei einer bestimmten Stromlast. Man hat auch schon vorgeschlagen, anstatt der Wegkontrolle eine Kraftkontrolle einzuführen, d. h. so zu eichen, daß bei richtig geeichten Geräten mittels einer Federwaage festgestellt wird, wie weit der kalte Bimetallstreifen zurückzubiegen ist, damit er die Auslösung bewirkt und die Einstellung dann so vorzunehmen, daß man die Bimetallstreifen in den Geräten mit den gleichen Kräften beansprucht und darauf die Justierung vorgenommen wird. Hierbei werden wesentlich der Elastizitätsmodul und die Abmessungen berücksichtigt, alle anderen Eigenschaften aber nicht.

Bei der *Überstromzeiteichung* werden die Elemente jedes Einzelpoles der Auslöser und Relais vom kalten Zustand aus mit einem bestimmten Vielfachen des Einstellstromes belastet und dann so eingestellt, daß die Auslösezeit innerhalb vorgeschriebener Grenzen liegt. Die Werte müssen natürlich an Modellstücken nach Grenzstromeichung ermittelt werden. Ein exakter Zusammenhang zwischen der Grenzstromstärke und der hierbei überprüften Zeitverzögerung bei einer bestimmten Überlastungsstromstärke existiert aber nicht. Das ist wiederum durch die Werte $RT$, $B$, $I$, $R$, $G$ und $K$ bedingt. Zum Beispiel macht sich besonders der Faktor $G$ bemerkbar. Bei einer höheren Überlastung wird die Auslösezeit von dem Vorhandensein oder Nichtvorhandensein eines Gehäuses kaum beeinflußt. Der Grenzstrom hängt aber von dem Gehäuse seinen Abmessungen, seiner Ausführung, Dichtigkeit u. dgl. ab, und von dem Grenzstrom auch der Weg, den das Wärmeelement bei Dauerbelastung zurücklegt. Ein exakter Zusammenhang erfordert gleiche Zeitkonstante, d. h. konstantes Verhältnis von Wärmeaufnahme – zu Abgabefähigkeit. Für die Auslösezeiten ist aber, wenigstens bei höheren Überlastungen, lediglich die Wärmeaufnahmefähigkeit maßgebend. In einem gewissen

Umfang gehen die Werte $R$ und $B$ in die Kontrolle ein, aber nur, soweit der Weg $s_{ATü}$ in Betracht kommt. Eine vereinfachte Grenzstromeichung in Verbindung mit Zeiteichung, bei der auf eine längerdauernde Vorheizung mit dem Grenzstrom eine Überstromzeiteichung mit dem 1,4fachen Skalenwert folgt, beschreibt HAAS (1).

Erheblich günstiger ist die *reine Temperatureichung*, d. h. also die Eichung findet bei einer bestimmten konstanten erhöhten Lufttemperatur statt. Es werden aber auch dann bei weitem noch nicht alle Einflußfaktoren berücksichtigt. Berücksichtigt wird $B$, denn bei gegebener Temperatur ist der Weg unbedingt von den Bandeigenschaften abhängig. Wenn man den Weg, also bei konstanter Übertemperatur, einjustiert, sind diese Eigenschaften berücksichtigt. Die Verformungswege, gegeben durch den Wert $K$, sind dabei im allgemeinen auch berücksichtigt, jedoch nicht die Zusammenhänge zwischen den Wärmewegen und dem Widerstand $R$, der Stromstärke $I$ und dem Gehäuseeinfluß $G$. $RT$ scheidet als Einflußfaktor aus.

Die beste Methode ist die *Grenzstromeichung*, d. h. jedes einzelne Gerät mit seinem Grenzstrom zu belasten und dabei zu ermitteln bzw. einzustellen, bei welchem Strom und langdauernder Einwirkung das Gerät noch eingeschaltet bleibt und bei welchem es noch anspricht. Hierbei empfiehlt es sich, nicht alle drei Polelemente gleichzeitig unter Strom zu setzen, da man dann an der Wirkung, d. h. der Auslösung des Schalters nicht feststellen kann, welche Elemente sie hervorgerufen haben. Es ist sehr gut denkbar, daß von 3 Stück nur 1 oder 2 im Eingriff sind und beispielsweise das dritte Element erst ganz erheblich später kommt. Es ist aber erforderlich, daß alle drei bei einer bestimmten Stromstärke mit geringer Toleranz gleichzeitig die Auslösung herbeiführen. Die Eichung bei Grenzstromlast wird in einem besonderen Eichkasten bestimmter Temperatur durchgeführt. Durch die konstante Temperatur, die durch Regelelemente auf praktisch gleicher Höhe gehalten wird, tritt an die Stelle von $s_{RT}$ und $s_{GTü}$ der Weg $s_{ET}$, bedingt durch die Einstellufttemperatur. Damit sind in diesem Bereich auch die Einflußwerte $B$ berücksichtigt, dagegen nicht der Einfluß von $R$ und zum Teil $B$ auf dem Weg $s_{GTü}$. Durch die gleichzeitige Strombeheizung der Elemente werden aber auch mit Bezug auf $s_{ATü}$ die Werte $B$, $R$ und $I$ berücksichtigt. Es bleibt also nur der Einfluß von $G$ ganz unberücksichtigt, ein Wert, der bei keinem Verfahren voll zur Wirkung kommt und bei Geräten mit Temperaturkompensation ja auch in gewissem Umfang ausgeglichen wird. Das Verfahren erfordert die Festlegung einer bestimmten Eichstromstärke, die bei der Modellprüfung unter Berücksichtigung der konstant zu haltenden Umgebungstemperatur ermittelt werden muß, um den Auslösepunkt mit großer Genauigkeit zu finden. Dieser Strom kann vom Grenzstrom abweichend sein.

Er wird üblicherweise als *Eichstrom* bezeichnet. Er kann tiefer sein als der normale Grenzstrom, weil die Umgebungstemperatur höher ist. Er kann aber auch höher sein, weil beispielsweise bei nur einpoliger Belastung jedes Einzelelement die volle Auslösekraft zu überwinden hat. Ein Nachteil besteht darin, daß die festzulegende konstante Temperatur in den Eichkästen verhältnismäßig hoch angesetzt werden muß, unter Berücksichtigung der höchst vorkommenden Raumtemperatur und der Wärmeentwicklung des stromstärksten Gerätes, das geeicht werden soll.

Abb. 111. Grenzstromeichung von Dehnungsbandrelais mittels Einstellschrauben. Die Lufttemperatur in den Eichschränken wird konstant gehalten

Zu hohe Temperaturen vermindern aber die Eichgenauigkeit, weil für den überhöhten Bereich die Einflüsse $R$ und $I$ sowie zum Teil $B$ nicht mehr berücksichtigt werden. Natürlich kann man auch für Auslöseelemente unterschiedlicher Nennstromstärke mit unterschiedlichen Temperaturen arbeiten. Im übrigen wird, nachdem dieser Eichstrom lange genug auf dem Gerät gestanden hat und die betriebsmäßigen Temperaturunterschiede der einzelnen Elemente zustande gekommen sind, durch Verdrehen einer Einstellschraube oder Verbiegen eines Konstruktionselementes der richtige Grenzwert festgehalten. Eine Grenzstromeinstellung von Dehnungsbandrelais mittels Einstellschrauben im Eichschrank bei auf gleichmäßiger Temperatur gehaltener Luft zeigt Abb. 111.

Eine *Abart* erfährt die Methode der Grenzstromeinstellung noch durch die *Art des Eichkastens*. Hierbei wird nicht die Temperatur im Eichkasten konstant gehalten, sondern statt dessen die Temperatur der umgebenden Raumluft, die natürlich auch bei allen anderen Verfahren durch Klimatisierung des Raumes als konstanter Wert eingeführt werden kann. Die Erwärmung der das Element im Eichkasten umgebenden Luft wird dann allein durch die im Gerät erzeugte Wärme bedingt, wobei für jedes Gerät ein bestimmtes Gehäuse mit bestimmten Abmessungen und Wärmeabfuhreigenschaften verwendet wird. Diese Methode erlaubt die Berücksichtigung aller Einflußfaktoren, mit Ausnahme des von $G$, soweit nämlich das wirkliche Gehäuse vom Eichgehäuse abweicht.

Bei allen Verfahren treten die Temperatureinflüsse nur so weit in Erscheinung, wie der Einfluß nicht kompensiert wird. Bei Vollkompensation kann man also auf die Berücksichtigung dieses Einflusses verzichten, bei Teilkompensation nur in beschränktem Umfang. Eine Eichung, auch im klimatisierten Raum, ohne Kapselung, ist hinsichtlich des Grenzstromes praktisch nicht durchzuführen, da erfahrungsgemäß der Grenzstrom von den unvermeidlichen Luftbewegungen beeinflußt wird. Außerdem besteht hier häufig die Schwierigkeit darin, daß auch eine etwaige Temperaturkompensation nicht mehr von der gleichen warmen Luft umspült wird wie die Auslöseelemente, so wie es im Gehäuse des fertigen Gerätes der Fall ist.

Eine Zusammenfassung der bei den verschiedenen Eichmethoden nicht berücksichtigten Einflüsse s. Tabelle 9.

Die *einpolige Eichung* ist bei allen Verfahren, insbesondere auch den Verfahren 2 bis 5, zunächst selbstverständlich, denn es genügt ja nicht, daß die Geräte einen bestimmten Auslösepunkt haben, wenn alle drei Pole belastet sind und schließlich das Element des einen oder anderen Poles dabei gar nicht im Eingriff sind. Gelegentlich beschränkt man sich darauf, einpolig zu eichen und dann die Gleichzeitigkeit des Angriffs aller drei Einzelelemente, z. B. der Bimetallstreifen, unter dem Gesichtspunkt nachzuprüfen, ob sie im kalten Zustand praktisch in gleicher Fluchtlinie liegen. Dieses Verfahren stellt nach dem Vorhergesagten eine bedeutende Einschränkung der Eichgenauigkeit dar. Es sind aber auch Einrichtungen bekanntgeworden, die mit Erfolg gestatten, derartige Geräte gleichzeitig in allen drei Polen thermisch zu belasten. Das war z. B. der Fall bei einem Gerät der Fa. Klöckner-Moeller, bei dem das Relais aus zwei Hälften bestand. Die eine Hälfte enthielt nur die Ausdehnungselemente, z. B. die Bimetallstreifen, die andere Hälfte die Polbrücke und den Schaltmechanismus. Die Eichung dieser Relais geschah derart, daß man beide Hälften auf eine Mittelebene bezog, also die Platte mit den drei Bimetallstreifen gegen eine Ebene derart wirken ließ, daß alle drei Streifen mit ihren Stellschrauben bei einer bestimmten Stromstärke in diese Ebene gebracht werden mußten. Die Tatsache, daß die Ebene erreicht wurde, stellte man durch Kontaktgebung der einzelnen Bimetallstreifen über ihre Stellschrauben fest. Diese Kontaktgebung erfolgte gegen bewegliche Silberschaltstückchen mit einer ganz bestimmten Druckkraft, so daß gleichzeitig auch die Auslösekräfte in die Rechnung eingestellt werden konnten. Die Gegenhälfte mit dem *Öffner* wurde in einem besonderen Verfahren geeicht. Hier bestand aber die Eichung lediglich aus einer Maßeinstellung, wobei dieser Betrag möglichst ganz klein gehalten wurde, um seinen Einfluß auf die Genauigkeit des ganzen Elementes bescheiden zu halten. Für jeden der drei Berührungspunkte wurde der Abstand des Angriffspunktes an der Polbrücke mittels Meßuhren festgelegt. Die Einstellung erfolgte dabei für den mittleren Pol, die Werte für die beiden äußeren wurden zur Kontrolle abgelesen [FRANKEN (18)].

Die Verfahren 3, 4 und 5 konnten noch weiter entwickelt werden in dem Sinne, daß ein Eingriff von außen, z. B. durch einen Schraubenzieher zur Bedienung von Wurmschrauben, nicht mehr notwendig ist und sich die thermischen Elemente in einer bestimmten Stellung zu den Polbrücken bzw. zu den sonstigen Teilen des Auslösemechanismus selbst feststellen. An Stelle der Eichschrauben treten *Eichstifte* oder -hebel, die *mit* einem *Spezialkitt* in die Auslösebrücke eingesetzt werden [DBP 814 312]. Bei der reinen Temperatureichung (Methode 3) durchlaufen beispielsweise diese Geräte im Takte des Fließbandes einen Ofen, dessen Temperatur in engen Grenzen konstant gehalten wird. Zunächst wird der Kitt weicher, wobei die Auslöser entsprechend ihrer Ausbiegung die Eichstifte selbst justieren. In der letzten Zone des Ofens härtet der Kitt und gibt den Stiften eine außerordentlich große und bleibende Haftfestigkeit. Nach Austritt aus dem Ofen passieren die Geräte mit dem Fließband die Schlußprüfstellen [NEPICKS]. Diese Eichmethode erfordert bezüglich der Konstanthaltung der Temperatur viele Vorsichtsmaßnahmen. Es ist z. B. nicht unwichtig, mit welchem Erwärmungsgrad die Geräte in den Ofen hineinwandern. Es muß dafür gesorgt werden, daß die Härtetemperaturen des Kittes nicht auftreten, ehe das Bimetall vollständig erwärmt ist. Die Methode hat den Vorteil, daß während des Eindrückens der Stifte in die Kittmasse durch die sich verbiegenden Metallstreifen des Systems keine störenden Einflüsse von außen auftreten, wie es bei der Verstellung einer am Bimetall sitzenden Stellschraube, auch wenn sie in dem Gegenelement zum Bimetallstreifen sitzt, nicht zu umgehen ist. Hier entstehen sogar Beeinflussungen durch einen Schraubenzieher, der eine Untertemperatur auf weist. Es war naturgemäß nicht ganz einfach, Kitte zu finden, die den verschiedenen Ansprüchen genügten. Die Durchsatzzeit der Geräte durch einen solchen Ofen ist verständlicherweise nicht gering, so z. B. war zum Durchsetzen der ersten Zone mit einer Temperatur von 105° C eine Geschwindigkeit von etwa 2,5 m/Stunde erforderlich. In drei weiteren Zonen bei etwas niedrigerer Temperatur erfolgte dann das Aushärten des Kittes. Als zweckmäßig erwies sich ein Vorwärmofen, den die Geräte durchwandern, ohne daß Kittmasse eingefüllt ist. Dann treten die Geräte wieder ans Tageslicht, die Kittmasse und die Justierstifte werden eingesetzt, danach wandern sie in den eigentlichen Eichofen [G. MOEL-

Abb. 112. Temperatureichung mit Selbstkittung im Wanderofen

LER]. Einen solchen Wanderofen für die Eichung kleiner handbetätigter Motorschutzschalter zeigt Abb. 112.

Das gleiche Verfahren läßt sich aber auch mit den Stromeichmethoden 4 und 5 verbinden. Auch dabei ist es möglich, die Eichung aller Pole

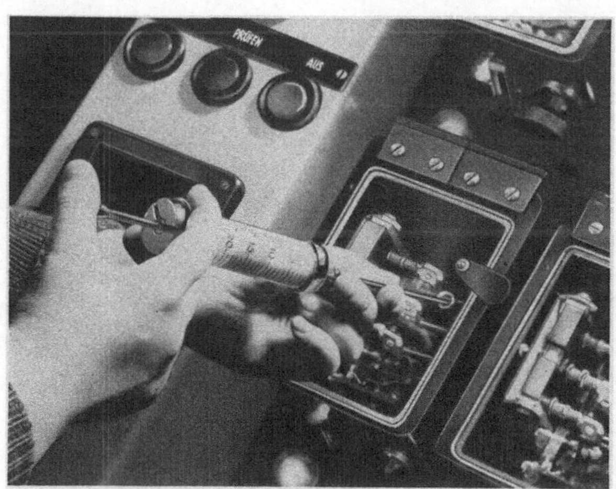

Abb. 113. Einbringen der Kittmasse bei Grenzstromeichung in Einzelgehäusen

gleichzeitig durchzuführen. In den Eichständen sitzen die zu eichenden thermischen Elemente in Einzelkästen. Sie werden eine bestimmte Zeitlang angeheizt, dann wird mit einer Spritze, durch eine Bohrung in der durchsichtigen Abdeckung, die Kittmasse an die drei Stellen gebracht. Durch Signale und auch Zeitwerke ist dafür gesorgt, daß die Erwärmungszeiten eingehalten werden, so daß das Bimetall vor der Kittung wirklich den vollen Ausschlag erreicht. Weitere exakt festgelegte Zeiten dienen der Aushärtung. Diese Eichung läßt sich trotz der längeren Belastungszeiten

Abb. 114. Klimatisierter Eichraum für Grenzstromeichung mit Selbstkittung in Einzelgehäusen

Abb. 115. Automatische Stückkontrolle auf Auslösezeit bei Überstrom hinter Fließband und Eichraum

in den Takt des Fließbandes bringen. Abb. 113 zeigt das Einbringen der Kittmasse in das Eichgehäuse, Abb. 114 einen Eichraum, Abb. 115 eine nochmalige automatische Stückkontrolle hinter dem Fließband und Eichraum. Hier werden insbesondere die Auslösezeiten bei einem bestimmten Überstrom nochmals automatisch geprüft.

Eine Skaleneichung ist im allgemeinen bei den Massenerzeugnissen nicht gebräuchlich. Nachdem alle Aufbauelemente richtig toleriert sind und die Eichung auf einem Skalenpunkt exakt durchgeführt ist, wird die Richtigkeit der Skala vorausgesetzt bzw. bei der Stichprobenkontrolle (S. 258) fortlaufend nachgeprüft. Gelegentlich wird aber auch noch eine Skaleneichung durchgeführt, vor allen Dingen bei größeren in geringeren Stückzahlen erzeugten Elementen. Dann erfolgt nach der Grundeichung auf einem Skalenpunkt die Eichung der Skala, wobei man noch zwei Skalenwerte festlegt und sie beispielsweise durch einen Farbpunkt u. dgl. markiert. Hierbei werden die Belastungszeiten, da das Relais vom Eichprozeß noch warm ist, üblicherweise herabgesetzt (s. a. ZIEHENSACK). Die Skalenbezeichnungen können dabei vorgedruckt sein, während lediglich noch die Stellmarken exakt anzugeben sind. Ein Mittelding ist die genaue Festlegung vor allem des untersten Skalenpunktes, wenn z. B. der Einstellbereich ein besonders großer ist und deshalb die durch die Erwärmung bedingten Schaltwege beim untersten Skalenpunkt klein sind, s. Seite 87. Das Gerät wird dann nach der Grenzstromeichung auf dem mittleren Skalenpunkt nach kurzer Abschaltung mit dem niedrigeren Strom belastet und nach entsprechender Zeit das Einstellorgan auf den Auslösepunkt gebracht. Nach der Herausnahme aus dem Eichgerät ist die Markierung des Skalenpunktes möglich. Auch geschieht nach Grenzstromeichung eines Punktes gelegentlich die zweier weiterer Skalenpunkte durch Zeiteichung (Methode 2).

Bei *Wandlerrelais* ist die getrennte Eichung des Wandlers und des eigentlichen Relais durchführbar. Man prüft bei dem Wandler nach, ob bei gegebener Bürde die Sekundärstromstärke der erforderlichen entspricht. In diese Bürde ist selbstverständlich der Strommesser bereits einzuschließen. Bei dem eigentlichen Relais bzw. Auslöser wird dann zunächst der Widerstand nachgeprüft und daraufhin die Eichung vorgenommen. Wandler mit Streuanker sowie Wandler mit veränderlichen Luftspalten lassen sich in gleicher Weise nachprüfen. Die sekundäre Bürde mit dem Strommesser wird angeschlossen und nun festgestellt, ob bei den verschiedenen Luftspalten oder Eisenüberdeckungen die vorgesehenen Primärströme die beabsichtigten Sekundärströme ergeben. Es wird aber auch vielfach die Kombination Wandler + Relais geeicht.

Es sind außer den genannten *Eichungen* auch *automatische* unter Strom durchgeführt worden mit Verstellung des Einstellelementes, z. B. einer Schraube. Günstiger ist aber die Fixierung der unter Stromeinfluß erreichten Lage der Übertragungsglieder durch nach Einfüllen erhärtender Harze wie vorher geschildert. Nach der Eichung werden unter Umständen nach Abkühlung die unteren und oberen Grenzströme selbsttätig nachgeprüft, wobei einmal z. B. die Hilfsschalter von Relais geschlossen bleiben, das andere Mal sich öffnen müssen. Fallklappenrelais halten den erreichten Zustand fest. Das eine Relais jeder Nummer muß fallen, das andere darf nicht fallen. Durch Beobachtung der Fallklappenrelais können etwa schlecht geeichte Relais ermittelt werden. Meist begnügt man sich aber mit Signallampen.

**Stichprobenkontrolle.** Bei der Eichung werden also, wie ausgeführt — wenn sie wirtschaftlich durchgeführt werden soll — immer eine Anzahl Voraussetzungen gemacht. Aber auch abgesehen davon ist es notwendig, das Verhalten der Geräte in der Praxis durch Stichproben, unter betriebsmäßiger Belastung, laufend zu verfolgen, wobei auch auf die unterschiedlichen Einbau- und Anschlußverhältnisse zu achten ist. Eine gewisse Stichprobenkontrolle geschieht unter Umständen schon bei der Grenzstromeichung von Relais in den Eichständen zunächst einmal dadurch, daß nach Beendigung der Eichung die Stromstärke um einen geringen Betrag unter den Grenzwert herabgesetzt wird. Es müssen sich dann alle Schaltelemente eingebauter Relais wieder schließen, was an Signallampen erkennbar ist. Dann wird die Stromstärke um einen geringen Betrag über den Grenzwert erhöht, es müssen alle Lampen wieder erlöschen. Die eigentliche Stichprobenkontrolle erfolgt aber durch Einbau der Elemente im betriebsmäßigen Zustand in bestimmte Gehäuse verschiedener Größen. Auch hier werden wiederum die Grenzwerte im Rahmen der VDE-Regeln nachgeprüft. Darüber hinaus aber noch die etwaige Beeinflussung der Grenzstromstärken in bestimmten voneinander abweichenden Gehäusen festgestellt. Auch der Einfluß von Kästen aus unterschiedlichen Stoffen sowie der Einfluß weiterer Wärmequellen im gleichen Gehäuse, wie sie z. B. entstehen, wenn das Relais mit einem Schütz zu einer Einheit verbunden ist im Gegensatz zu einem solchen im besonderen Gehäuse, können durch die Masseneichung nicht erfaßt werden. Man muß unter Umständen diesen Einfluß genau feststellen, auch wenn er durch Temperaturkompensation ganz oder teilweise aufgehoben ist. Bei nichtkompensierten ist es unter Umständen notwendig, durch auswechselbare oder umstellbare Glieder, z. B. zwischengelegte Platten, an passender Stelle ausgleichen. Auch diese Abweichungen müssen in einem ganz bestimmten Rahmen liegen. Für die Stichprobenkontrolle haben sich schreibende Instrumente als sehr zweckmäßig erwiesen, die für jedes einzelne der Stichprobenkontrolle unterzogene Gerät die Gleichmäßigkeit von Zeiten oder aber auch, z. B. bei langsamer Steigerung der Belastungsstromstärke, Anhaltspunkte für die Grenzstromlage geben, s. Abb. 116.

Auch prüft man bei der Stichprobenkontrolle vor allem nach, ob die Skalenpunkte, auf denen nicht geeicht wurde, stimmen. Diese Stichprobenprüfung muß einen regelmäßigen Bestandteil der Erzeugung bilden. Gelegentlich wird die Frage gestellt, wie man bezüglich der *Eichung* vorzugehen habe, *wenn* Wärmeelemente, z. B. *Bimetallstreifen, ausgewechselt wurden.* Etwas Derartiges ist im allgemeinen beim Verbraucher gar nicht zulässig. Außerdem lohnt es sich nicht, denn die Geräte werden

Abb. 116. Stichprobenkontrolle mit einem schreibenden Instrument, das anzeigt bei welchem Grenzstrom die Abschaltung der einzelnen Geräte erfolgt

als Massenerzeugnisse hergestellt. Unter die Herstellungsprozesse fällt auch die Eichung, die mit besonderen Vorrichtungen durchgeführt wird. Eine volle Grenzstromeichung ist außerordentlich schwierig, weil das Verhältnis des Grenzstromes bei einpoliger Belastung zu dem bei 3poliger Belastung für die einzelnen Erzeugnisse nicht bekannt ist. Man vereinfacht sie gelegentlich dadurch, daß man die Grenzstromeichung lediglich beispielsweise beim mittleren Pol durchführt und dann die außenliegen-

17*

den Elemente auf die gleichen Auslösezeiten bei einem bestimmten Überstrom bringt s. HAAS (1). Dazu wird das Relais oder der Auslöser auf einen mittleren Skalenpunkt eingestellt und alle thermischen Elemente z. B. die Bimetallstreifen, soweit zurückgestellt, daß sie nicht auslösen können. Weiterhin werden alle betriebsmäßig erforderlichen Leitungen mit dem VDE-mäßigen Querschnitt angeschlossen. Nach der Eichung empfiehlt sich eine Kontrolle mit dem 1,05 fachen Einstellstrom, um festzustellen, daß hierbei keine Auslösung vonstatten geht und eine solche mit dem 1,15- bis 1,2fachen Strom, um festzustellen, ob der obere Grenzwert nicht zu hoch liegt. Eine Nachkontrolle anderer Skalenwerte erfolgt im gleichen Sinne, wobei natürlich an der Justierung der thermischen Elemente nichts mehr geändert werden darf. Ein roher Vergleich zwischen verschiedenen Geräten derselben Bauform ist natürlich auch durch Zeitmessungen bei Überströmen möglich. Eine einfache Zeiteichung, beispielsweise an Hand vom Hersteller angegebener Auslösekurven, ist nicht zu empfehlen. In ihnen liegt immer eine gewisse Streuung, und ein Rückschluß aus diesen Zeiten auf die Grenzströme ist nur mit gewissen Einschränkungen möglich (s. Abb. 52, S. 101). Jedenfalls ist eine wirklich zuverlässige Nacheinstellung teurer als ein neues Gerät.

Dabei ist darauf zu achten, daß insbesondere Bimetallstreifen keine Deformationen erleiden. Andernfalls ist vor einer Neueinjustierung zunächst eine neue Alterung notwendig, z. B. durch mehrstündiges Erwärmen auf etwa 250° C, denn durch Verbiegen entstehen innere Spannungen, die sich durch die Betriebserwärmung langsam wieder ausgleichen würden und eine Veränderung des Grenzstromes und der Auslösezeiten zur Folge hätten, wenn diese Spannungen nicht vorher beseitigt würden.

Will jemand ein Gerät lediglich nachprüfen, dann empfiehlt es sich dringend, in erster Linie eine Grenzstromkontrolle vorzunehmen. Hierfür braucht man selbstverständlich eine Stromquelle mit einstellbaren Elementen, z. B. Stelltransformatoren und -Widerstände. Es muß darauf geachtet werden, daß während der Dauer der Belastungen der Strom nicht schwankt. Auch ist es notwendig, das Gerät vor Zugluft zu schützen und es in dem zugehörigen Gehäuse zu prüfen. Weiterhin ist es wichtig, daß die bei dreipoligen Auslöseelementen erforderlichen je drei Zu- und Ableitungen aus dem Gehäuse herausgeführt werden. Ferner müssen die Leitungen den richtigen Querschnitt haben und in der vorgesehenen Art in das Gehäuse eingeführt werden. Dann wird der 1,05fache Einstellstrom eingeschaltet. Hierbei darf keine Auslösung in 2 h eintreten, bei 1,2fachem Strom muß sie eintreten.

Die *Prüfungen der Motorschutzgeräte als Ganzes*, d. h. mit Bezug auf Erwärmung, Schaltvermögen, Lebensdauer u. dgl. unterscheiden sich von denen der Schaltgeräte ohne Motorschutzelemente nicht. Es sei auf die umfassende Darstellung bei FRANKEN (19), S. 326, verwiesen.

Bei den Modellprüfungen von Motorschutzelementen ist es insbesondere notwendig, in ausgedehnten Untersuchungen die Stabilität der Einstellungen zu überprüfen. Es sind die verschiedensten Effekte denkbar, die im Laufe der Zeit zu Nullpunkts- und damit Einstellungsveränderungen führen und damit den erforderlichen Arbeitsweg beeinflussen. Dazu gehören z. B. Veränderungen an den Ausdehnungsstreifen, Bimetallen u. dgl. selbst. In der Praxis noch viel wichtiger sind aber Veränderungen ihrer Tragkonstruktion, insbesondere soweit Preßstoffe in Betracht kommen. Hier ist es in erster Linie der Erwärmungseinfluß und in einem gewissen Umfang auch der Einfluß der Feuchtigkeit, die die Ursache bilden können. Andere Veränderungen können durch Verschleiß von Konstruktionselementen bedingt sein. Der letztere Punkt spielt bei selten geschalteten Geräten in der Praxis keine große Rolle, also z. B. bei thermischen Auslösern von Leistungsschaltern (Schloßschaltern), s. S. 229. Werden aber thermische Relais mit Schützen in Verbindung gebracht (S. 234), dann kann es leicht vorkommen, daß die unausgesetzten Erschütterungen durch die Magnetschläge sich auf die Einzelteile der Relais auswirken und z. B. zu einem Lagerspiel, Verschleißen von Klinken u. dgl. führen und so die Einstellgrenzen verändern. Dabei ist naturgemäß die Forderung, daß die Relais mechanisch solange halten wie die Schütze, berechtigt, d. h. daß auf die Lebensdauer des Schützes bezogen die Veränderungen an den Relais nicht so groß sind, daß die VDE-Grenzen überschritten werden. Diese Untersuchungen, insbesondere die auf Wärmeeinwirkung, müssen eingehend im mehrmonatigen Betrieb vorgenommen werden. Insbesondere ist auch die Befestigung von Bimetallstreifen und die etwaige Veränderung des Übergangswiderstandes an den Befestigungsstellen von Bedeutung, wobei es eine Rolle spielt, ob die Streifen auf ihrer Unterlage durch Schweißung, Nietung oder Verschraubung befestigt sind. Das gleiche gilt für Bewicklungen von Bimetallstreifen hinsichtlich der Anpunktstellen. Über die Auswirkungen solcher Einflüsse berichtet KIRCHDORFER (5). Manche Einflüsse sind natürlich bei der Einstellung auf die oberste Marke einer Skala nicht von der gleichen Bedeutung wie bei Einstellung auf den untersten Skalenpunkt, weil sie bei gleichgroßer absoluter Abweichung im letzteren Falle anteilmäßig stärker sind, wie es auch bei den Ausführungen auf S. 87 schon zum Ausdruck kam. Kontrollen dieser Art sollten aber nicht auf irgendwelche Zeiten bezogen werden, sondern das allerwichtigste ist zu studieren, inwieweit durch solche Einflüsse der Grenzstrom beeinflußt wird.

# 3 Schutz durch Temperaturüberwachungs-Elemente im Motor

Während entsprechend den Begriffsbestimmungen von VDE 0660/52 zum Motorschutzschalter die allpolige Abschaltung und Überwachung durch stromdurchflossene Elemente gehört, läßt sich der Motorschutz in gewissem Umfang auch durch in die Wicklung einzubauende Wärmeelemente, die dann auf außenliegende Schaltgeräte einwirken, durchführen. Diese Wärmeelemente werden also nicht vom aufgenommenen Strom unmittelbar, sondern durch die von ihm im Motor erzeugte Temperatur beeinflußt. Diese Methode hat unter Umständen ihre großen Vorzüge, z. B. wenn bei besonders schwer anlaufenden Motoren die Überwachung durch Motorschutzgeräte verhältnismäßig kleiner Zeitkonstante nicht mehr durchführbar ist, weiterhin bei den auf S. 9 ff behandelten unsymmetrischen Belastungen von Drehstrommotoren, die unterschiedliche lokale Erwärmungen zur Folge haben, im aussetzenden Betrieb (S. 169) usw. Ehe man dann zu einem thermischen Element sehr hoher Zeitkonstante — womöglich einem sogenannten *thermischen Abbild* der zu schützenden Maschine — strebt, ist es gescheiter, das Original selbst zu verwenden.

Es gibt auch Maschinen, bei denen es nicht genügt, die zufließende Stromstärke zu überwachen, sondern bei denen die zulässige Stromstärke vom Zustand des Motors abhängt. Das ist beispielsweise oft bei Einphasenmotoren mit Anlaufwicklung der Fall, bei denen man wohl meistens dabei verbleibt, daß der Netzstrom durch Auslöseelemente hindurchgeschickt wird, also von seiner Höhe und Dauer die Auslösegrenze abhängt, bei denen man aber außerdem die sich bei eingeschaltet bleibender Hilfsphase im Motor zusätzlich entwickelnde Wärme unmittelbar auf Auslöseelemente überträgt. Die Erwärmung eines Motors ist weiterhin außer von dem Strom z. B. von unterschiedlichen Ventilationsbedingungen abhängig.

Der Einbau von Wärmeelementen im Motor ist naturgemäß nicht ganz einfach. Sie können in oder an der Wicklung untergebracht sein oder in einer Nut oder am Eisenpaket befestigt werden. Sie werden nur von der Temperatur an der Einbaustelle beeinflußt und begrenzen durch Unterbrechung des Motorstroms den Temperaturanstieg. Der Einbau in die Wicklung ist dabei der wirksamste [HOPFERWIESER (2)]. Die nachträgliche Anbringung ist praktisch kaum möglich. Solche Motoren werden deshalb zweckmäßig ab Herstellerwerk mit Temperaturüberwachungs-Elementen versehen, da eine Auswahl meist erst auf Grund von Versuchen möglich ist. Bei Netzstörungen können die Wicklungsteile unterschiedliche Temperaturen annehmen, deshalb muß man Überwachungsgeräte an mehreren Stellen einbauen, zumindest in jeder Phasenwicklung. Sie arbeiten fast restlos mit Schützen zusammen und sind — wie gesagt — unbedingt am Platze für schwer anlaufende Motoren sowie bei schwierigen Anwendungen im aussetzenden Betrieb. Sie entheben von der praktisch unlösbaren Aufgabe, für die verschiedensten Motoren thermische Abbilder zu schaffen. Die angewandten Mittel sind unterschiedlich. Früher baute man gelegentlich Schmelzlotelemente oder auch flüssigkeitsgefüllte Kapseln ein, wobei erstere aber meistens nach dem Ansprechen eine neue Lötung oder den Einbau von Ersatzelementen verlangten. Heute kommen deshalb solche Einrichtungen nur noch als sogenannte Katastrophenschutzeinrichtungen vor. Man verwendet statt dessen in erster Linie Bimetall, und zwar vorwiegend eine Kugelkappe, die sogenannte *Springscheibe*, in Verbindung mit einem Stromunterbrechungsschaltstück. Im Interesse eines guten Wärmeüberganges ist, damit die Temperatur der Scheibe der der Wicklung schnell folgen kann, ein Aufbau derart, daß die Bimetallscheibe bis zum Ansprechen der Kapsel anliegt, anzustreben. Dünne Isolierschichten, z. B. Lack, die die Isolation verbessern, haben noch keinen entscheidenden Einfluß auf den Wärmeübergang. Die Unterbrechungsstellen der einzelnen Elemente werden hintereinandergeschaltet.

Bimetallelemente mit Sprungschaltung, wie sie die *Springscheiben* darstellen, sind in ihrem Verhalten von dem Verhältnis der inneren durch die Erwärmung hervorgerufenen Spannungen zu den äußeren Kräften abhängig. Ein solches Element erwärmt sich so, daß schließlich Gleichgewicht zwischen den beiden Kräften herrscht. Sobald dieses Gleichgewicht labil wird, ändert es sich bei einer weiteren auch nur noch geringen Abweichung vom bestehenden Verformungsgrad augenblicklich so, daß es in der neuen Lage wieder in einen stabilen Zustand übergeht. Die Wirkung der äußeren Kräfte wird bei einem Streifen durch die unterschiedliche Befestigung der Streifenenden, ob fest oder federnd abgestützt, beeinflußt. Bei einer nur wenig gewölbten Bimetallplatte ist zum Erreichen einer Sprungwirkung keine besondere Befestigung oder irgendwelcher zusätzlicher Mechanismus erforderlich. Einem Bereich des stabilen Gleichgewichtes folgt ein solcher des labilen, worauf bei weiterer Erwärmung wiederum ein stabiler folgt. Die beiden Umschlagpunkte nennt man die *kritischen Punkte*. Zu ihnen gehört auch jeweils eine kritische Temperatur. Dazwischen liegt ein Wendepunkt $M$ der Arbeitskennlinie, Abb. 117a. In der Praxis arbeiten die Elemente nur zwischen diesen beiden Punkten, die durch Anschläge begrenzt sind. Das Temperaturdiagramm schließt eine Hysteresiserscheinung ein. Würde man nicht im Bereich zwischen den kritischen Punkten bleiben, so wäre zunächst bis zu deren Erreichen eine langsame Bewegung festzustellen. In diesen Bereichen wäre eine Kontaktgabe unsicher. Dieser

Teil der Kennlinie darf deshalb nicht benutzt werden. Aussparungen in den Scheiben verringern deren Steifigkeit und bewirken eine größere Durchbiegung.

Scheibenrelais werden mit Rücksicht auf ihre kleinen Abmessungen im allgemeinen mit fester Einstellung hergestellt. Es werden auch Springscheibenrelais mit drei Anschlüssen gebaut, die in einem Element Warn- und Abschaltglied enthalten, wobei das Warnglied vor der Abschaltung Kontakt gibt. Außer den Wärmeschutzgeräten, bei denen das Bimetall selbst Kontaktstückträger, also stromdurchflossen ist, werden auch solche gebaut, die erst indirekt auf eine Kontaktstelle einwirken. Das ist besonders wichtig, wenn keine Springplatten, sondern sich langsam bewegende Elemente verwandt werden, die dann in der Nähe des Abschaltpunktes bei nachlassender Kontaktkraft leicht erschütterungsempfindlich sein können und kurzzeitig Abhebungen hervorrufen. Hierbei wird das Vibrieren der Kontaktstücke durch eine zwischen Bimetall und Kontaktglied liegende Feder vermindert. Der Bimetallstreifen bewirkt die Ausschaltung erst, wenn seine Kraft infolge erhöhter Temperatur die Federkräfte überwinden kann. Im Interesse eines kleinen Volumens werden beim Einbau in die Wicklungen jedoch die Springplatten bevorzugt, bei denen ebenfalls darauf zu achten ist, daß die Kontaktgabe von etwaigen Erschütterungen unabhängig ist. Andernfalls werden die von ihnen beeinflußten Schaltgeräte unter Umständen übermäßig beansprucht oder zum unbeabsichtigten Ansprechen gebracht.

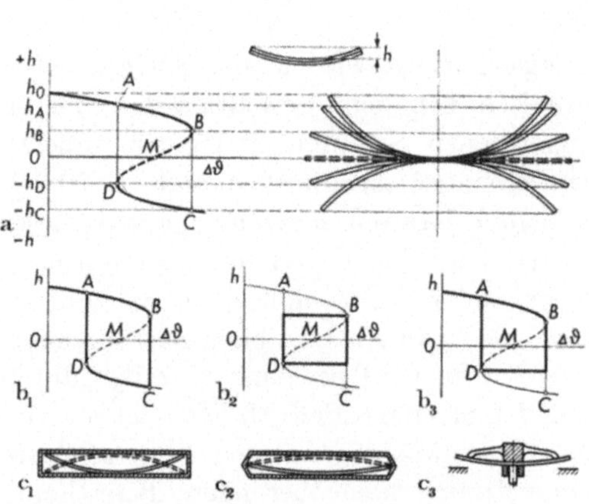

Abb. 117 a–c. Grundsätzliches Verhalten von Bimetall-Hohlscheiben (Springplatten) a grundsätzliches Bewegungsdiagramm bei Erwärmung; b Arbeitskennlinien, $b_1$ ohne Begrenzung, $b_2$ mit beiderseitiger Begrenzung, $b_3$ mit einseitiger Begrenzung; c Begrenzungsarten, $c_1$ Randbegrenzung, $c_2$ Mittenbegrenzung, $c_3$ fixierte Mitten- und begrenzte Randlage

Das grundsätzliche Verhalten zeigt Abb. 117, Teilbild a, und zwar die Abhängigkeit der Kalottenhöhe $h$ von der Erwärmung. Von der Ausgangshöhe $h_0$ bewegt sich mit steigender Erwärmung der Wert nach dem Punkt $A$ zu, entsprechend der Höhe $h_A$. Bei weiterer Steigerung der Temperatur wird die Kalottenhöhe langsam kleiner bis zum Punkt $B$. Nunmehr schlägt die Bimetallscheibe plötzlich in die andere Richtung über. Zwischen den Punkten $B$ und $D$ gibt es also keinen stabilen Punkt mehr. Da die Scheibe aber mittlerweile eine höhere Temperatur besitzt als dem Punkt $D$ entspricht, wird sich das negative Maß der Kalottenhöhe weiterhin bis $h_C$ entsprechend dem Punkte $C$ vergrößern. Bei wieder sinkender Temperatur nimmt die Kalottenhöhe ab bis zum Punkte $D$, um dann plötzlich in die Lage $B$ umzuschlagen. Von hier aus aber entsprechend dem Temperaturzustand praktisch sofort auf den Punkt $A$. Die Arbeitskennlinie entspricht mithin dem Bild $b_1$. In dem Bereich zwischen $A$ und $B$ sowie $D$ und $C$ würde sich aber die Bewegung immer langsam vollziehen, während in Wirklichkeit ein exaktes Überschnappen erwünscht ist. Zu diesem Zweck bringt man Anschläge an, die der Scheibe ein weiteres Ausbiegen über $B$ und $D$ hinaus nicht mehr gestatten. In dem Bild $b_2$ ist die Ausnutzung der Kennlinie durch zwei Anschläge, die etwa in den kritischen Punkten $B$ und $D$ wirksam werden, begrenzt. Im Bild $b_3$ nur bei der Umschaltung im Punkte $B$. Der Punkt $C$ wird nicht erreicht. Die grundsätzliche Anordnung zeigt vor allen Dingen im Bild a etwas übertriebene Maßstäbe. Selbstverständlich sind die Wege im Verhältnis zu dem angenommenen Scheibendurchmesser in Wirklichkeit erheblich kleiner. Die Scheibe kann in der Praxis mit begrenzter Rand- und Mittenbewegung, wie in dem Bild $c_1$ dargestellt, sowie auch mit mehr oder weniger fixierter

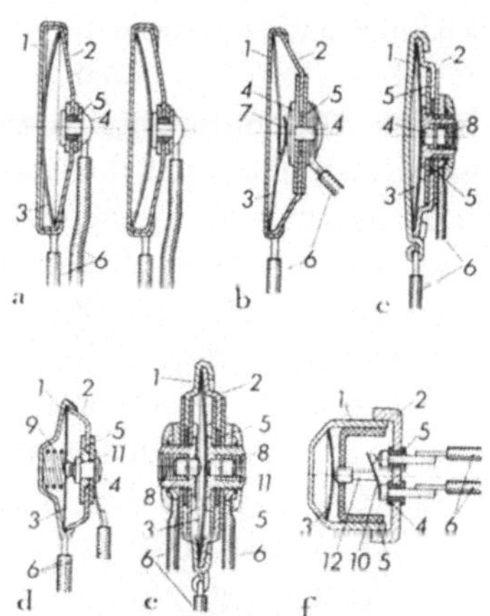

Abb. 118. Schnitte durch Kapseln mit Bimetallspringscheiben

*1* Gehäuse, *2* Gehäusedeckel, *3* Bimetall, *4* feststehendes Kontaktstück, *5* Isolation, *6* Anschlußleitungen, *7* federnde Zunge, *8* Kontaktdruckfeder am festen Kontaktglied, *9* an Bimetallscheibe, *10* besonderes Kontaktglied, *11* bewegliches Kontaktstück, *12* Isolierstoffstößel

Rand- und begrenzter Mittenlage wie in Bild $c_2$ dargestellt, und endlich nach $c_3$ mit fixierter Mitten- und begrenzter Randlage zum Einsatz kommen. Es kann die Bimetallkappe — wie in Abb. 118a—e, unmittelbar für die Kontaktgabe herangezogen werden oder auch ihrerseits auf ein federndes Kontaktglied wie bei Bild f einwirken. Im letzteren Fall ist es natürlich leichter möglich, den Kontaktpunkt beiderseits mit Silberstücken auszustatten.

Alle diese Elemente weisen zwischen Ansprech- und Rückschalttemperatur eine Differenz auf. Sie ist wesentlich durch den Aufbau bedingt und wird mit 15° bis 30° angegeben. Im Laufe der Entwicklung ist es aber gelungen, mit erheblich geringeren Werten auszukommen. Die Differenz bewirkt, daß der Motor erst nach einer gewissen Abkühlungszeit wieder eingeschaltet werden kann. Es ist aber möglich, die Kapseln statt als Ausschaltgerät lediglich als Warngerät zu verwenden oder auch in jede Phasenwicklung zwei Geräte mit unterschiedlicher Ansprechgrenze zu legen, z. B. einer Differenz von 15° C. Das zuerst ansprechende ist dann ein Warngerät, während das nächste abschaltet. Die Ansprechtoleranz wird meist in der Größenordnung von + 0 bis — 5° angegeben, bei einer Ansprechtemperatur von 85° C und mehr.

Die Elemente müssen auf der Austrittsseite der Ventilationsluft angebracht werden, also dort, wo die größte Erwärmung auftritt. Die höchste Steuerspannung für den zu schaltenden Kreis ist meistens mit 220 V begrenzt. Bei höheren Netzwerten ist dann ein Steuertrafo unerläßlich. Oft empfiehlt sich die Verwendung von Kleinspannungen, die unter Umständen von der als Autotrafo wirkenden Motorwicklung abgenommen werden können.

Es wird mit einer Lebensdauer von etwa 20000 bis 100000 Schaltungen gerechnet, einer Zahl, die ein Mehrhundertfaches dessen darstellt, was in der Praxis vorkommen kann. Über solche Geräte berichten weiter GARBERS, HOPFERWIESER (1), HUBER, POLARD. Derartige Schutzelemente im Motor bedeuten immer eine Schutzwirkung mit großer Zeitkonstante, die durch den Wärmeübergangswiderstand zwischen Wicklung und Wärmeschutzelement noch gesteigert wird. Auch kann ihre eigene Wärmeträgheit nachteilig sein. Die Elemente haben eine mangelnde Schutzwirkung für Anlageteile mit geringer Zeitkonstante, z. B. die Leitungen (s. S. 191). Solche Anordnungen bedingen also immer zusätzliche Organe für den Überlastungsschutz der Leitungen oder deren Überbemessung. In gleicher Weise sind sie wegen der Wärmeträgheit der Temperaturelemente und der Tatsache, daß der Wärmestrom durch die indirekte Wärmeübertragung nicht schnell genug an diese Elemente gelangt, für den Schutz des Motors bei einer Blockierung erforderlich. Bei höheren Überlastungen ist mit einer verhältnismäßig hohen Wicklungstemperatur im Abschaltaugenblick zu rechnen. Bei geringen Überlastungen wird — dank der verhältnismäßig kleinen Masse der Schutzelemente — naturgemäß kein merkbarer Temperatursprung auftreten. Wesentlich ist dabei, ob die Schutzelemente in den Spulenkopf ein- oder an ihn angebaut sind. Untersuchungen darüber s. HOPFERWIESER (2). Ein Diagramm auftretender Erwärmungen, abhängig vom Stillstandsstrom nach KIRCHDORFER (2), s. Abb. 119 Kurve b. In ihr ist gleichzeitig die Schutzwirkung bei einem stromdurchflossenen thermischen Auslöser üblicher Bauart verzeichnet ($a$). Man sieht, daß beim Auftreten des vierfachen Stromes, entgegen einer Wicklungsübertemperatur von etwa 70° C beim Schutz durch den strombeheizten Motorschutzschalter eine solche von 220° C auftritt. In diesem Fall war der Temperaturwächter an die Wicklung angebaut. Beim Einbau in die Wicklung sind die Unterschiede naturgemäß nicht so stark. Es ist aber immer noch mit einer deutlich erkennbaren und nennenswerten Temperaturdifferenz zu rechnen. So wurde bei Einbau in den Spulenkopf und einem Temperaturwächter mit der Grenze 110° C bei blockiertem Motor eine Wicklungstemperatur von etwa 180° C festgestellt. Hierzu ist zwar zu sagen, daß bei kurzzeitigen Überlastungen erfahrungsgemäß noch keine Versprödung der Isolierstoffe auftritt und somit auch keine Beeinträchtigung des Isolationswertes. Eine derartige Belastung als Sonderfall kann also noch nicht als gefährlich angesehen werden. Auch HOPFERWIESER (2) kommt zu dem Ergebnis, daß solche kurzfristigen Erwärmungen für moderne Lackdrähte ungefährlich sind.

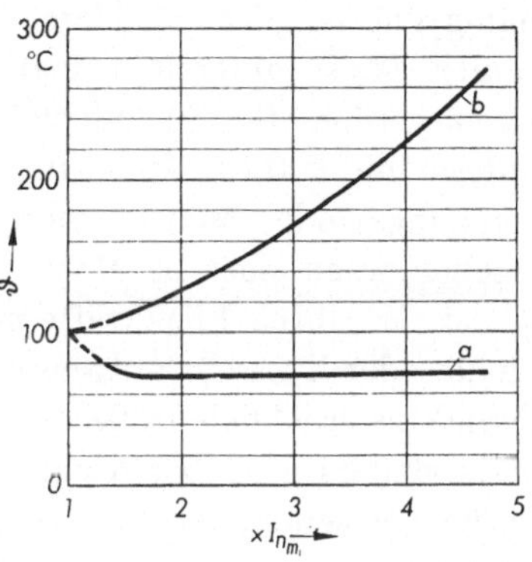

Abb. 119. Erwärmung der Ständerwicklung bei Überlast und Schutz durch strombeheizten Motorschutzschalter (a), sowie Temperaturelement an der Wicklung (b) (nach Kirchdorfer)

Die beschriebenen Temperaturschutzelemente sind oft zusätzlich zu einem in den Zuleitungen liegenden strombeeinflußten Motorschutzschalter, weil dieser ja die Erwärmung im Motor nur indirekt erfaßt, zweckmäßig. Besonders sind sie bei Motoren von Vorteil, bei denen je nach Schaltzustand unterschiedliche Wicklungsteile erwärmt werden, z. B. bei polumschaltbaren Motoren. Hier sind vor allem (s. z. B. S. 222) häufig mehrere thermische Relais erforderlich, die entsprechend dem Schaltzustand des Motors wirksam werden.

Oft ist eine Kombination von Temperatur- und Stromabhängigkeit zweckmäßig. Die AEG faßt die Temperatur- und Stromüberwachung in einem *Duplotherm* [o. Verf. (12)] genannten Gerät zusammen und erhöht hierbei den Grenzstrom der strombeheizten Elemente gegenüber den Werten eines normalen Schutzrelais, z. B. auf $2 \cdot$ Einstellstrom, so daß sich die Auslösekennlinien von Wärme- und Stromschutz etwa beim dreifachen Motornennstrom schneiden, s. Abb. 120. Eine solche Kombination beider Elemente ist besonders wichtig für

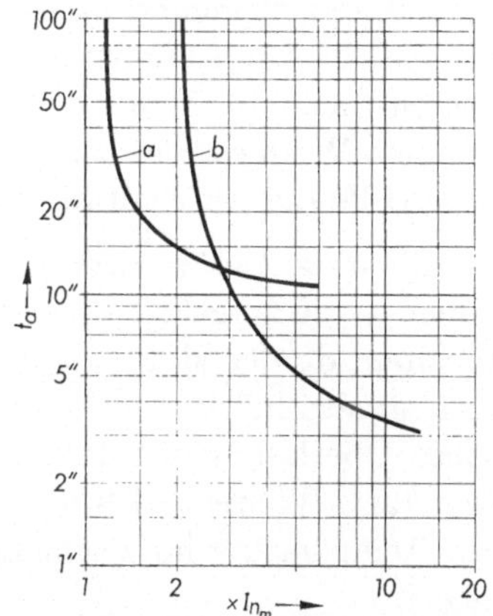

Abb. 120. Kombination eines Temperaturelementes (a) mit einem strombeheizten erhöhter Einstellstärke (b) (Duplotherm — AEG)

Motoren mit hohen stündlichen Schaltzahlen, bei denen die normalen strombeheizten Elemente zu früh ausschalten. Bei den hohen Schaltzahlen wirkt der Wärmeschutz, wird jedoch ein Motor am Anlauf gehindert, so tritt der Stromschutz in Tätigkeit.

Der Schutz der Ständerwicklungen ist auf diese Weise verhältnismäßig gut möglich. Größere Schwierigkeiten bereitet gelegentlich der Läufer. Meist unterstellt man, daß Ständer und Läufer gleichmäßig warm werden. Bei Schleifringläufern ist das auch der Fall. Bei Käfigläufern mit starker Änderung der Läuferwiderstände, z. B. Stromverdrängungs- oder Mehrnutmotoren, ist diese Voraussetzung aber nicht gegeben, auch nicht bei Motoren mit gewickeltem Läufer, wenn sie beispielsweise durch Fliehkräfte gesteuerte, auf der Welle sitzende Widerstände oder Drosseln aufweisen. Hier kann die Läuferwärme immer im Verhältnis erheblich größer sein als die Ständerwärme. Der Unterschied ist besonders groß bei Nichtanlauf der Motoren, z. B. infolge eines zu starken Gegenmomentes oder des Ausfalls einer Zuleitung zum Drehstrommotor. Insbesondere bei Motoren größerer Leistung ist Vorsicht geboten. In diesen Fällen ist zu prüfen, ob Motorschutzgeräte mit stromdurchflossenen thermischen Elementen die Stromlast rechtzeitig wegnehmen (s. a. S. 142). Der Einbau der Wärmeelemente in die Läuferwicklung würde, wenn die Wirkung nach außen auf den Netzschalter übertragen werden soll, Schleifringe erfordern. Man hat sich gelegentlich schon so geholfen, daß man im Läufer selbst den Sternpunkt öffnete und ihn auf diese Weise stromlos machte. Man hat auch schon versucht, den vom Läufer kommenden Wärmestrom zu Elementen am Ständer zu leiten und mit ihrer Hilfe die Abschaltung durchzuführen.

Alle diese Geräte wirken auf Unterspannungsauslöser oder Schütze, wobei — wie dargelegt — letztere meist vorteilhaft ihr Motorschutzrelais behalten, da der Motor dann auch bei besonders raschem Temperaturanstieg, also höheren Belastungen, z. B. bei festgebremstem Motor oder hoher Überlast, geschützt ist. Letzteres ist besonders wichtig für den Kaltstart. Während sich die Wicklung dabei sehr schnell aufheizt, kann das Temperaturschutzelement nur verzögert dem Temperaturanstieg folgen.

Andere Einrichtungen wurden, um einen besonders innigen Kontakt des Wärmeelementes mit der Motorwicklung zu erzielen, so aufgebaut, daß sie unmittelbar in die Wicklung eingefügt werden können. SSW verwendet zu diesem Zweck einen temperaturabhängigen Widerstand auf Halbleiterbasis als Temperaturfühler. Dieser Fühler ist nicht viel größer als ein Streichholzkopf und läßt sich deshalb auch in kleine Motoren einbauen. Damit werden die Wicklungstemperaturen unmittelbar überwacht und wegen des geringen Temperaturgefälles ein Schutz bei allen denkbaren Ursachen ermöglicht, z. B. Überlastungen im Dauer- und aussetzenden Betrieb, beim Bremsen, bei hoher Schalthäufigkeit, Einphasenlauf, Festbremsen, erhöhter Raumtemperatur, behinderter Kühlmittelströmung u. dgl. Der Strom, der durch die Temperaturfühler fließt, ändert sich mit der Wicklungstemperatur und beeinflußt ein Auslöserelais, das seinerseits entweder auf den Spannungsauslöser des Selbstschalters einwirkt oder den Steuerstromkreis eines Schützes unterbricht. Temperaturfühler und Wicklung haben eine verhältnismäßig große Berührungsfläche für den Wärmeübergang, also einen innigen Wärmekontakt. Die Wärmekapazität der Fühler ist klein, dadurch ergibt sich ein nur geringer Wärmenachlauf, also ein fast genaues Abbild der Motorerwärmung. Auch bei schnellem Temperaturanstieg wird die Wicklungsisolation vor Zerstörungen bewahrt. Wenn die Temperatur um etwa 10° C gesunken ist, kann der Motor wieder eingeschaltet werden. Üblicherweise erhält jede Phasenwicklung einen solchen Fühler, der in die Wicklungen eingewickelt wird. Die Fühler sind in einer Brückenschaltung mit dem in der Nähe des Motors angeordneten Meßblock verbunden. Er ist von 10° C zu 10° C gestuft und wird für den Bereich von 100° C bis 180° C geliefert. Ein weiterer Temperaturfühler kann auch hier der Vorwarnung dienen [s. BÖHME]. Die Nacheilung wird bei sechsfachem Strom mit 40° C bis 50° C angegeben, so daß man auf ein weiteres zusätzliches Motorschutzgerät verzichtet.

Die Temperaturschutzelemente werden oft nicht zum Abschalten, sondern nur zur Warnung verwandt sowie bei größeren Motoren zur laufenden Überwachung des Erwärmungszustandes. Für diesen Zweck werden auch Thermoelemente u. dgl. eingesetzt. Dann überprüft man mit einem Instrument und einem Umschalter eine größere Anzahl von Meßstellen.

Für kleinere Leistungen, insbesondere bei Einphasenmotoren, sind auch Geräte entwickelt worden, die an das Gehäuse angebaut bei Übererwärmung eine unmittelbare Abschaltung durchführen. Hierfür kommen aber wesentlich Geräte mit Strom- und Wärmebeeinflussung, s. unten, in Betracht.

# 4 Schutz durch Überwachung sowohl des Stromes in der Zuleitung wie der Temperatur im Motor

Es wurde auf S. 266 schon darauf hingewiesen, daß es im allgemeinen nicht zulässig ist, Motoren lediglich mit Wärmeelementen in den Wicklungen zu versehen, sondern daß außerdem auch noch stromabhängige Elemente in den Zuleitungen notwendig sind. Die Wärmeübertragung zu den Bimetallspringscheiben u. dgl. ist infolge der notwendigen elektrischen Isolation zwischen der Wicklung und ihnen zu langsam, so daß insbesondere bei den ersten Schaltspielen eines Motors die Wicklungstemperatur unzulässig hohe Werte annehmen kann. Nur wenn die Motoren verhältnismäßig sehr klein sind und über geringe Einschaltströme verfügen, so daß die Erwärmung langsam vonstatten geht, ist ein Schutz lediglich mit einer derartigen Springscheibe noch halbwegs denkbar. Bei höheren Strömen muß jedoch dafür gesorgt werden, daß die strombedingte Erwärmung der Wicklungsleiter schneller zur Auswirkung kommt. Diese Frage ist besonders von Bedeutung bei Stromverbrauchsgeräten mit kleinen Motoren, insbesondere Einphasenmotoren. Hierzu gehören in gewissem Umfang Werkzeugmaschinen, z. B. Handbohrmaschinen, dann die Haushaltgeräte. Insbesondere bei letzteren ist die kombinierte strom- und temperaturabhängige Überwachung die Regel. Für kleine Motoren hat man die Temperaturüberwachungsgeräte gleichzeitig auch für die Motoreinschaltung ausgebaut. Sie werden entweder mit einem Bimetallstreifen oder häufiger mit der vorgeprägten Bimetallscheibe oder zu Sprunggliedern ausgestalteten Streifen

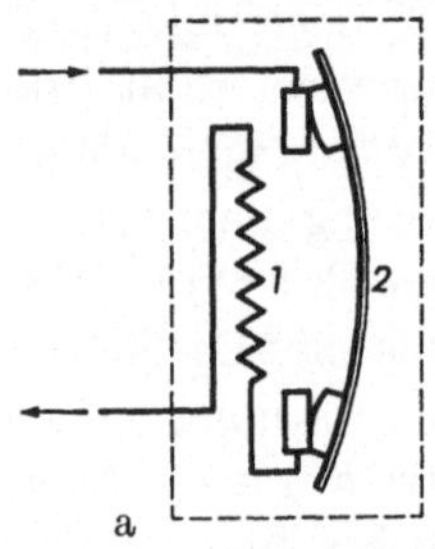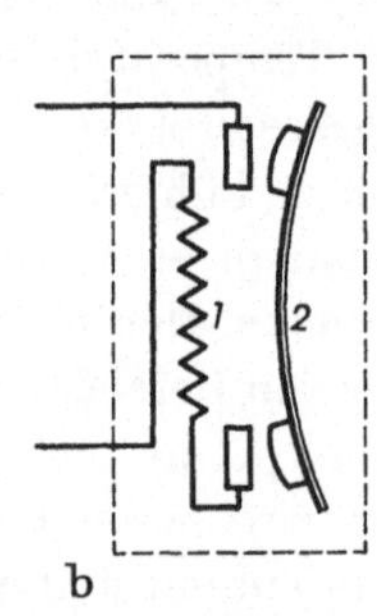

Abb. 121 a u. b. Motorschutzelement mit Strom- und Wärmebeeinflussung
a eingeschaltet; b ausgeschaltet; *1* Heizelement, *2* Bimetallspringglied

betrieben. Ein einfacher Streifen hat den Nachteil, daß er nur eine schleichende Bewegung ermöglicht, während die Scheibe sprunghaft von der einen Lage in die andere über- und auch wieder zurückgeht. Von ihr war auf S. 263 bereits die Rede. Ein Problem ist bei all diesen Geräten die Frage der Zulässigkeit der automatischen Wiedereinschaltung eines solchen Motors. Diese automatische Wiedereinschaltung ist nur bei solchen Motoren zulässig, die schon ihrer Betriebsweise nach automatisch geschaltet werden. Das sind z. B. Kühlanlagen, Hauswasserpumpen u. dgl. Bei anderen Maschinen, bei denen der unerwartete Wiederanlauf Gefahren heraufbeschwören würde, ist er naturgemäß nicht zulässig. In diesem Fall müssen die Geräte für Handrückstellung ausgebildet sein. Zur gleichzeitigen Beeinflussung durch den Netzstrom und die Motorwärme werden dann die Sprungglieder entsprechend Abb. 121 mit einem motorstromdurchflossenen Heizelement versehen, das bei höherer Stromaufnahme ihr Ansprechen beschleunigt. Für den Einbau solcher Geräte gelten die gleichen Gesichtspunkte wie beim Wärmeschutzelement ohne zusätzliche Heizung.

Sie sind natürlich so einzubauen, daß sie der Motorwärme voll ausgesetzt sind, also vom erwärmten Luftstrom umspült werden und möglichst innig mit den Wicklungsköpfen verbunden sind. Nach GARBERS hat man die besten Erfahrungen mit dem Einbau im oberen Ständergehäuse oder im Lagerschild gemacht. Reicht die Strom- und Temperaturänderung eines Motors zum schnellen Auslösen eines Thermoschutzschalters bei Nichtanlauf nicht aus, so kann dieser bei Eigenbelüftung so im Motor angeordnet werden, daß er dem Kühlluftstrom des Lüfters ausgesetzt ist. Dadurch wird er im Nennbetrieb gekühlt. Erst bei Stillstand und Ausfall des Kühlluftstromes wird der Auslöser vom Strom so beheizt und von der Motorwärme so beeinflußt, daß er auslöst. Es gibt zwar auch Fälle, bei denen der Einbau im Motorinnern nicht möglich ist, z. B. bei den hermetisch gekapselten Kühlaggregaten. Dann wird der Thermoschutz von außen auf eine möglichst warme Stelle des Gehäuses gesetzt, mit einer zusätzlichen Abdeckung versehen, die ihn vor Wärmeabgabe an die Außenluft schützt. Die Übertragung der Wärme von der zusätzlichen Heizwicklung im Gerät zu der Springscheibe sollte weitgehend durch Strahlung möglich sein. Man wird zu diesem Zweck die Temperatur derartiger Wicklungen im Anlauf sehr hoch wählen. Natürlich dürfen die Elemente durch den Anlaufstrom keinen Schaden leiden. Der Anlaufstrom muß auch bei erhöhter Netzspannung (110%) mit

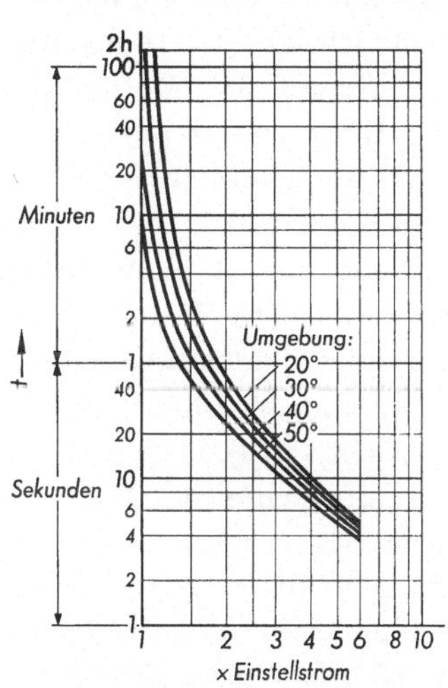



Abb. 122. Kennlinien eines Schutzgerätes abhängig von Stromlast und Umgebungstemperatur

Sicherheit unter dem höchstzulässigen Heizstrom liegen. Die Methoden der Beheizung sind unterschiedlich. Bei Einphasenmotoren mit Anlaufwicklung wird entweder der Gesamtstrom durch die Heizwicklung geschickt oder aber zum mindesten der Strom oder ein Teilstrom der Hauptwicklung [ROEWER]. Auch gibt es Geräte mit zwei Heizwicklungen, von denen eine vom Strom der Hauptwicklung, die andere von dem der Hilfswicklung durchsetzt wird. Kennlinien eines Schutzgerätes, das sowohl vom Strom wie von der Umgebungstemperatur beeinflußt wird, s. z. B. Abb. 122.

Derartige Geräte müssen natürlich in bezug auf die Stromstärken in abgestuften Größen gebaut werden. Die richtige Wahl der für einen Motor erforderlichen Größe ist nicht ganz einfach, denn selbst bei gegebenem Strom ist die Erwärmung z. B. der Bimetallscheibe von der

Motorgröße, Polzahl, Belüftungsart, der Anordnung des Schalters und dem Gehäusematerial sowie endlich der Raumtemperatur abhängig. Hierüber berichtet u. a. VAUGHAN. In seiner Arbeit sind Kurven angegeben, nach denen man abhängig von der zulässigen Wicklungstemperatur und den Netzströmen unter Zugrundelegung einer bestimmten Motorerwärmungskurve die Schaltergröße angenähert ermitteln kann. Der für den Schutz des laufenden Motors gewählte Schalter soll auch im Stillstand unter Strom genügend Schutz bieten, indem er infolge hoher Stromdichte in der Heizwicklung und ihrer geringeren Entfernung zum Bimetall verhältnismäßig schnell anspricht. Diese Elemente, die am Motor sowohl vom Strom wie von der Wärme beeinflußt und außen irgendwie angebaut werden, können so eingerichtet sein, daß sie erst durch Handdruck wieder in ihre Kontaktlage gebracht werden und damit wieder zum Anlauf des Motors führen oder aber, daß sie nach Erkaltung selbsttätig wieder einschalten.

Diese kombinierten Übertemperaturschutzeinrichtungen von Motoren sind auch in einzelnen *Vorschriften* behandelt worden. Eine deutsche Arbeit über Geräte für den Hausgebrauch VDE 0730/59 verlangt bei Geräten, die ferngesteuert oder selbsttätig angelassen werden, eine Überlastungsschutzeinrichtung, die bei dem 1,2fachen des der Erwärmungsprüfung zugrunde gelegten Stromes in spätestens 1 Stunde anspricht (§ 13) oder die Temperaturerhöhung der Wicklung darf 120° C nicht überschreiten. Bei Kühlgeräten soll sie beim Zweifachen des Erwärmungsprüfstromes in 2 Minuten ansprechen (Teil 2). Diese Festlegungen finden sich auch in den CEE-Anforderungen Publikation 10-1953. Eine kanadische Vorschrift ist unter der Bezeichnung C 22.2 Nr. 77-1957 vorhanden. Die Einrichtung muß allein durch die Erwärmung des Motors oder durch eine Kombination der Motorwärme und dem durch das Gerät fließenden Motorstrom verhindern, daß je nach Isolationsklasse bei blockiertem Motor 150° C bzw. 175° C und bei laufendem Motor mit irgendwelcher Last 125° C bzw. 150° C überschritten werden. Bei der Prüfung wird die Erwärmung mittels Thermoelement an der Oberfläche von Spulen und den übrigen Konstruktionselementen gemessen, außerdem ist darauf zu achten, daß bei keiner derartigen Prüfung irgendwelche Erscheinungen auftreten, die eine Feuergefahr vermuten lassen. Hierfür sind Versuche mit hohen Strömen bei verhältnismäßig starken Sicherungen vorgesehen. Die Prüfungen werden so lange fortgesetzt, bis eine konstante Temperatur erreicht ist, ausgenommen in dem Fall, daß die Geräte Einrichtungen mit automatischer Rückstellung besitzen. Dann wird die Prüfung auf 72 Stunden ausgedehnt. Demgegenüber lassen die Festlegungen in USA [o. Verf. (11)] bedeutend höhere Werte zu, so z. B. im Lauf je nach Isolationsklasse bei automatischer Rückstellung 140° C bzw. 165° C, bei blockiertem

Motor nach 1 Stunde Höchstwerte 175° C bzw. 200° C, Durchschnitts-
werte 150° C und 175° C. Diese Verminderung der Spanne zwischen zulässiger Leistung und den Anforderungen bei abnormalen Bedingungen
[s. VAUGHAN und WHITE] bedeutet, daß der Planung und Anpassung
der Schutzvorrichtungen an die Motoren erhöhte Aufmerksamkeit gewid-
met werden muß.

Bei Mehrphasenmotoren war es üblich, mehrere Einphasensysteme
für die Überwachung des Motors zu verwenden. Nun sind auch Drei-
phasenüberwachungsgeräte auf dem Markt, die es bei in Stern geschalteten Motoren möglich machen, ein Element mit drei Heizwicklungen
und einer Bimetallspringscheibe im gleichen Gehäuse unterzubringen.
Die im Stern eingeschalteten Geräte öffnen dann den Sternpunkt des
Motors. Die Heizwicklungen werden mit je einer Phasenwicklung hintereinandergeschaltet. Bei in Dreieck geschalteten Motoren kann die für
Dreiphasenmotoren geschilderte Anordnung naturgemäß nicht verwandt
werden. Es müssen die Phasen einzeln geschützt werden.

Geräte der genannten Art können, auch wenn sie im wesentlichen
vom Strom selbst und nicht nur von der Wicklungstemperatur beeinflußt werden, nicht als Motorschutzschalter im Sinne von VDE 0660
angesehen werden, weil ihnen vor allem die Eigenschaft der allpoligen
Abschaltung fehlt, oft auch die geforderte Freiauslösung.

# 5 Schutz durch Ermittlung von Strom-
# und Spannungsunterschieden in den Zuleitungen

### Phasenausfall — Schutzeinrichtungen

Auf S. 142 sind Einrichtungen beschrieben, die den strombeheizten
thermischen Auslöseelementen bei einphasiger Belastung eines Drehstrommotors eine größere Empfindlichkeit verleihen. Man hat darüber
hinaus immer wieder Vorschläge gemacht, unabhängig vom thermischen
Schutzelement, die sofortige Abschaltung bei Einphasenlauf von Drehstrommotoren zu erzwingen. Besonders wichtig sind unter Umständen
solche Maßnahmen bei der Einschaltung von Motoren auf ein bereits
gestörtes Netz, z. B. bei Motoren mit fliehkraftbetätigten Anlassern oder
bei Käfigläufern mit relativ höheren Belastungen im Läufer als im
Ständer, z. B. durch starke Widerstandserhöhung.

Einen Vorschlag zur Lösung dieser Aufgabe mit zwei Hilfstransfor-
matoren beschreibt KNAACK, s. Abb. 123. Um das *Einschalten* von Geräten auf ein einphasiges Netz *zu verhüten*, werden zwei Hilfstransfor-
matoren, die am Drehstromnetz in V-Schaltung liegen, verwandt. Bei
passender Zuordnung der Sekundärwicklungen zueinander erhält beim

18 Franken, Motorschutz

Einschalten auf ein gestörtes Netz die Schaltmagnetspule, die an diesen Sekundärwicklungen liegt, entweder überhaupt keine Spannung oder nur eine bescheidene Teilspannung. Die Sekundärwicklungen der zwei Steuertransformatoren werden so geschaltet, daß sie beim Übersetzungsverhältnis $1:1$ die $\sqrt{3}$fache Spannung eines einzelnen Transformators ergeben. Unter Berücksichtigung eines entsprechenden Übersetzungsverhältnisses kann dieser Wert naturgemäß so abgestellt werden, daß normale Steuerspannungen (220 V) zustande kommen. Von diesem System von Steuertransformatoren wird nun die Schützenspule erregt. Ist diejenige Leitung unterbrochen, an die beide Einzeltransformatoren angeschlossen sind, dann ist die resultierende Spannung der Sekundärseite Null, denn nun heben sich diese Spannungen, da sie phasengleich sind, auf. Ist eine der anderen Leitungen unterbrochen, dann geht die Sekundärspannung auf den $1/\sqrt{3} = 0{,}58$fachen Nennwert zurück. Außerdem ist die Schützenspule mit einer Impedanz in Reihe geschaltet, die je nach den Netzverhältnissen im Grenzfall gleich der Leerlaufimpedanz eines Transformators ist, so daß die Spannung wohl noch weiter absinkt. Die Schaltung

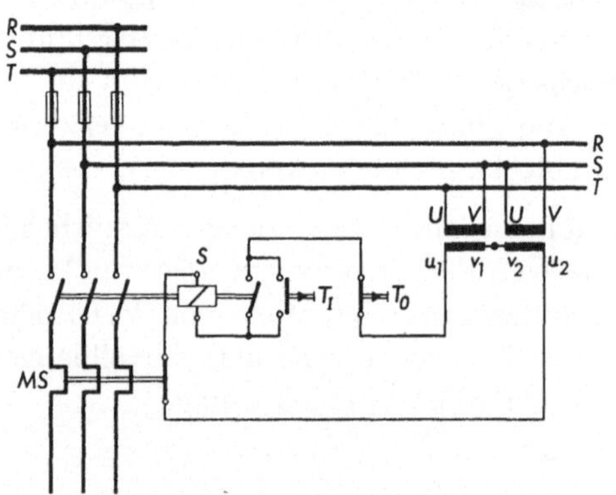

Abb. 123. Verhütung der Einschaltung auf ein Drehstromnetz bei einpoliger Zuleitungsunterbrechung mit Doppelsteuertrafo (nach Knaack)
$T_O$ = Ausschalttaste; $T_I$ = Einschalttaste;
$S$ = Schütz; $MS$ = Motorschutzrelais

kann noch verbessert werden, indem man ein Zwischenrelais verwendet. Es kann auch noch dem Umstand Rechnung getragen werden, daß etwa das Schaltgerät, z. B. ein dreipoliger Druckwächter, nicht auf allen Polen Kontakt gibt. Dann wird ein gleiches System von zwei Steuertransformatoren auch noch hinter den Schalter gelegt. Das hinter dem Schalter liegende System darf aber erst unter Zwischenschaltung eines Verzögerungselementes wirksam werden. Diese Anordnung verhindert naturgemäß nur das Einschalten auf ein gestörtes Netz und kann den thermischen Schutz gegen Überlastung im Lauf nicht ersetzen. Etwaige in der Anlage noch vorhandene einphasige Stromverbraucher, wie z. B. Glühlampen, scheinen das System nicht in Unordnung bringen zu können.

Es sind nun darüber hinaus Geräte auf dem Markt, die mit elektromagnetischen Zusatzelementen den Phasenausfall überwachen, d. h. auch

Abschalten, wenn während des Motorlaufs eine Netzleitung gestört wird. Sie beruhen zum Teil auf der Ausnutzung von Stromunterschieden oder der Stromstärke. Bei letzterer Form kommt der Umstand zu Hilfe, daß auch bei einem leerlaufenden Drehstrommotor ein nicht unbeträchtlicher Magnetisierungsstrom im Ständer fließt, so daß sich die Stromlosigkeit bei Leiterbruch vom Leerlaufzustande gut unterscheidet. Die Magnete werden also nicht von der Spannung, sondern vom Strom erregt. Zur Feststellung der Stromunterschiede von Leiter zu Leiter brauchte man Stromdifferentialmagnete. Erforderlich wären deren mindestens zwei. Der Strom einer Phase müßte dann beide Relais durchfließen, während die Ströme der beiden anderen Phasen nur je eines durchsetzen. Zur Feststellung, ob ein Leiter stromlos ist oder nicht, dienen ohne Differenzwirkung dreipolige Stromwächter. Diese Art von Phasenausfallschutz hat noch besondere Bedeutung wenn es gilt, auch nach erfolgtem Anlauf die Übererwärmung gewisser Motoren, die durch thermische, auf den Ständerstrom ansprechende Elemente nicht ausreichend geschützt werden können, zu verhindern. Hierhin gehören z. B. oft Drehstrommotoren für Unterwasserpumpen, die so ausgelegt werden müssen, daß ihre Überlastungsmöglichkeit bei Einphasenlauf sehr gering ist und deshalb beim Auftreten von Einphasenstrom eine schnelle, wenn möglich sofortige Abschaltung erwünscht ist. Das ist u. a. auch besonders wichtig bei Kränen. Diese werden in Gefahrenmomenten durch Gegenstromschaltung möglichst in der umgekehrten Richtung bewegt. Fällt jedoch eine Phase aus, was bei Kranwagen, die Erschütterungen ausgesetzt sind, vorkommen kann, wenn nicht alle Stromabnehmer gut aufliegen, so ist der Rückwärtslauf nicht mehr möglich. In diesem Fall ist also eine Einrichtung zur Verhütung des Einphasenlaufs in erster Linie eine solche zur Verhütung von Unglücksfällen. Das gilt auch für die automatische Drehrichtungsumkehr, z. B. bei den Vorgängen nach Abb. 6 S. 14. In diesem Fall finden auch insbesondere Phasenumkehrrelais, s. S. 280 Anwendung. Der Einsatz solcher Einrichtungen ist auch erwünscht, wenn bei Drehstrommotoren Relais und Auslöser höher eingestellt werden müssen, s. S. 187. Bei dieser Höhereinstellung ist naturgemäß ein wirksamer Schutz bei Einphasenlauf nicht mehr gegeben.

Mit Stromdifferentialmagneten wirkt eine solche Konstruktion der Schiele Industriewerke [o. Verf. (14)]. Sie beruht darauf, daß in jede Leitung zwei hauptstromerregte Magnete mit gemeinsamem Anker eingesetzt werden derart, daß, wenn der Anker an einem Magneten anliegt, er vom anderen entfernt sein muß, s. Abb. 124a. In der Normalstellung liegt der eine Schenkel des Ankers auf dem unteren Elektromagneten, während der andere Schenkel zum oberen Elektromagneten einen Abstand besitzt. Die Stromspulen jedes Systems werden von zwei verschiedenen Phasenströmen erregt. Dabei dient die obere Spule als An-

18*

zugsspule, die untere als Haltespule. Eine Feder drückt normalerweise im unerregten Zustand den Anker an den Haltemagneten an. Die magnetischen Verhältnisse sind so ausgelegt, daß bei gleicher Stromstärke in den drei Zuleitungen die Haltekräfte der Haltespulen größer sind als die Anzugskräfte der Anzugsspulen. Der beim Einschalten von Drehstrommotoren auftretende Strom führt dann zu keiner Auslösung. Die zeitliche Verschiebung der Ströme in den drei Polen um 120° wird durch die Massenträgheit der Anker und die zusätzlichen Andruckfedern unwirksam. Wird nun eine Leitung stromlos (Einphasenlauf), so wird in dem betreffenden System die Haltekraft der Haltespule Null. Die zugehörige Anzugsspule, die von dem Strom einer anderen Phase erregt wird, kann den Anker anziehen, der über die Auslöseleiste ein verklinktes Schaltglied öffnet. Die Auslösung ist so eingestellt, daß bei Einphasenlauf ein Ansprechen erst eintritt, wenn der Nennstrom des

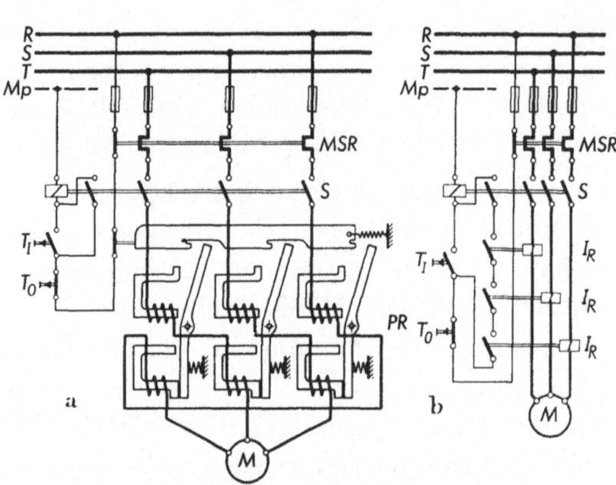


Abb. 124 a u. b. Phasenausfallrelais
a abhängig vom Stromunterschied in je 2 Leitungen (Sbik); b je Phase ein Hilfsrelais mit geringem Rückgangsverhältnis (AEG)
$MSR$ = Motorschutzrelais; $JR$ = Stromausfallrelais; $PR$ = Phasenausfallrelais; $S$ = Schütz; $T_0$ = Ausschalttaste; $T_I$ = Einschalttaste

Motors überschritten wird. Selbstverständlich empfiehlt es sich, derartigen Phasenstromwächtern ein thermisches Schutzelement zuzuordnen. Es ist üblich, sie, wenn es sich um Relais handelt, nur mit verklinktem Auslöseglied auszuführen, um ein Flattern beim Einphasenlauf zu verhindern. Nach Beheben des Fehlers ist zur Wiederinbetriebnahme des Motors also eine Rückstellung von Hand notwendig.

Eine Lösung des Problems mit Stromwächtern ist von Gutmann beschrieben, s. Abb. 124 b. Hierbei wird in jeder Leitung ein einziges Überstromrelais angewandt. Eine vollkommen eindeutige Unterscheidung zwischen den gesunden und dem gestörten Leiter bringt die Tatsache, daß der Leerlaufstrom begrenzt ist und er bei Käfigläufermotoren immer noch mindestens 25% des Nennstromes beträgt. Die drei Hilfsrelais werden als Unterstromglieder benutzt, wobei deren geringes Rückgangsverhältnis für den vorliegenden Verwendungszweck besonders willkommen ist. Sie fallen nämlich erst bei etwa 25% des Nennstroms ab und vertragen andererseits dauernd doppelten Nennstrom. Damit ist zunächst einmal gewährleistet, daß das Relais auch bei Leerlauf des Motors noch einwandfrei arbeitet. Andererseits kann es ohne Änderung der Wicklung oder Justierung für einen Nennstrombereich von 1 : 2 verwandt werden. Die Befehlsmindestdauer der Einschalttasten muß groß genug sein, so daß sämtliche Relais zwischenzeitlich zum Ansprechen gekommen sind. Andernfalls würde, vor allen Dingen auch bei ungleichmäßigem Angriff der Hauptstromschaltstücke in den drei Strombahnen, eine unbeabsichtigte Wiederauslösung einsetzen. Bei Schützen mit Dauerkontaktgebung ist dieses Prinzip nicht ohne weiteres anwendbar, insbesondere auch nicht bei Leistungsschaltern. Hier hat man den einzelnen Stromrelais Umschaltkontaktglieder zugeordnet, die eine Auslösung herbeiführen können. Auch diese Phasenausfallrelais erfordern naturgemäß zur Verhütung der Überlastung noch zusätzlich thermische Motorschutzelemente.

Ein Gerät der Siemens-Schuckert-Werke beruht auf dem Vergleich der drei Leiterströme und deren vektorieller Lage zueinander. Zwei Wandler liefern den Strom für eine Brückenschaltung. Der eine davon ist so ausgelegt, daß die geometrische Differenz zweier Leiterströme sekundär den gleichen Strom liefert wie der andere Wandler, der von dem dritten Leiter erregt wird. Die Schaltung ist so getroffen, daß die Sekundärströme um $90°$ verschoben sind. Die Ströme werden 'gleichgerichtet einer Brücke zugeführt. Ein Meßrelais liegt im Diagonalzweig der Brückenschaltung. Bei Normalbetrieb bildet sich am Relais eine dreieckähnliche Wechselspannung mit doppelter Frequenz. Bei Einphasenbetrieb wird das Relais durch dann entstehenden, pulsierenden Gleichstrom erregt. Die Anordnung ist so empfindlich, daß 30% des Gerätenennstromes ausreichen, um den *Leiterbruchwächter* bei Einphasenlauf zum Ansprechen zu bringen. Dieser Betrag liegt unter den Magnetisierungsströmen der Drehstrommotoren. Das Relais ist im allgemeinen noch mit einer Ansprechverzögerung ausgestattet, um Fehlabschaltungen zu vermeiden, s. AMBERGER. Ein ähnlich wirkendes Phasenausfallrelais beschreibt HEUMANN (3) Seite 282. In dem Sekundärmeßkreis entsteht eine Wechselspannung 3facher Netzfrequenz, während bei der Unterbrechung einer Zuleitung keine Spannung erzeugt wird.

Über die geschilderten Anordnungen hinaus gibt es auch noch andere, darunter mit Schwierigkeiten behaftete oder seltener angewandte Methoden. Eine Zusammenfassung von Maßnahmen zur Verhinderung des Einphasenbetriebs bei Drehstromverbrauchern gibt KEMMER. Z. B. hat man mit stromabhängigen Relais Widerstände eingeschaltet, die einen künstlichen Sternpunkt bilden und ihn dann über ein weiteres Abschaltrelais mit dem Mittelleiter des Netzes verbunden. Das Relais würde bei nicht dreiphasiger Erregung der Widerstände zum Ansprechen kommen. Solange das Netz noch intakt ist, ist selbstverständlich keine

Spannungsdifferenz vorhanden, die das Relais erregen könnte. Man hat weiterhin Ströme in ihrer Größe und Lage miteinander verglichen. Die beliebtesten Mittel sind jedoch diejenigen, bei denen man mit Spannungsabweichungen arbeitet. Dabei wird vielfach übersehen, daß die Motoren bei Phasenausfall infolge ihres Drehfeldes die Spannung auch auf der unterbrochenen Phase noch weitgehend aufrechterhalten, s. S. 8, Abb. 1. Die für die Überwachung zur Verfügung stehenden Spannungsabweichungen sind infolgedessen klein und wegen des elliptischen Feldes auch etwas unübersichtlich. Die Relais dürfen aber andererseits nicht zu empfindlich sein, denn sonst sprechen sie bei Spannungsabfall und an sich gesundem Netz ebenfalls an. Die insbesondere in den Anfängen des Motorschutzes in dieser Richtung versuchten Lösungen haben sich aus diesem Grunde nicht durchsetzen können.

Mehr Erfolg hat man beim Einsatz von Unsymmetrierrelais, die auf die Verwerfung des Spannungsdreiecks ansprechen, dagegen nicht auf die absolute Spannungshöhe. Man ist deshalb z. B. dazu übergegangen, zur Überwachung der Asymmetrie zwei Spannungen des Netzes gleichzurichten und sie auf diese Weise miteinander zu vergleichen, indem man ein Relais mit zwei gegeneinander wirkenden Wicklungen erregte. Bei den jetzt auf dem Markt befindlichen Konstruktionen rechnet man z. B. mit einem Anzug bei 10 ... 15% Spannungsunterschied und Rückgang bei 5 ... 7,5%. Man hat auch den Flächeninhalt des Spannungsdreiecks mit Hilfe eines Ferrarisrelais überwacht. Auch hat man es mit Frequenzrelais versucht, die beispielsweise über Gleichrichter von allen drei Phasen her transformatorisch gesteuert wurden, wobei im Normalbetrieb eine Frequenz von 150 Hz am Relais lag, im Fall des einphasigen Laufs eine solche von 100 Hz. Wenn Zustände wie in Abb. 6, S. 14, dargestellt von Bedeutung sind, dann ist es notwendig, daß die Abschaltung schnell vonstatten geht, ehe sich das Spannungsdreieck im Gegensinne wieder aufgebaut hat.

Bei all diesen Lösungen muß, abgesehen davon, daß sie teilweise praktisch schlecht durchführbar waren, beachtet werden, daß damit immer noch kein Überlastungsschutz erzielt werden konnte, sondern es sich lediglich um Zusatzeinrichtungen handelt, die bei Einphasenlauf im großen und ganzen ohne Rücksicht auf die Höhe der Überlastung abschalten. Die zusätzliche Phasenausfallschutzeinrichtung ist kostenmäßig nicht immer gerechtfertigt. Sie ist außer, wenn von der Maschine ausgehende Gefahrmomente zu berücksichtigen sind, meist wohl nur bei größeren Motoren oder Gruppen kleinerer Motoren am Platze.

Beim Einsatz der auf Strom- und Spannungsdifferenzen beruhenden Geräte ist noch zu beachten, daß sie praktisch jedem Motor vorgeschaltet sein müssen, denn bei einer Mehrmotorenanlage kann man sich ja nicht darauf verlassen, daß die Schadenstelle netzseitig liegt. Sie kann vor einem Einzelmotor sein. Auch würde die Voraussetzung, daß bei Dreiphasenlauf immer noch mindestens 25% des Nennstromes fließen, nicht mehr gegeben sein, denn der Magnetisierungsstrom einer Gruppe von Motoren ist ja, bezogen auf den normalen Summen-Nennstrom, kleiner, wenn z. B. nur ein einziger Motor läuft. Die Voraussetzungen für die Abschaltung sind u. U. nicht gegeben, wenn bei einphasiger Einspeisung eines Betriebes oder einer Mehrmotorenmaschine ein größerer nicht allzusehr belasteter Motor in gewissem Umfang die Aufrechterhaltung der Drehfelder übernimmt, also die anderen Motoren einspeist.

# 6 Weitere Schutzmittel

Nachstehend sollen noch einige weitere Schutzmittel, die den thermischen Schutz ergänzen, behandelt werden.

### Lastüberwachung

Da der Grenzstrom der thermischen Elemente bei dreipoliger Belastung bis zu 120% des Einstellstromes liegen kann, besteht also die Möglichkeit, daß die Temperaturen gegenüber der bei Nennwert auftretenden Erwärmung sich um mehr als 40% erhöhen. Das sind Werte, die zunächst nicht zu erkennbaren Schäden an den Motoren führen, jedoch nach den Lebensdauergesetzen für Isolationen die Lebensdauer beträchtlich herabsetzen können. Auf der anderen Seite können geringe Stromerhöhungen dadurch verursacht sein, daß die angetriebenen Maschinen und Getriebe überlastet sind oder in ihnen mechanische Hemmungen aufgetreten sind. Das führt dann unter Umständen zu einer erhöhten Abnutzung der Maschine, ohne daß die Überlastung rechtzeitig erkannt werden kann, so daß Beschädigungen an Motor oder Maschine möglich sind, die unter Umständen zu Betriebsunterbrechungen und Produktionsausfällen mit kostspieligen Folgenschäden führen. Bei großen Motoren hat man deshalb auch noch *Lastüberwachungsrelais* hinzugeschaltet. Die Relais werden auf einen bestimmten Grenzstrom im Bereich des Motornennstromes eingestellt und geben bei Überschreiten dieses Stromes ein Signal. Das Personal kann nun diesen Motor beobachten und Maßnahmen zur Herabsetzung der Überbelastung treffen. Gelingt das, so verschwindet das Signal wieder. Gelingt es nicht, so kann die Einrichtung dadurch vervollständigt werden, daß nach einer stromabhängigen Zeit von einigen Minuten ein weiteres Signal gegeben oder auch die Auslösung eingeleitet wird. Diese Einrichtung überwacht also den Bereich zwischen dem Einstellstrom, das ist im allgemeinen der Motornennstrom, und der unteren Ansprechgrenze des thermischen Schutzes, dem Grenzstrom, s. a. H. DIEHL (2).

## Phasenumkehrrelais

Manche Antriebe sind gegen einen Drehrichtungswechsel, der unbeabsichtigterweise auftritt, besonders empfindlich. Dazu gehören alle Fördereinrichtungen, wie Fließbänder u. dgl. Der Motor kann in der falschen Richtung laufen, wenn zwei Zuleitungsphasen an irgendeiner Stelle des Netzes zufällig oder irrtümlich vertauscht werden. Eine Möglichkeit, die insbesondere bei Überholung oder Vergrößerung einer Anlage gegeben ist. Hiergegen kann man ein Drehstrom-(Umkehr-)Phasenrelais mit Spannungs- oder Stromwicklungen verwenden, das in diesem Falle ein Einschalten der Motoren verhindert. Ein solches Relais besteht zweckmäßig aus einem Induktionselement, das bei Phasenumkehr ein Schaltglied öffnet. S. z. B. HEUMANN (3), S. 286, WATTS (3).

# 7 Geschichtliches

Ältere Formen des Motorschutzes sind die *Überlastungssignale*. So erhielt z. B. nach M. KAMMERHOFF, Hamburg [EDLER (1) S. 108] der Motorkreis einen Zusatzwiderstand, dem eine Klingel parallel lag. Sie läutete um so stärker, je höher die Überlastung war. Diese Sicherung wurde besonders bei kleineren Arbeitsmaschinen, deren Vorschub von Hand beeinflußbar ist, z. B. Bohrmaschinen, empfohlen. In der Zeit vor dem ersten Weltkrieg half man sich öfter mit Schmelzkörpern in der Wicklung oder am Motor. Sie wirkten entweder auf den Stromkreis eines Spannungsrückgangsschalters oder auch unmittelbar, z. B. durch dünne Ketten, auf das Schaltschloß eines Netzschalters (SCHMITZ, Diskussionsbeitrag).

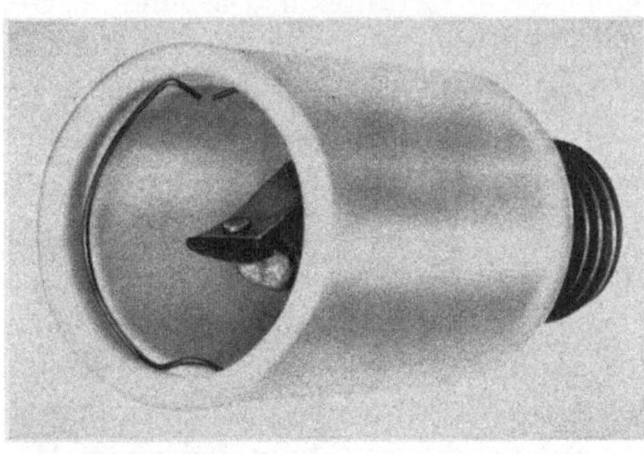

Abb. 125. Motorschutzstöpsel der AEG 1914

Die erste marktfähige Lösung brachte vor dem Jahre 1914 die AEG, und zwar Schutzstöpsel nach Art der Sicherungsstöpsel mit Edison-Gewinde, s. Abb. 125. Sie wiesen eine Lötstelle auf und waren hinsichtlich der Nennstromstärke fein gestuft [RAUBER]. Die Lötstelle wurde durch eine Spirale geheizt und erweichte bei Überstrom. Der Strom wurde dann durch eine Feder unterbrochen. Die Lötstelle konnte mit normalem Handelslötzinn wieder hergestellt und somit der Schutzstöpsel von neuem gebrauchsfertig gemacht werden. Der Verschleiß der Sicherungsstöpsel war damit eingeschränkt und vor allem durch einen gegenüber den Sicherungen niedrigeren Grenzstrom ein besserer Schutz erzielt. Auf der anderen Seite erweichte das Lot durch die Motoranlaufspitze nicht so schnell wie die Sicherung abschmolz. Bei diesem Element handelte es sich aber noch nicht um einen Motorschutzschalter im heutigen Sinne. Es fehlte die allpolige Abschaltung.

Während des ersten Weltkrieges setzten weitere Entwicklungen, vorwiegend auf Grund von Dehnungselementen, ein. Die Konstruktionen hatten den Vorzug allpoliger Abschaltung. Auch machten sie nach dem Ansprechen infolge Überlastung keinerlei Auswechseln von Teilen oder irgendwelche Eingriffe notwendig. 1917 entstand der Elmo-Schutzschalter von Siemens. Er bestand in der Kombination von zwei träge wirkenden, einstellbaren Hitzdrähten mit einem Selbstschalter, s. Abb. 126. Durch die Wärmedehnung der Drähte wurde ein Hilfskontakt geschlossen, der die Selbstschalterauslösespule erregte [STEINER]. Die AEG verwandte ein mit Dampfdruck arbeitendes, durch den Strom erwärmtes Element, wobei Alkohol in ein Röhrchen (1) eingeschlossen war und über eine Membran (2) auf ein Hilfsglied (3) einwirkte [HÖPP], s. Abb. 127, und brachte 1921 ein Gerät mit Dehnungsrelais, s. Abb. 128 [ORLICH, GRAF, COHN (5)] auf den Markt. Bei Drehstrommotoren machte man zahlreiche Versuche mit Stromwaagen [o. Verf. (1)] und magnetischer Überwachung, um festzustellen, ob der Strom in allen drei Leitern fließt [KRASKA]. Bei selbstlötenden Schutzschaltern, die — wie der Name sagt — eines Eingriffes zur Wiederinbetriebsetzung nicht bedürfen, brachte eine Heizspule bei Überstrom das ein Sperrad festhaltende Lot zum Schmelzen, so daß die Radachse freigegeben wurde und das unter Federdruck stehende Schaltstück sich löste. Durch Niederdrücken des Druckknopfes konnte bei einer Konstruktion der AEG der Kontakt wieder hergestellt werden [s. OTT (3)].

Etwa 1920 erschien die Calor-Schaltpatrone. Zuerst wurde sie für Kranschaltkästen eingesetzt. Schmelzlotelemente liegen in einer großen Kupferspule. Ihre Wicklung wurde jeweils den Dauerstromstärken des zu schützenden Stromverbrauchers angeglichen. Der verhältnismäßig große Spulendurchmesser führte zu einer großen Zeitkonstante und demnach zu einer weitgehenden Ausnutzung des Motors. Abb. 129 zeigt einen Schnitt durch eine derartige Schaltpatrone für unmittelbare Auslöserwirkung. Sie enthält eine Wicklung 1, außen einen Messingzylinder 2, der mit der Wicklung verbunden ist. Der Zylinder vermittelt den Kontakt mit dem Messinggewinde eines Spezialstöpselkopfes, während das innere Windungsende an den Spulenträger 3 angelötet ist, der mittels eines Bundes die Stromführung auf einen Fußkontakt überträgt. In dieser Büchse wird mit sehr

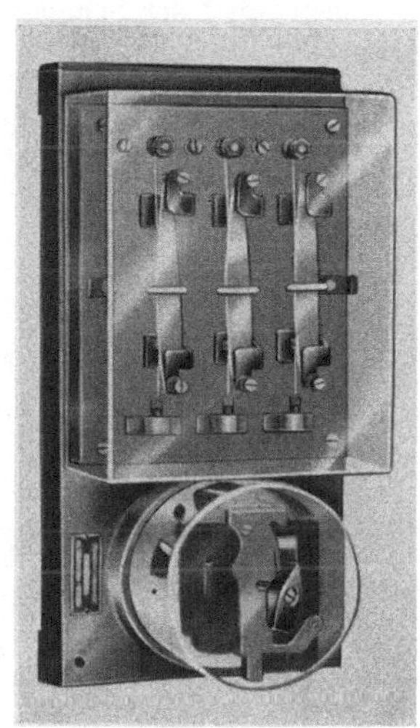

Abb. 126.
Elmo-Schutzschalter SSW 1917

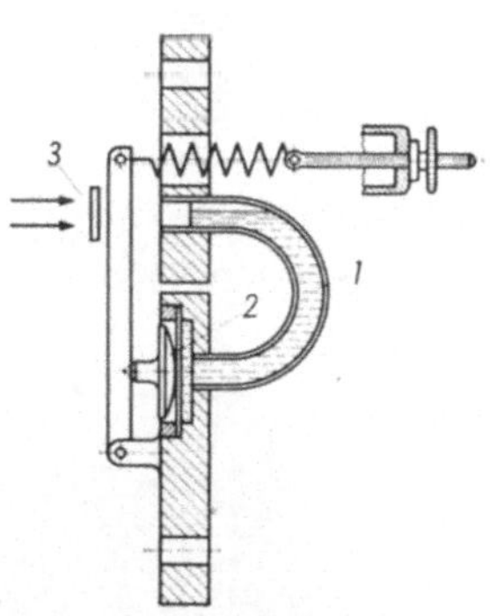

Abb. 127.
Überstromzeitauslöser mit
Alkoholfüllung AEG 1920

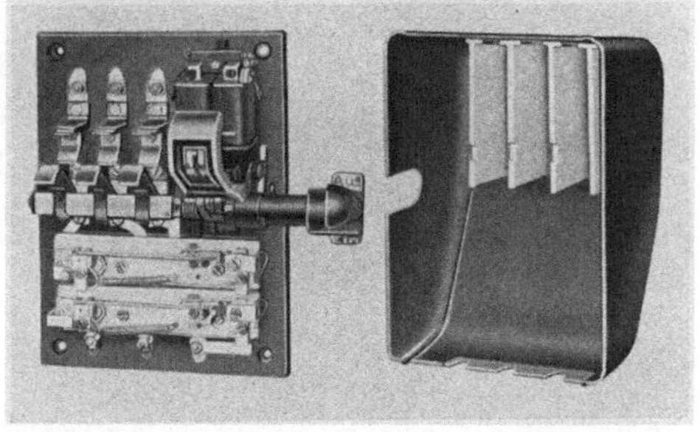

Abb. 128. Motorschutzschalter mit Dehnungsdraht-
relais und Unterspannungsauslöser AEG 1921

geringem Spiel der Schaltstift geführt, der durch ein Speziallot an der Stelle *5*
festgelötet ist, so daß eine bestimmte Länge des Schaltstiftes entweder nach unten
oder nach oben aus der Messingbüchse herausragt. Die Patrone ist vollständig
symmetrisch gebaut, deshalb kann sie durch einfaches Umdrehen erneut eingesetzt
und stets wieder verwendet werden. Das Speziallot hat eine Schmelztemperatur

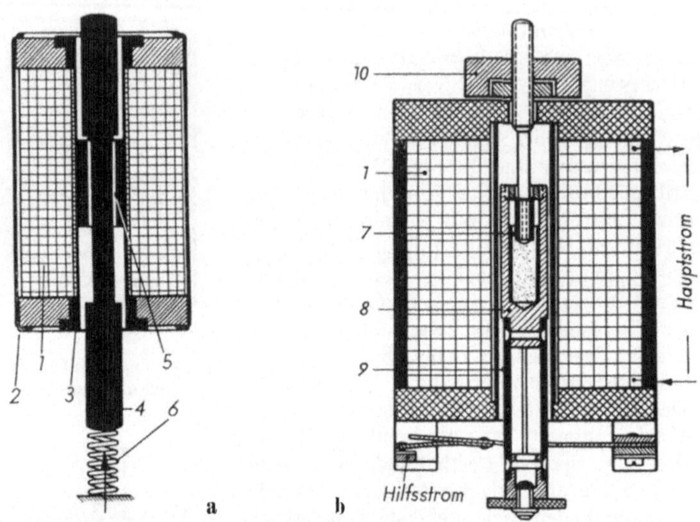


Abb. 129 a u. b.  Calor-Patrone etwa 1920
a mit Stromwärmeauslösung; b mit Strom-Schnell- und -Wärmeauslösung

Abb. 130.  Über Wandler gespeiste Dehnungsbandelemente, 2polig für Hilfsstromauslösung
— Klöckner-Moeller etwa 1921 — Das Gerät wurde verwandt als Vorsatzgerät vor Schützen,
Selbstanlassern und dergleichen

von etwa 75° C. Bei Erwärmung wurde in gleicher Weise wie der Stromverbraucher auch die Schaltpatrone und damit die Lötstelle auf eine solche Temperatur erwärmt, daß das Lötmaterial weich und der Schaltstift unter Wirkung einer im Fußkontakt angebrachten Feder *6* durch die Patrone hindurchgedrückt wurde.

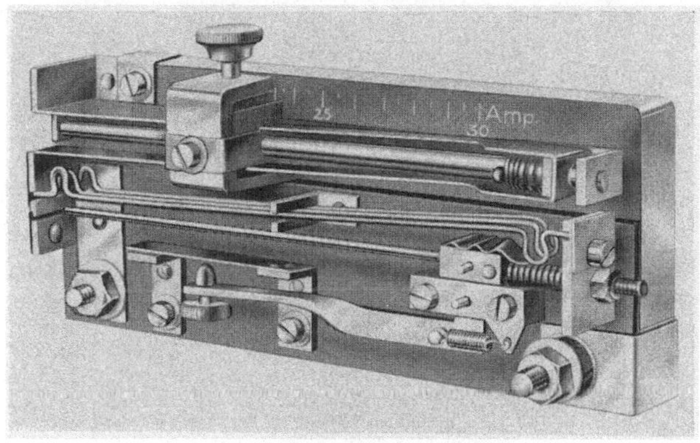

Abb. 131. Dehnungsbandrelais mit Feineinstellung und verstellbarem Nebenschluß
Klöckner-Moeller etwa 1921

Durch die Bewegung leitete man dann den Abschaltvorgang des Hauptstromschaltgerätes ein [SCHMITZ], [o. Verf. (3)]. Bei einer Variante b wurde mit dieser Stromwärmeauslösung eine Stromschnellauslösung verbunden. Bei Überschreitung einer bestimmten Stromstärke wird das gesamte Auslöseorgan in die Spule hineingezogen. Das Gerät ist hier als Relais ausgebildet und steuert ein Hilfsstromschaltglied.

Bei der Fa. Klöckner-Moeller wurden Dehnungselemente verwandt. Nach einigen Versuchen mit der unmittelbaren Auslösung von Selbstschaltern wandte man sich zunächst einmal der Entwicklung von thermischen Relais zur Beeinflussung von Schützen zu [FRANKEN (1)]. Bei der ersten Ausführung (1921) handelte es sich dabei um zweipolige Geräte mit Dehnungselementen. Sie wurden über Stromwandler gespeist und die Einstellung durch einen veränderbaren Nebenschluß durchgeführt, s. Abb. 130. Beim Ansprechen dieser Dehnungsstreifen wurde eine Klinke gelöst, die ihrerseits einen Hilfsschalter öffnete. Gleichzeitig zeigten Signalscheiben den Ausschaltzustand des betreffenden Teilrelais an. Das Gerät konnte durch eine Drehbewegung des Schaltergriffs wieder in seine Kontaktlage gebracht werden. Dieser

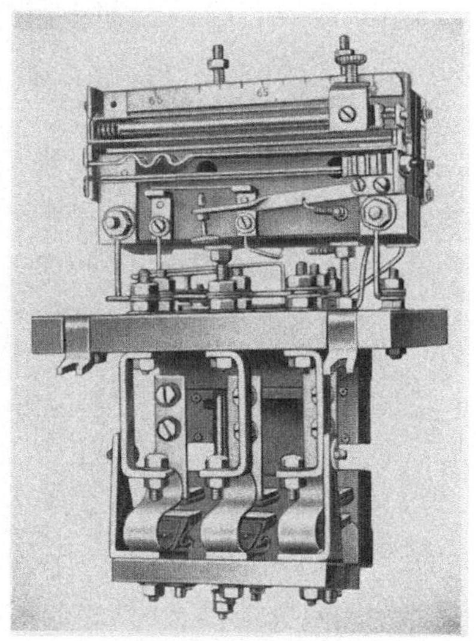

Abb. 132. Motorschutzgerät bestehend aus
Ölschütz und 2 Dehnungsbandrelais
Klöckner-Moeller 1921

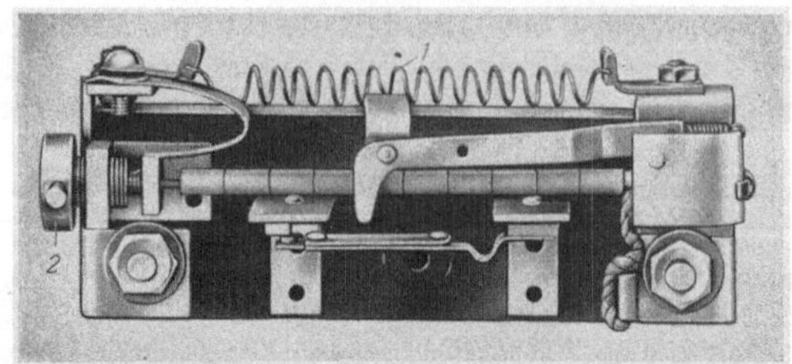

Abb. 133. Einpoliges Schutzrelais − Klöckner-Moeller etwa 1923

Abb. 134. Motorschutzschalter aus 2 einpoligen Dehnungsbandrelais und Ölschütz mit
Schwenktasterbetätigung − Klöckner-Moeller 1925

Aufbau war verhältnismäßig aufwendig. Ihm folgte deshalb eine Serie unmittelbar vom Hauptstrom durchflossener Geräte, z. B. nach Abb. 131 [FRANKEN (1)] [o. Verf. (2)]. Die Dehnung eines Drahtes wurde mittels einer Hebelübersetzung wiederum auf ein Hilfskontaktglied übertragen. Ihm parallel geschaltet war ein Nebenschluß, und zwar in diesem Fall ein verstellbarer. Außerdem war noch eine Anzahl fixer Nebenschlüsse, die herausgeschnitten werden konnten, eingebaut. Die Gesamtverstellbarkeit des Gerätes stieg auf diese Weise von 5 bis 60 A, ohne daß man irgendein Ersatzelement brauchte. Diese Elemente aus dem Jahre 1921 wurden mit einem Ölschütz zusammengebaut, und zwar zunächst je zwei einpolige Relais mit dem dreipoligen Schütz, s. Abb. 132. Sie waren für einen Massenvertrieb etwas

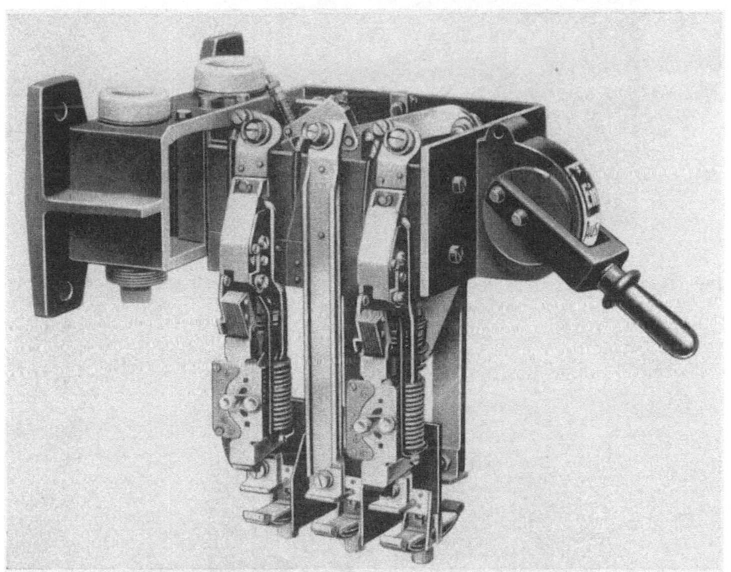

Abb. 135. Sbik-Motorschutzschalter etwa 1924 bestehend aus Ölschalter mit 2fach-Unterbrechung je Pol und über Wandler gespeisten Schmelzlotelementen

kostspielig. Man entwickelte dann bis zum Jahre 1923 einpolige Relais, die auf dem gleichen Prinzip beruhten, aber nunmehr auswechselbare fixe Nebenschlüsse (1) und eine Feineinstellungsvorrichtung (2) erhielten, s. Abb. 133. Das Feineinstellglied hatte eine Verstellbarkeit 0,9 zu 1,1. Die Zahl der Nebenschlüsse war so gewählt, daß jede beliebige Stromstärke eingestellt werden konnte. In dieser Abbildung ist auch noch eine Beschwerung der Dehnungsdrähte zur Beeinflussung der Auslösekurven im Sinne größerer Auslösezeiten zu erkennen. Sie führte zur Erhöhung der Auslösezeiten bei geringen Überlastungen. Bei höheren Überlastungen wurde nur die Wärmekapazität des Dehnungselementes wirksam. Ein Ölschütz mit derartig aufgebauten, einpoligen Motorschutzrelais (Baujahr 1925) s. Abb. 134. Das Schütz wurde mit Doppeldruckknöpfen gesteuert oder, wie in der Abbildung dargestellt, mit eingebautem Schwenktaster [o. Verf. (4)]. Die weitere Entwicklung dieser Elemente führte zu dem dreipoligen Relais mit gemeinsamem Hilfsschaltglied und Paketbandstreifen nach Abb. 16 S. 42. Es konnte damit eine verhältnismäßig hohe Zeitkonstante erzielt werden, ohne daß die Kurzschlußfestigkeit vermindert wurde. Die Zeitkonstante blieb über den ganzen Bereich gleichmäßig, sie betrug bei diesen Elementen im allgemeinen etwa 1 Minute. Die Ausdehnung eines einzelnen Teilstreifens wurde zur Auslösung benutzt, die Vielzahl der Streifen diente zur Erhöhung der Wärmekapazität bei praktisch gleicher Gesamtverlustleistung und damit Erhöhung der Kurzschlußfestigkeit und der Zeitkonstante.

Motorschutzgeräte mit Schmelzlotauslösung im Sekundärkreis von Stromwandlern wurden von SBIK etwa im Herbst 1924 im Zusammenhang mit einem

Abb. 136. Handbetätigter Motorschutzschalter mit Bimetallstreifen und magnetischer Schnellauslösung, AEG etwa 1926

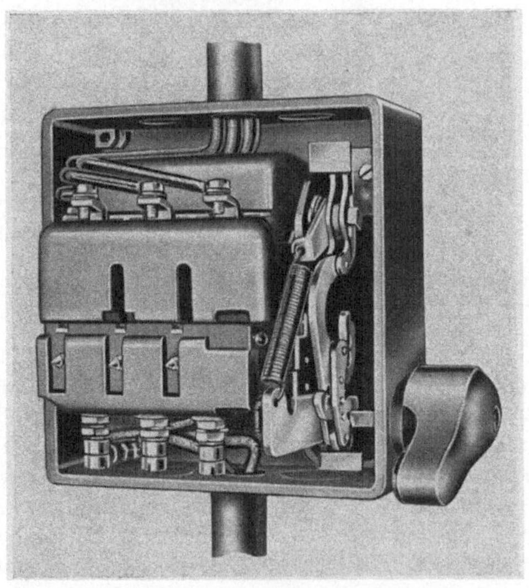

Abb. 137. Handbetätigter Motorschutzschalter mit Walzenschalter und 3poligem Dehnungsbandelement, Klöckner-Moeller etwa 1932

Ölschalter auf den Markt gebracht, s. Abb. 135, desgleichen mit Luftschalter SSW 1928 [o. Verf. (9)]. Das wohl erste Gerät mit Bimetallstreifen, die aus zwei Nickelstählen bestanden, brachte 1926 die AEG [COHN (1), RAUBER, o. Verf. (6)] und Nostiz und Koch [o. Verf. (5)] auf den Markt. Das AEG-Gerät s. Abb. 136.

1924 wurde von der Firma Scheiber und Kwaysser der Phylaxschalter entwickelt und 1926 erstmalig beschrieben (RATHNER). Er besaß eine flach gebaute Expansionsdose aus gewelltem Blech. Sie enthielt Alkohol, der bei etwa 65° C siedet. Je nach Motorstrom wurden verschiedene Heizelemente verwandt [EDLER (8)]. Weiteres Schrifttum [EDLER (2, 5, 6)].

Bei allen einschlägigen Firmen wurden die Elemente sowohl für Selbstschalterauslösung als auch in Relaisform für Schützenbeeinflussung weiterentwickelt. Abb. 137 zeigt einen Motorschutzselbstschalter von Klöckner-Moeller aus dem Jahre 1932 kombiniert aus Schaltwalze und Dehnungsbandauslöser. Eine neuere Ausführung eines kleinen handbetätigten Schutzschalters ohne Kurzschlußabschaltfähigkeit s. Abb. 102 S. 231. Einen Leistungsschalter mit Schnellauslösung, der Überlast- wie Kurzschlußschutz übernehmen kann, s. Abb. 103, S. 233.

Die Entwicklung der letzten zehn Jahre ist in erster Linie durch Verbesserung der Materialien und Steigerung der Massenerzeugung gekennzeichnet, während grundsätzlich neue Konstruktionsformen nicht mehr zu verzeichnen sind [FRANKEN (15)]. Die neuere Entwicklung liegt in der Ergänzung der Geräte durch in die Wicklungen eingelegte Temperaturelemente.

Von Anfang an war noch die Frage zu klären, welche Polzahl die Geräte haben müssen. Untersuchungen in den zwanziger Jahren ergaben, daß in zahlreichen Fällen auch eine einpolige Überlastung des Motors vorkommt und das nicht etwa als Folge eines Motordefektes, sondern rein als Folge von Netzstörungen [FRANKEN (6)]. Seitdem fordern die VDE-Bestimmungen im allgemeinen die allpolige Überwachung. Eine weitere Frage war noch die der Zeitkonstante des Schutzelementes. Sie war und ist grundsätzlich niedriger als die des Motors. Dieser Zustand ist erwünscht, für den Schutz der Leitungen ist er sogar Bedingung. Die Probleme, wurden ebenfalls etwa 1930 weitgehend geklärt [FRANKEN (5, 10)].

Die ersten VDE-Leitsätze wurden im Jahre 1928 unter dem Titel: Entwurf der *Leitsätze für Motorschutzschalter mit thermisch verzögerter Überstromauslösung* veröffentlicht [o. Verf. (8)]. Die Arbeit wurde auf der VDE-Jahresversammlung 1928 in Berlin angenommen, und war ab 1. 7. 1930 gültig. Heute ist ihr wesentlicher Inhalt in VDE 0660/12. 52 eingearbeitet.

## Nachsatz

Die verschiedenen Einrichtungen für den Motorschutz wurden geschildert mit ihren Eigentümlichkeiten und Verhaltensgrenzen. Trotzdem so viele kritische Bemerkungen an einigen Stellen und zu einigen Anwendungsgebieten auch notwendig waren, so muß trotzdem gesagt werden, daß mit Hilfe der marktgängigen Geräte der Schutz praktisch hinreichend möglich ist, trotzdem die Geräte ohne besondere Anpassung üblicherweise einer Massenfertigung entstammen. Ein anderer Weg wäre ja auch, mit Rücksicht auf die Wirtschaftlichkeit, nicht möglich. Die Bewährung gilt vor allem praktisch ohne Einschränkung für die dauernd laufenden unbeaufsichtigten Motoren.

# 8 Anhang

$$e^x,\ e^{-x},\ x^{1,6},\ x^{-1,6} = f(x)$$

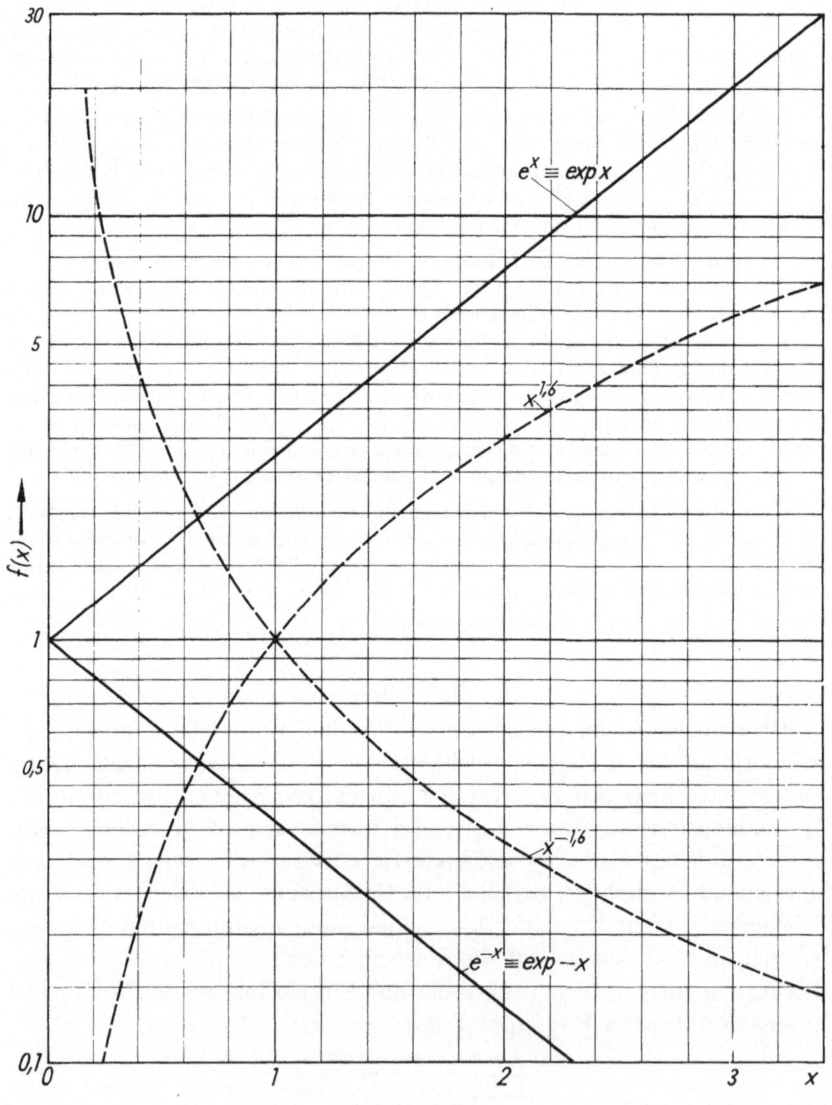


Abb. 138

$$e^x \equiv exp\ x;\ \ e^{-x} \equiv exp\ (-x)$$

# 9 Schrifttum


Amberger, H.: Leiterbruchwächter RM 80 zum Schutz von Drehstrommotoren gegen Einphasenlauf, Siemens-Z. 35 (1961) S. 268, 269.

Angermann: Das Wärmeverhalten elektrischer Maschinen und die Verwendung von Motorschutzschaltern, Installation, Elektro-Wärme, Brand- und Unfallschutz, IEW 9 (1928) S. 110–115, 123–127.

D'Ans, J., u. E. Lax: Taschenbuch für Chemiker und Physiker, Berlin: Springer (1949).

Aumann, W.: (1) Wärmeregler in Theorie und Praxis, ETZ 48 (1927) S. 1145–1148.

— (2) Bimetall-Temperaturregler, ETZ 50 (1929) S. 95.

Bäuml, W.: Neue Thermorelais, Elin-Z. 9 (1957) S. 138–143.

Benns, H. V., u. A. W. Tozer: Protective Devices for Electrical Systems in Steelworks, J. Iron Steel Inst. 163 (1949) S. 331–352.

Besag, E.: (1) Vergangenheit und Gegenwart des Motorschutzes, ETZ 46 (1925) S. 1190–1193.

— (2) Sbik-Fernwart, ein neuer ferngesteuerter Motorschutzschalter, ETZ 53 (1932) S. 202, 203.

Bingel, J.: Thermobimetalle, Arch. Metallkde. 28 (1949) S. 422–427.

Blaschke, H.: Motorschutz, Berlin: VEB-Verlag Technik 1954.

Buchholz, H.: Bimetallstreifen bei Erwärmung, Z. techn. Phys. 11 (1930) S. 273 bis 275, 337–340.

Böhme, B.: Halbleiter—Temperaturfühler zum Vollschutz von Motoren, Bull. SEV 52 (1961) S. 804, 805.

Bungardt, K.: Stahle mit besonderer Wärmeausdehnung, Werkstoffhandbuch, Stahl u. Eisen, 3. Auflage 1953, 011-1 . . . 011-5. Düsseldorf: Verlag Stahleisen.

Carlsson, J. E.: (1) Overload Protection in Motor Control Gear by Thermal Relays, Asea-J. 12 (1935) S. 162–166.

— (2) Protecting D-connected Three-Phase Motors, Asea-J. 31 (1958) S. 120, 121.

Cobb, II. E.: Bimetal The Temperature Sentinel, Electric J. 26, S. 288—291, Ref. Aumann, ETZ 50 (1929) S. 95.

Cohn, A: (1) Motorschutzschalter CK 10, AEG Mitt. (1927) S. 107–110.

— (2) Motorschutzschalter Form MSB 25, 60 und 100, AEG-Mitt. (1930) S. 232–235.

— (3) Bau von Motorschutzschaltern mit Rücksicht auf Motorschutz und Kurzschlußschutz, ETZ 51 (1930) S. 233–238 und 283–286, Ref. E & M 48 (1930) S. 1113, 1114.

— (4) Neuer Motorschutz-Ölschalter mit Fernbetätigung, ETZ 52 (1931) S. 259, 260.

— (5) Vom Hebelschalter zum Gearapid — Ein Rückblick, AEG-Mitt. 48 (1958) S. 134–140.

Craven, R. A. F.: C. M. R. induction motors and overload protection, Electr. Tms. 137 (1960) 369–373.

Deissler, O.: (1) Motorschutz für schwer anlaufende Motoren und für Motoren im Aussetzbetrieb bei Verwendung von thermischen Überstromauslösern, Fördertechnik und Frachtverkehr 1935, H. 21/22, S. 252–257.

— (2) Schutz der Motoren im Aussetzbetrieb durch thermische Überstromauslöser, Helios, Lpz. 41 (1935) S. 1255–1257.

Denk, F.: (1) Das Zusammenarbeiten von Motorschutzschaltern und Schmelzsicherungen, ETZ 55 (1934) S. 1093–1095.

— (2) Die Auswahl von Niederspannungs-Schaltgeräten für Industrieanlagen, ETZ 57 (1936) S. 1215–1218.

— (3) Kurzschlußschutz von Motoren, AEG-Mitt. (1936) S. 383–387, Ref. ETZ 58 (1937) S. 179.

DIEHL, H.: (1) Schutzeinrichtungen für Hochspannungs- und Hochleistungs-Asynchron-Motoren, ETZ-B 11 (1959) S. 113–117.

— (2) Neue thermische Schutzeinrichtungen für Motoren, AEG-Mitt. 50 (1960) S. 228–231. Ref. ETZ-B 12 (1960) S. 595.

DIEHL, M. G.: Beschouwingen over Bimetaal, Diss. Delft 1948, Hoeijenbos, Utrecht.

EDLER, R.: (1) Berechnung und Konstruktion elektrischer Schaltapparate, Grundlagen für den Entwurf von Schaltanlagen, Verlag Jaenecke 1909.

— (2) Neuerungen am Motor- und Transformatorwächter „Phylax", E & M 46 (1928) S. 899, 900.

— (3) Der Motorwächter und Transformatorwächter „Phylax", VEW-Mitt., Wien 2 (1928) S. 73 . . . 76. Der Motorwächter „Phylax", Helios, Lpz. 24 (1928) S. 458.

— (4) Die Wartezeit des Motorschutzschalters, E & M 48 (1930) S. 907–912.

— (5) Der Stern-Dreieck-Motorschutzschalter „Phylax", E & M 49 (1931) S. 189, 190, s. auch ETZ 52 (1931) S. 356, 357.

— (6) Das „Phylax"-Relais als Überstromschutz für Quecksilberdampf-Gleichrichter, ETZ 53 (1932) S. 559, 560.

— (7) Locken aus Bimetall, E & M 51 (1933) S. 546.

— (8) 25 Jahre Motorwächter „Phylax", E & M 68 (1951) S. 550, 551.

EISERT, W., u. H. GROSSE-BRAUCKMANN: Anlaßrelais $R$ und Protektor $P$ für Kühlschrank- und andere Hilfsphasenmotoren, AEG-Mitt. 50 (1960) S. 225–228.

ENGSTRÖM, R.: Bimetall, Tekn. T. 1938, H. 4, S. 40–46.

ERNI, E.: Beitrag zur Dimensionierung von Bimetallrelais, Bull. SEV 26 (1935) S. 454–457.

FRANKEN, H.: (1) Schutz von Drehstrommotoren, Westdeutsche techn. Blätter, 1923, H. 11, S. 16–18, H. 12, S. 15–19.

— (2) Die Entwässerungsanlagen des Kaiser-Wilhelm-Kanals, Helios, Lpz. 32 (1926), H. 33, S. 249–252.

— (3) Das Verhalten der Drehstrommotoren bei einphasigem Lauf, E & M 47 (1929) S. 1127–1130.

— (4) Klöckner-Motorschutzschalter für besondere Zwecke, ETZ 50 (1929) S. 20, 21, Ref. E & M 47 (1929) S. 405.

— (5) Motorschutz und Leitungsschutz, E & M 48 (1930) S. 813–817.

— (6) Schutz von Motoren hinter Transformatoren in Zick-Zack-Schaltung, ETZ 51 (1930) S. 176, 177.

— (7) Motorschutzfragen, E & M 48 (1930) S. 181–185.

— (8) Motorschutzschalter und vorgeschaltete Abschmelzsicherungen, Helios, Lpz. 37 (1931) Nr. 9, S. 65–67.

— (9) Neuzeitliche Niederspannungsverteilungsanlagen mit Fernsteuerung, E & M 49 (1931) S. 125–130.

— (10) Motorschutzfragen, E & M 51 (1933) S. 105–109 und 120–124.

— (11) Die Zuordnung von Leitungsquerschnitten und Sicherungsnennstromstärke, Klöckner-Post (1935), H. 6, S. 44–46.

— (12) Prüfung und Genauigkeit thermischer Auslöser (Motorschutzauslöser), ETZ 56 (1935) S. 1301, 1302, S. 1350–1353.

— (13) Motorschutzfragen ETZ 65 (1944) S. 370–372.

— (14) Motorschutzschalter mit oder ohne Schnellauslöser, Elektrotechniker 3 (1951) S. 129, 130.

— (15) 30 Jahre Motorschutz, E & M 69 (1952) S. 192–196.

— (16) Thermische Auslöser und Relais (Motorschutzrelais) und ihre Kennwerte, E & M 69 (1952) S. 414–422.

— (17) Die Kurzschlußfestigkeit von thermischen Auslösern und Relais (Motorschutzrelais), E & M 70 (1953) S. 479–484.

FRANKEN H.: (18) Die Eichung von Motorschutzgeräten, E & M 74 (1957) S. 523–529.

— (19) Schütze und Schützensteuerungen, Berlin: Springer (1959).

— (20) Die Absicherung von Steuerstromkreisen bei Arbeitsmaschinen, Elektrowelt B (1959), S. 163–165.

GAFFORD, B. N.: Thermal-Synthesis Relay Is Best Replica of Motor Heating, Trans. Amer. Inst. electr. Engrs. (III) 78 (1959) S. 288–295, Ref. ETZ-A 81 (1960) S. 571.

—, W. C. DUESTERHOEFT JR. u. C. C. MOSHER III: Heating of Induction Motors on Unbalanced Voltages, Trans. Amer. Inst. electr. (Engrs. III) 78 (1959) S. 282–288.

GAINZEW, J. W.: Über die Erhöhung der Betriebssicherheit beim Betrieb eines Elektromotors auf zwei Phasen, Elektrotechnik 7 (1953) S. 31.

GARBERS, H.: Thermo-Schutzschalter für Einphasen-Wechselstrommotoren, ETZ-B 10 (1958) S. 45–48.

GEWECKE, J.: Motorschutz im Aussetzbetrieb mittels thermischer Auslöser, Siemens-Z. 14 (1934) S. 317–324, Ref. E & M 53 (1935) S. 273, 274, ETZ 56 (1935) S. 652, 653, s. auch Helios, Lpz. 41 (1935) S. 673, 674.

GLEASON, L., u. W. A. ELMORE: Protection of 3-Phase Motors Against Single-Phase Operation, Trans. Amer. Inst. electr. Engrs. Part III 77 (Dez. 1958) S. 1112–1120.

GRAF, G.: Abschmelzsicherungen und thermische Relais als Motorschutz, AEG-Mitt. (1925) S. 282–284.

GRAU, E.: Die AEG-Wandlerauslöser bw 50 und bw 200 für Schweranlauf, AEG-Mitt. 50 (1960) S. 224, 225.

GUTMANN, H.: Phasenausfallschutz für Hoch- und Niederspannungsmotoren, AEG-Mitt. 48 (1958) S. 101 103.

HAAS, H.: (1) Die Bimetallauslöser und Bimetallrelais, ihre Kennlinie und ihre Eichung, Siemens-Z. 29 (1955) S. 61–68.

— (2) Erwärmung von Schaltgeräten bei periodischem Betrieb von elektrischen Geräten und Motoren, Siemens-Z. 32 (1958) S. 606–613.

HENTSCH, A.: Untersuchungen an Sonderthermobimetallen, Elektrie 13 (1959) S. 309–312.

HEUMANN, G. W.: (1) Overload Relays and Circuit Breakers for Protecting Motorized Appliances and Their Branch Circuits, Electr. Engng. 72 (1953) S. 1056 bis 1060.

— (2) Magnetic Control of Industrial Motors, New York: J. Wiley u. Sons; London: Chapman u. Hall (1954), 2. Aufl.

— (3) Magnetic Control of Industrial Motors, Part. 2 Alternating-Current Motor Controllers, John Wiley & Sons, Inc. New York and London 1961.

HILD, K. H.: Motorschutzrelais ZO, Klöckner-Moeller-Post, Heft 2 (1960), S. 16–23.

HÖPP, W.: Die erforderliche Trägheit von Überstromzeitrelais, ETZ 41 (1920) S. 370–374, 392, 393.

HOPFERWIESER, E.: (1) Der „Ipsotherm"-Motorschutz, BBC-Mitt. 38 (1951) S. 203 bis 207, Ref. ETZ 72 (1951) S. 695, 696.

— (2) Untersuchungen über den „Ipsotherm"-Motorschutz, BBC-Mitt. 41 (1954) S. 145–149.

HORST, A.: Leitungsschutzschalter und Motorschutzschalter, E & M 62 (1944) S. 283–289.

HUBER, J.: Pilotherm, ein neues Kleinschaltelement, Microtecnic (Lausanne) 8 (1955) S. 166–168.

JEHLE, H.: Temperaturanstieg in elektrischen Maschinen, ETZ 51 (1930) S. 1166 bis 1169.


19*

JOHANN, H. H.: Eine Formel für die Strom-Zeit-Kennlinie von Schmelzsicherungen und ihre Anwendung zur Ermittlung von Kennwerten, ETZ 58 (1937) S. 684 bis 686.

JORDAN, H., u. K. SCHÖNBACHER: Über das Strom- und Drehmoment-Verhalten von V-Schaltungen, AEG-Mitt. (1940) S. 103–107.

KARR, F. R.: Squirrel-Cage Motor Characteristics Useful in Setting Protective Devices, Trans. Amer. Inst. electr. Engrs. (III) 78 (1959) S. 248–252.

KAŠPAR, F.: (1) Kurzschlußfestigkeit thermischer Schutzrelais, Elektrotechn. Obzor 46 (1957) S. 517–521.

— (2) Thermo-Bimetalle in der Elektrotechnik, Berlin: VEB-Verlag Technik (1960).

KEINATH, GG.: Bimetalle, Arch. techn. Messen, Z. 972-1, April 1936.

KEMMER, A.: Maßnahmen zur Verhinderung des Zweiphasenbetriebes bei Drehstromverbrauchern, Elektro-Anzeiger 13 (1960) H. 31, S. 11–13.

KIRCHDORFER, J.: (1) Eine qualitative Betrachtung der stationären Erwärmung an Thermoauslösern, Arch. Elektrotechn. 42 (1955) S. 32–42.

— (2) Eine kritische Betrachtung der Anforderungen an Motorschutzschalter, Bull. SEV 46 (1955) S. 604–613.

— (3) Ein Beitrag zur theoretischen Darstellung des Betriebsverhaltens thermischer Auslöser (Relais) Archiv für Elektrotechnik 42 (1955) S. 126—136.

— (4) Die wirtschaftliche Nutzung des Bimetalls in Thermoauslösern, Bull. SEV 47 (1956) S. 517–523.

— (5) Untersuchungen an Thermorelais für Motorschutz, Neue Technik 2 (1960) H. 6/7 S. 39—58.

KIRSCH, K: Neuere Ausführungsformen und Anwendung von Motorgruppenschaltern, Elektrotechn. (1941) H. 15, S. 9–11.

KNAACK, W.: Eine einfache Anordnung zum Schutz von Drehstrommotoren beim Einphasenbetrieb, E & M 71 (1954) S. 115–118.

KOCH, H.: Die Förderung der Verwendung von Kurzschlußläufermotoren in Deutschland, Mitt. Mannheimer Bezirks-Vereins dtsch. Ing. (1930), H. 10, S. 3 bis 21, H. 11, S. 3–16.

KOCH, K.: Zur Diskussion: „Schutz von Drehstromasynchronmotoren gegen Einphasenlauf", Dtsch. Elektrotechn. 8 (1954), Elektrofertigung S. 9–11.

KRANTZ, H.: Der thermische Motorschutz durch Bimetallrelais und seine Grenzen, Elektrie 13 (1959) S. 224–228.

KRASKA, W.: Die Elektrotechnik auf der Leipziger Frühjahrsmesse 1927 außerhalb des Hauses der Elektrotechnik, ETZ 48 (1927) S. 637–640.

KUHLS, H., u. W. PETERSEN: Eine bemerkenswerte Betriebsstörung (Rückwärtslaufen von Drehstrommotoren), ETZ 37 (1916) S. 259, 260.

KUHNKE, G.: Beitrag zur Berechnung verkupferter Bimetallstreifen für Wärmeauslöser, Elektrotechn. 5 (1951) S. 548–552.

KUMMANT, K.: Die Zeitkonstanten thermischer Überstromauslöser, E & M 67 (1950) S. 361–365.

KUSSY, W.: (1) Elektrische Antriebe von Hebezeugen und Transportanlagen, Berlin: Techn. Verlag Cram (1954).

— (2) Elektrische Niederspannungsschaltgeräte, Berlin: Techn. Verlag Cram (1950).

LAGRON, L.: La protection des moteurs à courant alternatif par disjoncteurs, Rev. gén. Électr. 33 (1933) Nr. 5, S. 151–158.

LAIG-HÖRSTEBROCK, W.: (1) Freie Ausbiegung beliebig geformter Bimetallstreifen, ETZ 60 (1939) S. 1226–1229.

— (2) Die Auslösegenauigkeit von Bimetallauslösern für Motorschutzschalter, ETZ-A 75 (1954) S. 245–248.

LAX, F., u. H. JORDAN: Wie verhält sich ein Drehstrom-Asynchronmotor in unsymmetrischer Schaltung? Die elektrische Maschine (EMA) 1954, S. 66—70.

LORENZ, L.: Über das Leitungsvermögen der Metalle für Wärme und Elektrizität, Wiedemanns Ann. 13 (1881) S. 422–447, 582–606.

LUDWIG, H.: Ein neuer Motorschutzschalter mit erhöhtem Schaltvermögen und auswechselbaren Auslösern, Siemens-Z. 30 (1956) S. 156–158.

MARK VON DER, R.: Einstellung von thermischen Überstromauslösern an einzeln kompensierten Motoren, Elektromeister 6 (1953) S. 342, 343.

MARTINY, W. T.; McCOY, R. M und MARGOLIS, H. B.: Thermal Relationships in an Induction Motor Under Normal and Abnormal Operation, Trans. Amer. Inst. electr. Eng. (III) (Power Apparatus and Systems) 80 (1961) 53 S. 66—78.

MATTEL, H.: Schutz der motorischen Verbraucher in Industrieanlagen, E & M 57 (1939) S. 106—111.

MESCHEL, B. S.: Charakteristik für die thermischen Relais der Magnetauslöser, Vestnik Elektroprom. Nr. 8/9 (1938) S. 41–44.

MEYER, H.: Neue Bimetallauslöser mit Paketstreifen, AEG-Mitt. 48 (1958) S. 232—235.

MOELLER, G.: Vom Messen und Eichen, Klöckner-Moeller-Post 1952, H. 1, S. 1–9.

MOELLER, J.: Kurzschlußfeste Motorschutzschalter, VDE-Fachbericht 15 (1951) Gruppe D, S. 80–86.

MÜLLER-HILLEBRAND, R.: Schaltgeräte für Niederspannung, Bimetall-Relais und ihre Verwendung in Ölschützen für explosionsgefährdete Betriebe, Siemens-Z. 17 (1937) S. 512–514.

NAEF, O., u. TH. IMHOF: Le nouveau relais Limitherm, Bull. Oerlikon 247 (1944) S. 1581–1587.

NAIDENOW, E.: Ein neues Anlaß- und Schutzrelais für Einphasenasynchronmotoren mit Widerstands-Anlaufhilfsphase für Hermetik-Kühlschränke, Elektrie 14 (1960) Elektrofertigung, S. 12, 13, 15.

NEPICKS, E.: Theoretisches aus der Fertigung der handbetätigten Motorschutzschalter, mit Folgerungen für seine Verwendung, Elektro-Post 5 (1952) S. 73–75.

NIEHAUS, G.: Konstruktive Beeinflussung des Trägheitsgrades und der Überstromfestigkeit direkt beheizter Bimetallauslöser, BBC-Nachr. 40 (1958) S. 158–162.

NOBILING, H.: Die Entwicklung des Schmelzlotauslöserprinzips, CEG-Berichte 2 (1956) S. 143–148.

OELSCHLÄGER, E.: (1) Die Berechnung von Widerständen, Motoren u. dgl. für aussetzende Betriebe, ETZ 21 (1900) S. 1058–1063.

— (2) Wärmewanderung in Zylindern aus homogenen Wärmeleitern, Siemens-Wiss. Veröffentlichungen 3 (1923) S. 29–40.

ORLICH, E.: Das Haus der Elektrotechnik auf der Leipziger Herbstmesse 1924, ETZ 45 (1924) S. 1133–1138.

OSBORNE, H.: Was ist unter der Erwärmungszeitkonstante einer elektrischen Maschine zu verstehen? ETZ 51 (1930) S. 902–904.

OTT, H.: (1) Kritische Bemerkungen zur Erwärmungsgleichung unter Berücksichtigung der Temperaturabhängigkeit von Wärmeabgabe und spezifischem Widerstand sowie der Inhomogenität des Körpers, E & M 45 (1927) S. 317–319.

— (2) Schutzschalter für Motor- und Leitungsschutz (Eine prinzipielle Untersuchung über den Einfluß der Wärmeträgheit), Elektrizitätswirtschaft, Mitt. VDEW Nr. 442, 1927 S. 437–440.

— (3) Motorschutzschalter und ihre Theorie, Helios, Lpz. 24 (1928) S. 224–227.

PARSCHALK, FR.: Überlastschutz von Hochspannungsanlagen durch Hauptstrom-Thermorelais, ETZ 59 (1938) S. 211–213.

PETERSEN, W.: Überspannungen mit der Betriebsfrequenz bei Leitungsbrüchen und einpoligen Schaltvorgängen, ETZ 36 (1915) S. 353–356, 366–368 u. 383–385.

POLARD, J.: La protection thermique des moteurs, Électricité 1952, Nr. 179, S. 1–6.

RATHNER, J.: Ein neuer Motorschutzschalter, E & M 44 (1926), Techn. wirtschaftl. Nachr. S. 213, 214.

RAUBER, G.: 50 Jahre Entwicklung der AEG-Niederspannungsschaltgeräte für Drehstrom, AEG-Mitt. 18 (1941) S. 181–188.

REINARZ, C.: (1) Motorschutz und Kurzschlußschutz durch Motorschutzschalter, Z. VDI 77 (1933) S. 121–125.

— (2) Beitrag zur Frage des Motorschutzes im aussetzenden Betrieb mit schwerem Anlauf, ETZ 57 (1936) S. 1475–1479.

RICH, T. A.: Thermo-mechanics of Bimetal, Gen. Electr. Rev. 37 (1934) S. 102–105.

RIENÄCKER, W.: Bimetalle, Z. Metallkde. 46 (1955) S. 429–434.

RITZ, CHR.: Sicherungseinrichtungen für elektrische Antriebe von Kranen und ähnlichen intermittierend arbeitenden Maschinen, ETZ 38 (1917) S. 542–544.

ROEWER, K.: Die Auswahl der Motor-Thermoschutz-Temperaturbegrenzer, Elektro-Anz. 1956, H. 45, 46, S. 15–17.

ROHN, W.: Bimetall, Z. Metallkde. 21 (1929) S. 259–264.

ROTHENBACH, G.: Motorschutz für Antriebsmotoren von Arbeitsmaschinen mit schweren Schwungmassen (Zentrifugen), Elektromarkt, Pößneck 1935, H. 32 und 33.

SCHACHTNER, H.: Selektivität zwischen Motorschutzschalter und vorgeschalteter Sicherung, VDE-Fachberichte 11 (1939) S. 139–144.

SCHMIDT, A.: Motorschutzschalter an Werkzeugmaschinen, Werkstattstechnik u. Werksleiter 31 (1937) S. 409. 410.

SCHMITZ, L.: Neuzeitliche Schalt- und Schutzapparate unter besonderer Berücksichtigung des Schutzes gegen zu starke Erwärmung und gegen unzulässige Berührungsspannungen, ETZ 48 (1927) S. 1052–1055, 1090–1094.

SCHOOF, F., u. A. BERGMANN: Neue kleine Motorschutzschalter für 1 bis 16 A, AEG-Mitt. (1935) S. 152–156.

SCHRADER, H. J.: Ein Motorschutzrelais für Drehstrommotoren im aussetzenden Betrieb, ETZ 72 (1951) S. 634–636.

SCHUISKY, W.: Unsymmetrische Schaltungen der Ständerwicklungen des Induktionsmotors, Arch. Elektrotechn. 28 (1934) S. 716–722.

SPENGLER, H.: Die Alterung von Thermobimetall, ETZ-B 13 (1961) S. 596—601.

STEINER, L.: Die elektrischen Betriebe im Erdölgebiet des Unterelsaß, ETZ 38 (1917) S. 117–120.

STEPHANI, H.: Methoden zur Prüfung von Bimetallen, Elektrie 13 (1959) S. 313 bis 315.

STÖSSER, J., u. E. BERNHARDT: Die thermische Abbildung elektrischer Maschinen als Grundlage eines Überlast-Schutzrelais, Bull. SEV 29 (1938) S. 290–294, Ref. ETZ 59 (1938) S. 1217.

SWANN, S. A.: Three-Phase Induction Motors, Electr. J. 1952, S. 1993–1997.

TOULE, J. H.: Induction Motor Protection, Arrangements for Three-Phase Machines, Electr. Rev. 1957, S. 209–213.

TYLER, F. H.: A simple device for the protection of electric motors, Trans. SA. (Südafrika) Inst. Electr. Engng. 47 (1956) S. 366–372.

VAUGHAN, V. G.: Une méthode de sélection des dispositifs de protection contre les échauffements dangereux des moteurs faible puissance, Rev. gén. Électricité 60 (1951) S. 265–273.

VAUGHAN V. G.:u. A. P. White: New Hotter Motors Demand Thermal Protection, Electr. Manufacturing 63 (1959) S. 108–111 u. 121.

VILLARCEAU, Y.: Recherches sur le mouvement et la compensation des chronomètres, Ann. Observatoire Impérial de Paris, Mémoires, Tome VII (1863).

VINCZE, A. S.: Beitrag zur Frage der Auslösecharakterisitik von Motorschutzschaltern, E & M 49 (1931) S. 201–204.

WAHL, H.: Motorschutz durch thermische Überstromrelais, Elektro-Anz., Essen 1959, H. 51 u. 52, S. 26–30.

WALTER, M.: Über die Eigenschaften der Stromwandler für Schutzrelais, ETZ 55 (1934) S. 483–487.

WATTS, J. L.: (1) Protective gear for electric motors, Pwr. & Works Engng., London 49 (1954) Nr. 573, S. 85–90.

— (2) Protecting A. C. Motor Circuits, Electr. Tms. 1960, Part 1 Essential Requirements S. 807–809.

— (3) Desgl. Part 2. Starter Types S. 970–972.

— (4) Desgl. Part 3. Overload protection, S. 243–245.

— (5) Desgl. Part 4. Miscellaneous Faults, S. 406–408.

WIERNY, H.: Sicherungsarme Kraftinstallation in industriellen Niederspannungsnetzen, Klöckner-Moeller-Post 1961, H. 1 S. 15–23.

WITTRICK, W. H.: D. M. MYERS u. W. R. BLUNDEN: Stability of a bimetallic disk, Quart. J. Mechanics & Applied Mathematics (1953) Vol. VI, Part I S. 15–31.

WUEST, W.: (1) Die Berechnung von Bimetallen, Meßtechn. 18 (1942) S. 185–188 (2) Die Berechnung von Bimetallen bei ungleicher Schichtstärke der beiden Komponenten, Meßtechn. 19 (1943) S. 183–185

ZIEHENSACK, O. W.: Betriebsverhalten und Prüfung thermisch verzögerter Überstromrelais (Bimetallrelais) für Motorschutz, Elin-Z. 9 (1957) S. 129–138.

### Ohne Verfasser

(1) Drehstromwaage mit Nullspannungsschalter für Motorenanlagen, ETZ 44 (1923) S. 243, 244.

(2) Klöckner-Motorschutz, ETZ 44 (1923) S. 900, 901.

(3) Neuzeitliche Schalt- und Schutzapparate für Motoren und Transformatoren, Westdeutsche techn. Blätter (1926) H. 15, S. 4–12.

(4) Neue Schalter, Motorschutzapparat, ETZ 47 (1926) S. 239, 240.

(5) Ein neuer Motorschalter mit Wärmeschutzrelais, ETZ 47 (1926) S. 240, 241.

(6) Motorschutzschalter, ETZ 48 (1927) S. 287, 288.

(7) Sonderprüfeinrichtungen, Teil 2 Prüfeinrichtungen für Bimetall, AEG.Mitt. (1927) S. 420, 421.

(8) Leitsätze für Motorschutzschalter mit thermisch verzögerter Überstromauslösung, ETZ 49 (1928) S. 664–666, 932, 1023.

(9) Neue Motorschutzschalter und Selbstschalter der Siemens-Schuckert-Werke AG, ETZ 49 (1928) S. 319–323.

(10) Overheating of Electric Motors „By Testax", Electrician 128 (1942) S. 139 bis 142.

(11) Underwriters Laboratories, Thermal Protectors for Motors, UL 547, Dez. 1958.

(12) Motorschutz mit Duplotherm, AEG-Mitt. 50 (1960) S. 240.

(13) Siemens Formel- und Tabellenbuch für Starkstromingenieure, Essen: Girardet, 2. Auflage 1960.

(14) Ein neuer Schutz für Drehstrommotoren bei Einphasenlauf, ETZ-B 10 (1958) S. 408.

# Sachverzeichnis

Abkühlung (s-Kurve) 92, 93
Abschmelzsicherung 19, 140, 211
Abzweigschalter mit Motorschutz 244
Aggregatzustandsänderung bei therm. Auslösern 75, 104
Allpolige Abschaltung 27, 29
Alterung von Bimetall 69
— von Dehnungsbändern 247
Anlaufmöglichkeit und Auslösekennlinie 167
Anlaufstrom 100, 168
Anpassung an die Motorstromstärke 83
Ansprechstrom, Begriffsbestimmung 28
Anwendungsgrenze bei Bimetallen 45
Arbeitsstromauslöser 78, 81, 231
Aufbauprinzipien 31
Aufgabenstellung 1
Aufstellraum des Motors 4
Ausländische Vorschriften 30
Auslösekennlinie, Charakteristik 28, 90, 99, 100
— und Anlaufmöglichkeit 167
—, im betriebswarmen Zustand 101
—, Darstellung 100
—, Ermittlung 94
— in formelmäßiger Darstellung 107, 112, 118
Auslöseerschwerung 21
Auslösezeit, Begriffsbestimmung 28
Auslöser, Begriffsbestimmung 28
Auslöser-Nennstrom 28
Ausschaltvermögen 229
Aussetzbetrieb 169
—, Auslöserwahl 180
—, Hilfsmittel außer therm. Auslöser 187
Auswechslung von therm. Einzelelementen 259
Auswirkung unterschiedlicher Zeitkonstante bei Auslöser u. Motor im Aussetzbetrieb 166, 177
Äquivalenter Dauerstrom bei aussetzendem Betrieb 169

Bedienungsfehler bei Motoranlaßgeräten 5, 221
Begriffsbestimmungen 27
Beharrungszeitkonstante 95

Beheizungsarten 32, 64
Belastungszeit 94, 174
Beschwerte (Wärme-) Auslöseelemente 33, 107, 110, 124
Bimetall 43
—, Alterung 69
—, Auslöser 43
—, Bearbeitung 69
—, Erwärmung bei mittelbarer Beheizung 105
—, Formen 64
—, Gegenkrafteinfluß — Rückbiegung 57, 59
—, Masseneinfluß 61
—, Nutzweg 58
—, Paketauslöser 65, 67
—, Prüfung 70
—, Spezifische Ausbiegung 49
—, Wärmeweg 48

Dampfdruckkapsel 37, 77
Dauerkontaktgabe bei Schützen 81, 146, 238
Dehnungsstreifen — Dehnungsband-Auslöser 38
Differentialauslöser 143
Doppeldruckknopfbetätigung bei Schützen 147, 238

e-Funktion 91, 288
Eichung 245
—, 1- u. 3-polige 253
—, automatische 257
—, Grenzstrom- 246, 249, 251
—, der Motorschutzelemente 245
—, der Skala 257
—, reine Temperatur- 251
—, mech. Wegeinstellung 249
Eigenkurzschlußfestigkeit 30, 33, 198, 208
Eigenzeiten 198, 210, 215, 234
Einphasenlauf 6, 22, 273
—, Sonderschutzeinrichtungen 142, 273
—, Wirkung auf den Läufer 17
Einphasenmotoren — Anschluß 3-pol. therm. Elemente 156, 224
—, Motorschutz 224, 269

Einschaltvermögen 210, 229, 236
Einstellung der thermischen Schutz-
    elemente 83, 234
Einstellstrom, Begriffsbestimmung 28
Einstellbereich 28
Einzelkompensation und Motorschutz
    224
Energiespeicher 60
Entsperrungstaste 82, 146
Entwicklungsgründe 1
Erwärmung 90
— elektrischer Maschinen 156
Explosionsschutz 144

Fehlschaltungen als Störungsquelle 4
Feineinstellung 85
Fernschalter 31, 228, 230
Freiauslösung 29, 146, 230

Gefahren für den Motor 3
Gemischte Beheizung 33, 64
Genauigkeit von thermischen Schutz-
    elementen 148
Gerätelebensdauer 245
Gerätestörungen 5, 12
Gesamtfehler 153
Geschichte des Motorschutzes 280
Grenzerwärmung 129
Grenzstrom, Begriffsbestimmung 28
— bei 1,2 und 3-poliger Last 29, 150
Grenzweg 129

Halbleiterfühler in der Wicklung 268
Hauptstromschaltgeräte 226
—, Einteilung 228
Heizwicklung, Erwärmung bei mittel-
    barer Beheizung 108
Hilfsstromschalter an therm. Relais 80,
    146, 235
Hitzdrahtelemente 37, 281
Hochspannungsschutzgeräte 232
Höhereinstellung 187

Invar 44

Klickeffekt (Sprungwirkung, Schnapp-
    effekt) 66, 70, 263
Kombination von Temperatur- und
    Stromüberwachung 267, 269
Kurzschluß, Schutzsicherung 26, 140,
    211 ff
—, Festigkeit 30, 196

—, Selektivität 214
Kurzzeitbetrieb 187

Läuferüberlastung bei Einphasenlauf 17
Lastüberwachungsrelais 279
Lebensdauer der Geräte 245
Leistungsschalter 227, 230
Leitungsschutz u. Motorschutz 191
Leitungsschutzschalter 20
Linearitätsbereich bei Bimetallen 45

Maschinenschutz 220
Mehrmotorenmaschinen 239
—, Zusammenfassung der Schutzele-
    mente 239
Minderausnutzung des Motors im Aus-
    setzbetrieb 177
Mittelbare Beheizung 33, 64, 105, 114,
    200
Modellprüfung 261
Momentanzeitkonstante 95
Motorschalter 227
Motorschutz durch Überwachung der
    Motorerwärmung 262
    durch Überwachung der Zuleitungs-
        ströme 26
— und Maschinenschutz 220
—, Methoden 25
—, Polzahl 83, 240
— und Werkzeugschutz 220
Motorschutzschalter, Begriffsbestim-
    mung 27, 230
—, Einstellung 83
Motorschutzleistungsschalter 228, 230
Motorüberbeanspruchung 3, 4

Nachauslösung 114
Nachauslösekennlinie 115
—, Zeit 115
Nebenschlüsse 84
Nennstrom (Auslöser-) — Begriffs-
    bestimmung 28
Netzstörungen 3, 6
Nullspannungsauslösung 78, 80, 231, 238

Öffner im Hilfsstromkreis 80, 235, 254

Paketauslöser 64, 67, 97
Periodischer Betrieb 169
Phasenausfallrelais 273
Phasenumkehrrelais 280
Polumschalter und Motorschutz 223

Polzahl der Auslöser 83, 240
Prüfung der Motorschutzelemente 245
— — vollst. Motorschutzgeräte 260
Pumpen von Motorschutzrelais 146

Raumtemperatur, Einfluß 131
—, Kompensation 133
Relais, Begriffsbestimmung 28
—, Nennstrom 28
Rückbiegung bei Bimetall 57, 59, 152
Rückschaltung, selbsttätige 242
Ruhezeit im Aussetzbetrieb 173 ff

Schalt-häufigkeit im Aussetzbetrieb 179
— -schloß 79, 232
— -stücklebensdauer 245
— -vermögen 227
Scheibenrelais 264
Schlagwetterschutz 144
Schließer im Hilfsstromkreis 80
Schloßschalter 226, 229
Schmelz-legierungen 76, 97
— -lotauslöser 75, 104
Schnellauslöser 141, 208,
— und Kurzschlußfestigkeit 198 ff, 208
Schrifttum 289
Schütze 226, 228, 234, 238, 245
— mit Motorschutzrelais 226, 234, 242
Schutz gegen Bedienungsfehler 221
— bei Blindstrom-Einzelkompensation
  224
— — Einphasenlauf 7, 22, 142, 273
— — Einphasen-Wechselstrommotoren
  224, 269
— — Polumschaltern 223
— — Stern-Dreieckschaltern 222
Schutzmethoden 25
Schutzschalter, Begriffsbestimmung 27
Schutzwirkung bei kleiner Auslöser-
  Zeitkonstante 165
Schweranlauf 167, 218
Sättigungswandler 116
Selbstschalter 226, 229
Sicherungen 19, 140, 211
—, kleinstzulässige 216
Sicherungskennlinie in formelmäßiger
  Darstellung 118, 215
Skaleneichung 257
Skalenfehler 149
Sonderschutz bei Einphasenlauf 142, 273

Spannungs-rückgangsauslösung 23, 238
— -überwachung beim Einschalten 23,
  273
— -wächter 243
Spezifische Ausbiegung bei Bimetallen
  46, 49
Spieldauer im aussetzenden Betrieb 170,
  173
Springplatten, -scheiben, Schnapp-
  scheiben — Bimetall 56, 65, 70, 263
—, Ansprech- und Rückschalttemperatur 265
—, Einbau in den Motor 262, 266
—, kritische Punkte 263
Sprungschalter an thermischen Relais 81
Sterndreieckschalter und Motorschutz
  222
Stichprobenkontrolle 258
Störungen als Quellen bei Motorüberlastung 3
— am Motorschaltgerät 5, 12
— im Niedervolt-Netz 7
— — Hochvoltnetz 15
— bei Motordreieckschaltung 8
— — Frequenzschwankungen 6
— — Spannungsschwankungen 5, 6, 18
Stromüberwachung in der Motorleitung
  26, 269
— bei Phasenausfall 273
Stromunterschiede, Relaisüberwachung
  273
Stromzeit-Kennlinie s. Auslösekennlinie

Temperatur-Abfall 93
— -Anstieg 90
— -Überwachung im Motor 262, 269
— -Verlauf im Motor 156
— -Verteilung bei mittelbar beheizten
  und beschwerten Elementen 105
Therm. Abbild des Motors 98, 159, 262
Thermoschnappscheiben
  s. Springscheiben
Trägheitsgrad, Begriffsbestimmung 28

Überbrückung der Auslöser bei Schwer-
  anlauf 219
Überlastung, Bedeutung von ü und ü′ 93
—, Beziehung zu Zeitkonstante und
  Auslösezeit 93
— des Motors 3

Überstrom im Aussetzbetrieb 169, 173ff
Überstromselektivität 214
Überwachungselemente im Motor 262
U-förmige Bimetallstreifen 52, 55, 65
Umschalter im Hilfsstromkreis 81
Umstellung der Relaishilfsstromschalter
   von Tastschaltstücken auf verklinkte
   Schaltstücke 82, 147
Unmittelbare Beheizung 32, 64
Unsymmetrisches Netz 6, 18

VDE Regeln für therm. Schutzelemente
   27
Verformungsfehler 152ff
Verklinkung der
   Schutzrelaishilfsschalter 146
Verlustherde bei Motoren 157

Wandler-einstellung 87
— -relais 32, 34, 116

Wärme-ableitungs(-übergangs)ziffer 91,
   113, 129
— dehnung 38
— -fehler 153
— -weg bei Bimetall 48
Wartepause 196
Wechselstrommotoren u. Motorschutz
   224, 269
Werkzeugschutz 220
Wiederzuschaltung — selbsttätige 242

Zeitfaktor 94, 95
Zeitkonstante 91, 95
— des Auslösers 96, 164, 178
— des Motors 158, 178
— mit Rücksicht auf Motorausnutzung
   162
Zusätze bei Motorschutzgeräten 140
Zweikörper-Erwärmungsproblem 106